Access 数据库应用案例教程

主　编　焦自国　王录泉　施盛江

内容提要

本书依据《高等学校计算机基础教学基本要求》组织编写，注重将数据库理论知识和实践操作紧密结合，通过分步骤搭建一个较完备的数据库系统，让读者深刻理解Access的使用方法。

全书共设7个章节，由总体到局部、由简单到复杂地讲解了数据库的使用方法和数据库的相关知识。本书包含的知识点有创建数据库和表的方法，数据表查询的方法，创建窗体、报表、宏的方法及VBA的编程技术等。每个章节后附有课后习题，能帮助读者更好地掌握数据库相关知识。

本书可作为计算机、统计等专业的教材，也可以作为数据库自学者的参考用书。

图书在版编目（CIP）数据

Access数据库应用案例教程 / 焦自国，王录泉，施盛江主编 . -- 上海：上海交通大学出版社，2024. 4

ISBN 978-7-313-30617-3

Ⅰ. ① A… Ⅱ. ①焦… ②王… ③施… Ⅲ. ①关系数据库系统—教材 Ⅳ. ① TP311.138

中国国家版本馆CIP数据核字（2024）第077119号

Access数据库应用案例教程
Access SHUJUKU YINGYONG ANLI JIAOCHENG

主　　编：焦自国　王录泉　施盛江
出版发行：上海交通大学出版社　　地　　址：上海市番禺路951号
邮政编码：200030　　电　　话：021-64071208
印　　刷：杭州钱江彩色印务有限公司　　经　　销：全国新华书店
开　　本：787mm × 1092mm　1/16　　印　　张：17.5
字　　数：414千字
版　　次：2024年4月第1版　　印　　次：2024年4月第1次印刷
书　　号：ISBN 978-7-313-30617-3　　电子书号：978-7-89424-619-6
定　　价：59.80元

编委会成员

主　编

焦自国　王录泉　施盛江

副主编

丁晓华　郭子军

参　编

王丽莉　许松岩　孙宇萌

王玉哲　王连香　伊　雪

徐　锋　高　鹏　高志国

本书是根据教育部高等学校大学计算机课程教学指导委员会编制的《大学计算机基础课程教学基本要求》中对数据库技术和程序设计方面的基本要求编写的，操作平台为Microsoft Access 2016 中文版。

本书注重理论知识与实践操作的紧密结合，同时贯彻“理论 + 实例 + 实战”三阶段教学模式，在内容选择、结构安排上更加符合读者的认知习惯，从而达到教师易教、学生易学的目的。本书完全以高等院校、职业学校及各类社会培训学校的教学需要为出发点，紧密结合学科的教学特点，由浅入深地安排章节内容，循序渐进地完成各种复杂知识的讲解，使学生能够一学就会、即学即用。

全书共分 7 章，提供了大量详细的分析案例及练习题，各章内容如下。

第 1 章介绍数据库系统的基本概念、数据模型，以及 Access 2016 的基本功能、基本操作，创建与管理数据库的方法，Access 2016 数据库的组成对象等内容，要求读者重点掌握关系数据库的基础知识。

第 2 章介绍创建数据库和表的方法。

第 3 章介绍数据表查询设计基本操作方法。

第 4 章介绍创建窗体的各种方法及对窗体的再设计。

第 5 章介绍创建报表的各种方法、创建报表的计算字段、报表中的数据排序与分组等。

第 6 章介绍宏的创建和使用。

第 7 章介绍 Access 2016 的 VBA 编程技术。

由于编写人员水平有限，教材中难免存在疏漏之处，敬请广大读者批评指正，以便进一步修改完善。

编者

2024 年 1 月

《Access 数据库应用案例教程》

片头

目录 CONTENTS

第 1 章 数据库基础与 Access 2016

学习要点

◇ 数据库基本概念。
◇ 数据库系统组成。
◇ 数据模型。
◇ 关系数据库。
◇ 构建数据库模型。
◇ Access 2016 界面与基础操作。
◇ 数据库的六大对象。
◇ 各种对象的主要概念和功能。

学习目标

通过本章的学习，读者将了解数据库的基本概念，如数据、数据库、数据库系统和数据库管理系统等，并且能够掌握数据库管理系统的功能和基本原理，为学习关系型数据库系统打下坚实的基础。此外，读者还将对 Access 2016 数据库的功能有一个直观的认识。与以前版本相比，Access 2016 采用了全新的用户界面，这对用户的学习构成了一定的挑战。因此，通过本章的学习，读者能熟悉 Access 2016 的新界面，了解功能区的组成以及命令选取的方法等。在学习过程中，读者还应该建立起数据库对象的概念，了解 Access 的六大数据库对象及其主要功能。

课程思政

支付宝是蚂蚁科技集团股份有限公司旗下业务，成立于 2004 年，历经 19 年发展，现在成为国内领先的第三方支付开放平台之一。

支付宝作为世界上最大的移动和在线支付平台之一，其背后复杂的数据处理系统保证了每一笔交易的安全与高效。数据库技术，作为现代信息系统的核心，其重要性不言而喻。在中国的数字化转型中，数据库技术扮演着至关重要的角色。

数据库技术的应用，正如长城的每一块砖石，稳固而可靠，支撑起了庞大的数据交换体系。中国千千万万的技术人员用智慧和能力，共同构筑了伟大的线上支付蓝图，体现了精益求精、敢想敢做的创新精神。

1.1 数据库简介

作为应用系统的核心和管理对象，数据库是一种组织方式，用于将相关的数据以一定的方式组织在一起并存放在计算机存储器上。它是能够为多个用户共享的、同时与应用程序彼此独立的一组相关数据的集合。数据库将各种数据以表的形式存储，并利用查询、窗体以及报表等形式为用户提供服务。

1.1.1 数据库的基本概念

数据库是按一定关系把相关数据组织、存储在计算机中的数据集合。数据库中不仅存放数据，而且还存放数据之间的联系。

数据是指存储在某一种媒体上能够识别的物理符号。例如，某人年收入 100 000 元，月开销 5 000 元，其中的数值 100 000、5 000 就是数据。而数据库中的数据是广义的数据，包括数字、字母、文字、图形、图像、动画、影像、声音等多媒体数据。

数据处理是指将数据转换成信息的过程。例如，某人的收入属于原始数据，若要计算收入增量，可以使用当前收入减入职收入。

在日常工作中，需要处理的数据量往往很大，为便于计算机对其进行有效的处理，可以将采集到的数据存放于磁盘、光盘等外存介质的“仓库”中，这个“仓库”就是数据库（Data Base，DB）。数据集中存放在数据库中，便于对其进行处理，提炼出对决策有用的数据和信息。这就如同一个工厂生产出产品要先存放在仓库中，这样既便于管理，又便于分期分批地销售。比如一个学校采购了大量的图书并存放在图书馆（书库）中，供学生借阅。因此数据库就是在计算机存储器中用于存储数据的仓库。正如图书馆需要管理员和一套管理制度一样，数据库的管理也需要一个管理系统，这个管理系统就称为数据库管理系统（Data Base Management System，DBMS），以数据库为核心，并对其进行管理的计算机系统称为数据库系统（Data Base System，DBS）。

1.1.2 数据库系统介绍

1. 数据库系统的三级模式结构

数据库系统的三级模式结构是指数据库系统由外模式、模式和内模式三级构成，如图 1-1 所示。

（1）模式。模式（Schema）也称逻辑模式，是数据库中全体数据的逻辑结构和特征的描述，是所有用户的公共数据视图。它是数据库系统模式结构的中间层，不涉及数据的物理存储细节和硬件环境，与具体的应用程序、所使用的应用开发工具及高级程序设计语言（如C，Java，Python）无关。定义模式时不仅要定义数据的逻辑结构，例如，数据记录由哪些数据项构成，数据项的名字、类型、取值范围等，而且要定义与数据有关的安全性、完整性的要求，及这些数据之间的联系。

（2）外模式。外模式（External Schema）也称子模式或用户模式，是数据库用户（包括应用程序员和最终用户）看见和使用的局部数据的逻辑结构和特征的描述，是数据库用户的数据视图，是与某一应用有关的数据的逻辑表示。

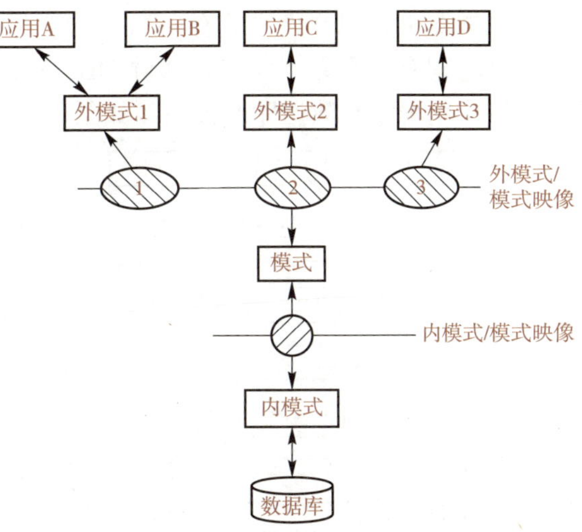

图 1–1 数据库系统的三级模式结构

（3）内模式。内模式（Internal Schema）也称存储模式，是数据物理结构和存储结构的描述，是数据在数据库内部的表示方式。数据库只有一个内模式。

数据库系统的三级模式是数据的三个级别的抽象，使用户能逻辑地、抽象地处理数据，而不必关心数据在计算机中的物理表示和存储。为了实现三个抽象层次的联系和转换，数据库系统在三个模式中提供两层映像，即外模式 / 模式映像和模式 / 内模式映像。正是这两层映像保证了数据库系统中的数据能够具有较高的逻辑独立性和物理独立性。

2. 数据库系统的组成

数据库系统是指具有数据库管理功能的计算机系统，是由硬件、软件、数据和人员组合起来为用户提供信息服务的系统。数据库系统的软件主要包括支持DBMS运行的操作系统以及DBMS本身，此外，为了支持开发应用系统，还要有各种高级语言及其编译系统。它们为开发应用系统提供了良好的环境，这些软件均以DBMS为核心。数据库系统人员即管理、开发和使用数据库的人员，主要是数据库管理人员（Data Base Administrator，DBA)、系统分析员、应用程序员和用户，不同的人员涉及不同的数据抽象级别。数据库管理人员是数据资源管理机构的一组人员，负责全面管理和控制数据库系统。系统分析员负责应用系统的功能及模式设计。应用程序员负责设计应用系统的程序模块，根据数据库的外模式来编写应用程序。用户是指最终用户，他们通过应用系统的用户接口使用数据库，常用的接口方式有菜单驱动、表格操作、图形显示和报表书写等，这些接口为用户提供简明而直观的数据表示，如图1–2所示为数据库系统的构成。

一般而言，数据库系统由计算机的软、硬件资源组成，可以有组织地动态存储大量的关联数据，方便多用户访问。数据库系统与文件系统的重要区别在于数据的充分共享、交叉访问以及应用程序的高度独立性。

数据库主要解决以下三个问题。

（1）有效地组织数据。主要是对数据进行合理设计，以便计算机高效存储。

（2）将数据方便地输入计算机中。

（3）根据用户的要求将数据从计算机中提取出来。

数据库也是以文件方式存储数据的，但它是数据的一种高级处理方式。在应用程序和数据库之间有一个数据库管理软件 DBMS（Data Base Management System），即数据库管理系统。应用程序与数据库的关系，如图 1–3 所示。

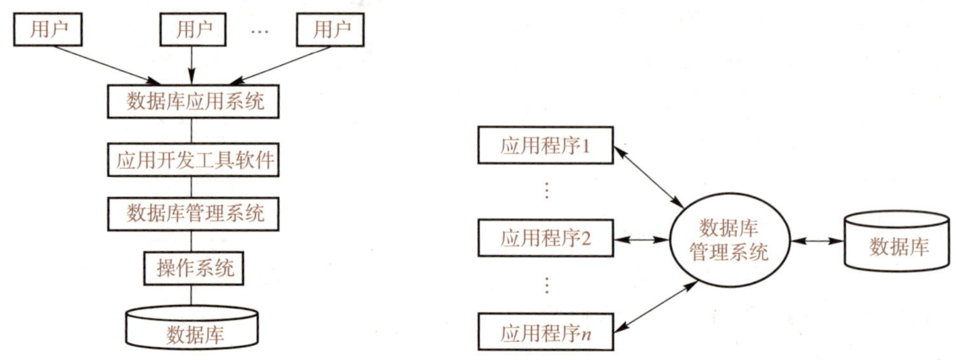

图 1–2　数据库系统的构成　　图 1–3　应用程序与数据库的关系

数据库系统和文件系统的区别：数据库对数据的存储是按照同一结构进行的，其他应用程序可以直接操作这些数据（即应用程序的高度独立性）；而文件系统对数据的存储缺乏规范性，根据用户的需要可随意存储。

1.1.3　数据库系统的特点

数据库系统的出现是计算机数据处理技术的重大进步，具有以下五大特点。

1. 实现数据共享

数据共享允许多个用户同时存取数据而互不影响，这个特征正是数据库技术先进性的体现。数据共享包括以下三个方面。

（1）所有用户可以同时存取数据。

（2）数据库不仅可以为当前用户服务，也可以为将来的新用户服务。

（3）可以使用多种程序设计语言完成与数据库的接口。

2. 实现数据独立

所谓数据独立是指应用程序不随数据存储结构的改变而变动。这是数据库系统最基本的优点。数据独立包括以下两个方面。

（1）物理数据独立。数据的存储方式和组织方法改变时，不影响数据库的逻辑结构，从而不影响应用程序。

（2）逻辑数据独立。数据库逻辑结构变化（如数据定义的修改、数据间联系的变更等）时，不会影响用户的应用程序，即用户的应用程序无须修改。

数据独立提高了数据处理系统的稳定性，从而提高了程序维护的效率。

3. 减少数据冗余度

用户的逻辑数据文件和具体的物理数据文件不必一一对应，其中可存在“多对一”的重叠关系，可以有效地节省存储资源。

4. 避免数据的不一致性

由于数据只有一个物理备份，所以数据的访问不会出现不一致的情况。

5. 加强对数据的保护

数据库中加入了安全保密机制，可以防止对数据的非法存取。由于对数据库进行集中控制，因此更有利于确保控制数据的完整性。数据库系统采取了并发访问控制，保证了数据的正确性。另外，数据库系统还采取了一系列措施来实现对数据库破坏的恢复。

1.1.4 关系型数据库概述

关系型数据库（Relational Database）是若干个依照关系模型设计的数据表文件的集合，也就是说关系数据库是由若干张依照关系模型设计的二维表组成的。

由于关系型数据库以具有与数学方法相一致的关系模型设计的数据表为基本条件，因此每个数据表之间具有独立性的同时，若干个数据表之间又具有相关性，这个特点使关系数据库具有极大的优越性，并能得以迅速普及。关系数据库有以下四个特点。

（1）以面向系统的观点组织数据，使数据具有最小的冗余度，支持复杂的数据结构。

（2）具有高度的数据和程序的独立性，用户的应用程序与数据的逻辑结构以及数据的物理存储方式有关。

（3）由于数据具有共享性，因此数据库中的数据能为多个用户服务。

（4）关系数据库允许多个用户同时访问，同时提供了各种控制功能，从而可以保证数据的安全性、完整性和并发性控制。

1.2 Microsoft Access 2016 简介

Access 2016 是 Microsoft 公司于 2015 年推出的数据库系统，是 Microsoft 办公软件包 Office 2016 的一部分。作为一种新型的关系型数据库，它能够帮助用户处理各种海量的信息，不仅能存储数据，更重要的是能够对数据进行分析和处理，使用户将精力聚焦于各种有用的数据。

Access 2016 是简便、实用的数据库管理系统，提供了大量的工具和向导。即使没有编程经验的用户也可以通过其可视化的操作来完成绝大部分的数据库管理和开发工作。

1.2.1 Access 2016 的启动与退出

在 Windows 操作系统中，有几种方法可以方便地启动和退出 Access 2016。

1. Access 2016 的启动

成功安装 Access 2016 后，就可以运行这个程序了。

启动 Access 2016 的方法和启动其他软件的方法一样。Access 2016 的启动步骤如下。

（1）单击任务栏上的【开始】按钮。

（2）打开【所有程序】级联菜单。

（3）执行【Microsoft Office】|【Microsoft Access 2016】命令，就可启动 Access 2016 了。

（4）启动 Access 2016，进入 Access 2016 起始页，如图 1-4 所示。

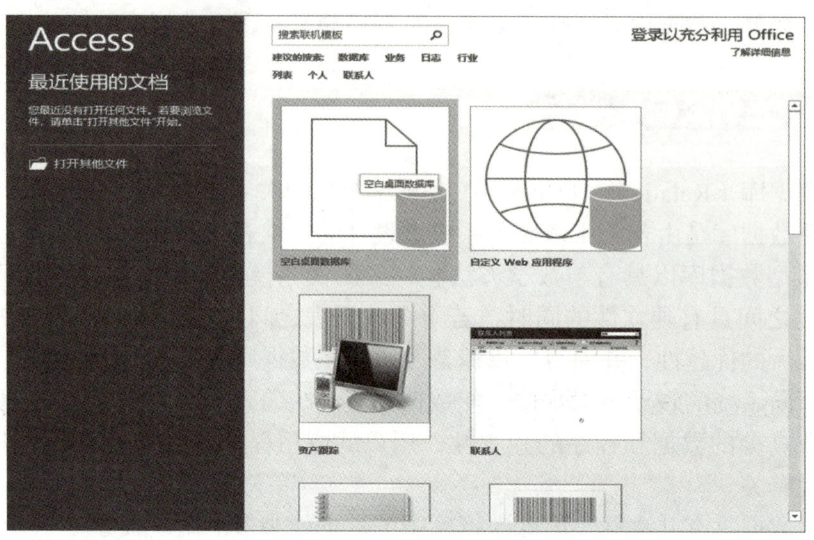

图 1-4　Access 2016 起始页

（5）单击右下方的【空白桌面数据库】按钮，即可按照默认方式创建一个数据库系统，并进入 Access 2016 工作界面，如图 1-5 所示。

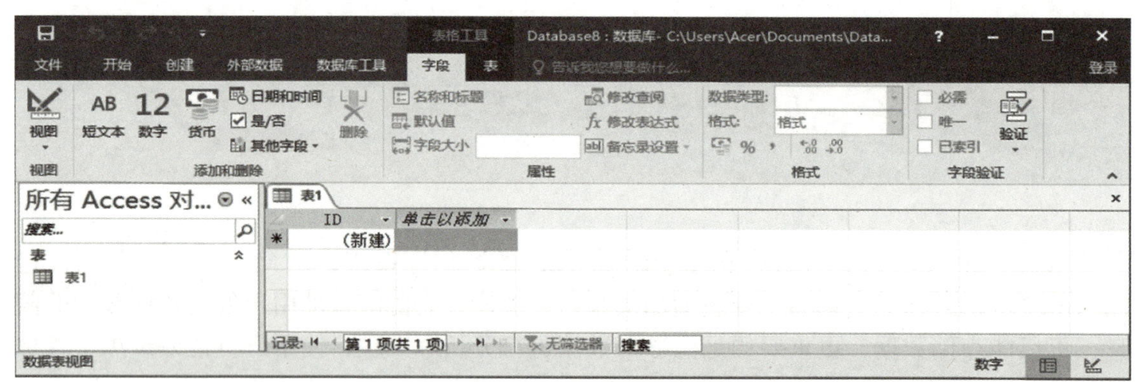

图 1-5　Access 2016 工作界面

最简单而直接的启动方法，是在桌面上建立 Access 2016 的快捷方式，只需双击桌面上的快捷方式图标，就可以方便、快捷地启动系统。

建立桌面快捷方式的步骤如下。

（1）单击任务栏上的【开始】按钮。

（2）打开【所有程序】级联菜单。

（3）在【Microsoft Office】|【Microsoft Access 2016】命令上右击。

（4）在弹出的快捷菜单中选择【发送到】|【桌面快捷方式】选项。

2. Access 2016 的退出

退出 Access 2016 的方法有以下几种。

（1）单击标题栏右侧的【关闭】按钮。

（2）按【Alt+Space】组合键，在弹出的快捷菜单中执行【关闭】命令。

（3）在任务栏中文件名上右击，在弹出的快捷菜单中执行【关闭】命令。

（4）按【Alt+F4】组合键。

（5）依次按【Alt】、【F】和【X】键。

提示：在打开另一个数据库的同时，Access 2016 将自动关闭当前的数据库。

1.2.2　Access 2016 的系统窗口组成

启动 Access 2016 时，首先会出现 Access 标识，然后创建空白数据库，并打开其系统主窗口，如图 1-6 所示。

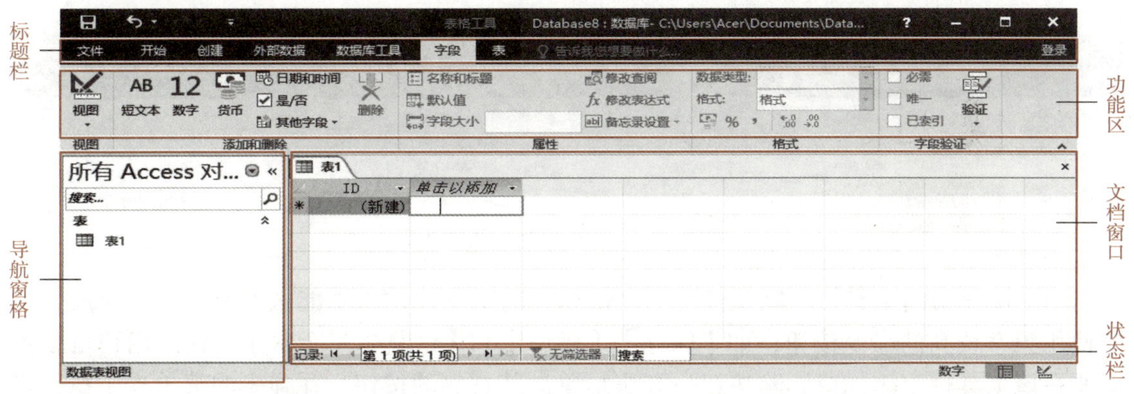

图 1-6　Access 2016 系统主窗口

Access 窗口由五部分组成，即标题栏、功能区、文档窗口、导航窗格和状态栏。

1. 标题栏

标题栏主要包括标题、最小化、最大化、还原及关闭窗口的按钮，如图 1-7 所示。

图 1-7　Access 2016 的标题栏

2. 功能区

功能区位于程序窗口顶部，其最大优势就是将菜单、工具栏、任务窗格和其他 UI(User Interface，用户界面）组件等 Access 2016 的大部分命令，都集中在该区域，从而方便用户执行需要的命令。

功能区主要包含命令选项卡、上下文命令选项卡、快速访问工具栏和窗口控制按钮等几个部分。

（1）命令选项卡。Access 2016 中常用的命令分类放置在功能区的【开始】、【创建】、【外部数据】和【数据库工具】四个命令选项卡中，要切换到某个选项卡，只需单击相应的选项卡标签即可，如图 1-8 所示。在每个选项卡中，命令按钮又被分类放置在不同的组中，例如，在【开始】选项卡中有【视图】组、【剪贴板】组、【排序和筛选】组等。

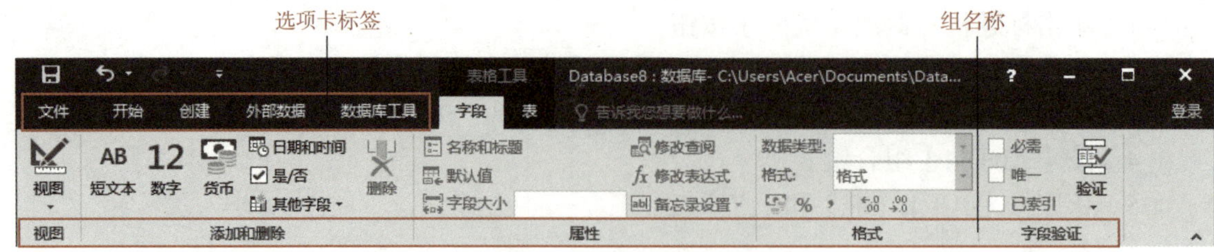

图 1-8　命令选项卡

（2）上下文命令选项卡。上下文命令选项卡是根据用户正在使用的对象或正在执行的任务而自动显示的命令选项卡，它包含的命令与当前执行的任务相关。例如，当用户新建了一个数据表时，会出现【表格工具－字段】和【表格工具－表】选项卡，其包含的命令都与数据表的操作有关，如图 1-9 所示。

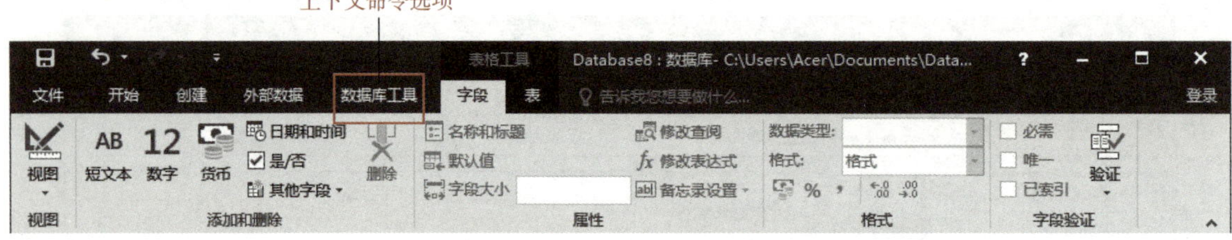

图 1-9　上下文命令选项卡

（3）快速访问工具栏。默认情况下，快速访问工具栏位于功能区左上方，用于放置一些使用频率较高的命令按钮，如【保存】、【撤销】和【恢复】三个常用按钮。用户可根据需要在该工具栏中添加或删除按钮。方法是单击其右侧的按钮，在弹出的菜单栏中执行需要的命令，如图 1-10 所示。

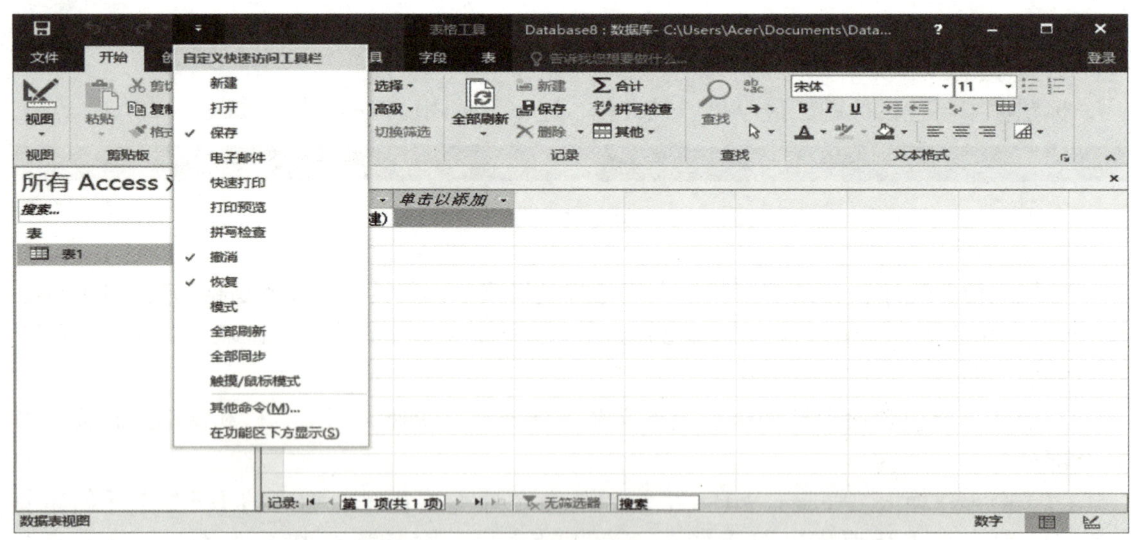

图 1-10　自定义快速访问工具栏

（4）窗口控制按钮。单击功能区右上角的按钮，可以最小化、最大化、还原或关闭 Access 程序窗口。

1.3　创建与管理数据库

1.3.1　创建数据库

数据库是“按照数据结构来组织、存储和管理数据的仓库”。执行数据仓库的功能。因此在创建数据库系统之前，最先做的应是创建一个数据库。

在 Access 2016 中，可以用多种方法建立数据库，既可以使用数据库建立向导，也可以直接建立一个空数据库。建立了数据库后，就可以在里面添加表、查询、窗体等数据库对象了。

下面将分别介绍创建数据库的几种方法。

课堂案例 1-1　创建空数据库

先建立一个空数据库，以后根据需要向空数据库中添加表、查询、窗体和宏等对象，这样能够灵活地创建更加符合实际需要的数据库系统。建立一个空数据库的操作步骤如下。

（1）启动 Access 2016，并进入起始页，然后在右侧窗格中单击【空白桌面数据库】选项，如图 1-11 所示。

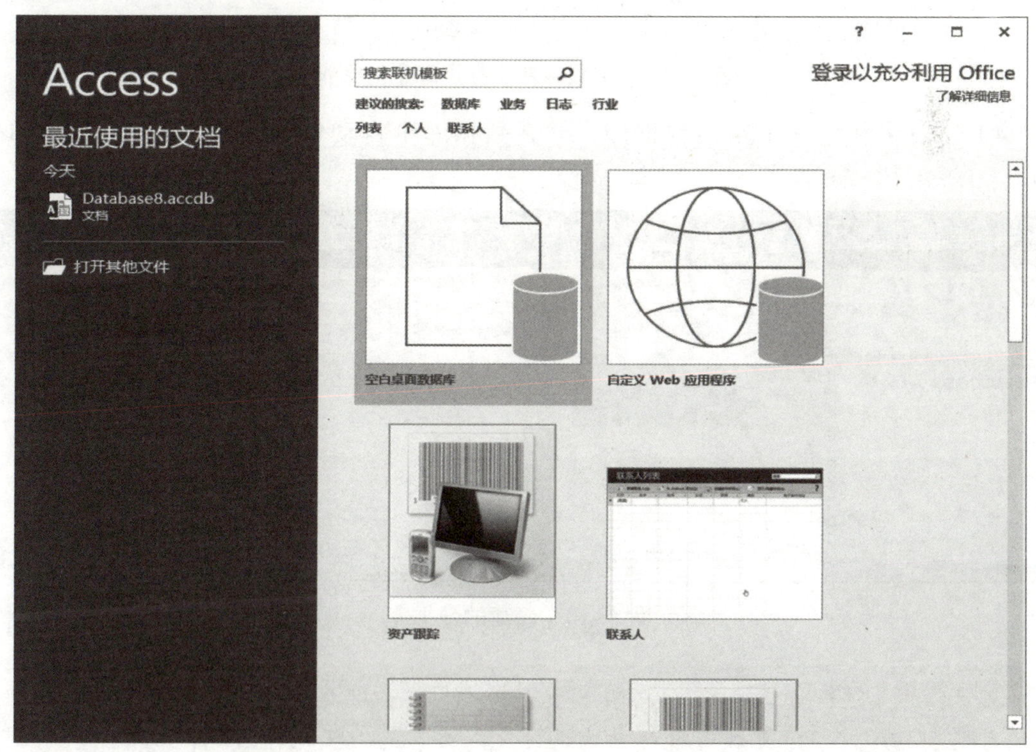

图 1-11　空白桌面数据库选项

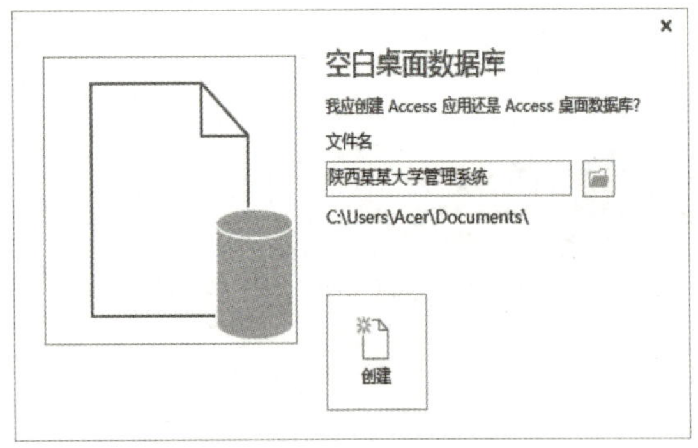

图 1–12　创建数据库

（2）在跳出窗格中的【文件名】文本框中输入新建文件的名称【陕西某某大学管理系统】，如图 1–12 所示，再单击【创建】按钮。

（3）若要改变新建数据库文件的位置，可以在上图中单击【文件名】文本框右侧的文件夹按钮，弹出【文件新建数据库】对话框，选择文件的存放位置，在【文件名】文本框中输入文件名称，再单击【确定】按钮，如图 1–13 所示。

图 1–13　【文件新建数据库】对话框

（4）这时将新建一个空白数据库，并在数据库中自动创建一个数据表，如图 1–14 所示。

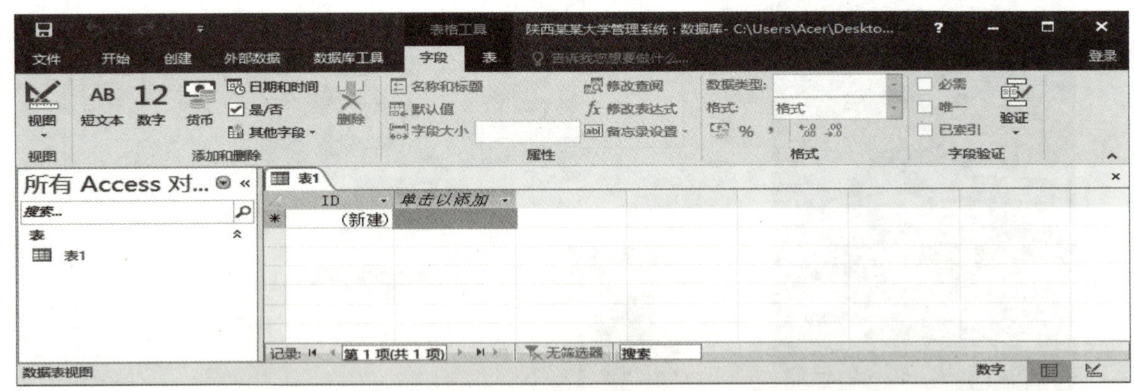

图 1–14　新建的数据库

提示：运用这种方法，Access 2016 大大提高了建立数据库的简易程度。运用这种方法建立的数据库，可以更加有针对性地设计自己所需要的数据库系统，相对于被动地使用模板而言，增强了使用者的主动性。

课堂案例 1-2　利用模板创建数据库

Access 2016 提供了十二个数据库模板。使用数据库模板，用户只需要进行一些简单操作，就可以创建一个包含表、查询等数据库对象的数据库系统。

下面利用 Access 2016 中的模板，创建一个【联系人】数据库，具体操作步骤如下。

（1）启动 Access 2016，进入起始页，然后在左侧导航窗格中执行【新建】命令，在中间窗格中单击【样本模板】选项，从列出的十二个模板中选择需要的模板，这里选择【联系人】选项，新建联系人数据库，如图 1-15 所示。

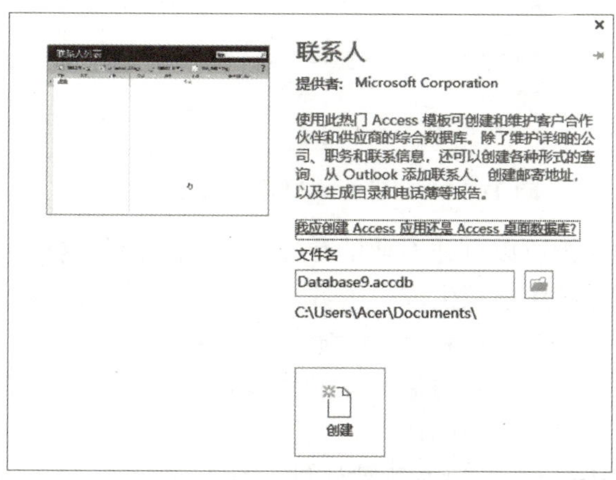

图 1-15　【联系人】选项

（2）在弹出窗格的【文件名】中输入想要采用的数据库文件名，然后单击【创建】按钮，完成数据库的创建。创建的数据库，如图 1-16 所示。

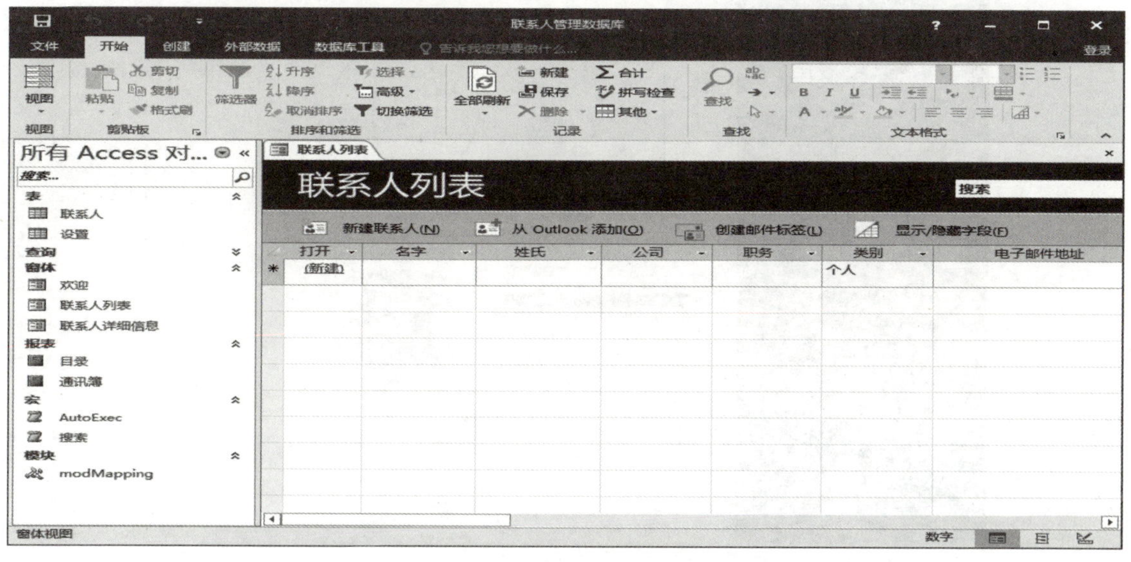

图 1-16　联系人管理数据库

（3）这样就利用模板创建了【联系人】数据库。单击图中【联系人列表】选项卡下的【新建】按钮，弹出如图 1-17 所示的【联系人详细信息】对话框，即可输入新的联系人资料。

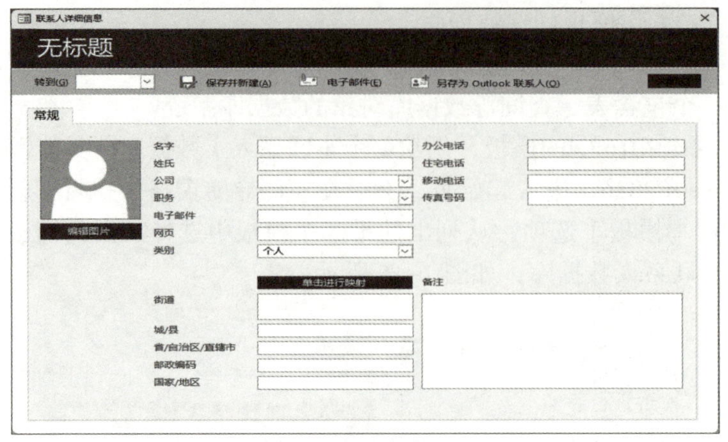

图 1–17 【联系人详细信息】对话框

可见，通过数据库模板可以创建专业的数据库系统，但是这些系统有时不太符合要求。因此最简便的方法就是先利用模板生成一个数据库，然后再进行修改，使其符合要求。

课堂案例 1–3 打开【图书借阅管理系统】数据库

在创建数据库并保存在本地磁盘后，以后要编辑或使用该数据库时，就需要将其打开。这是数据库操作中最基本、最简单的操作。

（1）启动 Access 2016 后，窗口左侧默认显示最近使用的文档名称，如图 1–18 所示。

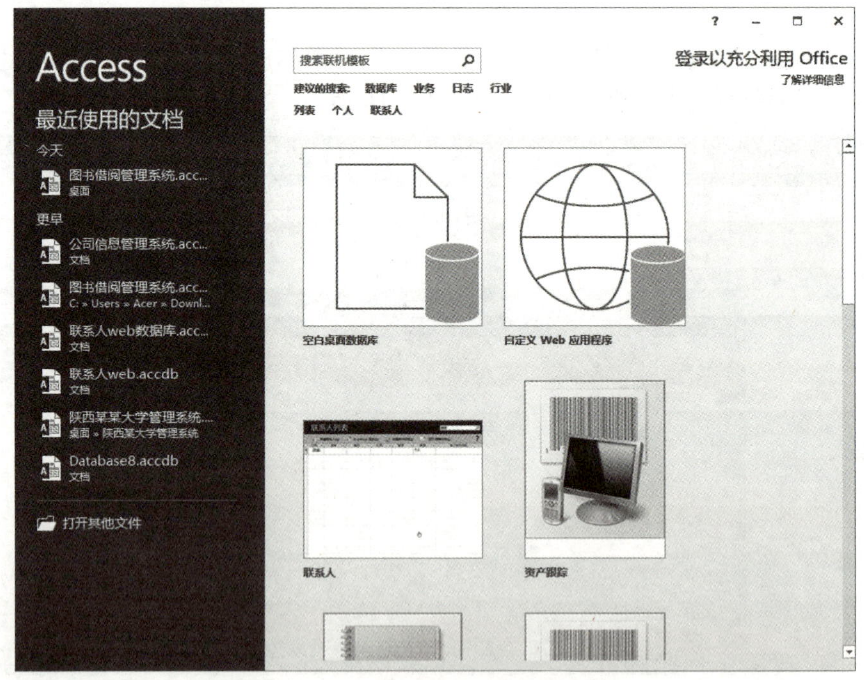

图 1–18 最近使用的文档名称

（2）若要使用的数据库不在最近使用的文档模块中，则单击【打开其他文件】选项，打开【打开】页面，如图 1–19 所示，在打开页面中可以查看更多最近使用过的文档名称，单击文档名即可打开数据库。

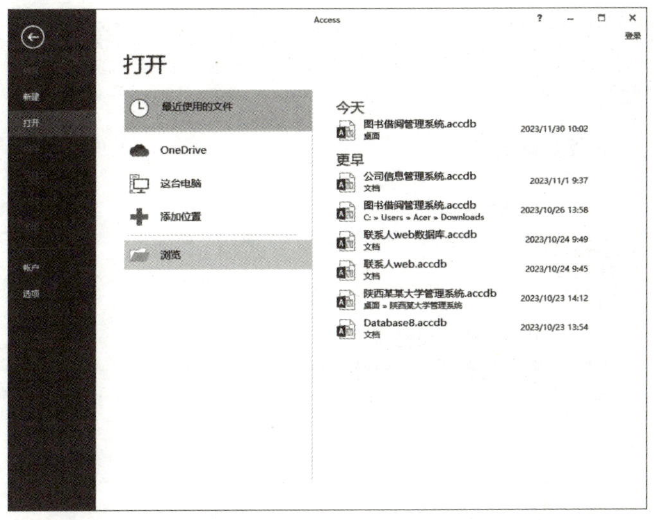

图 1–19　【打开】页面

（3）Access 文档若时间过久，不能直接通过以上两种方式直接打开，则可以在打开页面中单击【浏览】选项，在弹出的打开界面中，从系统全部文档中选择要打开的文件，如图 1–20 所示。

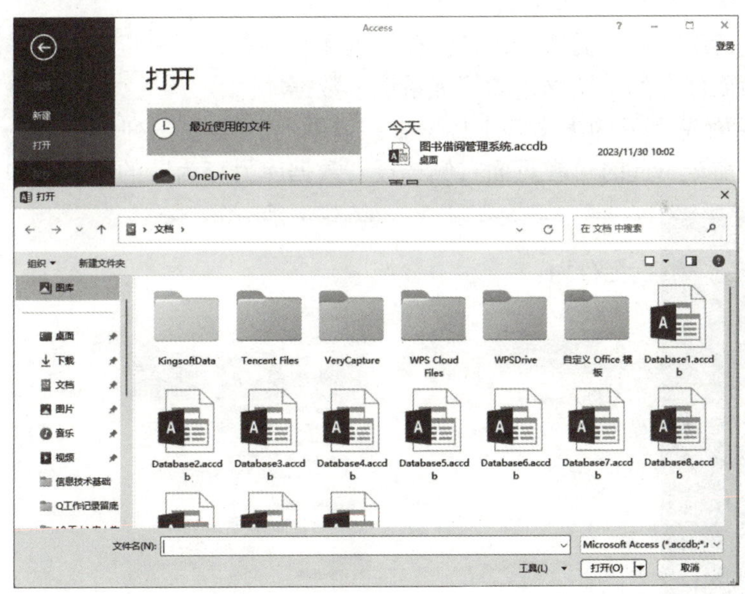

图 1–20　系统文档中打开文件

1.3.2　保存数据库

创建或打开数据库，并对其进行编辑后，就需要将数据库保存。保存 Access 数据库的方法有很多种，下面简单介绍三种。

（1）单击界面左上方的【文件】标签，执行左侧视图列表中的【保存】命令，即可保存当前数据库，如图 1–21 所示。

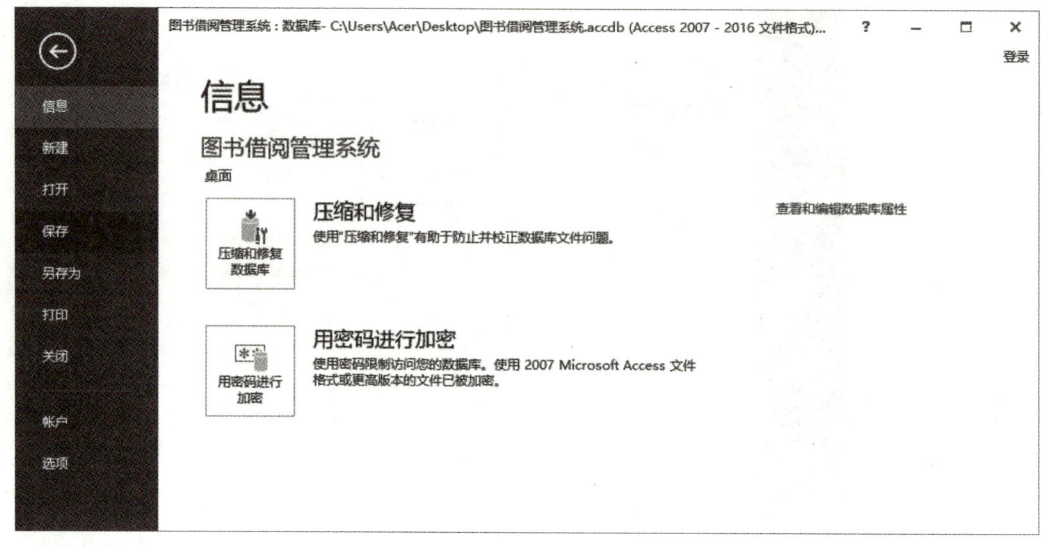

图 1–21　保存数据库

（2）按下【Ctrl+S】组合键，可以快速保存当前文档。

（3）单击快速访问工具栏中的【保存】按钮，也可以保存文档。

课堂案例 1–4　为图书借阅管理系统另存数据库

对数据库进行编辑后，需要更改其保存位置和文件名，可执行以下操作。

（1）打开前面保存的【图书借阅管理系统】数据库。

（2）单击界面左上方的【文件】标签，接着执行左侧视图列表中的【另存为】命令，打开【另存为】命令，此时可在页面右侧选择"数据库另存为"的方式，如图 1–22 所示。

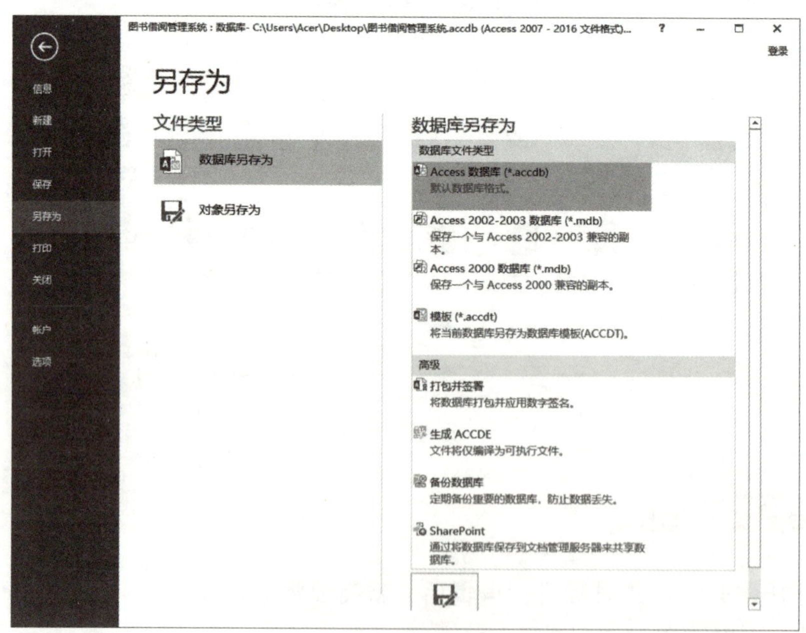

图 1–22　数据库另存为

（3）单击【是】按钮，将弹出【另存为】对话框，选择文件的存放位置，然后在【文件名】文本框中输入文件名称，单击【保存】按钮即可，如图 1–23 所示。

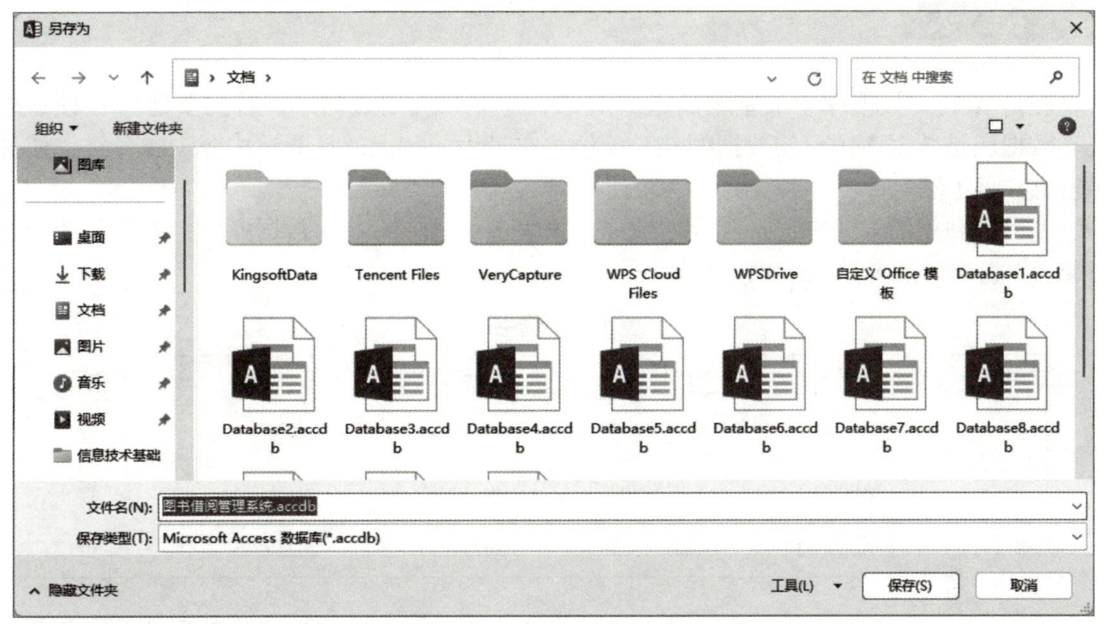

图 1–23 【另存为】对话框

1.3.3 关闭数据库

关闭数据库可以用以下方法。

（1）在 Access 主菜单中，执行【文件】|【关闭数据库】命令。

（2）单击数据库窗口右上角的【关闭】按钮。

1.4 Access 2016 数据库的组成对象

Access 数据库主要由表、查询、窗体、报表、宏和模块六大对象组成。Access 的功能主要就是通过这六大对象来实现的。因此，只要掌握了这六大对象的创建和编辑方法，也就掌握了 Access 2016 的主要功能。

Access 2016 数据库是一个独立的文件，其扩展名为 .accdb。Access 数据库中的所有对象，包括表、查询、窗体和报表等都放置在数据库文件中。

本书后面的章节中，将通过【图书借阅管理系统】数据库的设计和制作，来讲解创建和编辑表、查询、窗体、报表及宏等数据库对象的方法。

为了了解这几个数据库对象的特点和作用，读者可打开已制作好的【图书借阅管理系统】数据库，然后根据下面的讲解对相关知识进行练习。

1.4.1 表

表是 Access 数据库中最基本的组成对象。建立和规划数据库，首先要建立各种数据表。数据表是数据库中存储数据的唯一单位，它最大的特点就是能够按照主题分类，使各种信息一目了然。

表以行和列的方式来记录和存储数据，见表 1–1。在 Access 数据库中，表是其他几个对象（如查询、报表等）的数据源。

表 1–1　借书表

借阅编号	图书编号	会员证编号	借阅日期	还书日期	罚款已缴
1	A000001	A2017130239	2023/6/14	2023/7/16	否
6	A000003	A2017130239	2023/6/15	2023/7/15	否
7	A000002	A2017130239	2023/6/19	2023/6/15	否

由表 1–1 可以看出，数据库表在外观上与 Excel 电子表格相似，两者都是以行和列存储数据。这样，可以很容易地将 Excel 电子表格导入到数据库表中。

虽然不同表存储的数据不同，但它们都有共同的表结构，即字段和记录。表中除标题行之外的每一行称为一条记录（每一条记录包含一个或多个字段），用来描述一个对象的信息。表的每一列称为一个字段，用来描述对象的一个属性，最上方的标题行显示了字段名称（必须有字段名称）。

1. 了解表关系

在 Access 中，一个数据库通常由若干个表组成，并且在每个表的数据之间，以及每个表之间都存在联系。

例如，在如图 1–24 所示的【图书借阅管理系统】数据库中包含三个基本表——会员表、图书借阅表和图书表。在会员表中根据读者的会员证编号可查到读者的姓名、性别、地址和联系电话等。而如果要查询某读者的借阅情况，可首先在会员表中根据会员证编号找到该读者的信息，再根据会员证编号在图书借阅表中找到该会员证编号所借图书的编号。最后，根据图书编号在图书表中找到相对应的图书信息。

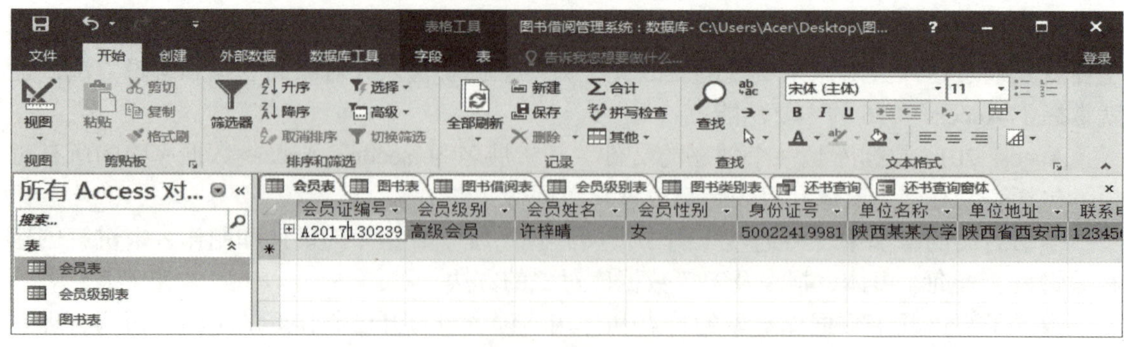

图 1–24　会员表、图书借阅表和图书表

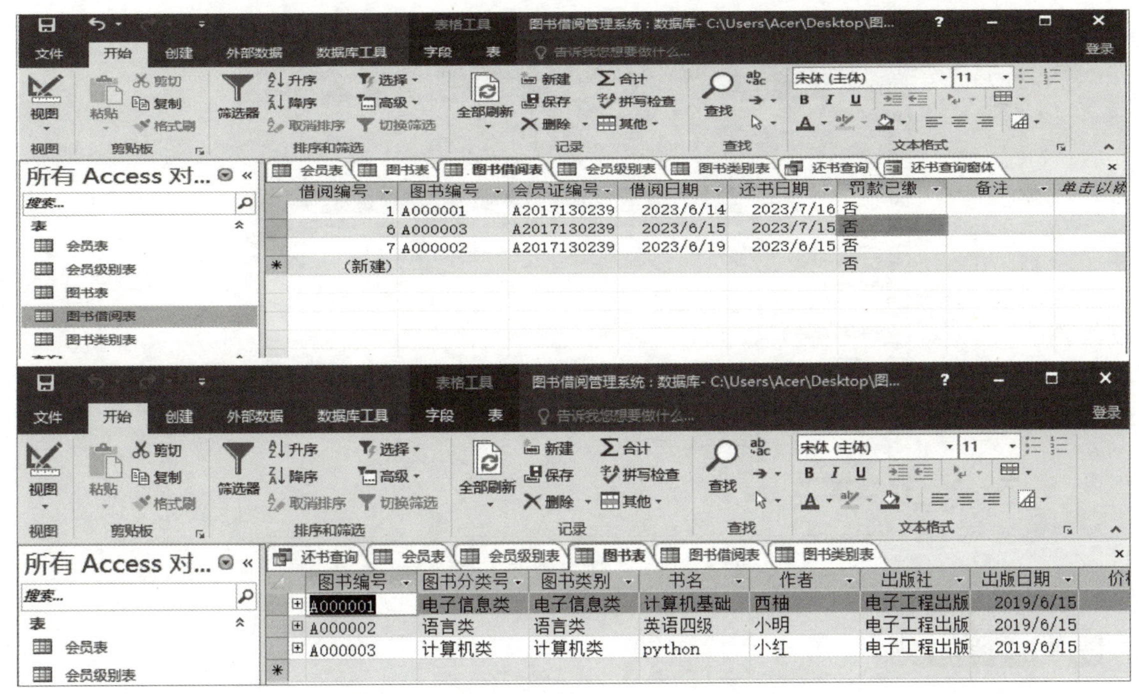

图 1-24　会员表、图书借阅表和图书表（续）

三个表之间的联系方式：图书表与图书借阅表通过【图书编号】字段相联系，会员表与图书借阅表通过【会员证编号】相联系。也就是说，三个表之间的联系是通过【图书编号】和【会员证编号】这两个公共字段来体现的。

2．表设计原则

作为数据库中其他对象的数据源，表的结构好坏直接影响到数据库的性能。用户在设计 Access 数据库中的表时，应遵循以下四个原则。

（1）表中每个属性（字段）必须是不可分割的数据单元。

（2）在同一个表中不允许有完全相同的记录，否则会出现数据冗余，并增加数据出错和不一致的可能性。

（3）在同一个表中不能出现相同的属性名，即不允许同一个表中有相同的字段名。

（4）在同一个表中记录的次序、字段的次序可以任意交换，不影响其信息内容。

1.4.2　查询

查询是数据库中应用最多的对象之一，其最常用的功能是从表中检索出特定的数据并生成一个查询表。要查看的数据通常分布在多个表中，通过查询可以将存储在多个不同表中的数据检索出来，并在一个数据表中显示这些数据。另外，用户通常不需要一次看到所有的记录，而只是查看某些符合条件的特定记录，此时可以通过在查询中添加查询条件，以筛选出有用的数据。例如，可以将存储在多个表中的图书信息检索出来，并生成一个新的查询表来显示这些数据，如图 1-25 所示。

查询和数据表最大的区别在于查询中的所有数据都不是真正存在的。查询实际上是一个固定化的筛选，它将数据表中的数据筛选出来，并以数据表的形式返回筛选结果。

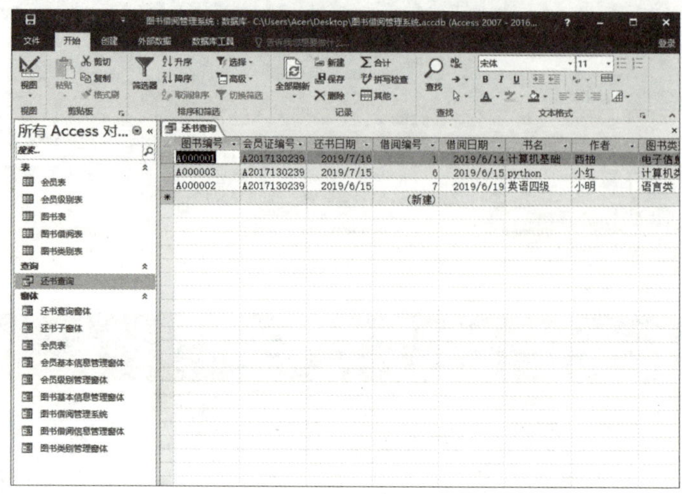

图 1–25 【还书查询】查询表

1.4.3 窗体

窗体又被称为【数据输入屏幕】，是用于处理数据的界面，通常包含一些可执行各种命令的按钮。由于在表中直接输入或修改数据不直观，并且容易出现错误，为此，可以专门设计相应的窗体来输入、修改、显示或查询数据等。

窗体提供了一种简单易用的处理数据的方式，可以向窗体中添加一些功能元素，如命令按钮，通过对按钮进行编程可以确定在窗体中显示哪些数据，打开其他窗体或报表，或者执行其他任务等。

例如，在【图书借阅管理系统】数据库中，可利用【读者基本信息】、【借还书登记】和【图书入库信息】等窗体来录入相关信息，这些信息将自动添加到相应表中，如图 1–26 所示。

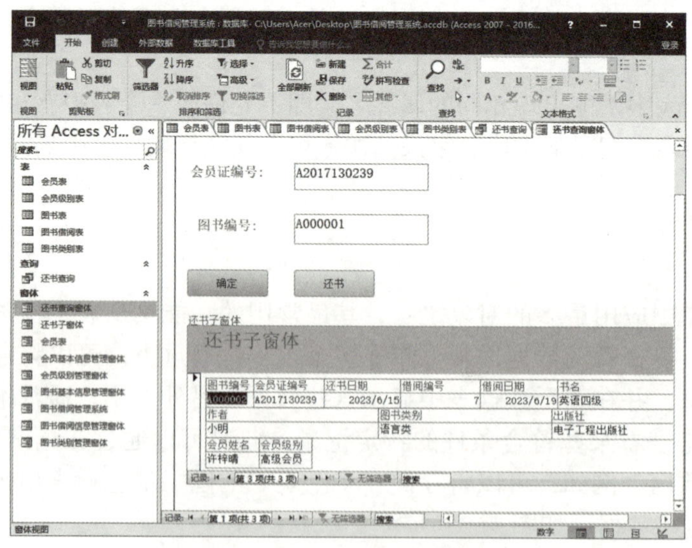

图 1–26 【还书查询】窗体

1.4.4　报表

报表主要用于打印和显示数据库中的特定数据，一个报表通常可以回答一个特定问题，如【读者借书情况】或者【客户分布情况】等，如图1-27所示。报表中的大多数信息来自表、查询或结构化查询语言（SQL）语句。

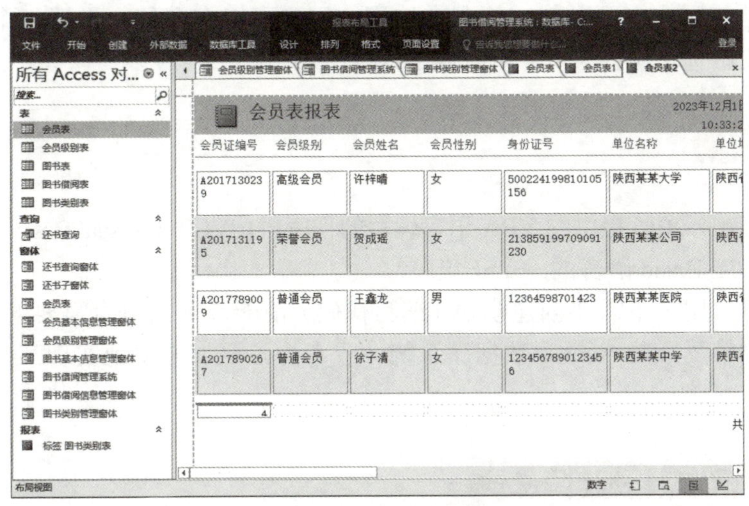

图1-27　会员表报表

使用报表还可以创建标签，如图1-28所示。将标签报表打印出来后裁成一个个小标签，贴在相应货物或物品上，便于对货物进行标识和管理。

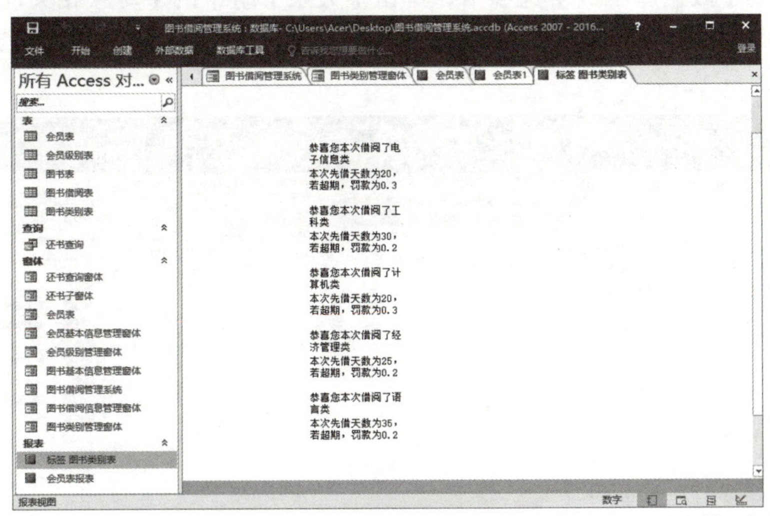

图1-28　图书类别表标签

1.4.5　宏

可以将宏看作是一种简化的编程语言。使用宏，不需要编写任何代码即可实现一定的交互功能，或者自动完成某些任务。例如，使用宏可以快速执行打开表或窗体、运行查询、运行打印、修改数据表结构、修改数据表中的数据、插入记录、删除记录、关闭数据表、运行其他宏、执行菜单命令以及为打开的窗口规定尺寸等指令。当数据库中有大量重复性的工作需要处理时，使用宏是最佳的选择。

宏有多种类型，它们之间的区别在于用户触发宏的方式。例如，有的由按键触发，被称为按键宏；有的由事件触发，被称为事件宏；还有的由特定的操作触发，被称为条件宏。

宏可以单独使用，也可以与窗体配合使用。用户可以在窗体上设置一个命令按钮，当用鼠标单击该按钮时，就会执行一个指定的宏。

1.4.6 模块

模块是用 Access 2016 提供的 VBA 语言编写的程序段。VBA（Visual Basic for Applications）是 Microsoft Visual Basic 语言的一个子集。

一般情况下，用户不需要创建模块（编写代码）便能设计出符合需要的数据库。但是，如果需要建立比较复杂的 Access 数据库系统，或者为了更加方便地实现某些功能，使用模块是最佳的选择。

1.4.7 数据库对象间的关系

Access 2016 数据库对象之间是相互关联的，例如，一个查询可以同时与多个表相关联。查看数据库对象间关系的方法是在 Access 2016 操作界面的导航窗格中单击选中某一表，然后切换到【数据库工具】选项卡，单击【关系】组中的【对象相关性】按钮，将在右侧打开【对象相关性】任务窗格，将此窗格中的【+】号全部展开，可以预览所有的关系，如图 1-29 所示。

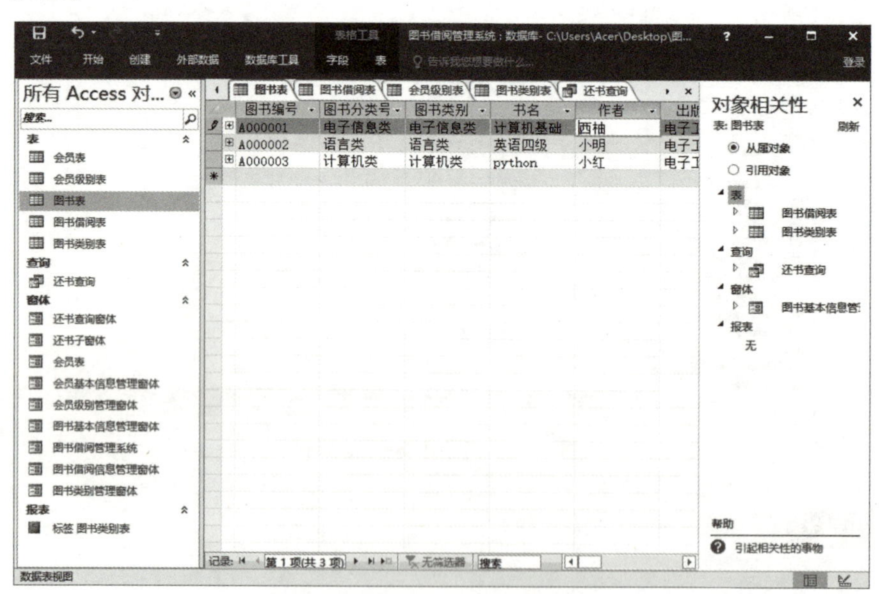

图 1-29 查看【对象相关性】

通常查询、窗体、报表、宏和模块对象都与表对象相互关联，报表、宏和模块可与窗体相互关联，当然主载体还是表。因此删除表时一定要注意查看一下关系，以免影响其他对象的功能。

课后小结

1. 请描述数据库管理系统（DBMS）的基本功能，并解释Microsoft Access在这些功能中的应用。

2. 讨论Access 2016中关系数据库的概念，以及如何使用Access来创建和管理关系数据库。

测试与答案

第 2 章

表设计

学习要点

◇ 建立表。
◇ 利用表设计器创建表。
◇ 字段属性。
◇ 数据的有效性规则。
◇ 建立表关系。
◇ 表关系的高级设置。
◇ 修改数据表结构和记录。
◇ 筛选与排序。

学习目标

通过本章的学习，读者可以了解数据库和表之间的关系，掌握多种建立表的方法，理解表作为数据库对象的重要性，并学会利用多种方法创建表。表关系是关系型数据库中非常重要的一部分内容，读者需要深刻理解建立表关系的原理、实质及建立方法等。在进行数据记录操作时，各种筛选和排序命令能够大大提高工作效率。

课程思政

作为世界上最先进的高速铁路之一，京张高铁轨道布局至关重要。

京张高铁精确的轨道设计保证了列车的高速运行和旅客的安全，同样，精准的表设计是保障数据库高效运行的关键，二者均需严谨的数据。

数据库表设计的应用和京张高铁精确的轨道设计均反映了中国工程师对细节的严谨态度和对完美的追求。中国工程师用自己的智慧和勇气，不断挑战和突破自己的极限，他们是中华民族的骄傲。

2.1 建立新表

表是关系型数据库系统的基本结构，是关于特定主题数据的集合。与其他数据库管理系统一样，Access 中的表也由结构和数据两部分组成。

2.1.1 表的结构和创建方法

简单地讲，表就是特定主题的数据集合，它将具有相同性质或相关联的数据存储在一起，以行和列的形式来记录数据。

作为数据库中其他对象的数据源，表结构设计的好坏直接影响到数据库的性能，也直接影响整个系统设计的复杂程度。因此设计出结构合理、关系良好的数据表在信息系统开发中是相当重要的。

在 Access 中，所有的数据表都包括结构和数据两部分。所谓创建表结构，主要就是定义表的字段。数据表的结构设计应该具备如下四点。

（1）将信息划分到基于主题的表中，以减少冗余数据。

（2）向 Access 提供根据需要连接表中信息时所需的信息。

（3）可帮助支持和确保信息的准确性和完整性。

（4）可满足数据处理和报表需求。

数据表的主要功能就是存储数据，Access 数据库提供了六种创建数据表对象的方法。

（1）直接输入数据。和 Excel 表一样，直接在数据表中输入数据。Access 2016 会自动识别存储在数据表中的数据类型，并根据数据类型设置表的字段属性。

（2）通过表模板创建表。使用 Access 内置的表模板来建立。

（3）通过表设计创建表。在表的设计视图中设计表，用户需要设置每个字段的各种属性。

（4）通过字段模板创建表。通过 Access 自带的字段模板创建数据表。

（5）通过从外表导入数据建立表。导入或链接来自其他 Microsoft Access 数据库中的数据，或来自其他程序的各种文件格式的数据。

（6）通过 Share Point 列表创建表。在 Share Point 网站上建立一个列表，然后在本地建立一个新表，并将其连接到 Share Point 列表。

2.1.2 直接输入数据创建表

直接输入数据创建表是指在空白数据表中添加字段名和数据，同时 Access 会根据输入的记录自动地指定字段类型。

课堂案例 2-1　使用直接输入数据的方法创建【产品信息表】

（1）启动 Access 2016，新建一个空数据库，并将其命名为【公司信息管理系统】，此时系统自动创建一个名为【表 1】的数据表。

（2）单击【单击以添加】列，当单元格内出现闪烁的光标时，输入文字【C001】，然后按【Enter】键，此时【字段 1】右侧的单元格内出现闪烁光标，如图 2-1 所示。

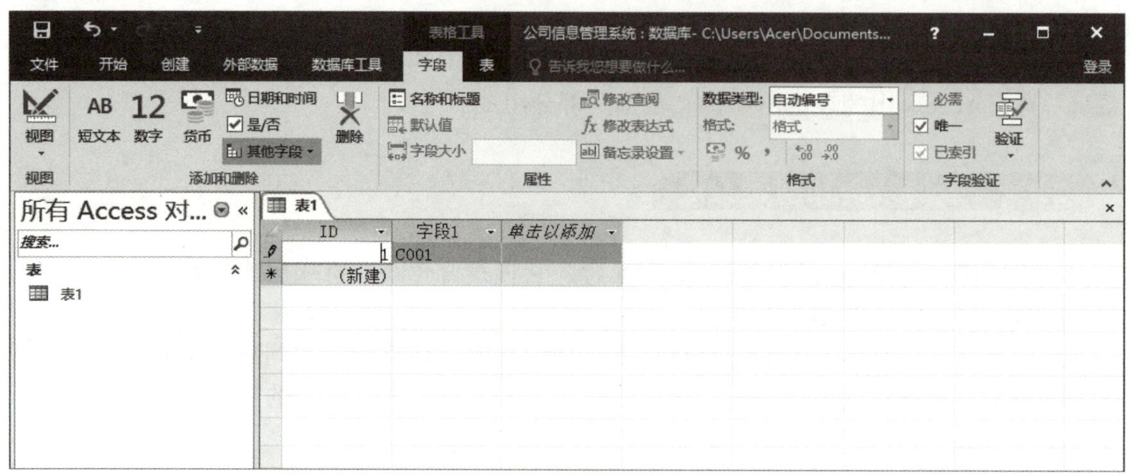

图 2-1　输入文字

（3）右击【字段 1】列，从弹出的快捷菜单中执行【重命名字段】命令，如图 2-2 所示。

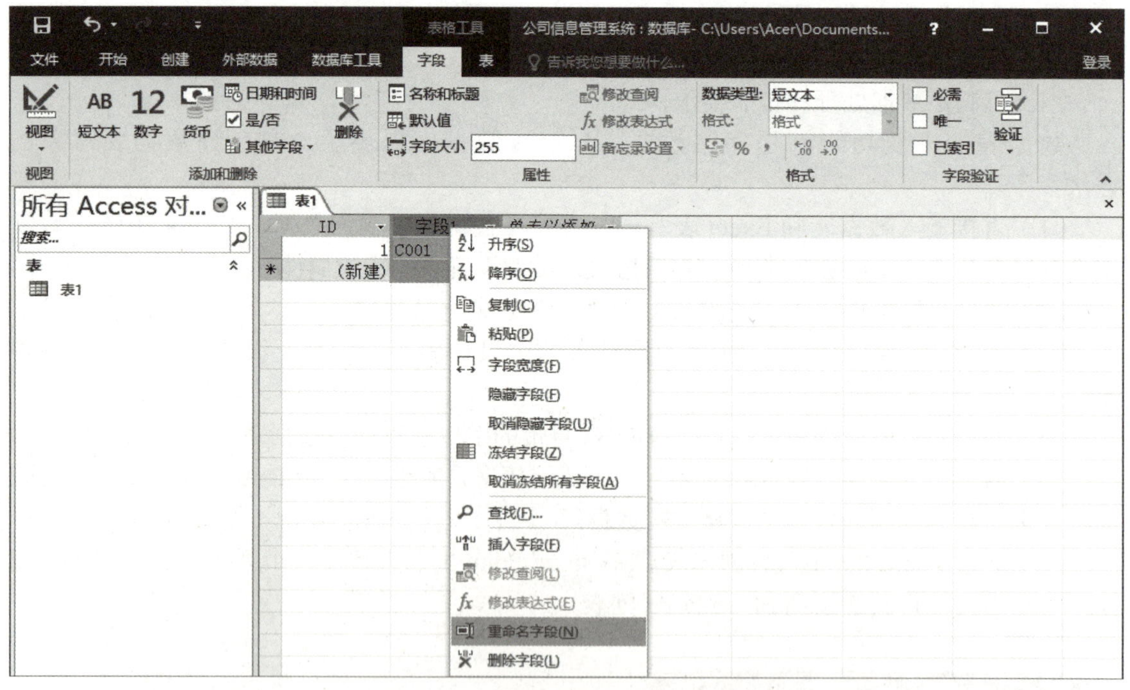

图 2-2　执行【重命名字段】命令

（4）此时，即可在光标闪烁处输入字段名【产品编号】，按【Enter】键即可，如图 2-3 所示。

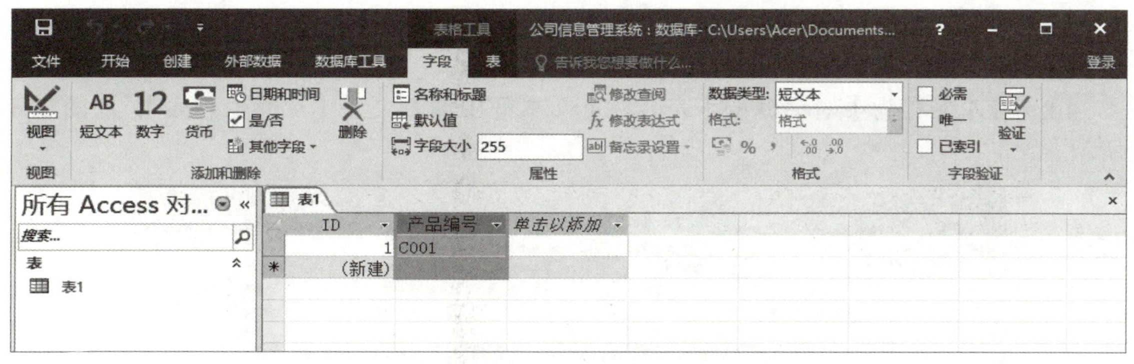

图 2–3　输入字段名【产品编号】

（5）使用同样的方法，输入记录，并重命名【产品名称】、【库存数量】、【单价】和【备注】，如图 2–4 所示。

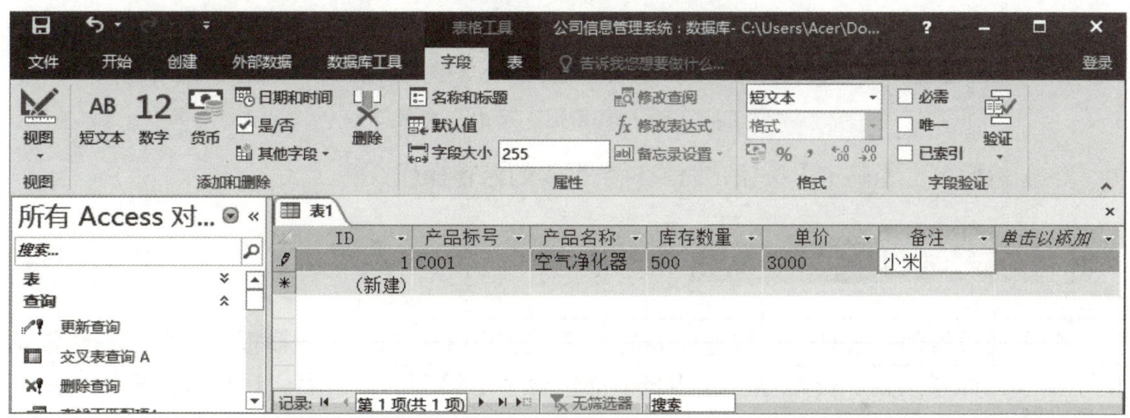

图 2–4　重命名其他字段

（6）直接在单元格中输入多条产品信息记录，使得数据表的效果如图 2–5 所示。

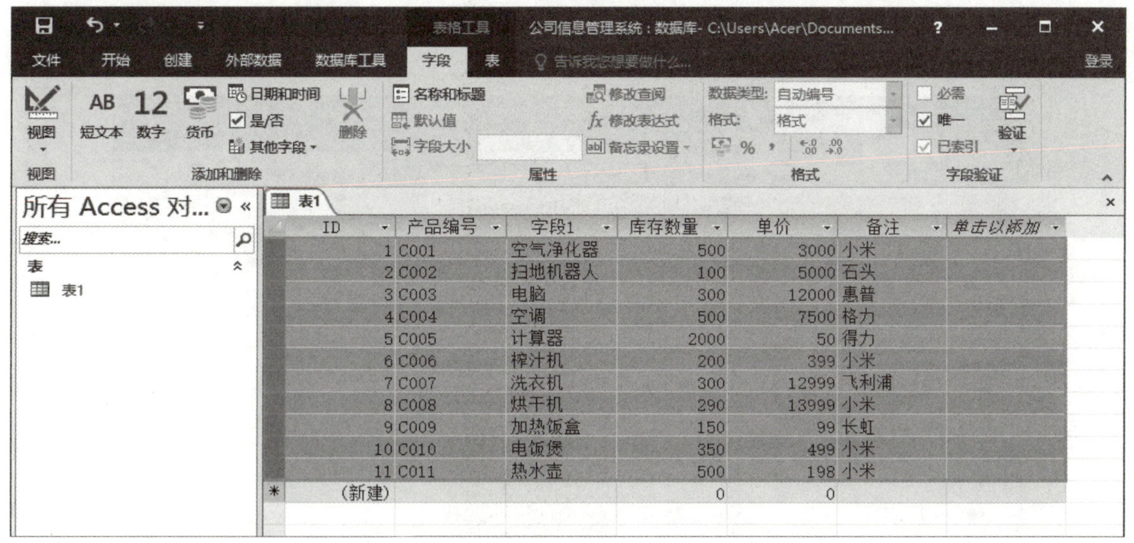

图 2–5　输入产品数据

（7）在 Access 2016 界面中，单击数据表右上角的【关闭】按钮，在弹出的是否保存更改的提示框中单击【是】按钮，弹出【另存为】对话框。

（8）在【另存为】对话框的【表名称】文本框中输入文字【产品信息表】，如图 2-6 所示。

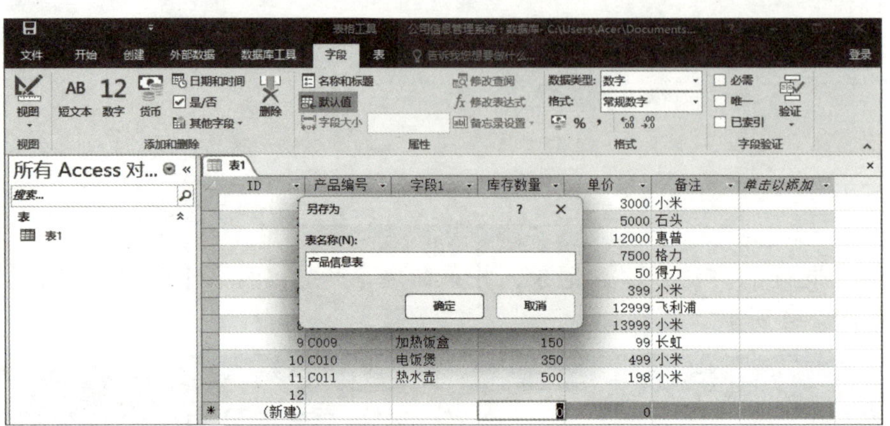

图 2-6 输入表名称【产品信息表】

（9）然后单击【确定】按钮，完成对数据表的保存操作。

2.1.3 使用表模板创建表

使用表模板创建表是一种快速建表的方式。这是由于 Access 在模板中内置了一些常见的示例表，如联系人、资产等。这些表中都包含了足够多的字段名，用户可以根据需要在数据表中添加和删除字段。

课堂案例 2-2 使用表模板创建【联系人】表

（1）启动 Access 2016 应用程序，打开【公司信息管理系统】数据库。

（2）打开【创建】选项卡，在【模板】组中单击【应用程序部件】下拉按钮，在弹出的下拉列表中选择【联系人】选项，如图 2-7 所示。

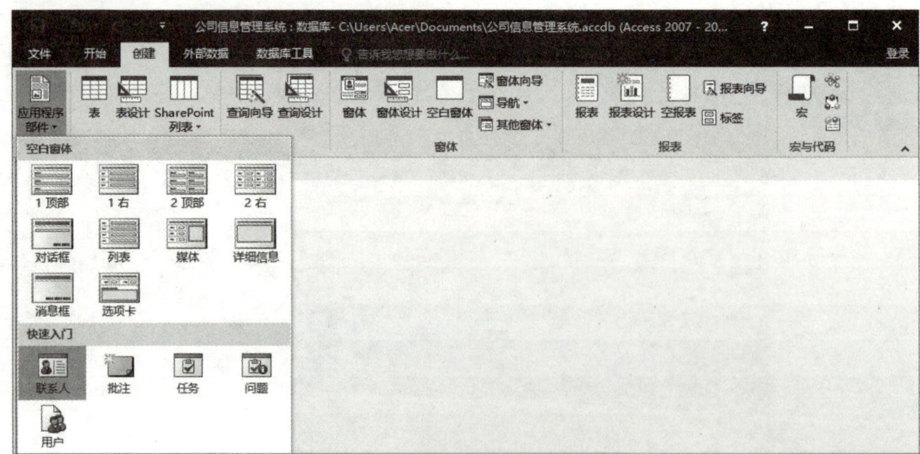

图 2-7 选择【联系人】选项

（3）在随后弹出的【创建简单关系】对话框中，选中【不存在关系】单选按钮，如图 2-8 所示，单击【创建】按钮。

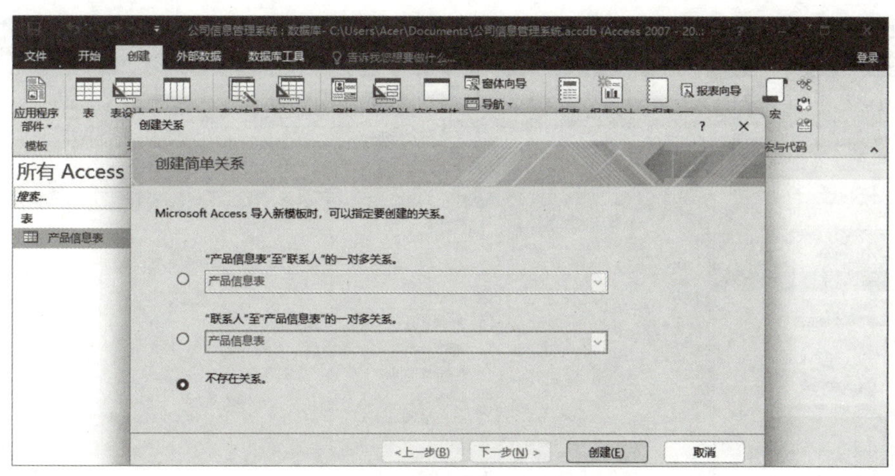

图 2-8　【创建简单关系】对话框

（4）此时，将创建一个【联系人】表。双击左侧导航栏中的【联系人】表，打开该数据表，如图 2-9 所示。

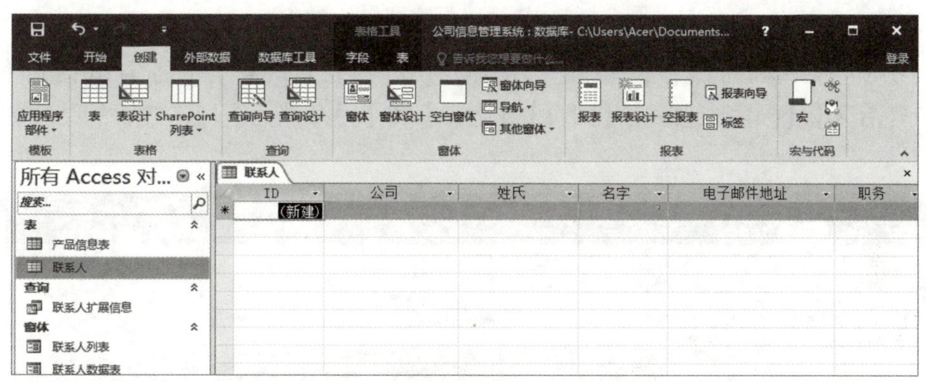

图 2-9　打开【联系人】表

（5）在数据表中右击【 ID 】列，在弹出的快捷菜单中执行【重命名字段】命令，字段名称会变成可编辑状态，设置字段名为【联系人编号】，按【 Enter 】键，如图 2-10 所示。

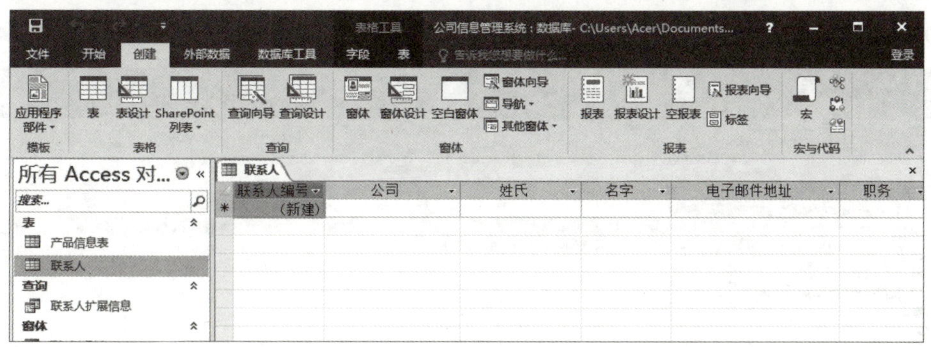

图 2-10　设置字段名为【联系人编号】

（6）右击【公司】列，在弹出的快捷菜单中执行【删除字段】命令，如图 2-11 所示，删除该列。

图 2-11　执行【删除字段】命令

（7）参照上一步的操作，删除【姓氏】、【名字】、【职务】、【住宅电话】、【城市】、【省 / 市 / 自治区】、【国家 / 地区】、【网页】、【附件】和【另存档为】列，使表的结构如图 2-12 所示。

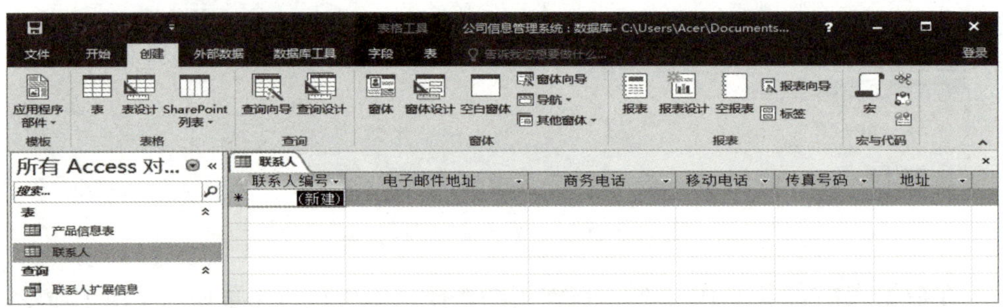

图 2-12　删除多列后的效果

（8）选中【联系人姓名】列，将其拖动到【联系人编号】列后，如图 2-13 所示。

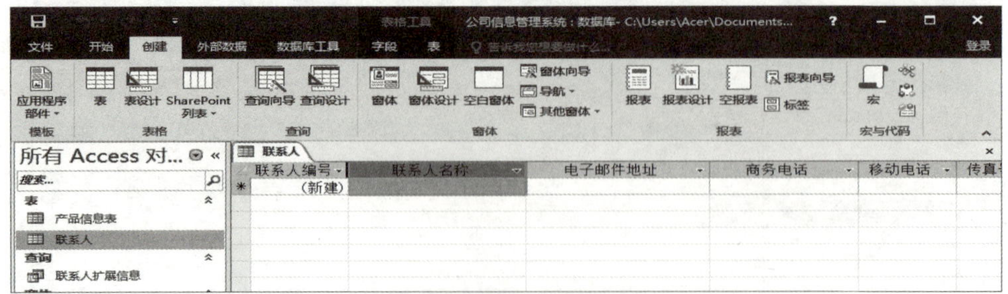

图 2-13　调整【联系人姓名】列的位置

（9）在数据表中输入数据，完成数据表的创建。在快速访问工具栏中单击【保存】按钮，即可快速保存【联系人】数据表。

2.1.4　使用表设计器创建表

表设计器是一种可视化工具，用于设计和编辑数据库中的表。该方法以设计器提供的设计视图为界面，引导用户通过人机交互来完成对表的定义。使用表设计视图来创建表主要是设置表的各种字段信息，而它创建的仅仅是表的结构，各种数据记录还需要在数据表视图中输入。

课堂案例 2-3　使用表设计器创建【员工信息表】

（1）启动 Access 2016 应用程序，打开创建的【公司信息管理系统】数据库。

（2）打开【创建】选项卡，在【表格】组中单击【表设计】按钮，如图 2-14 所示。

图 2-14　【表设计】按钮

（3）打开表设计器窗口，在第一条记录的【字段名称】单元格中输入字段名【员工编号】，如图 2-15 所示，并按【 Enter 】键，此时记录的【数据类型】单元格自动定义为【文本】格式。

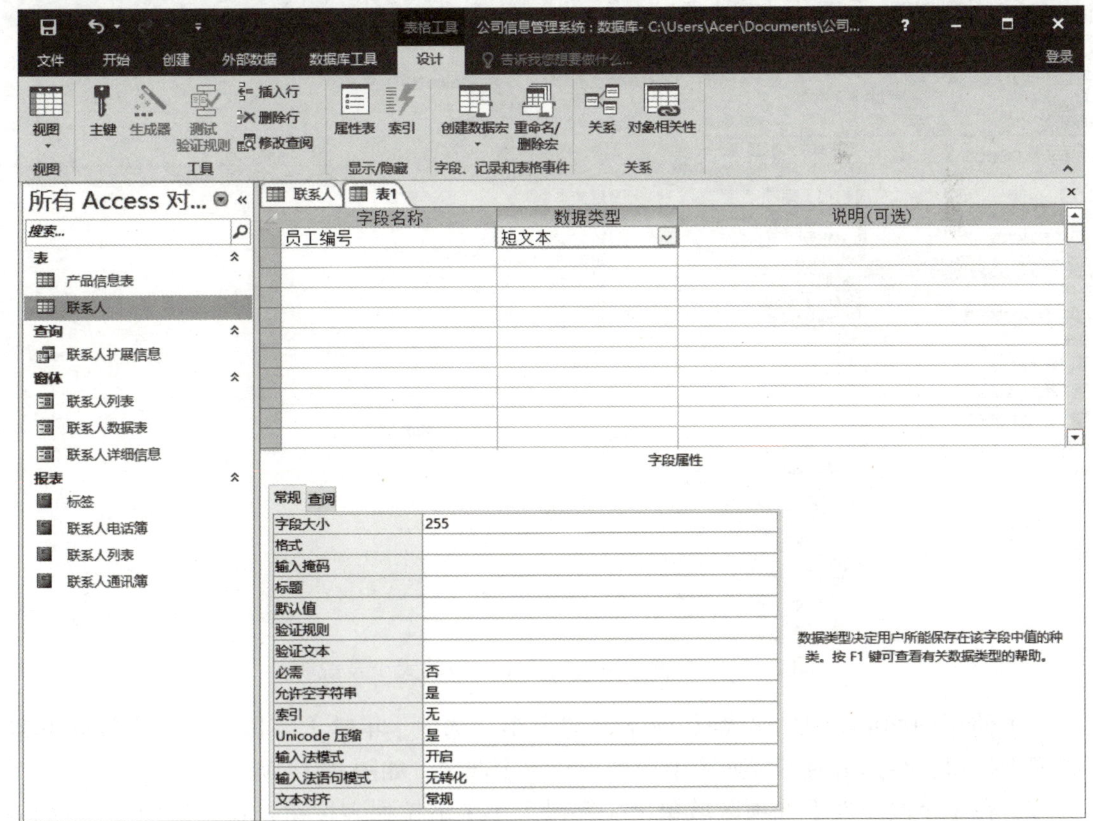

图 2-15　输入字段名【员工编号】

（4）根据表 2-1 所示的数据表的字段信息继续建立【员工信息表】的各个字段信息。

表 2-1 【员工信息表】字段信息

字段名称	字段类型	字段大小	说明
员工编号	文本	5	关键字
员工姓名	文本	4	—
性别	文本	1	—
年龄	数字	长整型	—
职务	文本	10	—
电子邮箱	文本	30	—
联系方式	文本	11	—

（5）在【字段名称】列输入相应的字段名称，并选中【员工编号】字段，在【字段属性】选项区域的【字段大小】文本框中输入 5，如图 2-16 所示。

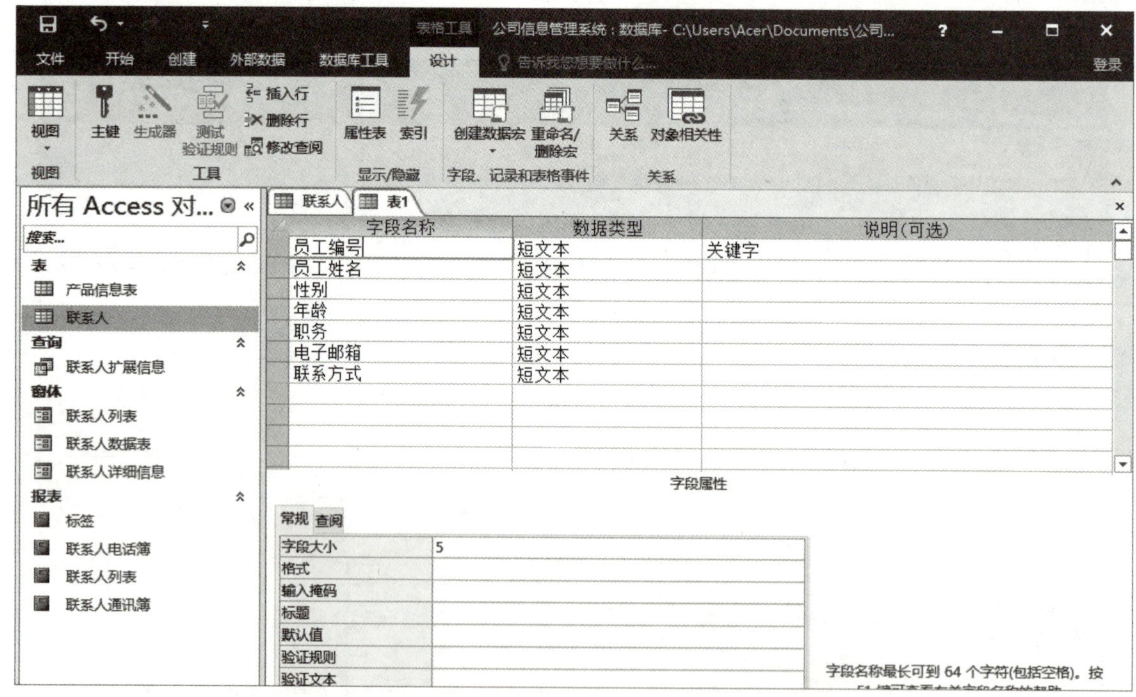

图 2-16 设置【员工编号】字段的大小及说明

（6）使用同样的方法，设置其他字段的大小。选中【年龄】字段，单击【数据类型】下拉列表按钮，在弹出的下拉列表中选择【数字】选项，如图 2-17 所示。

（7）在【字段属性】选项区域单击【字段大小】下拉列表按钮，在弹出的下拉列表中选择【长整型】选项，如图 2-18 所示。

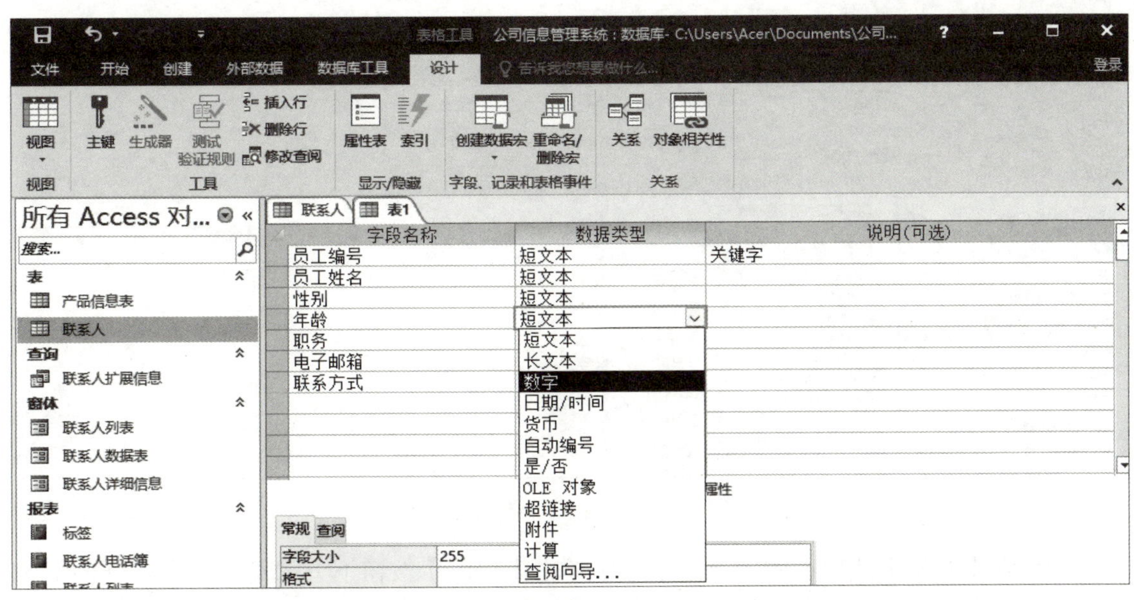

图 2-17　设置【年龄】字段的数据类型

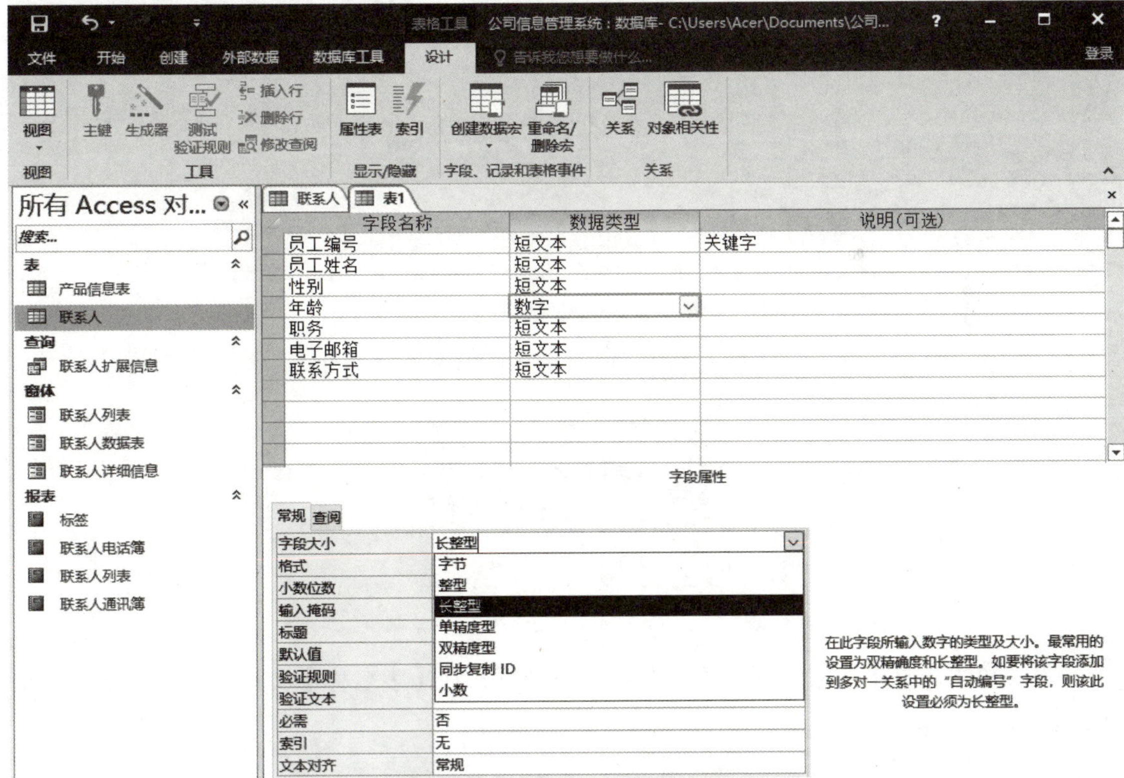

图 2-18　选择【长整型】选项

（8）在【员工编号】字段名称单元格中右击，在弹出的快捷菜单中执行【主键】命令，如图 2-19 所示，将【员工编号】字段设置为关键字。

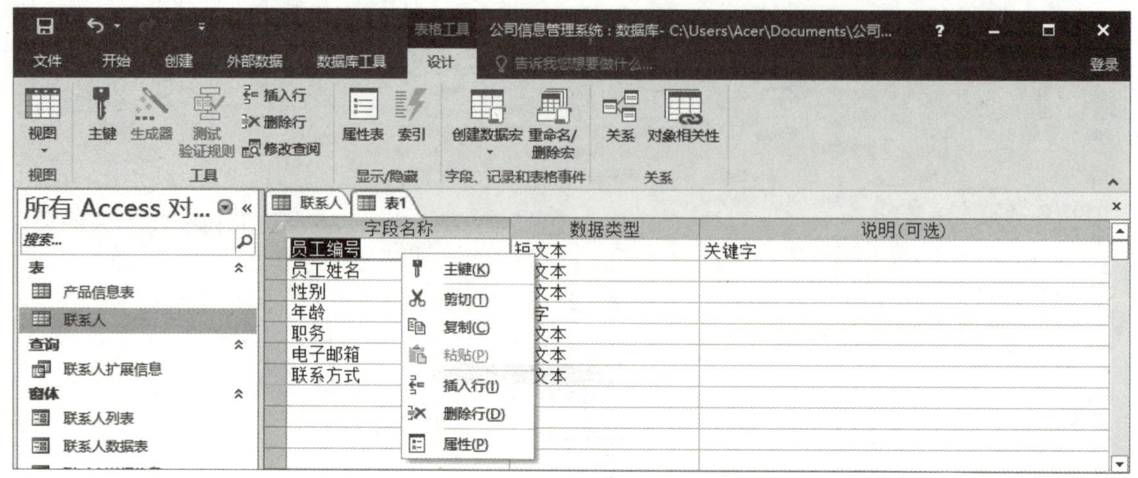

图 2-19 执行【主键】命令

（9）在【开始】选项卡的【视图】组中单击【视图】按钮下方的箭头，在打开的下拉菜单中执行【数据表视图】命令，如图 2-20 所示。

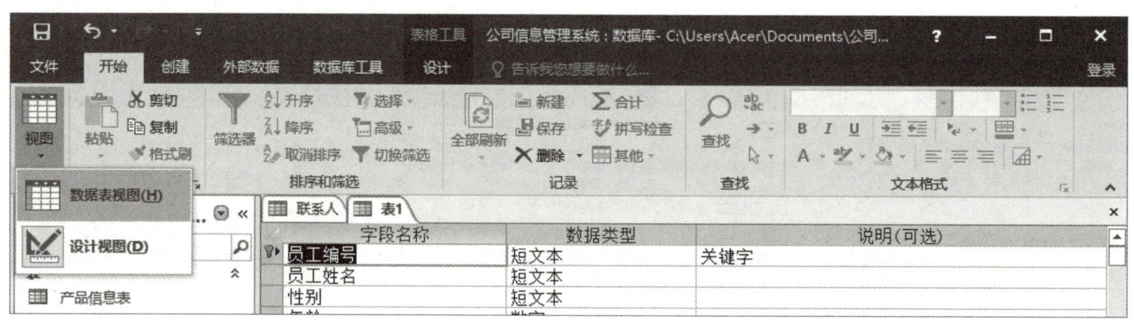

图 2-20 执行【数据表视图】命令

（10）弹出如图 2-21 所示的提示框，提示用户应首先保存数据表。

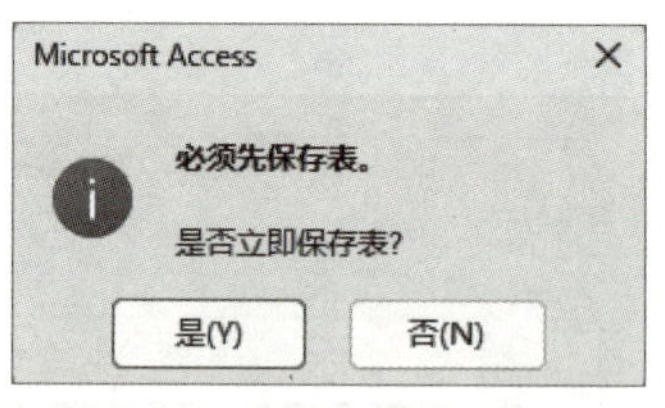

图 2-21 提示框

（11）单击【是】按钮，弹出【另存为】对话框，在【表名称】文本框中输入【员工信息表】，如图 2-22 所示。

图 2-22 输入表名称【员工信息表】

（12）单击【确定】按钮，打开数据表视图，如图 2-23 所示。

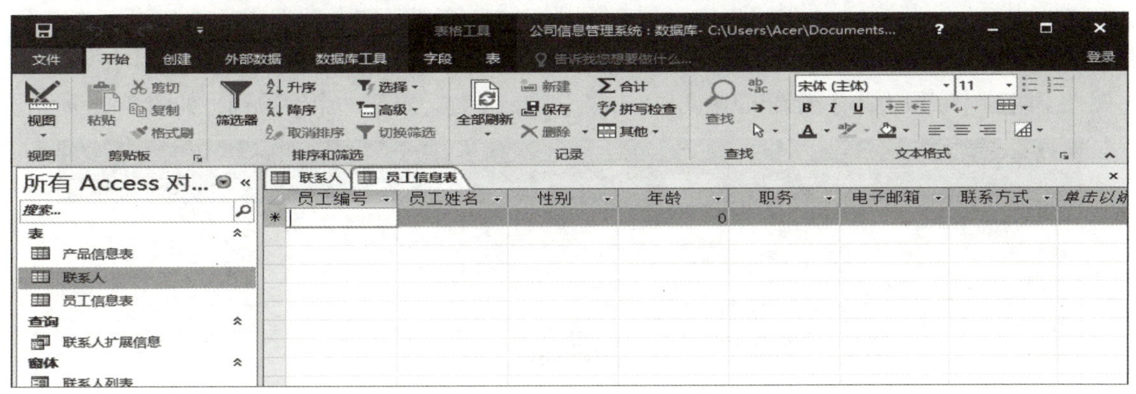

图 2-23　数据表视图

（13）在视图中直接输入数据。在快速访问工具栏中单击【保存】按钮，保存【员工信息表】数据表。

课堂案例 2-4　在现有数据库中建立【公司订单表】

在使用数据库时，经常要在现有数据库中建立新表。下面将以实例来介绍在现有数据库中创建新表的方法。

（1）启动 Access 2016 应用程序，打开创建的【公司信息管理系统】数据库。

（2）选择【创建】选项卡，在【表格】组中单击【表】按钮，即可在数据库中插入一个名为【表 1】的新表，如图 2-24 所示。

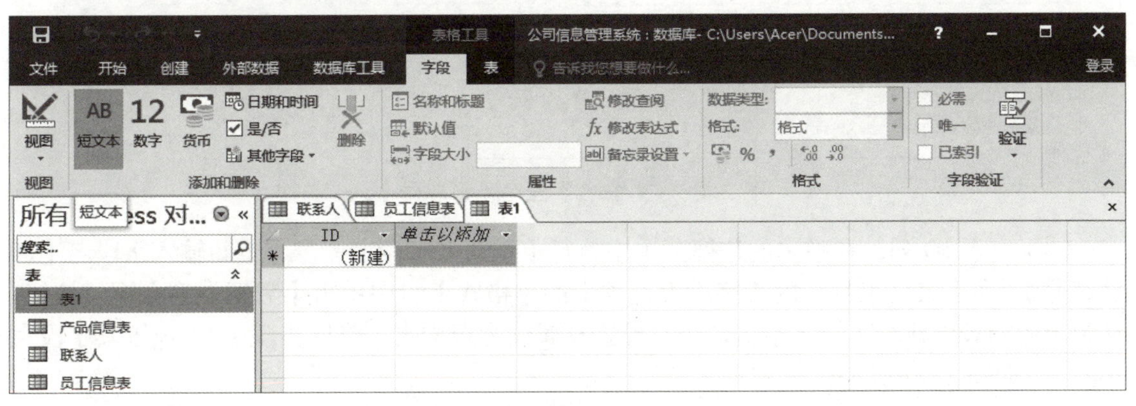

图 2-24　插入【表 1】的新表

（3）按【Ctrl+S】组合键，弹出【另存为】对话框，在【表名称】文本框中输入【公司订单表】，单击【确定】按钮，完成新表的建立操作。

2.1.5　使用字段模板创建表

Access 2016 提供了一种新的创建数据表的方法，就是通过 Access 自带的字段模板创建数据表。模板中已经设计好了各种字段属性，可以直接使用该字段模板中的字段。下面将以实例来介绍使用字段模板创建表的方法。

课堂案例 2–5　使用字段模板创建【公司订单表】

（1）启动 Access 2016 应用程序，打开【公司信息管理系统】数据库的【公司订单表】。

（2）打开【表格工具】|【字段】选项卡，在【添加和删除】组中单击【文本】按钮，在【属性】组的【字段大小】微调框中输入 8，按【Enter】键，新建一个字段列，如图 2–25 所示。

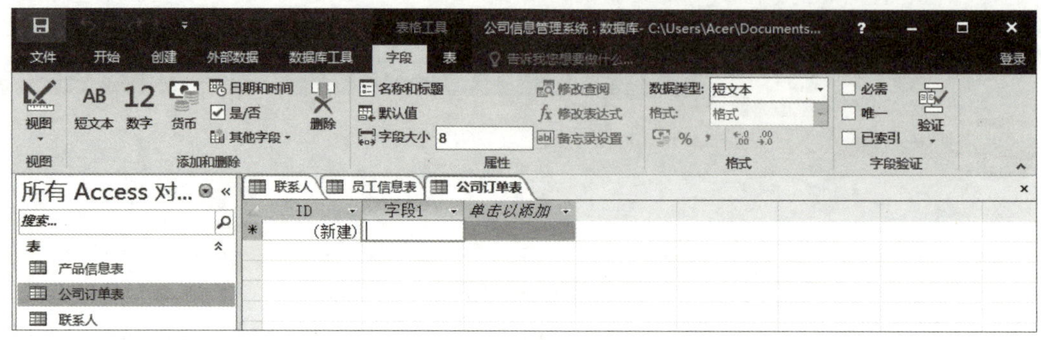

图 2–25　设置新字段的【字段大小】

（3）右击新建的字段列，在弹出的快捷菜单中执行【重命名字段】命令，重新输入字段名【订单号】，按【Enter】键，如图 2–26 所示。

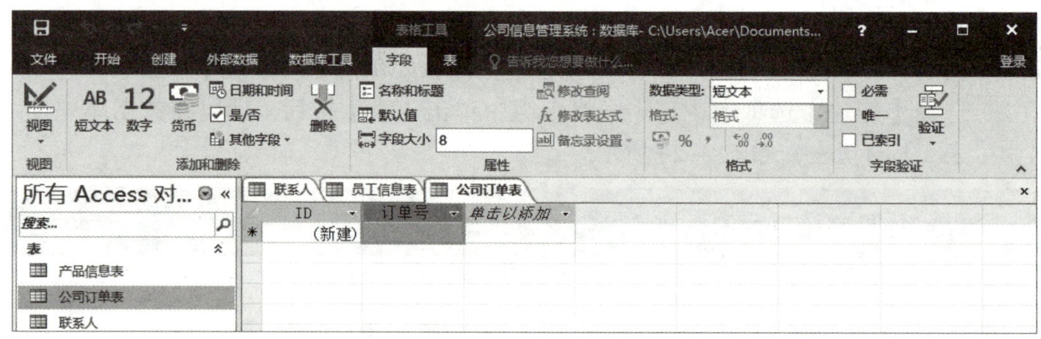

图 2–26　重命名字段名【订单号】

（4）右击 ID 列，在弹出的快捷菜单中执行【重命名字段】命令，重新输入字段名【产品编号】，在【表格工具】的【字段】选项卡的【格式】组中单击【数据类型】下拉按钮，从弹出的列表中执行【短文本】命令，设置其属性为短文本。参照步骤（2）设置其字段大小为 8，如图 2–27 所示。

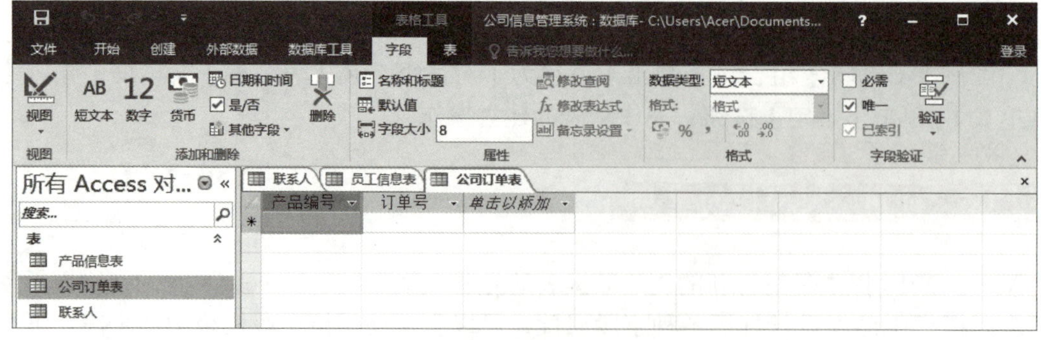

图 2–27　设置【产品编号】字段属性

（5）根据表 2-2 所示的数据表字段信息继续建立【公司订单表】各字段。

表 2-2　【公司订单表】字段信息

字段名称	字段类型	字段大小	说明
订单号	文本	8	唯一
产品编号	文本	8	—
订单日期	时间 / 日期	短日期	—
联系人编号	数字	长整型	—
签署人	文本	4	—
是否执行完毕	是 / 否	是 / 否	—

（6）单击【公司订单表】中的【单击以添加】下拉列表按钮，在弹出的下拉列表中选择【日期和时间】选项，如图 2-28 所示。

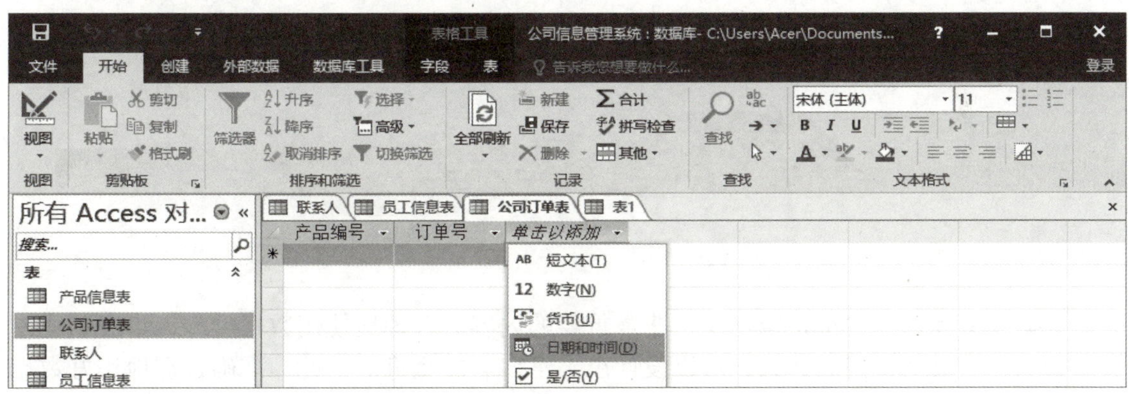

图 2-28　选择【日期和时间】选项

（7）输入字段名【订单日期】，按【 Enter 】键完成【订单日期】字段的设置。再单击【单击以添加】下拉列表按钮，在弹出的下拉列表中选择【数字】选项。

（8）输入字段名【联系人编号】完成该字段的设置。然后使用相同的方法设置表中的其他字段，完成后的效果如图 2-29 所示。

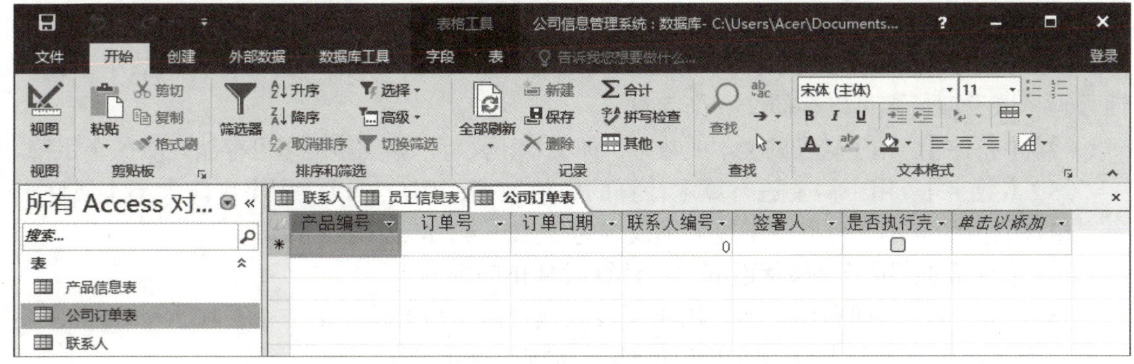

图 2-29　输入字段名【联系人编号】及其他字段

（9）选中【订单号】字段，在【表格工具】|【字段】选项卡的【字段验证】组中单击

选中【唯一】复选框，如图 2-30 所示。

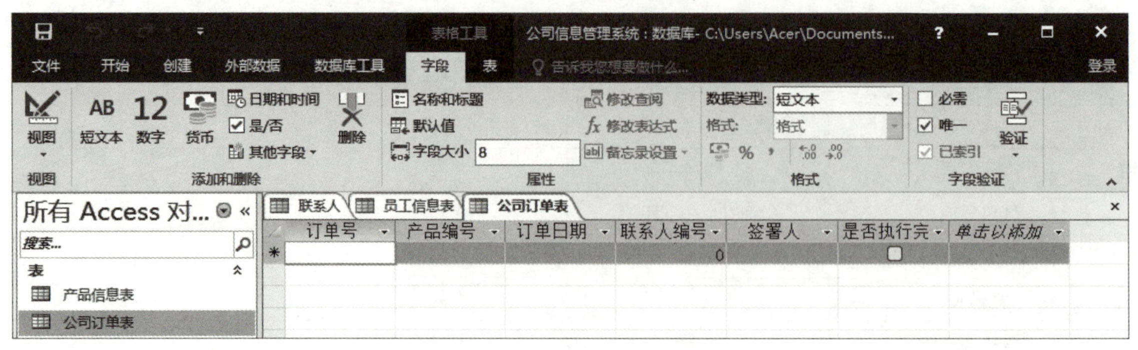

图 2-30　选中【唯一】复选框

（10）在数据表中输入数据，完成数据表的创建。在快速访问工具栏中单击【保存】按钮，保存【公司订单表】数据表。

2.2　数据类型

数据类型和表达式都是数据库中非常重要的内容。合理地使用数据类型，可以创建出高质量的表。灵活运用表达式，可以设计出丰富多彩的查询。因此，准确合理地用好数据类型和表达式，是设计出功能强大的数据库管理系统的前提。

Access 2016 中提供的数据类型包括【基本类型】、【数字】、【日期和时间】、【是 / 否】及【快速入门】。每个数据类型都有特定的用途，下面将分别进行详细介绍。

2.2.1　基本数据类型

Access 2016 中的基本数据类型有以下十一种。

（1）【文本】。用于文字或文字和数字的组合，如住址；或是不需要计算的数字，如电话号码。该类型最多可以存储 255 个字符。

（2）【备注】。用于较长的文本或数字，如文章正文等。该类型最多可存储 65 535 个字符。

（3）【数字】。用于需要进行算术计算的数值数据，用户可以使用【字段大小】属性来设置包含的值的大小。可以将字段大小设置为 1、2、4、8 或 16 个字节。

（4）【货币】。用于存储货币值，在计算时禁止四舍五入。

（5）【是 / 否】。即布尔类型，用于字段只包含两个可能值中的一个，在 Access 中，使用【-1】表示所有【是】值，使用【0】表示所有【否】值。

（6）【OLE 对象】。用于存储来自于 Office 或各种应用程序的图像、文档、图形和其他对象。

（7）【日期/时间】。用于存储日期和时间格式的字段。

（8）【计算字段】。计算结果。计算时必须引用同一张表中的其他字段。建议使用表达式生成器创建计算。

（9）【超链接】。存储为文本并用作超链接地址的文本或文本与数字的组合。

（10）【附件】。Access 2016 创建的 .accdb 格式的文件是一种新的类型，可以将图像、电子表格文件、文档、图表以及任何受支持的文件类型附加到数据库记录中。

（11）【查阅】。显示一系列从表或查询中检索的值，或显示创建字段时指定的一组值。查阅向导将会启动，可以创建查阅字段。查阅字段的数据类型是【文本】或【数字】，具体取决于在该向导中所做的选择。

提示：创建表有多种不同的方法。用户可以根据自己的习惯和工作的难易程度选择合适的创建方法。直接输入、【表模板】和表的【设计视图】是最常用的创建表的方法。

对于字段该选择哪一种数据类型，可由下面四点来确定。

（1）存储在表格中的数据内容。比如设置为【数字】类型，则无法输入文本。

（2）存储内容的大小。如果要存储的是一篇文章的正文，那么设置成【文本】类型显然是不合适的，因为它只能存储255个字符，约120个汉字。

（3）存储内容的用途。如果存储的数据要进行统计计算，则必然要设置为【数字】或【货币】类型。

（4）其他。比如要存储图像、图表等，则要用到【OLE 对象】或【附件】类型。

通过上面的介绍，可以了解到各种数据类型的存储特性有所不同，因此在设定字段的数据类型时要根据数据类型的特性来设定。例如，一个产品表中的【单价】字段应该设置为【货币】类型；【销售数量】字段应设置为【数字】类型；而【产品名】则最好设置为【文本】类型；【产品说明】最好设置为【备注】类型等。

2.2.2 数字类型

Access 2016 中数据的数字类型有以下七种。

（1）【常规】。存储时没有明确进行其他格式设置的数字。

（2）【货币】。用于应用 Windows 区域设置中指定的货币符号和格式。

（3）【欧元】。用于对数值数据应用欧元符号（€），但对其他数据使用 Windows 区域设置中指定的货币格式。

（4）【固定】。用于显示数字，使用两个小数位，但不使用千位数分隔符。如果字段中的值包含两个以上的小数位，则 Access 2016 会对该数字进行四舍五入。

（5）【标准】。用于显示数字，使用千位数分隔符和两个小数位。如果字段中的值包含两个以上的小数位，则 Access 2016 会将该数字四舍五入为两个小数位。

（6）【百分比】。用于以百分比的形式显示数字，使用两个小数位和一个尾随百分号。如果基础值包含四个以上的小数位，则 Access 2016 会对该值进行四舍五入。

（7）【科学计数】。用于使用科学（指数）记数法来显示数字。

2.2.3 日期和时间类型

Access 2016 中提供了以下六种日期和时间类型的数据。

（1）【短日期】。显示短格式的日期，具体取决于读者所在区域的日期和时间设置，如美国的短日期格式为 3/14/2018。

（2）【中日期】。显示中等格式的日期，如美国的中日期格式为 18–Mar–01。

（3）【长日期】。显示长格式的日期，具体取决于读者所在区域的日期和时间设置，如美国的长日期格式为 Wednesday，March 14，2018。

（4）【时间（上午 / 下午）】。仅使用 12 小时制显示时间，该格式会随着所在区域的日期和时间设置的变化而变化。

（5）【中时间】。显示的时间带【上午】或【下午】字样。

（6）【时间（24 小时）】。仅使用 24 小时制显示时间，该格式会随着所在区域的日期和时间设置的变化而变化。

2.2.4 是 / 否类型

Access 2016 中提供了以下四种是 / 否类型的数据。

（1）【复选框】。显示一个复选框。

（2）【是 / 否】。（默认格式）用于将 0 显示为【否】，并将任何非零值显示为【是】。

（3）【真 / 假】。用于将 0 显示为【假】，并将任何非零值显示为【真】。

（4）【开 / 关】。（默认格式）用于将 0 显示为【关】，并将任何非零值显示为【开】。

2.2.5 快速入门类型

Access 2016 中提供了以下五种快速入门类型的数据。

（1）【地址】。包含完整邮政地址的字段。

（2）【电话】。包含住宅电话、手机号码和办公电话的字段。

（3）【优先级】。包含【低】、【中】和【高】优先级选项的下拉列表框。

（4）【状态】。包含【未开始】、【正在进行】、【已完成】和【已取消】选项的下拉列表框。

（5）【 OLE 对象】。用于存储来自 Office 或各种应用程序的图像、文档、图形和其他对象。

2.3 字段属性

使用设计视图创建表是 Access 中最常用的方法之一。在设计视图中，用户可以为字段设置属性。在 Access 数据表中，每一个字段的可用属性取决于该字段选择的数据类型。

在 Access 中，表的各个字段提供了【类型属性】、【常规属性】和【查询属性】三种属性设置。

打开一个设计好的表，可以看到窗口的上部分设置【字段名称】【数据类型】等信息，下部分是设置字段的各种特性的【字段属性】表，如图 2-31 所示。

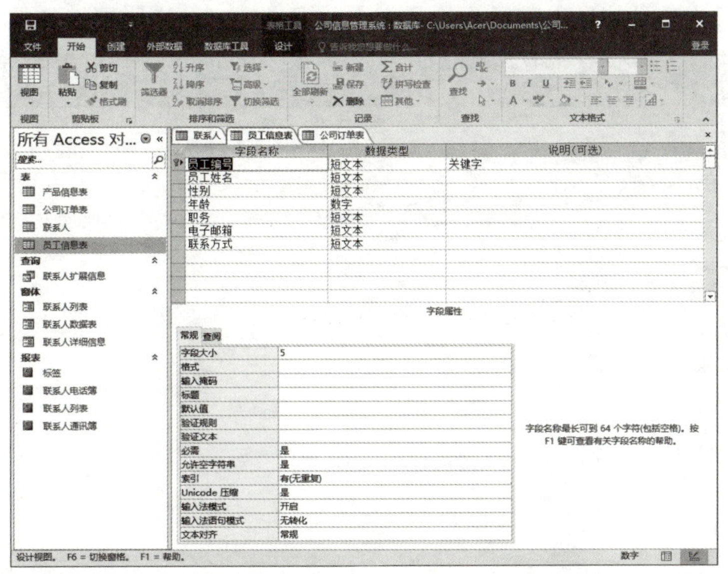

图 2-31　各种特性的【字段属性】表

2.3.1　类型属性

字段的数据类型决定了可以设置哪些其他字段属性，如只能为具有【超链接】数据类型或【备注】数据类型的字段设置【仅追加】属性。例如，图 2-32 所示为数据类型为【文本】和【数字】的字段属性的对比。【数字】数据类型的【字段属性】窗口中有【小数位数】属性，而【文本】数据类型的【字段属性】窗口中则没有。

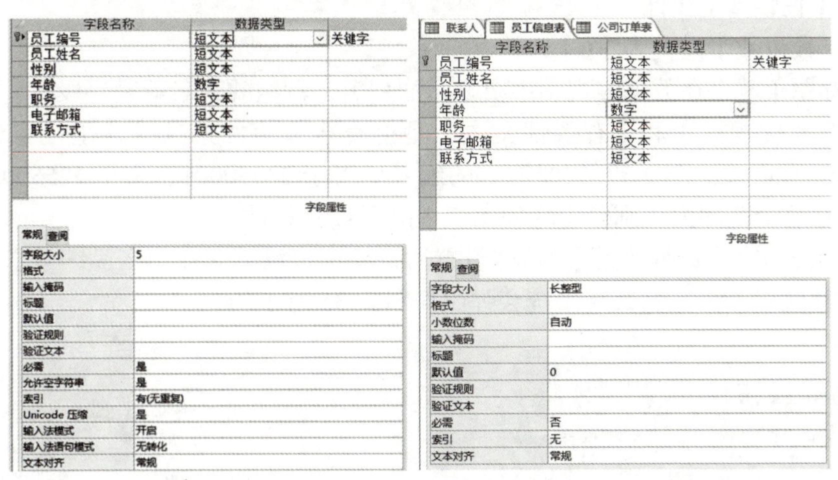

（a）【文本】字段属性　　（b）【数字】字段属性

图 2-32　【文本】和【数字】的字段属性的对比

2.3.2 常规属性

【常规属性】根据字段的数据类型的不同而不同。下面以【数字】和【文本】数据类型字段的属性设置情况为例，介绍字段的常规属性。

在数据表中，【产品编号】字段为【数字】数据类型时，字段属性如图 2-33 所示。

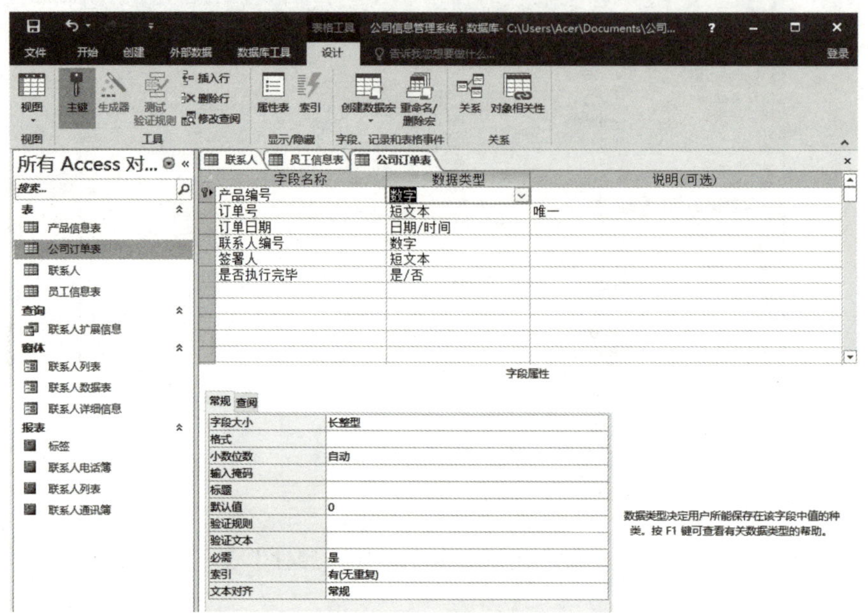

图 2-33　字段属性

其中各项常规属性说明如下。

（1）【字段大小】设置为【长整型】属性。在这里，【产品编号】字段中的数据是不用进行数值计算的，由于其字段中的值都是数字字符，为了防止用户输入其他类型的字符，可先将其设置为【数字】型。【产品编号】必然为整数型，在这里编号大于 32550001，因此要设置为【长整型】属性。

（2）【小数位数】设置为【0】。

（3）【标题】就是在数据表视图中要显示的列名，默认的列名就是字段名。

（4）【有效性规则】和【有效性文本】是检查输入值的选项，这里设置检查规则为【> 32550001 And < 32550059】，即输入的编号要大于 32550001、小于 32550059。如果输入的内容不在这个范围内，则会出现如图 2-34 所示的提示框。

（5）【必需】字段选择【是】，这样设置后，在用户没有完成【产品编号】字段中的输入就去输入其他记录时，Access 系统会弹出如图 2-35 所示的提示。

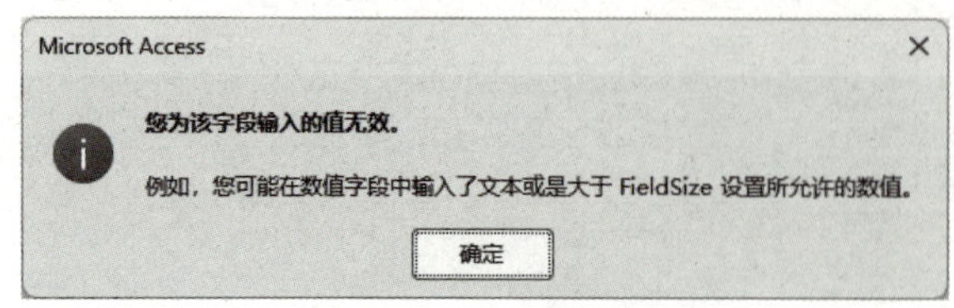

图 2-34　错误提示框

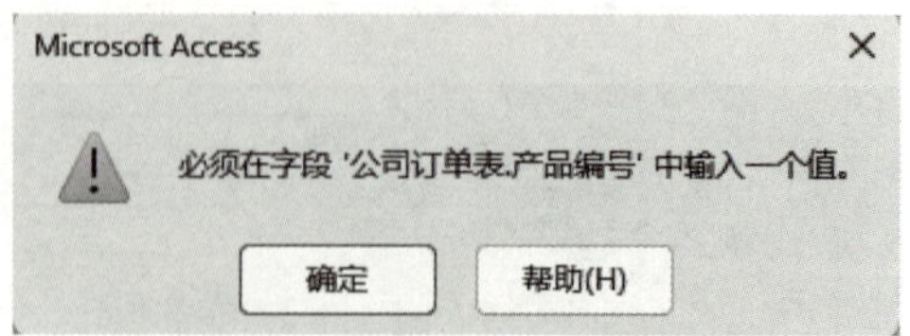

图 2-35　必需输入数值提示框

上面介绍了【产品编号】字段属性的各项设置，如果在数据表中选择数据类型为【文本】的【订单号】字段，其字段属性将如图 2-36 所示。

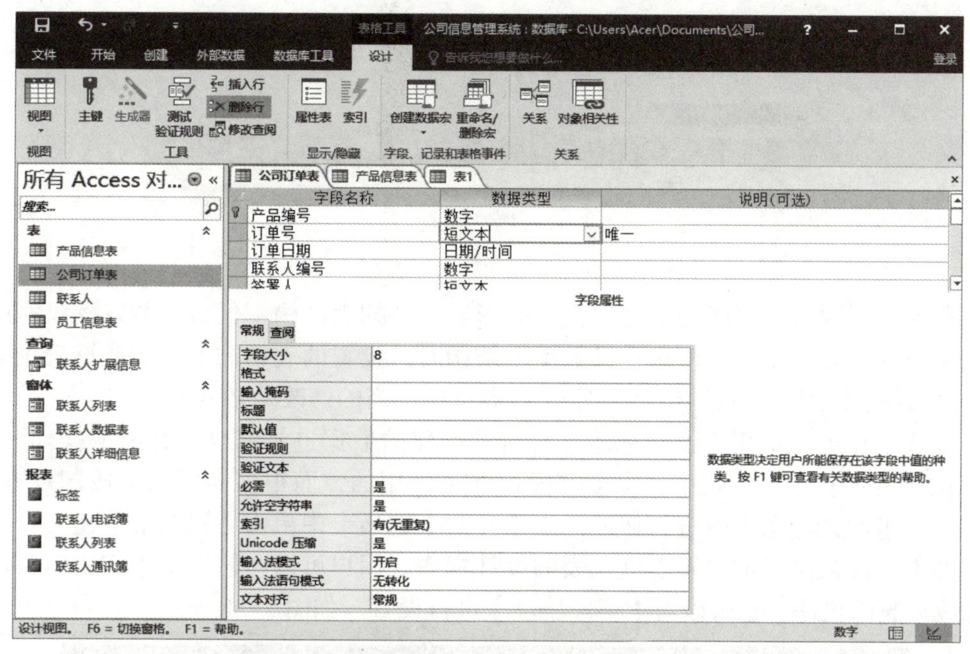

图 2-36　设置数据类型为【文本】的【订单号】字段属性

（6）【字段大小】设置为 8，即该字段中可以输入 8 个英文字母或汉字，用于【订单号】名称的显示。

（7）【默认值】用于设置用户在输入数据时该字段的默认值，输入【10000001】作为默认值。

2.3.3　查询属性

【查询属性】也是字段的一种属性。在 Access 中可以查询【行来源】、【行来源类型】、【列数】及【列宽】等内容，如图 2-37 所示。

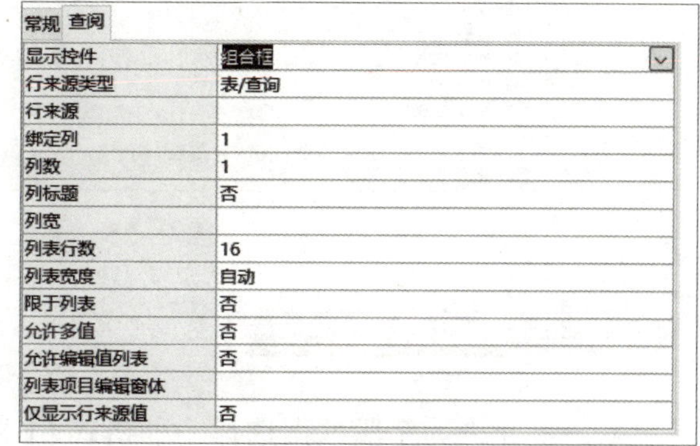

常规 查阅

显示控件	组合框
行来源类型	表/查询
行来源	
绑定列	1
列数	1
列标题	否
列宽	
列表行数	16
列表宽度	自动
限于列表	否
允许多值	否
允许编辑值列表	否
列表项目编辑窗体	
仅显示行来源值	否

图 2-37　【查询属性】

其中各项属性说明如下。

（1）【显示控件】。窗体上用来显示该字段的控件类型。

（2）【行来源类型】。控件源的数据类型。

（3）【行来源】。控件源的数据。

（4）【列数】。待显示的列数。

（5）【列标题】。是否用字段名、标题或数据的首行作为列标题或图标标签。

（6）【列表行数】。在组合框列表中显示行的最大数目。

（7）【限于列表】。是否只在与所列的选择之一相符时才接受文本。

（8）【允许多值】。一次查阅是否允许多值。

（9）【仅显示行来源值】。是否仅显示与行来源匹配的数值。

2.4　修改数据表与数据表结构

数据表的结构对数据库的管理有很大的影响，好的表结构不仅可以节省硬盘空间，还可以加快处理速度。用户在首次定义数据表结构时，设置的表结构不一定能够满足工作的需求（特别是在使用模板自动创建表时），因此进行适当的修改是必需的。

在日常工作中，使用【设计视图】对自动创建的数据进行修改是必需的操作。例如，在前面创建的【联系人】表中，很多字段可能是无用的，而很多需要的字段却没有创建，这都可以在【设计视图】中进行修改。在【开始】选项卡中单击【视图】按钮，在下拉列表中选择【设计视图】按钮可以进入表的设计视图。用户可以在该视图中实现对字段的添加、修改或删除操作，也可以对【字段属性】进行设置，如图 2-38 所示。

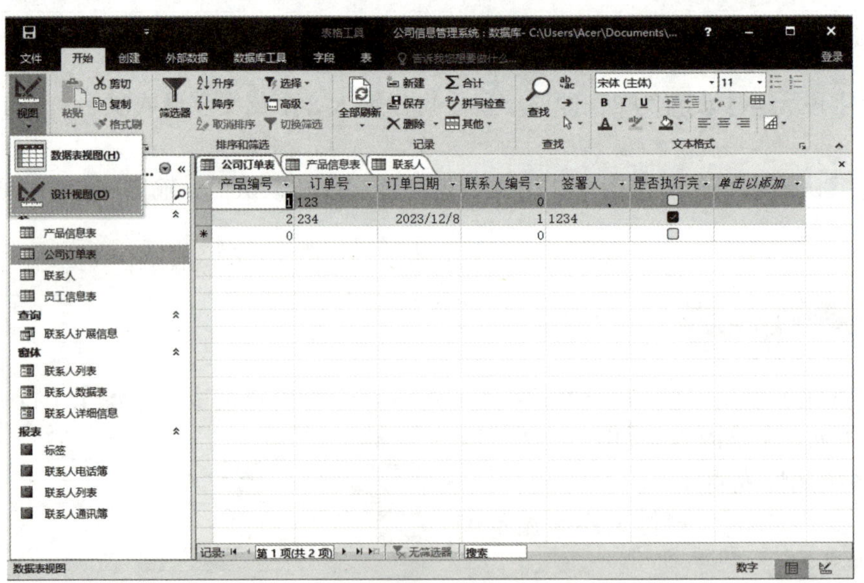

图 2-38　进入【设计视图】

2.4.1　修改数据格式

Access 允许为字段数据选择一种格式，【数字】、【日期 / 时间】和【是 / 否】字段都可以选择数据格式，选择数据格式可以确保数据表示方式的一致性。

课堂案例 2-6　修改【公司订单表】中【日期 / 时间】字段的格式

（1）启动 Access 2016 应用程序，打开【公司信息管理系统】数据库。

（2）在左侧导航窗格的【表】组中双击【公司订单表】对象，打开数据表视图，如图 2-39 所示。

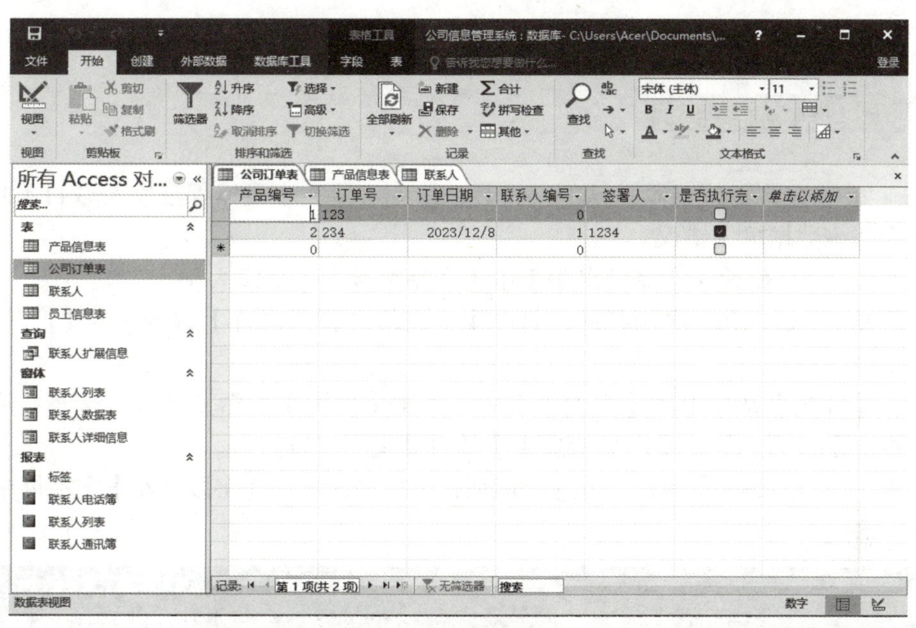

图 2-39　打开【公司订单表】的数据表视图

（3）在【开始】选项卡的【视图】组中，单击【视图】按钮，从弹出的下拉列表中选择【设计视图】选项，打开【公司订单表】的设计视图窗口。

（4）选中【订单日期】字段，单击【字段属性】选项区域的【格式】下拉箭头，在弹出的下拉列表中选择【中日期】选项，如图 2-40 所示。

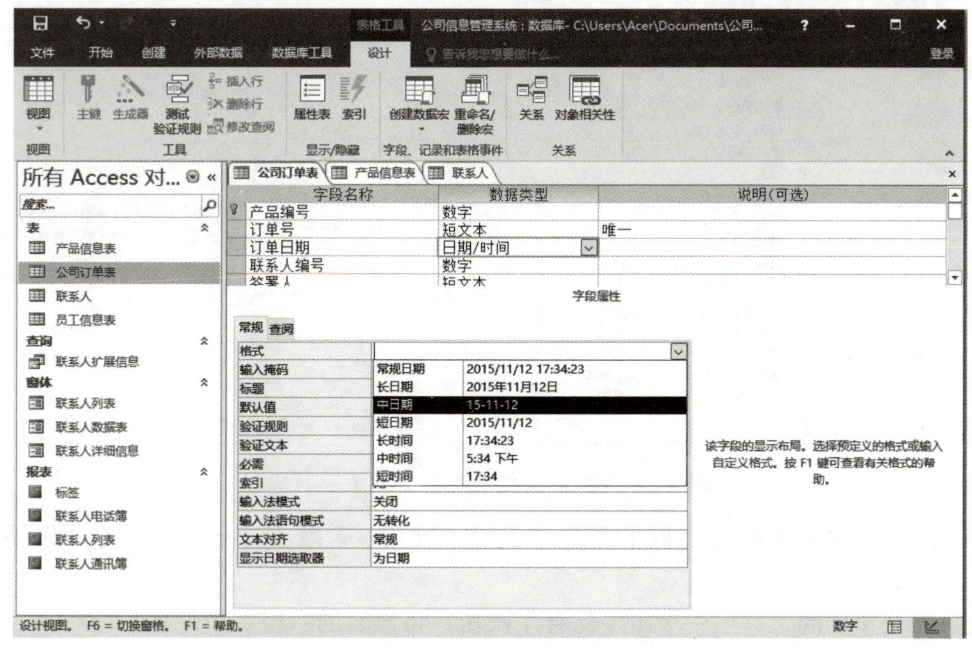

图 2-40　选择【中日期】选项

（5）在快速访问工具栏中单击【保存】按钮，将修改的字段属性保存。

（6）切换到数据表视图，此时数据表中【订单日期】字段均更改为【中日期】格式。

2.4.2 更改字段大小

Access 2016 允许更改字段默认的字符数。改变字段大小可以保证字符数目不超过特定限制，从而减少数据输入错误。

课堂案例 2–7 修改【产品信息表】中【产品编号】的字段大小

（1）启动 Access 2016 应用程序，打开【公司信息管理系统】数据库的【产品信息表】数据表。

（2）在【开始】选项卡的【视图】组中，单击【视图】按钮，从弹出的下拉列表中选择【设计视图】选项，打开【产品信息表】的设计视图窗口。

（3）选中【产品编号】字段，在【字段属性】选项区域的【字段大小】文本框中输入 6，如图 2–41 所示。

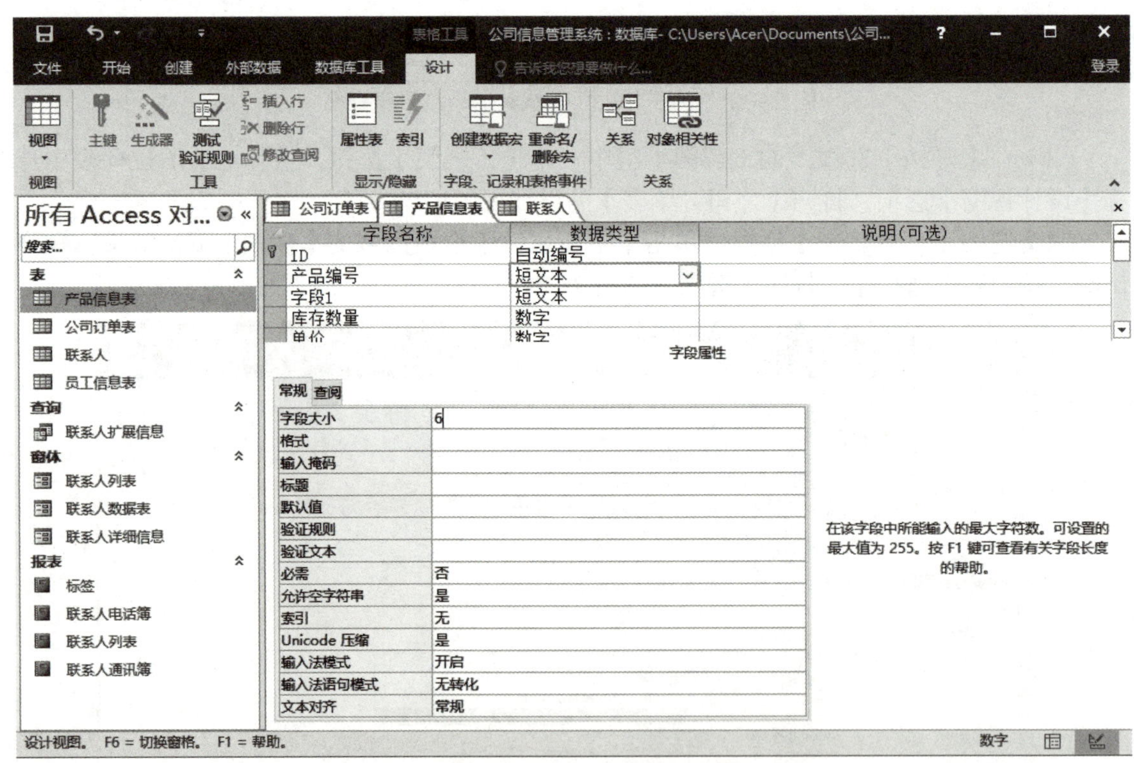

图 2–41 设置【产品编号】的字段大小

（4）使用同样的方法，将【产品名称】字段的字段大小设置为 18，如图 2–42 所示。

（5）在快速访问工具栏中单击【保存】按钮，将修改的字段大小保存。

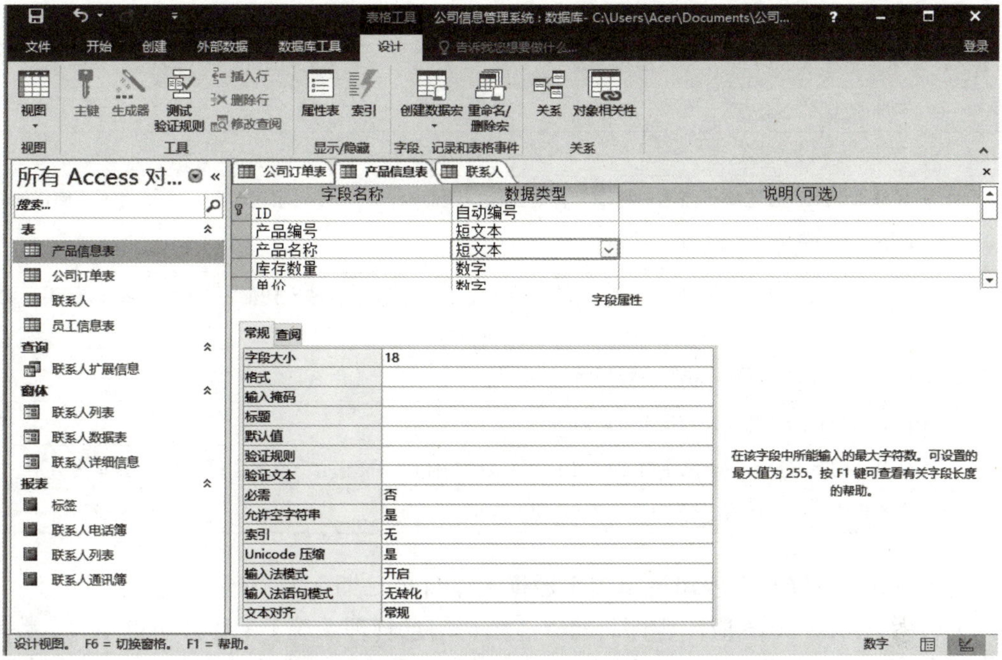

图 2-42　设置【产品名称】字段大小

提示：如果在【产品信息表】数据表的【产品编号】字段中错误地输入超过 6 个字符长度的文字，单元格将不允许显示多余的文字，在【产品名称】字段中超过前 18 个字符的其他文字也将不会显示。

2.4.3　设置输入掩码

输入掩码用于设置字段、文本框以及组合框中数据的格式，并可对允许输入的数值类型进行控制。要设置字段的【输入掩码】属性，可以使用 Access 自带的【输入掩码向导】选项来完成。

输入掩码可以要求用户输入遵循特定国家 / 地区惯例的日期，例如 YYYY/MM/DD。当在含有输入掩码的字段中输入数据时，就会发现可以用输入的值替换占位符，但无法更改或删除输入掩码中的分隔符，即可以填写日期，修改【YYYY】、【MM】和【DD】数据，但无法更改分隔日期各部分的连字符。表 2-3 所示为 Access 中的掩码及使用说明。

表 2-3　Access 中的掩码及使用说明

字符	说明
0	数字，0 到 9，必选项，不允许使用加号和减号
9	数字或空格，非必选项，不允许使用加号和减号。当用户移动光标通过该位置而没有输入任何字符时，Access 将不存储任何内容
#	数字或空格，非必选项，允许使用加号和减号。当用户移动光标通过该位置而没有输入任何字符时，Access 将默认为空格

（续表）

字符	说明
A	字母或数字，必选项
L	字母，A 到 Z，必选项
?	字母 A 到 Z，可选项。当用户移动光标通过该位置而没有输入任何字符时，Access 将不存储任何内容
&	任意字符或空格，必选项
C	任意字符或空格，可选项。当用户移动光标通过该位置而没有输入任何字符时，Access 将不存储任何内容
<	使其后所有的字符都以小写字母显示
>	使其后所有的字符都以大写字母显示
\	使其后的字符显示为原义字符。可用于将该表中的任何字符显示为原义字符（如 \A 显示为 A）
Password	文本框中键入的任何字符都按字面字符保存，但显示为星号（*）

课堂案例 2-8　修改【公司订单表】数据表【订单日期】的掩码

（1）启动 Access 2016 应用程序，打开【公司信息管理系统】的【公司订单表】数据表。

（2）在【开始】选项卡的【视图】组中单击【视图】按钮，从弹出的下拉列表中选择【设计视图】选项，打开【公司订单表】的设计视图窗口。

（3）选中【订单日期】字段，然后在【字段属性】选项区域的【输入掩码】文本框中单击，并单击其右侧的按钮，如图 2-43 所示。

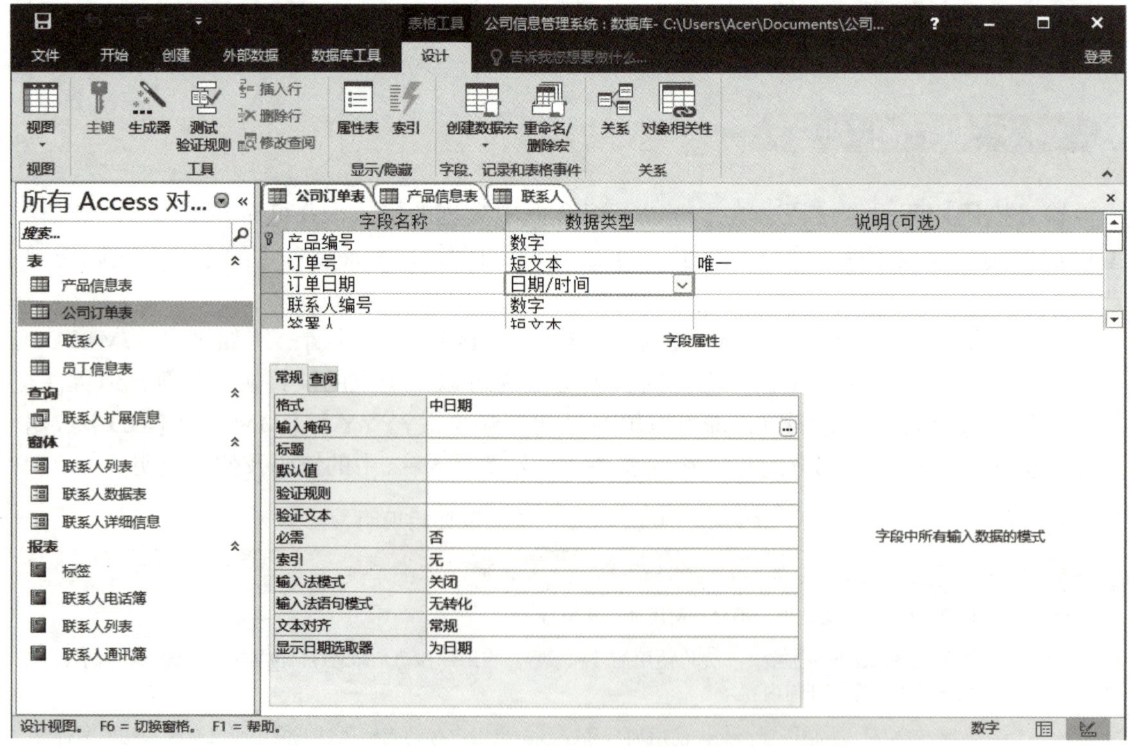

图 2-43　打开【输入掩码】文本框

（4）在弹出的【输入掩码向导】对话框的列表框中选择【中日期】选项，如图 2-44 所示，单击【尝试】文本框，在文本框中显示掩码格式。

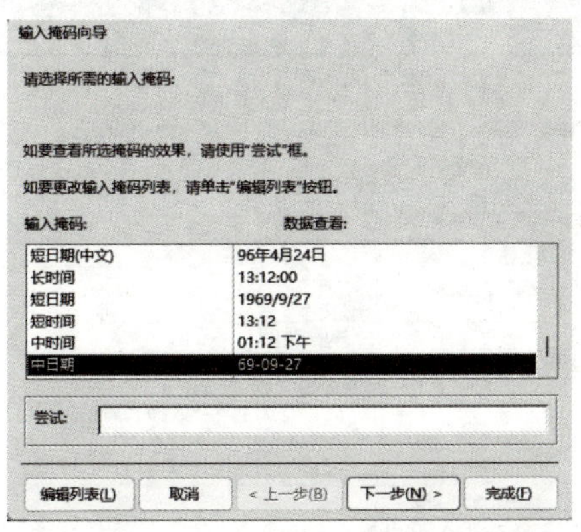

图 2-44　【输入掩码向导】对话框 1

（5）单击【下一步】按钮，如图 2-45 所示，保持对话框中的默认设置，并单击【尝试】文本框，文本框中显示默认掩码格式。

图 2-45　【输入掩码向导】对话框 2

（6）单击【下一步】按钮，打开如图 2-46 所示的对话框，单击【完成】按钮，完成输入掩码设置。

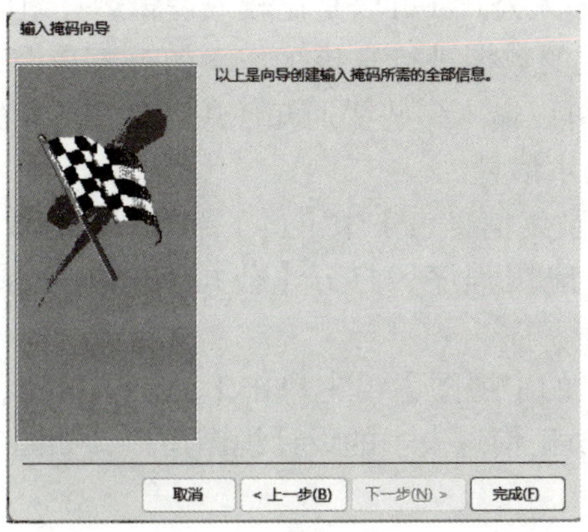

图 2-46　【输入掩码向导】对话框 3

（7）此时【公司订单表】设计视图中的【输入掩码】文本框如图 2–47 所示。

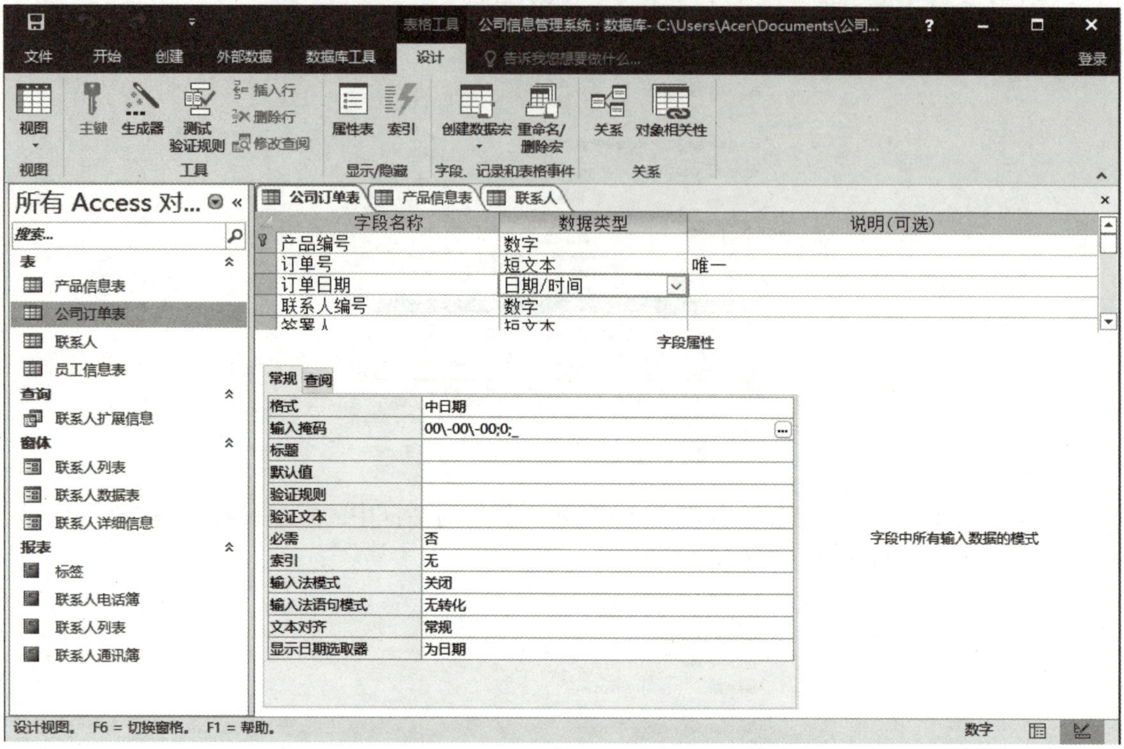

图 2–47 设置完成后的【输入掩码】文本框

（8）在快速访问工具栏中单击【保存】按钮，保存修改的字段属性。

2.4.4 设置有效性规则和文本

在输入数据时，有时会将数据输入错误，如将薪资多输入一个 0，或输入一个不合理的日期。事实上，这些错误可以利用【有效性规则】和【有效性文本】两个属性来避免。

【有效性规则】属性可输入公式（可以是比较或逻辑运算组成的表达式），其作用是在将来输入数据时，对该字段上的数据进行查核工作，如查核是否输入数据、数据是否超过范围等。【有效性文本】属性可以输入一些要通知使用者的提示信息，当输入的数据有错误或不符合公式时，自动弹出提示信息。

课堂案例 2–9　修改【员工信息表】中【员工编号】的有效性

（1）启动 Access 2016 应用程序，打开【公司信息管理系统】的【员工信息表】数据表。

（2）在【开始】选项卡的【视图】组中单击【视图】按钮，从弹出的下拉列表中选择【设计视图】选项，打开【员工信息表】的设计视图窗口，如图 2–48 所示。

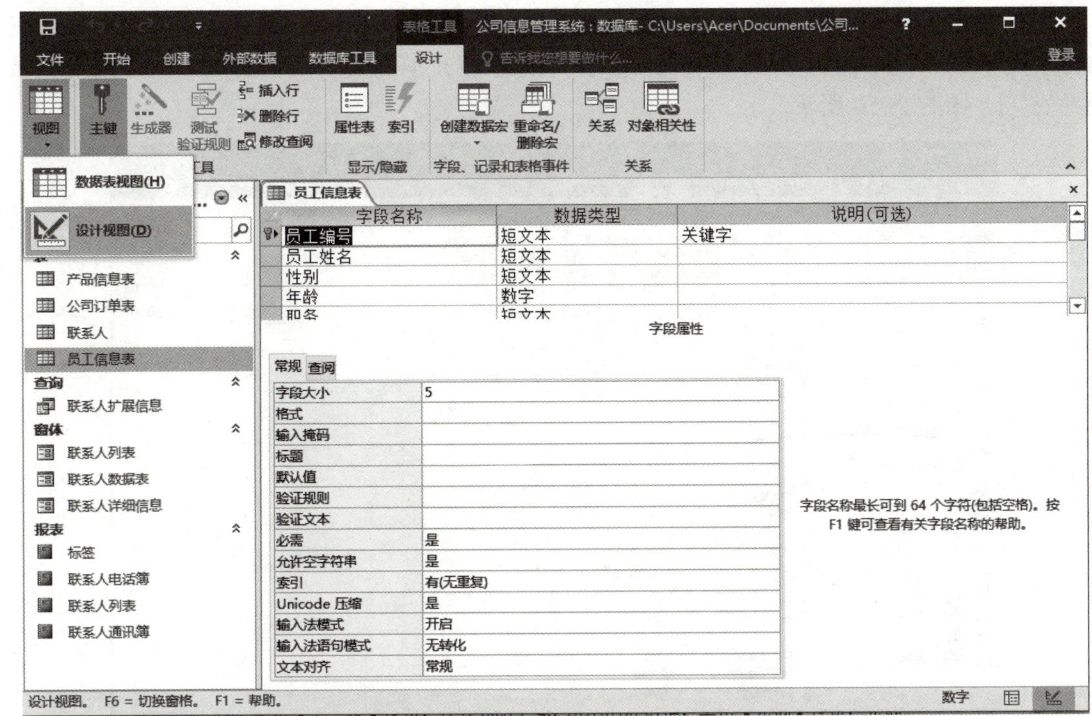

图 2–48　【员工信息表】的设计视图窗口

（3）单击【员工编号】字段，使其处于编辑状态，然后在【字段属性】选项区域的【有效性规则】文本框中输入【Is Not Null】，在【有效性文本】文本框中输入【员工编号不能为空】，如图 2–49 所示。

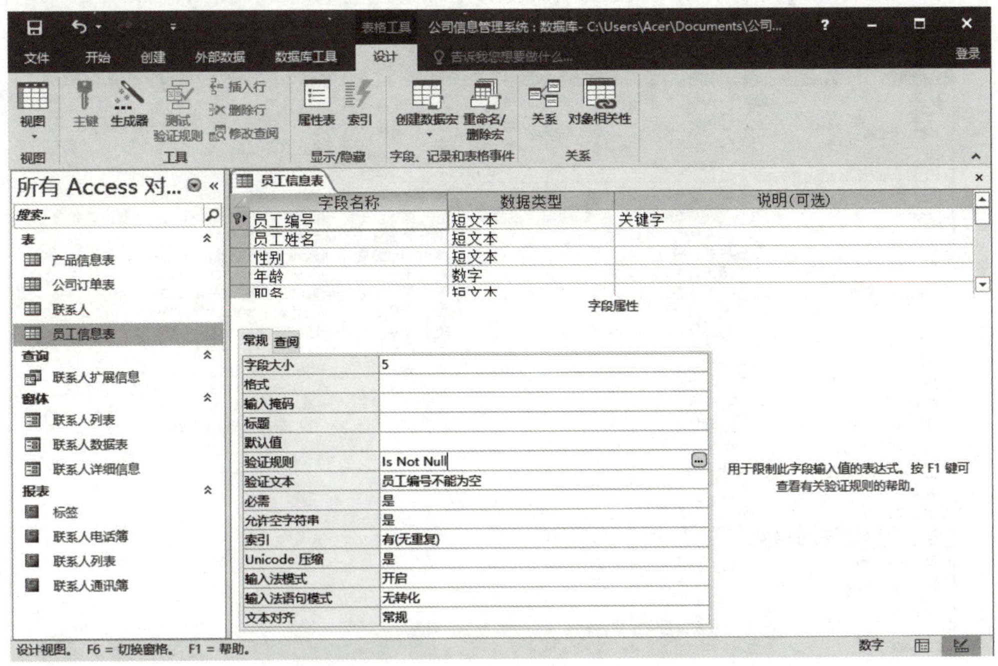

图 2–49　设置【员工编号】字段的有效性

（4）单击【性别】单元格，使其处于编辑状态，然后在【字段属性】选项区域的【有效性规则】文本框中输入【“男”Or“女”】，在【有效性文本】文本框中输入【只可输入“男”或“女”】，如图 2–50 所示。

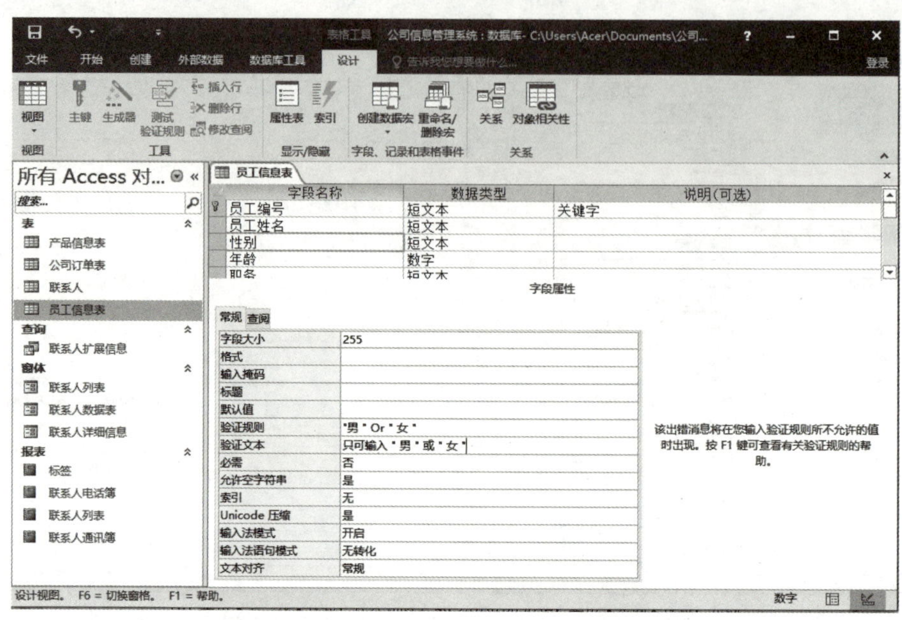

图 2–50　设置【性别】字段的有效性

（5）按【Ctrl+S】组合键，将设置的有效性规则和有效性文本保存，并在弹出的提示框中单击【是】按钮。

（6）在状态栏中单击【数据表视图】视图按钮，切换到数据表视图，如图 2–51 所示。

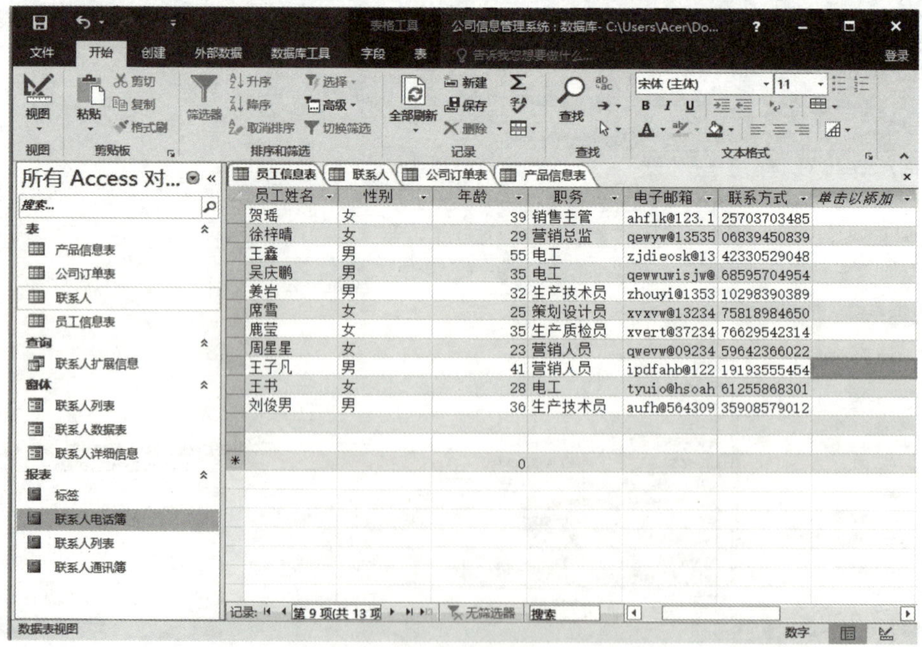

图 2–51　数据表视图

（7）当在【员工编号】字段中删除数据时，将弹出如图 2-52 所示的提示框，提示员工编号不能为空。

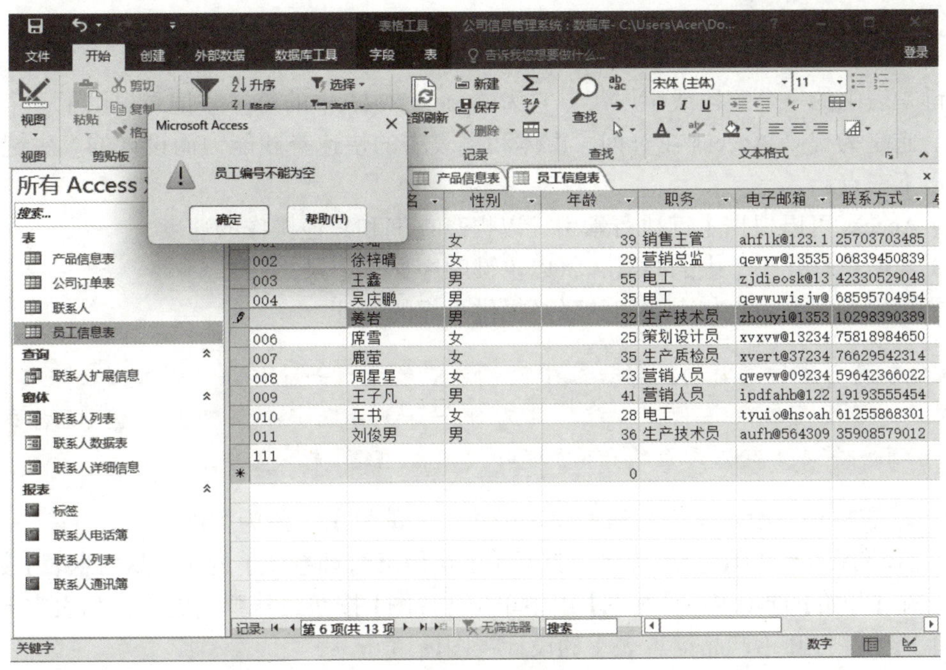

图 2-52　提示框 1

（8）每当在【性别】字段中修改数据（如将【男】修改为【田】）时，将弹出如图 2-53 所示的提示框，提示用户该字段只能输入【男】或【女】。

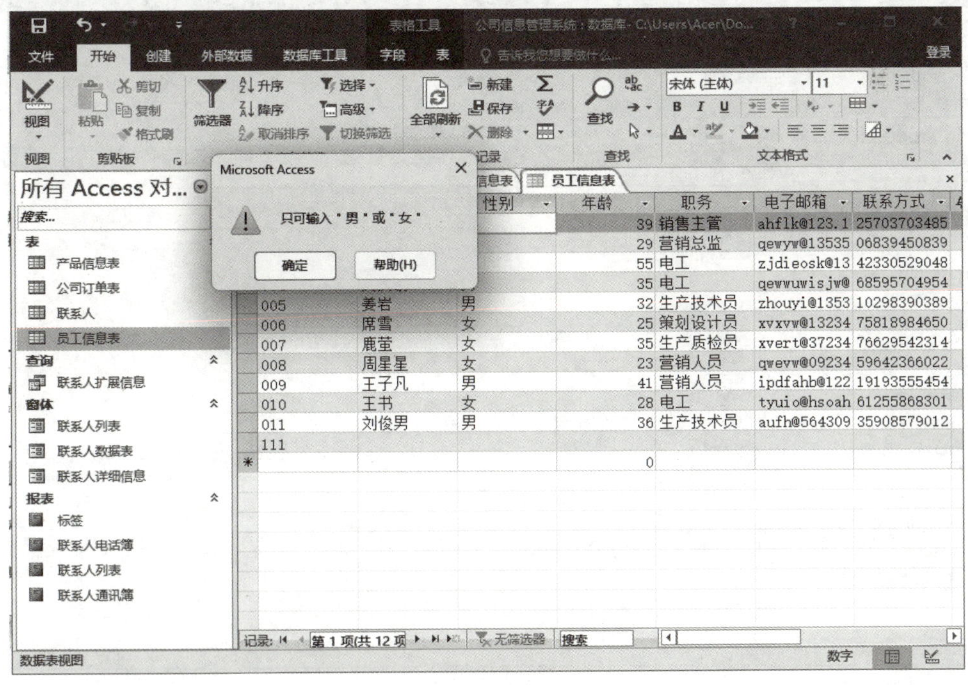

图 2-53　提示框 2

（9）参照上一步，撤销对数据表所做的修改。

2.4.5 设置主键

主键是表中的一个字段或字段集，它为 Access 2016 中的每一条记录提供了一个唯一的标识符。它是为提高 Access 在查询、窗体和报表中的快速查找能力而设计的。主键的作用主要有以下三点。

（1）Access 可以根据主键执行索引，以提高查询和其他操作的速度。

（2）当用户打开一个表的时候，将以主键顺序显示记录。

（3）指定主键可为表与表之间的联系提供可靠的保证。

提示：设定主键的目的是保证表中的记录能够被唯一地标识。例如，在一家大规模的公司，为了更好地管理员工，就需要为每个员工分配一个员工 ID，该 ID 是唯一的，它标识了每一个员工在公司里的身份，这个【员工 ID】就是主键。

课堂案例 2-10　设置【产品信息表】中【产品编号】字段为主键

（1）启动 Access 2016 应用程序，打开【公司信息管理系统】的【产品信息表】数据表。

（2）在【开始】选项卡的【视图】组中单击【视图】按钮，从弹出的下拉列表中选择【设计视图】选项，打开【产品信息表】的设计视图窗口。

（3）在设计窗口中选中【ID】行，在【表格工具】|【设计】选项卡的【工具】组中单击【删除行】按钮，如图 2-54 所示。

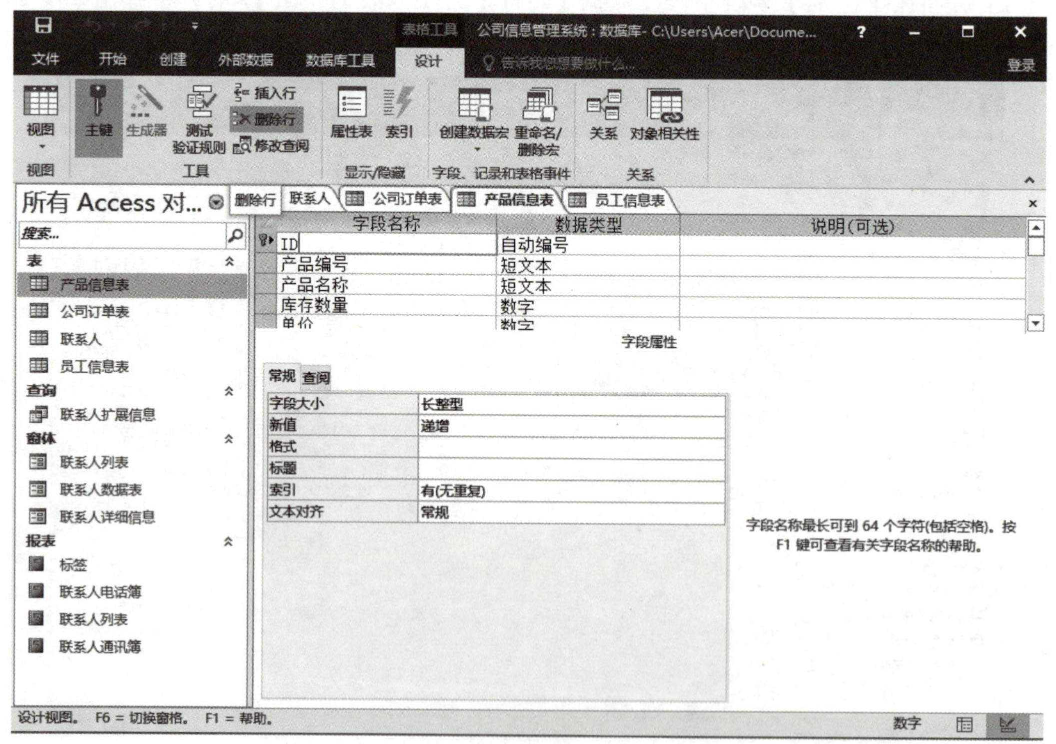

图 2-54　单击【删除行】按钮

（4）此时，弹出如图 2-55 所示的提示框，单击【是】按钮。

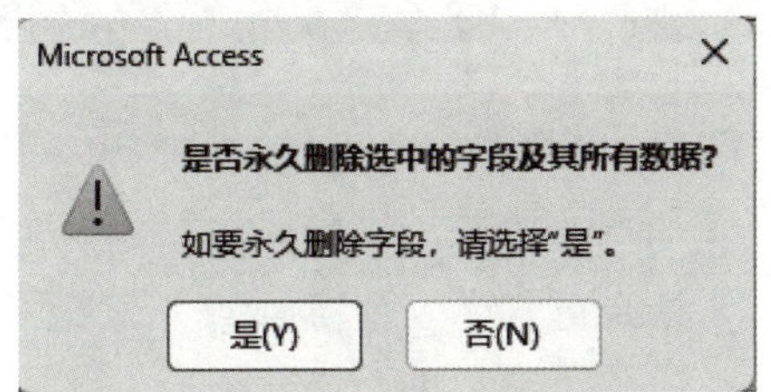

图 2-55　询问是否删除选中的字段提示框

（5）再次弹出提示框，询问用户是否删除该主键字段，如图 2-56 所示。

图 2-56　询问是否删除主键提示框

（6）单击【是】按钮，此时设计视图窗口中的【ID】栏消失，如图 2-57 所示。

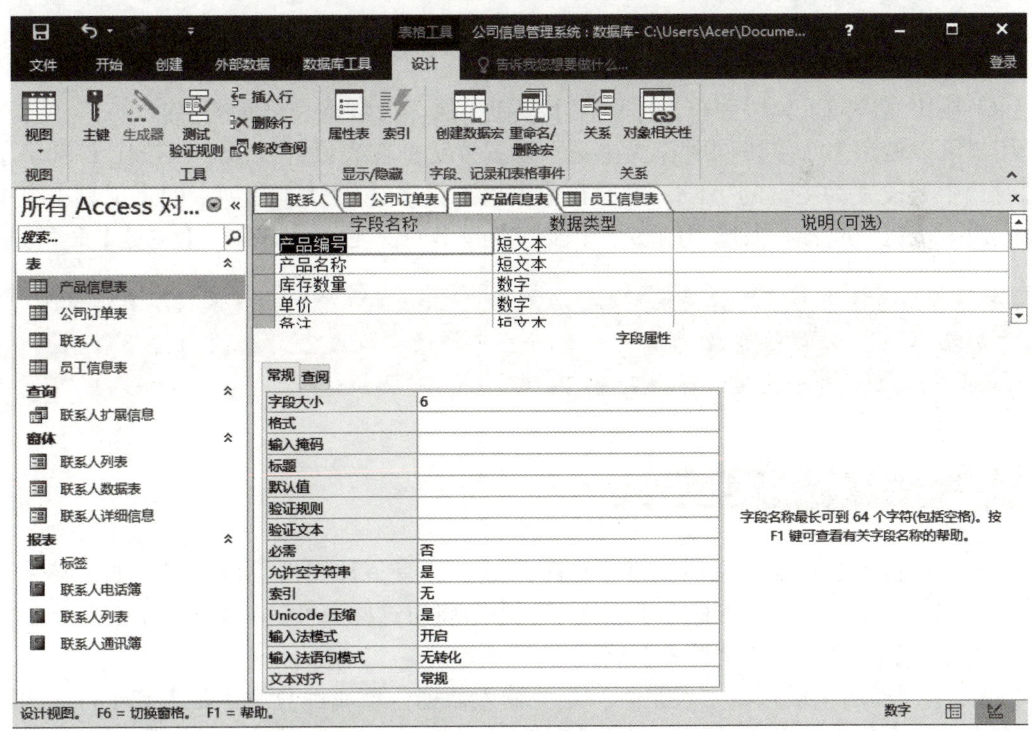

图 2-57　设计视图窗口中的【ID】栏消失

（7）选中【产品编号】字段，在【表格工具】|【设计】选项卡的【工具】组中单击【主键】按钮。此时【产品编号】栏的左侧出现标志，如图 2-58 所示。

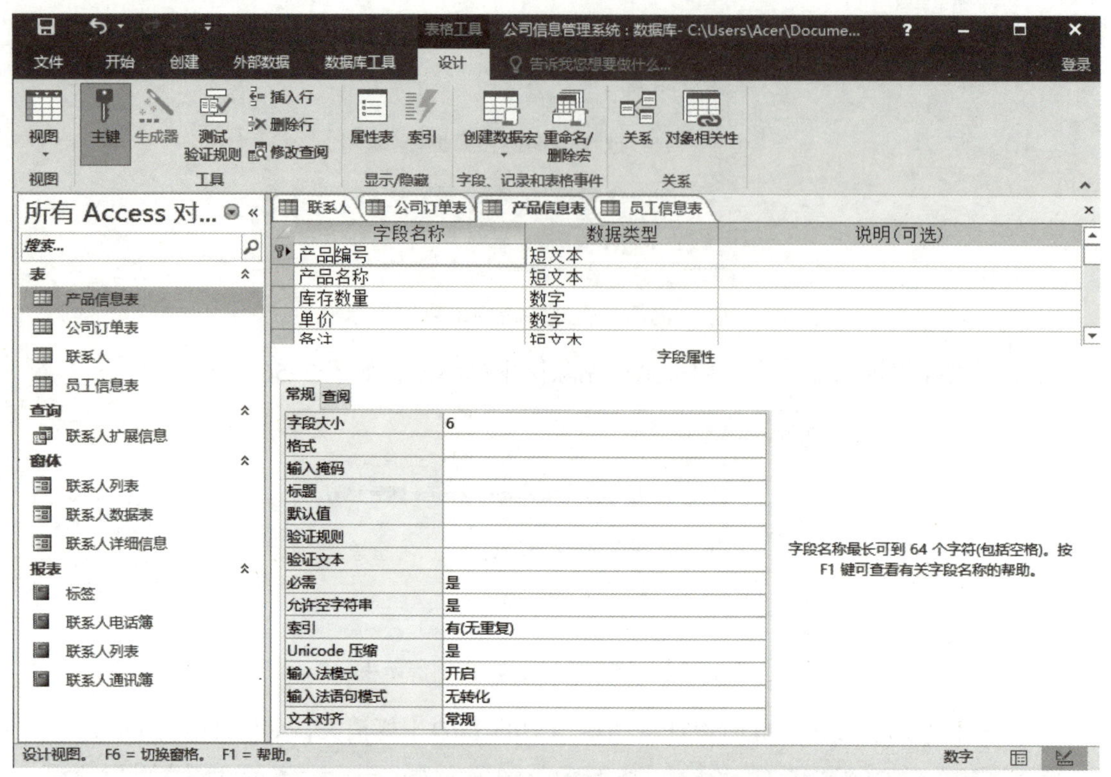

图 2-58 【产品编号】栏的左侧出现标志

（8）在快速访问工具栏中单击【保存】按钮，保存为数据表设置的主键。

用户可以使用多个字段同时作为主键。设置方法：在表设计视图中，按住【Shift】键的同时选中要设置为主键的字段，然后在【表格工具】|【设计】选项卡的【工具】组中单击【主键】按钮，或者右击选中的多个字段，在弹出的快捷菜单中执行【主键】命令。

提示：当选定某个字段作为主键时，Access 会自动将该字段的【索引】属性设为【有(无重复)】选项，以使该字段的值不重复，并且将该字段设置为默认的排序依据。一张数据表中可以设置多个主键，必要时也可以是多个字段的组合。

2.4.6 设置字段的其他属性

在表设计视图窗口的【字段属性】选项区域，还有多种属性可以设置，如【必需】属性、【允许空字符串】属性、【标题】属性等。本节将对这些属性进行简单介绍。

1.【必需】和【允许空字符串】属性

【必需】属性用来设置该字段是否一定要输入数据，该属性只有【是】和【否】两种选择。当【必需】属性设置为【否】且未在该字段中输入任何数据时，该字段便存入了一个 Null 值（空值）。如果将该属性设置为【是】且未在该字段中输入任何数据，此时将光标移开时，系统会出现提示信息。

【空字符串】指的是长度为 0 的字符串，Access 以【“”】来表示用户可以在数据表中直接输入【“”】来表示字段的内容为空字符串。

对于设置字段的【空字符串】属性和字段【必需】属性，以及相应的用户操作和 Access 显示的存储值，可以参照表 2–4 所示的用户操作表加以理解。

表 2–4　用户操作表

允许空字符串	必需	用户的操作	存储值
否	否	按下 Enter 键按下 Space 键输入空字符串 “”	Null 值 Null 值 不允许
否	是	按下 Enter 键按下 Space 键输入空字符串 “”	不允许 不允许 不允许
是	否	按下 Enter 键按下 Space 键输入空字符串 “”	Null 值 Null 值 空字符串
是	是	按下 Enter 键按下 Space 键输入空字符串 “”	不允许空字符串空字符串

2.【标题】属性

【标题】属性主要用来设定浏览表内容时该字段的标题名称。例如，将【员工信息表】数据表的【联系方式】字段的【标题】属性更改为【移动电话】，如图 2–59 所示。

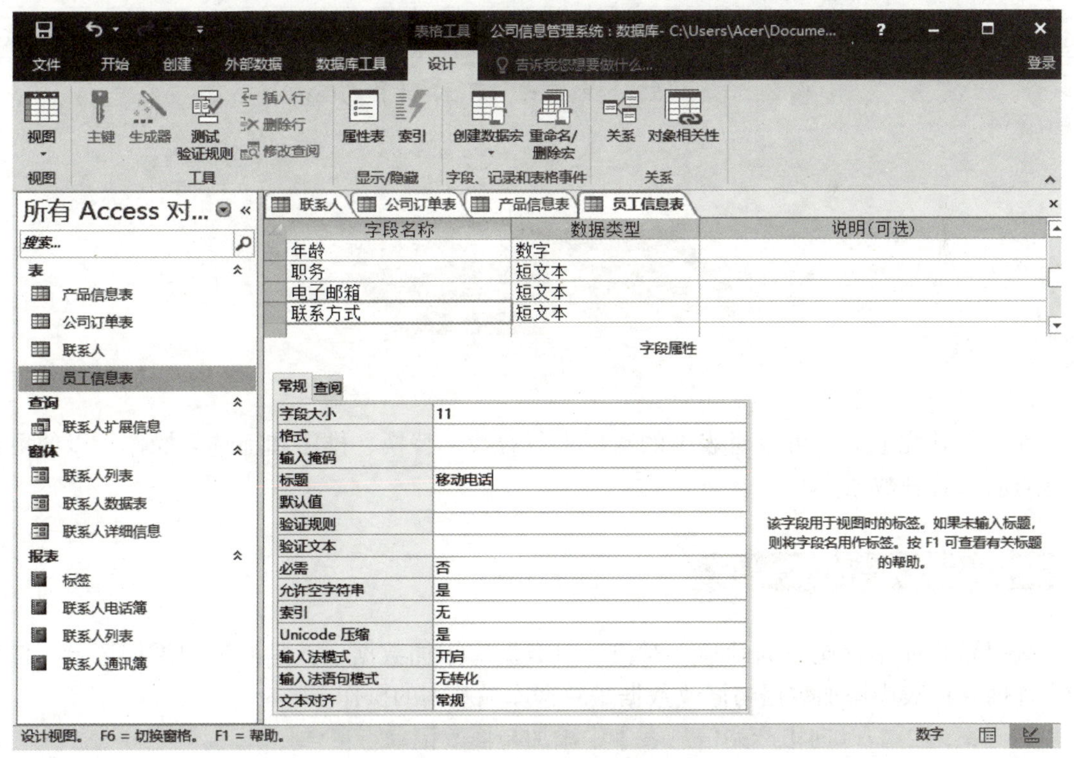

图 2–59　更改【标题】属性

此时，【员工信息表】数据表视图中【联系方式】字段将更改为【移动电话】，如图 2–60 所示。

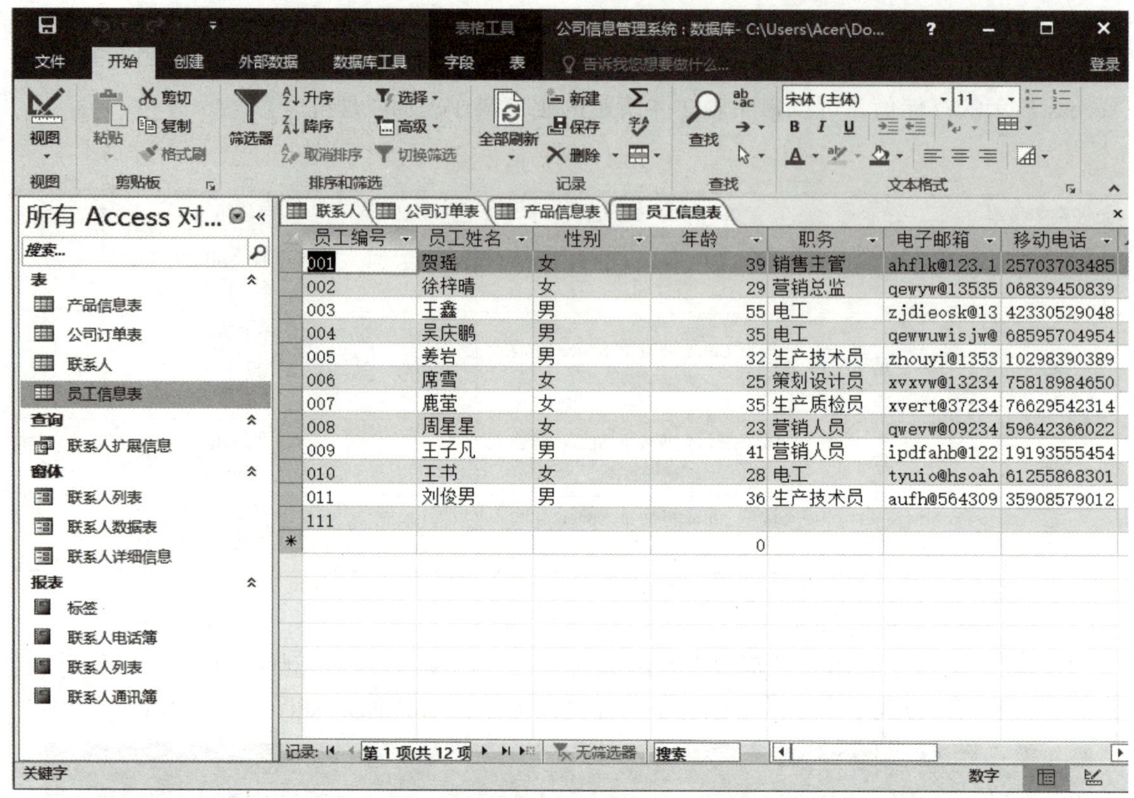

图 2-60 更改【联系方式】字段为【移动电话】

2.5 编辑表

在表创建完成后，可以对表中的数据进行查找、替换、排序和筛选等操作，以便更有效地查看和管理数据。

2.5.1 添加与修改记录

表是数据库中存储数据的唯一对象，对数据库添加数据，就是向表中添加记录。使用数据库时，向表中添加数据与修改数据是数据库最基本的操作。

课堂案例 2-11 向【产品信息表】中添加与修改记录

（1）启动 Access 2016 应用程序，打开【公司信息管理系统】数据库。

（2）在左侧导航窗格的【表】组中双击【产品信息表】，打开【产品信息表】数据表，如图 2-61 所示。

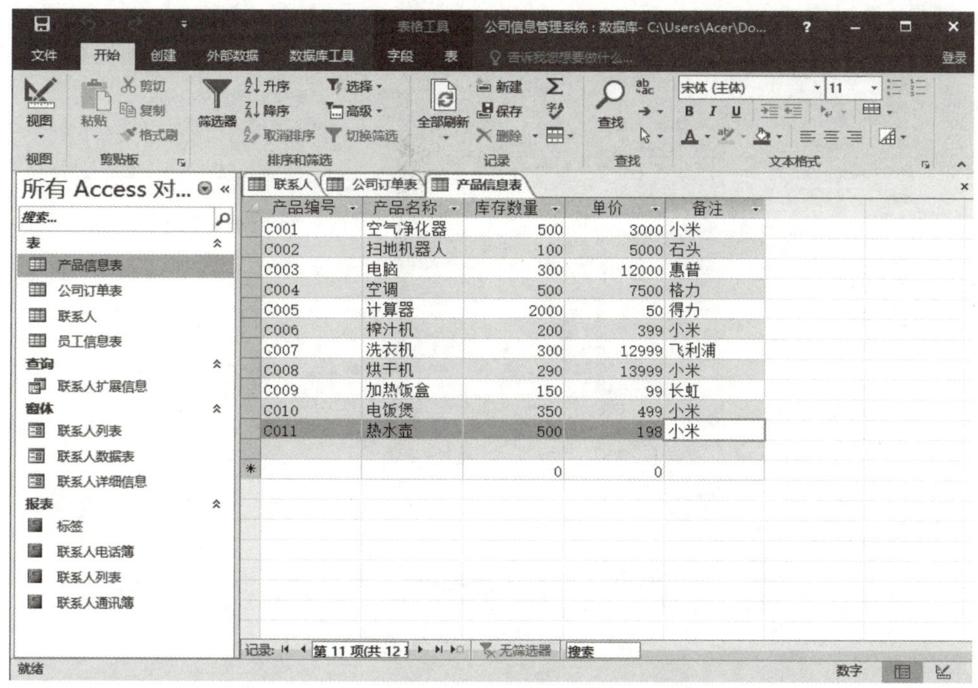

图 2-61　打开【产品信息表】数据表

（3）在右侧的表格中单击空白单元格，然后直接输入要添加的记录，如图 2-62 所示。

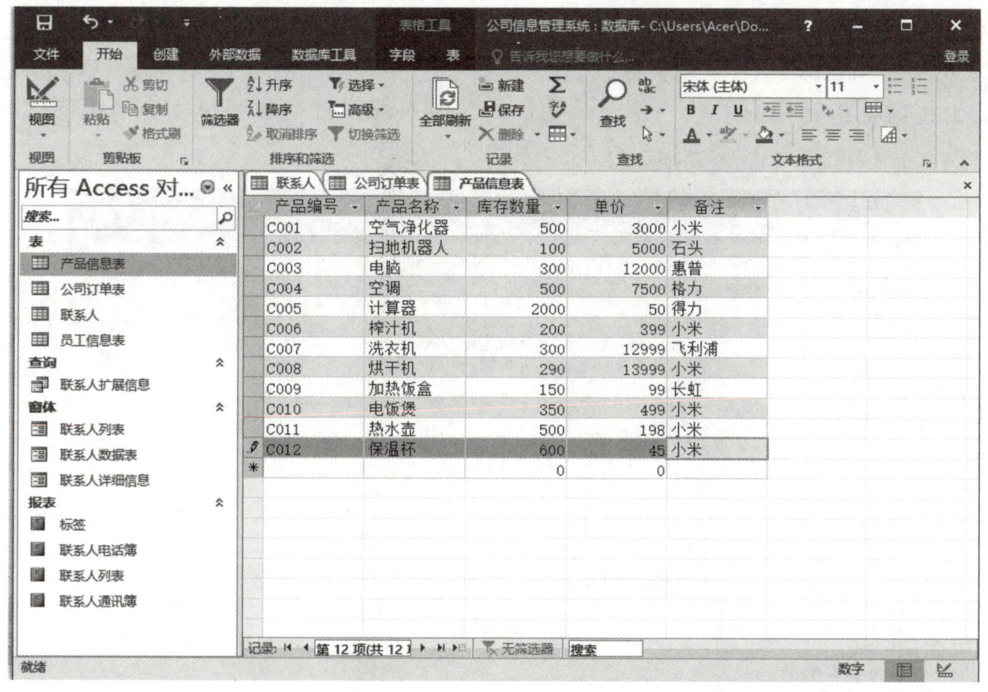

图 2-62　输入要添加的记录

（4）单击【电脑】单元格，直接修改记录为【显示器】，按【 Enter 】键，完成修改已有记录的操作，如图 2-63 所示。

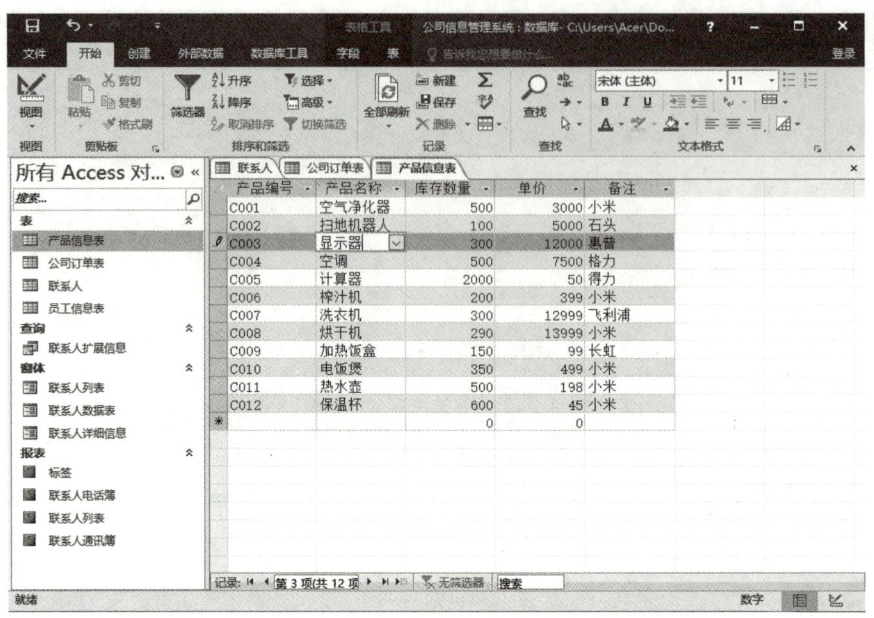

图 2-63 修改已有记录

（5）在快速访问工具栏中单击【保存】按钮，保存修改后的数据表。

课堂案例 2-12 选定并删除表记录

在【产品信息表】数据表中选定与删除记录操作数据库时，选定与删除表中的记录也是必不可少的操作。

（1）启动 Access 2016 应用程序，打开【公司信息管理系统】的【产品信息表】数据表。

（2）将鼠标指针指向最后一条记录的行首，待鼠标指针变成黑色实心箭头形状时，单击即可选定整行，如图 2-64 所示。

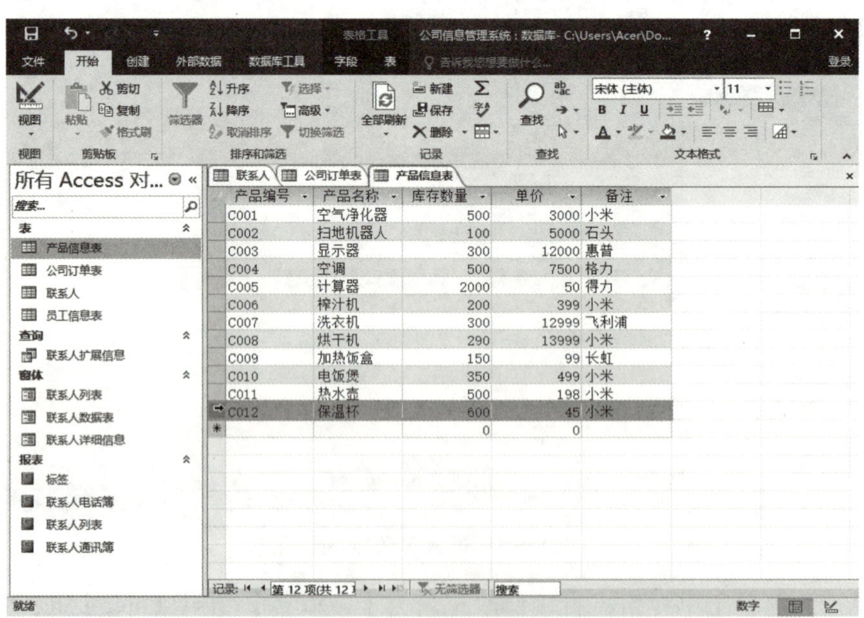

图 2-64 选定整行

（3）打开【开始】选项卡，在【记录】组中单击【删除】下拉按钮，从弹出的下拉菜单中执行【删除记录】命令，如图 2-65 所示。

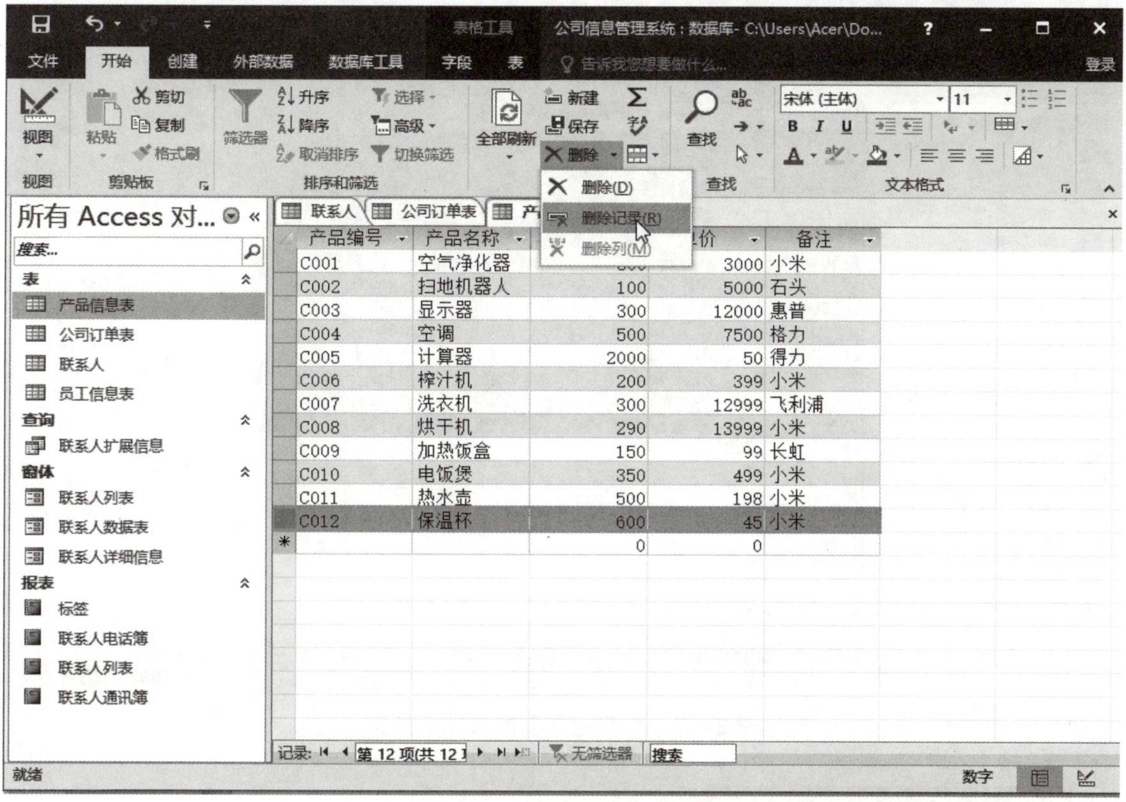

图 2-65 执行【删除记录】命令

（4）弹出信息提示框，提示用户正准备删除记录，删除后无法撤销删除操作，如图 2-66 所示。

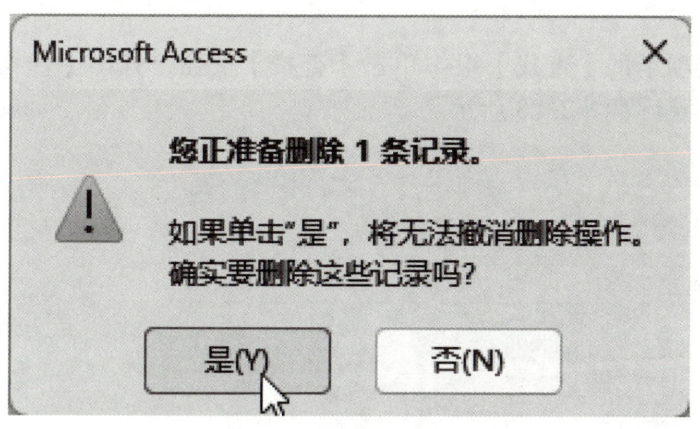

图 2-66 询问是否删除记录提示框

（5）单击【是】按钮，即可删除该条记录。删除记录后的数据表效果，如图 2-67 所示。

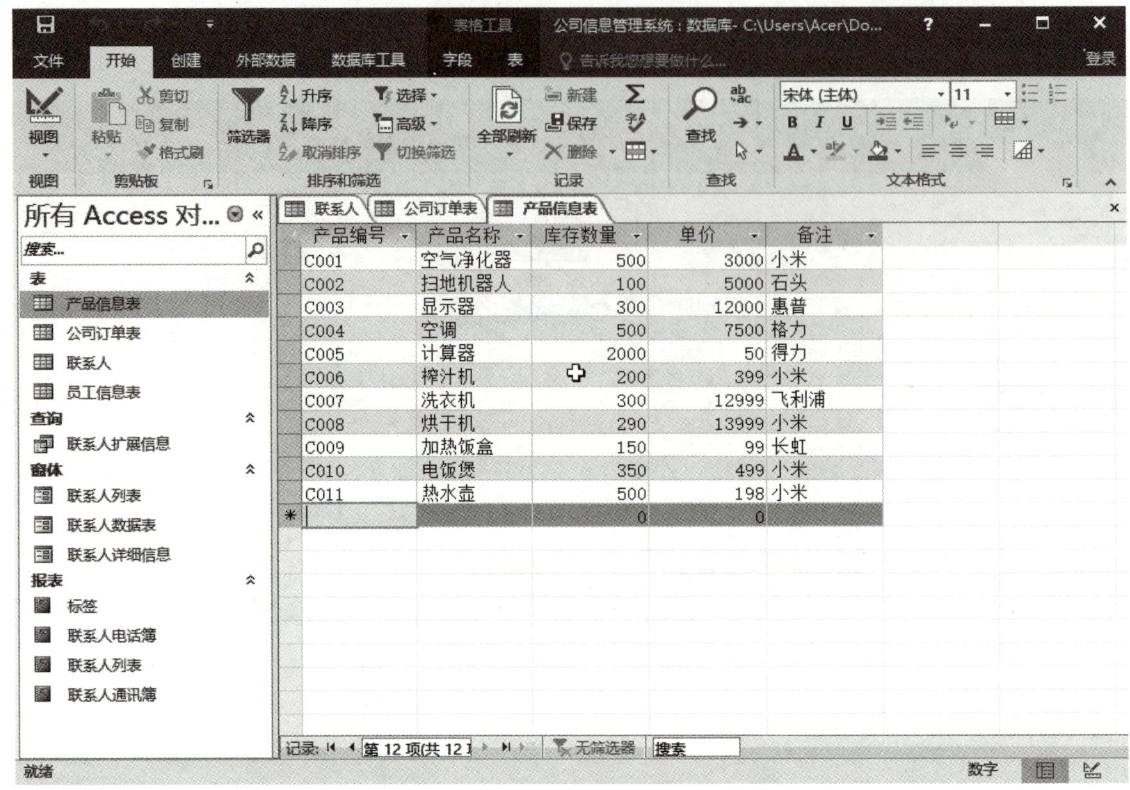

产品编号	产品名称	库存数量	单价	备注
C001	空气净化器	500	3000	小米
C002	扫地机器人	100	5000	石头
C003	显示器	300	12000	惠普
C004	空调	500	7500	格力
C005	计算器	2000	50	得力
C006	榨汁机	200	399	小米
C007	洗衣机	300	12999	飞利浦
C008	烘干机	290	13999	小米
C009	加热饭盒	150	99	长虹
C010	电饭煲	350	499	小米
C011	热水壶	500	198	小米
*		0	0	

图 2-67　删除记录后的数据表效果

2.5.2　数据的查找和替换

当需要在数据库中查找所需的特定信息或替换某个数据时，可以使用 Access 提供的查找和替换功能来实现。

1．查找

在【开始】选项卡的【查找】组中单击【查找】按钮，弹出【查找和替换】对话框，显示【查找】选项卡，如图 2-68 所示。

查找和替换
查找　替换
查找内容(N):　查找下一个(F)　取消
查找范围(L): 当前字段
匹配(H): 整个字段
搜索(S): 全部
区分大小写(C)　按格式搜索字段(O)

图 2-68　【查找】选项卡

2. 替换

在【开始】选项卡的【查找】组中单击【替换】按钮，弹出【查找和替换】对话框，显示【替换】选项卡，如图 2–69 所示。

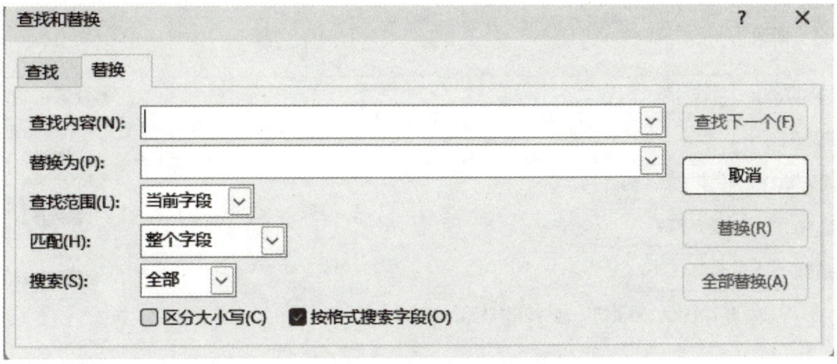

图 2–69　【替换】选项卡

【查找和替换】对话框中部分选项的含义说明如下。

（1）【查找范围】下拉列表。在当前鼠标所在的字段里进行查找，或者在整个数据表范围内进行查找。

（2）【匹配】下拉列表。有三个字段匹配选项可供选择。【整个字段】选项表示字段内容必须与【查找内容】文本框中的文本完全符合；【字段任何部分】选项表示【查找内容】文本框中的文本可包含在字段中的任何位置；【字段开头】选项表示字段必须以【查找内容】文本框中的文本开头，后面的文本可以是任意的。

（3）【搜索】下拉列表。该列表中包含【全部】、【向上】和【向下】三种搜索方式。

课堂案例 2–13　在【员工信息表】数据表中查找营销人员的员工记录

（1）启动 Access 2016 应用程序，打开【公司信息管理系统】的【员工信息表】数据表。

（2）打开【开始】选项卡，在【查找】组中单击【查找】按钮，弹出【查找和替换】对话框。

（3）打开【查找】选项卡，在【查找内容】对应的文本框中输入查找内容【营销人员】；在【查找范围】对应的下拉列表中选择【当前字段】选项；在【匹配】对应的下拉列表中选择【整个字段】选项；在【搜索】对应的下拉列表中选择【全部】选项，如图 2–70 所示。

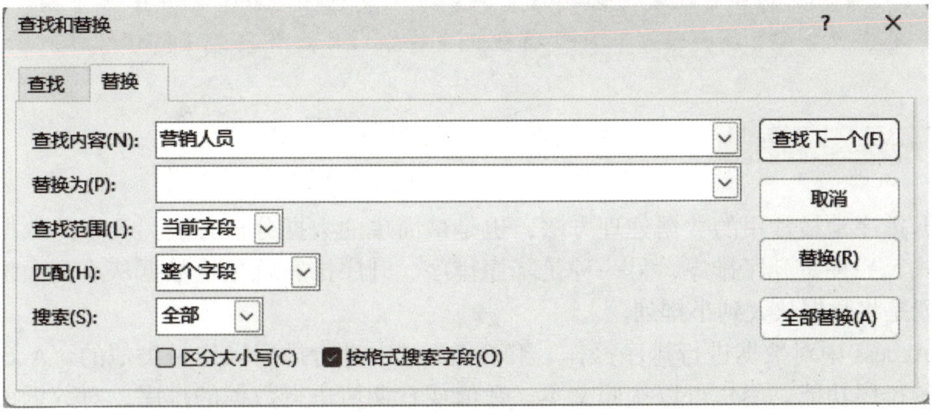

图 2–70　设置查找参数

（4）依次单击【查找下一个】按钮，此时数据表中逐个显示查找的内容，如图 2-71 所示。

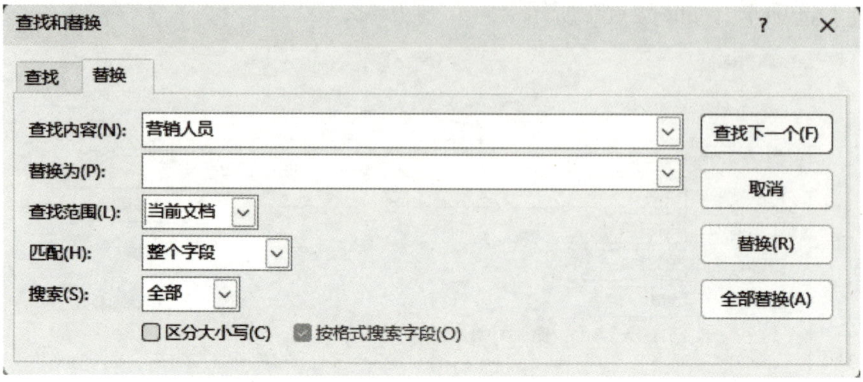

图 2-71　查找到的内容

（5）搜索完毕后，自动弹出信息提示框，提示用户完成搜索记录，单击【确定】按钮，如图 2-72 所示。

图 2-72　完成搜索提示框

（6）返回【查找和替换】对话框，单击【取消】按钮，关闭对话框。

提示：在【查找和替换】对话框【替换】选项卡的【替换为】文本框中输入【销售人员】，单击【全部替换】按钮，即可将数据【营销人员】替换为【销售人员】。

2.5.3　数据排序

数据排序是最常用的数据处理方法，也是最简单的数据分析方法。表中的数据有两种排列方式，一种是升序排序，另一种是降序排序。升序排序就是将数据从小到大排列，而降序排列是将数据从大到小排列。

在 Access 中对数据进行排序操作，和在 Excel 中进行排序操作是类似的。Access 提供了强大的排序功能，用户可以按照文本、数值或日期值进行数据的排序。对数据库的排序主要有两种方法，一种是利用工具栏的简单排序，另一种就是利用窗口的高级排序。

课堂案例 2-14　将【员工信息表】数据表中的记录按年龄升序排列

（1）启动 Access 2016 应用程序，打开【公司信息管理系统】的【员工信息表】数据表。

（2）单击【年龄】字段右侧的下拉箭头，从弹出的下拉菜单中执行【升序】命令，如图 2-73 所示。

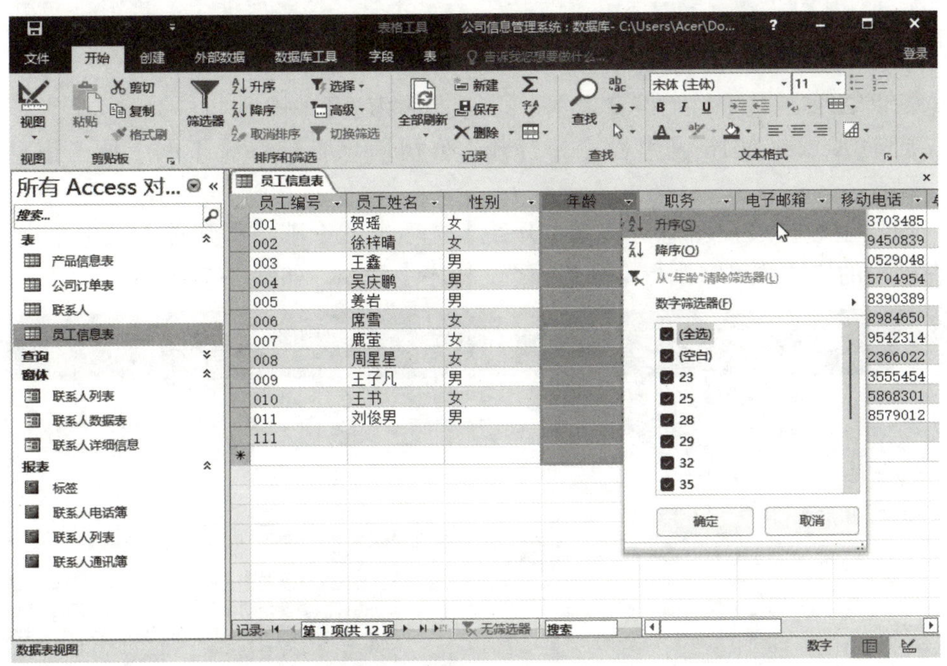

图 2-73　执行【升序】命令

（3）此时【员工信息表】数据表中的记录将按年龄升序排列，如图 2-74 所示。

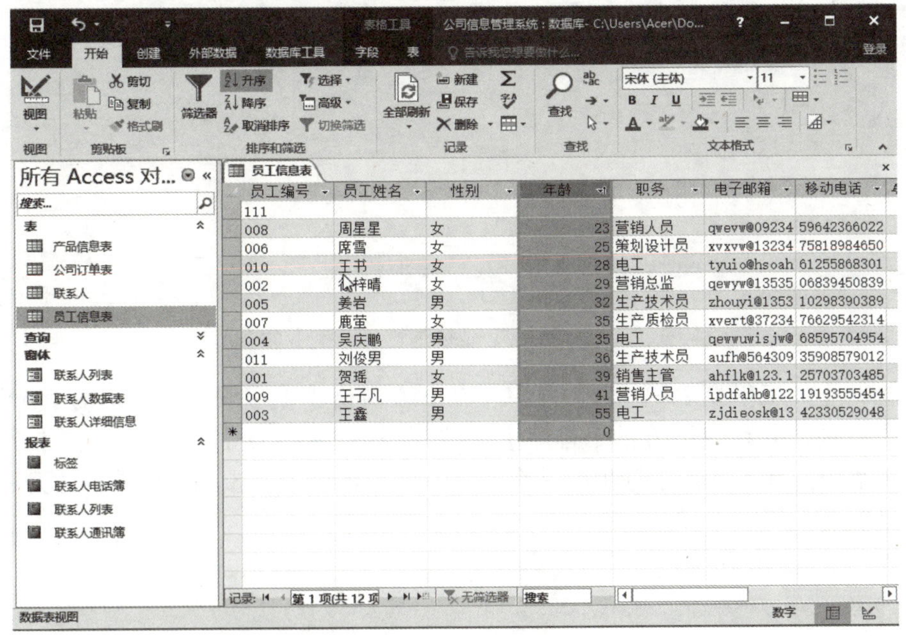

图 2-74　按年龄升序排列

（4）在快速访问工具栏中单击【保存】按钮，保存修改后的数据表。

提示：打开【开始】选项卡，在【排序和筛选】组中单击【升序】按钮或者在排序字段的任意数据中右击，在弹出的快捷菜单中执行【升序】命令，也可以实现记录按年龄升序排列的目的。当需要将数据表中两个不相邻的字段进行排序，且分别为升序或降序排列时，就需要使用 Access 的高级排序功能。

课堂案例 2-15 将【员工信息表】中的记录按职位升序排列

（1）启动 Access 2016 应用程序，打开【公司信息管理系统】的【员工信息表】数据表。

（2）切换至数据表视图窗口，在【开始】选项卡的【排序和筛选】组中单击【高级】按钮，在弹出的快捷菜单中执行【高级筛选 / 排序】命令，如图 2-75 所示。

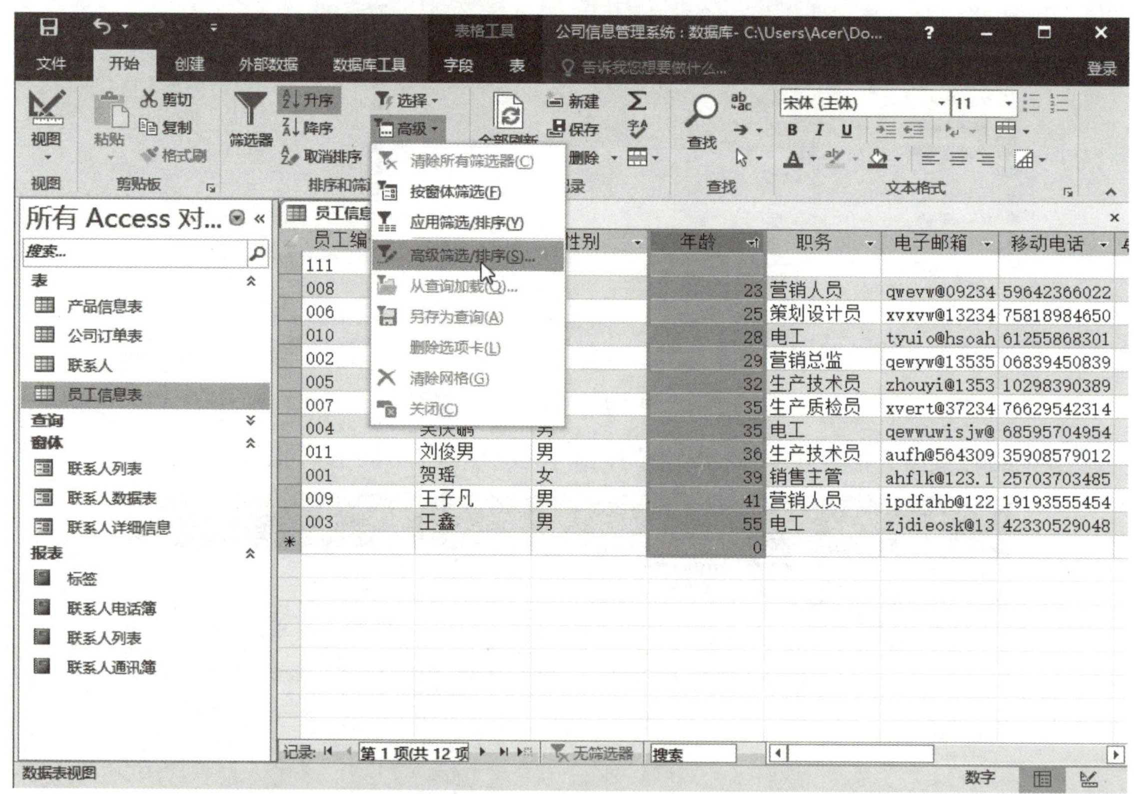

图 2-75 执行【高级筛选 / 排序】命令

（3）打开【员工信息表筛选 1】窗口，在下方窗格中【字段】第 1 列的下拉列表中选择【年龄】选项，并在其下方的【排序】下拉列表中选择【升序】选项；在【字段】第 2 列的下拉列表中选择【性别】选项，并在其下方的【排序】下拉列表中选择【升序】选项，如图 2-76 所示。

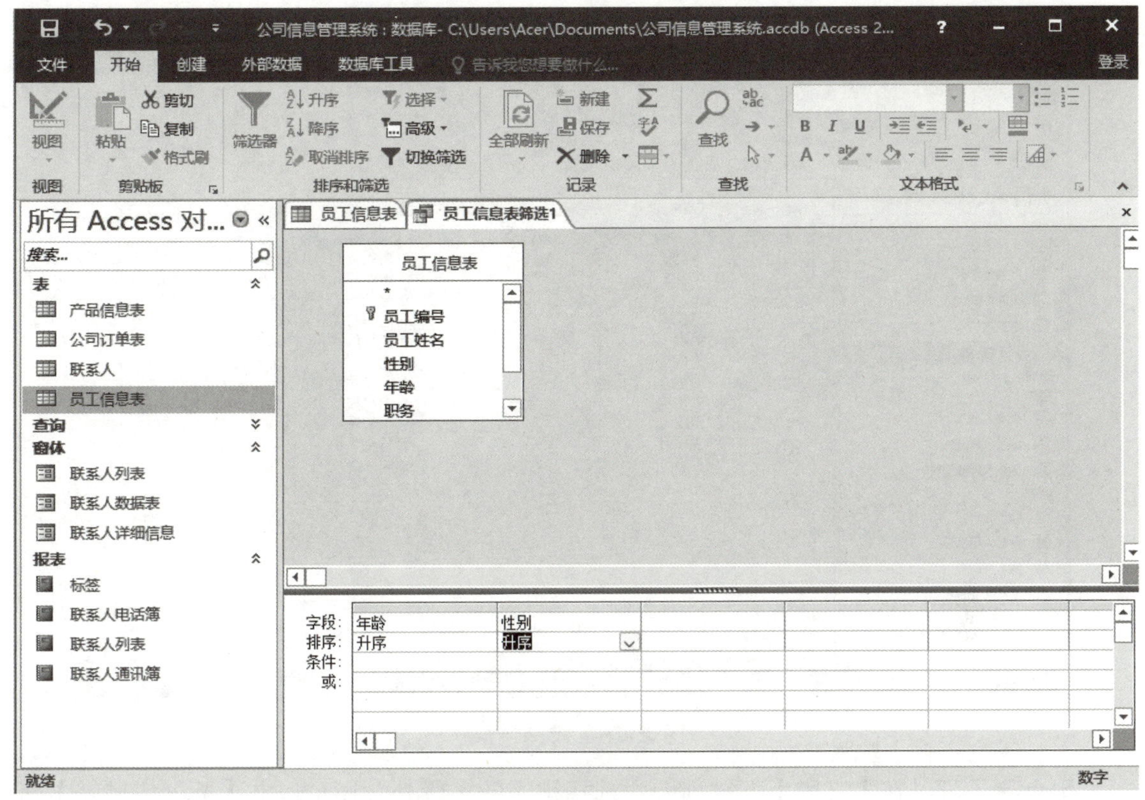

图 2-76　设置排序方式

（4）在【排序和筛选】组中单击【切换筛选】按钮，如图 2-77 所示。

图 2-77　单击【切换筛选】按钮

（5）单击【关闭】按钮，关闭【员工信息表筛选 1】窗口。此时数据表按照指定的排序方式进行排列，如图 2-78 所示。

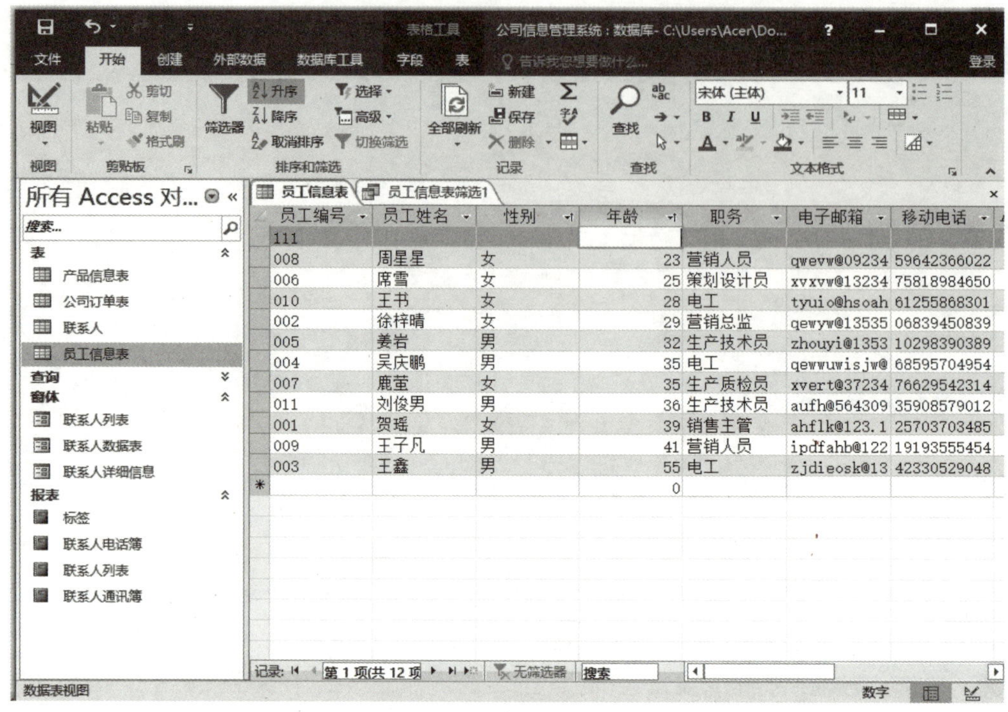

图 2-78 排序结果

用户除了可以在【字段】下拉列表中选择排序的字段外，还可以在【员工信息表】列表框中拖动字段到【字段】下拉列表中，如图 2-79 所示。

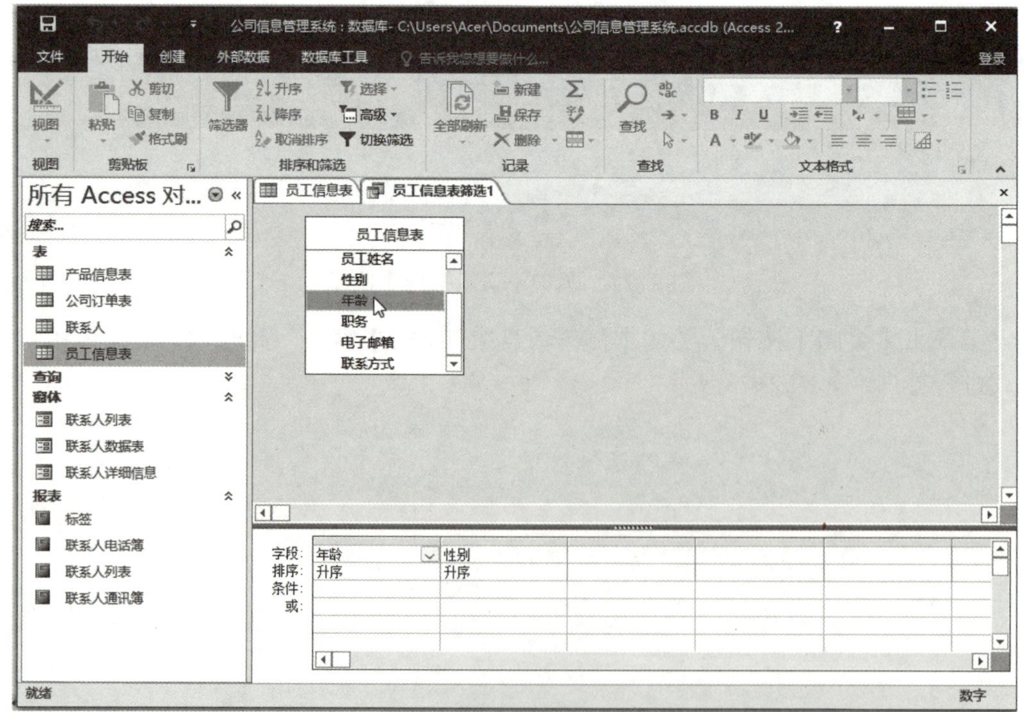

图 2-79 拖动字段

提示：本案例使用的【高级筛选 / 排序】操作，其实就是典型的选择查询。高级筛选 / 排序就是利用创建的查询来实现排序操作。

若要恢复默认排序，可以在【员工信息表筛选 1】窗格的空白区域右击，在弹出的快捷菜单中执行【清除网格】命令即可。

2.5.4　数据筛选

数据筛选就是将表中符合条件的记录显示出来，将不符合条件的记录暂时隐藏。Access 提供了使用筛选器筛选、基于选定内容筛选和使用窗体筛选等筛选方式。

1. 使用筛选器筛选

除了 OLE 对象字段和显示计算值的字段以外，所有字段类型都提供了公用筛选器。可用筛选列表取决于所选字段的数据类型和值。

选定要筛选列的任意一个单元格，打开【开始】选项卡，在【排序和筛选】组中单击【筛选器】按钮，弹出如图 2-80 所示的筛选器。

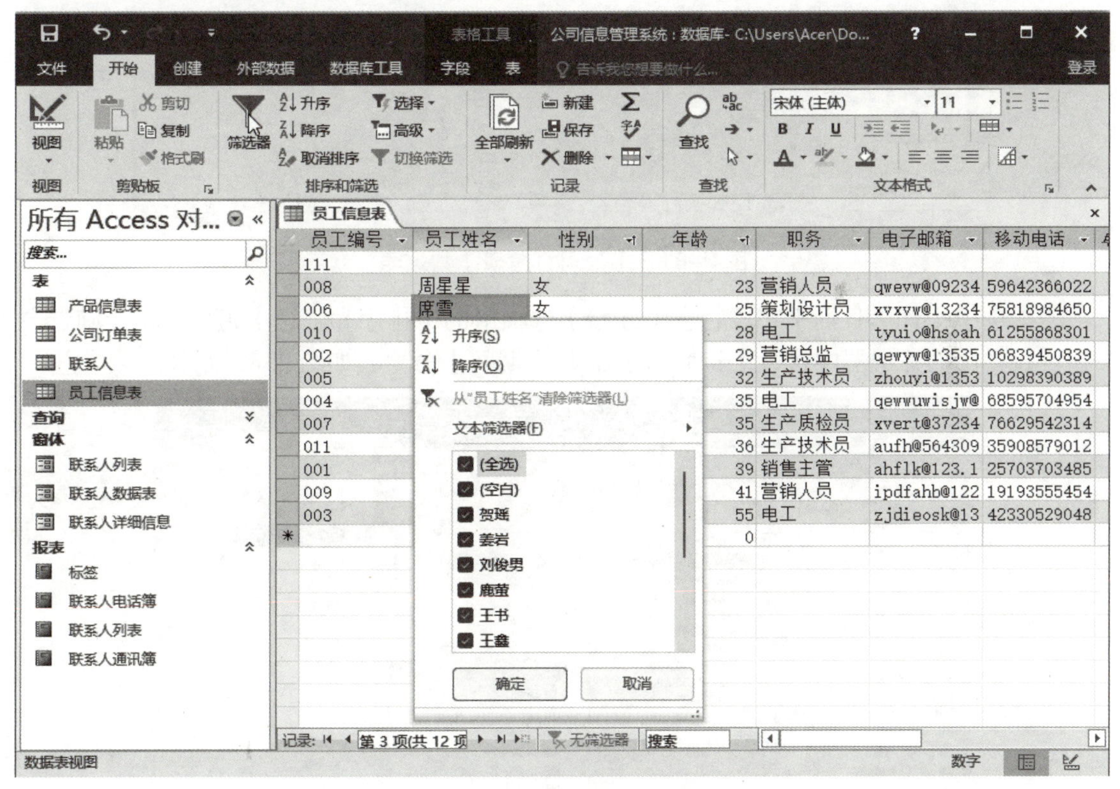

图 2-80　打开【筛选器】按钮

如果要筛选特定值，可使用筛选器中的复选框列表。该列表显示当前在字段中显示的所有值。

如果要筛选某一范围的值，可以在【文本筛选器】菜单下执行需要的筛选命令，然后指定所需的值。

提示：如果选择两列或更多列，则筛选器不可用。如果要按多列进行筛选，则必须单独选择并筛选每列，或使用高级筛选选项。

课堂案例 2-16　在【公司订单表】数据表中筛选指定日期的记录

（1）启动 Access 2016 应用程序，打开【公司信息管理系统】的【公司订单表】数据表，如图 2-81 所示。

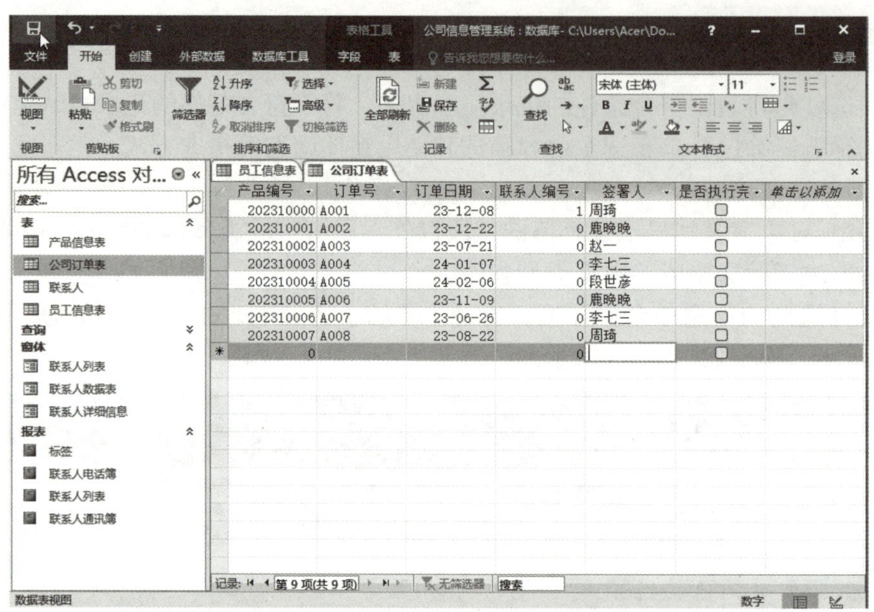

图 2-81　【公司订单表】数据表

（2）选中【订单日期】字段，在【开始】选项卡的【排序和筛选】组中单击【筛选器】按钮，在弹出的筛选器中执行【日期筛选器】|【期间】命令，如图 2-82 所示。

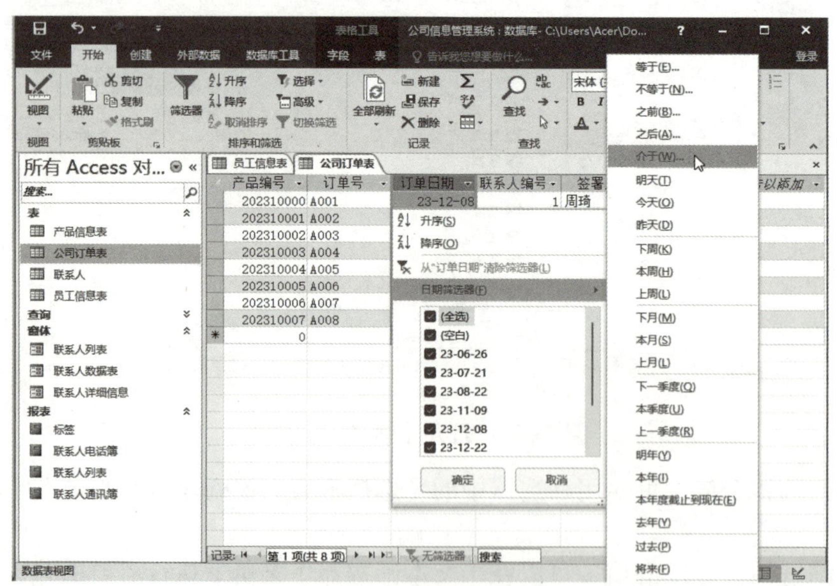

图 2-82　执行【日期筛选器】|【期间】命令

（3）在弹出的【始末日期之间】对话框中，在【最早】文本框输入日期【2023-6-7】。单击【最近】右侧的【单击可选择日期】按钮，在弹出的日历表中选择【2024 年 1 月 31 日】，如图 2-83 所示。

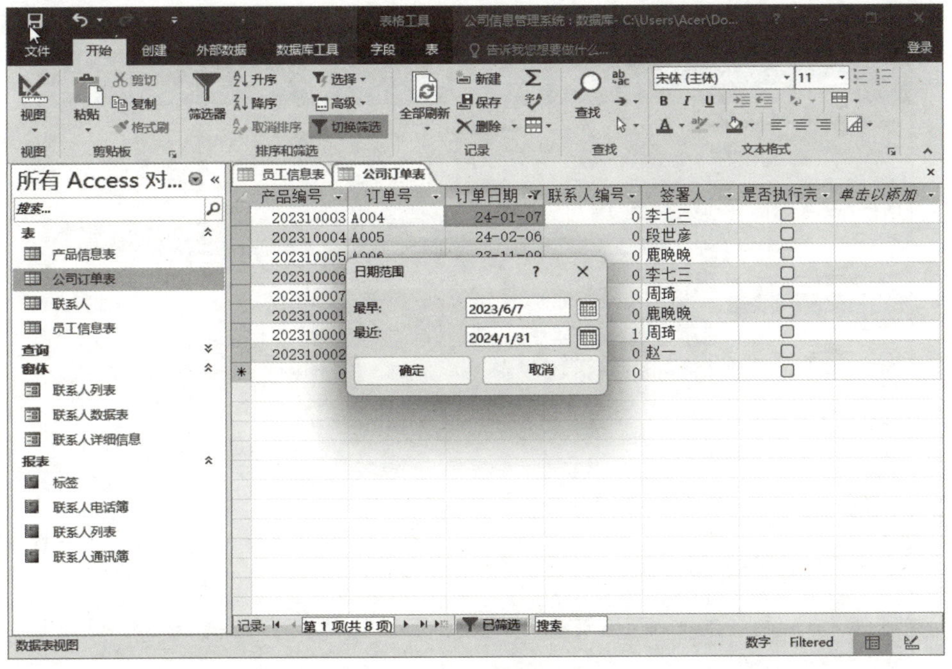

图 2-83　选择日期

（4）单击【确定】按钮，此时显示出符合筛选条件的记录，如图 2-84 所示。

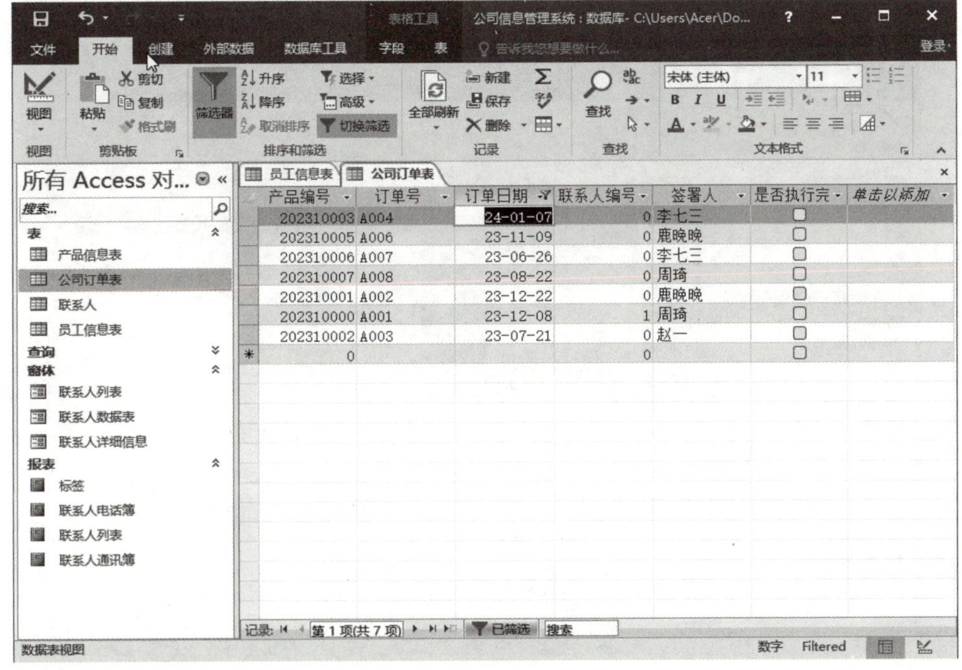

图 2-84　筛选结果

（5）应用筛选条件后，记录导航器和列标题指示当前视图是基于【订单日期】列筛选的。记录导航器中显示【已筛选】字样，列标题中显示图标。在记录导航器中单击【已筛选】字样，此时恢复数据表原有的显示内容，同时【已筛选】字样更改为【未筛选】字样，如图 2-85 所示。

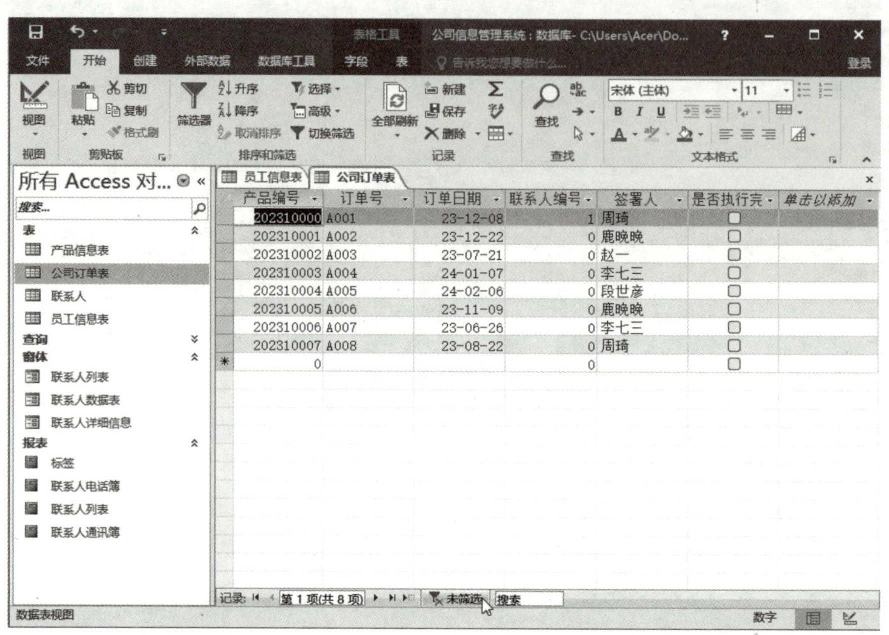

图 2-85 【已筛选】字样更改为【未筛选】字样

（6）在数据表的原有显示内容下选中【订单日期】列，在【排序和筛选】组中单击【高级】按钮，在弹出的下拉菜单中执行【高级筛选 / 排序】命令，如图 2-86 所示。

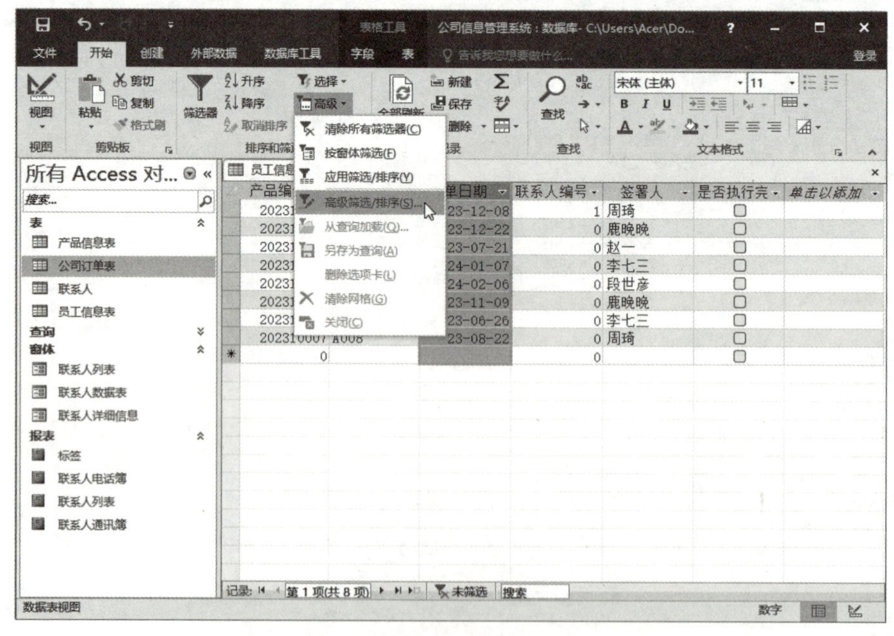

图 2-86 执行【高级筛选 / 排序】命令

（7）打开【公司订单表筛选 1】窗口，将【条件】单元格中的条件更改为【<=#2023-12-12#】，如图 2-87 所示。

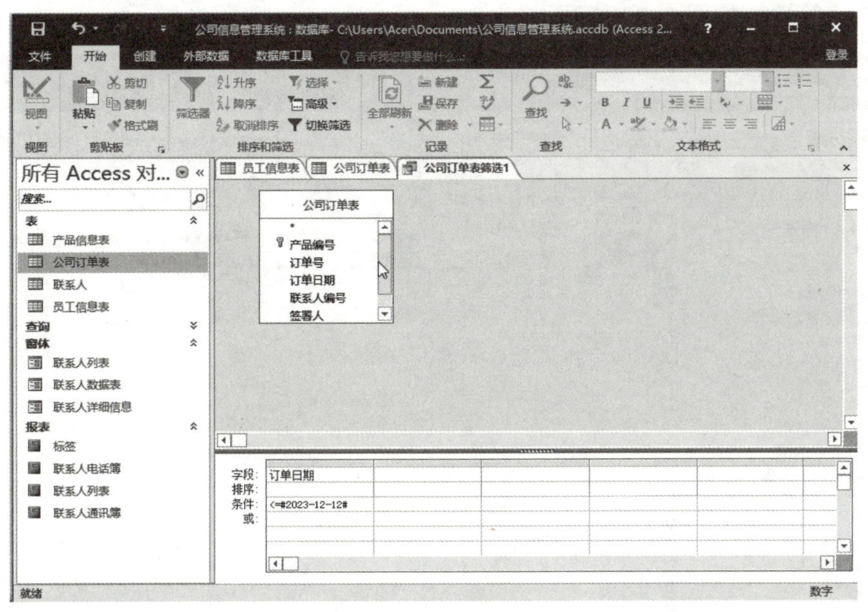

图 2-87　设置条件

（8）在【排序和筛选】组中单击【切换筛选】按钮，显示筛选结果，如图 2-88 所示。

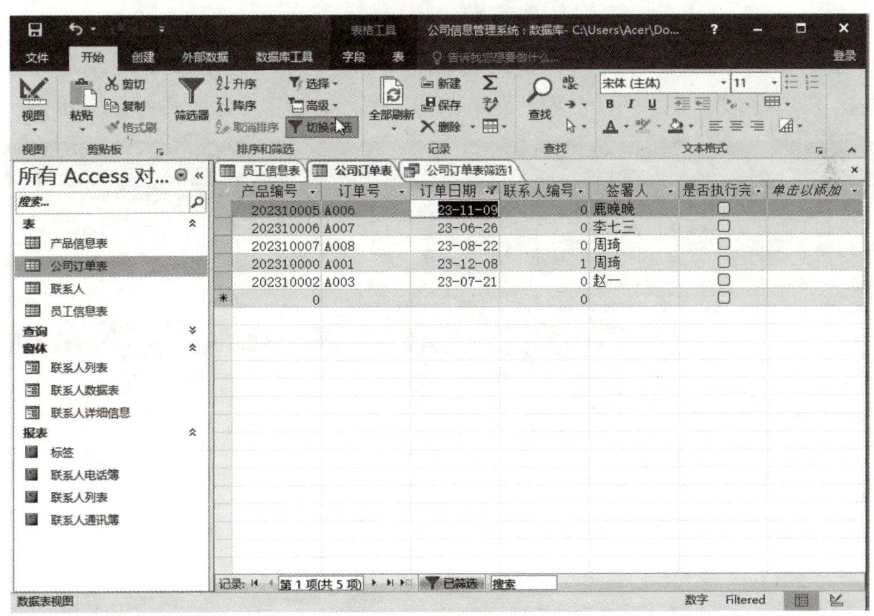

图 2-88　筛选结果

提示：保存所做的筛选条件后，当再次打开数据表时，表中仍然显示所有记录。只有单击【切换筛选】按钮，才可筛选出订单日期在【2023-12-12】前的记录。【切换筛选】按钮只对最近一次保存的筛选结果有效。

2．基于选定内容筛选

如果当前已选择了要用作筛选依据的值，则可以通过【排序和筛选】组中的【选择】按钮进行快速筛选，如图 2–89 所示。

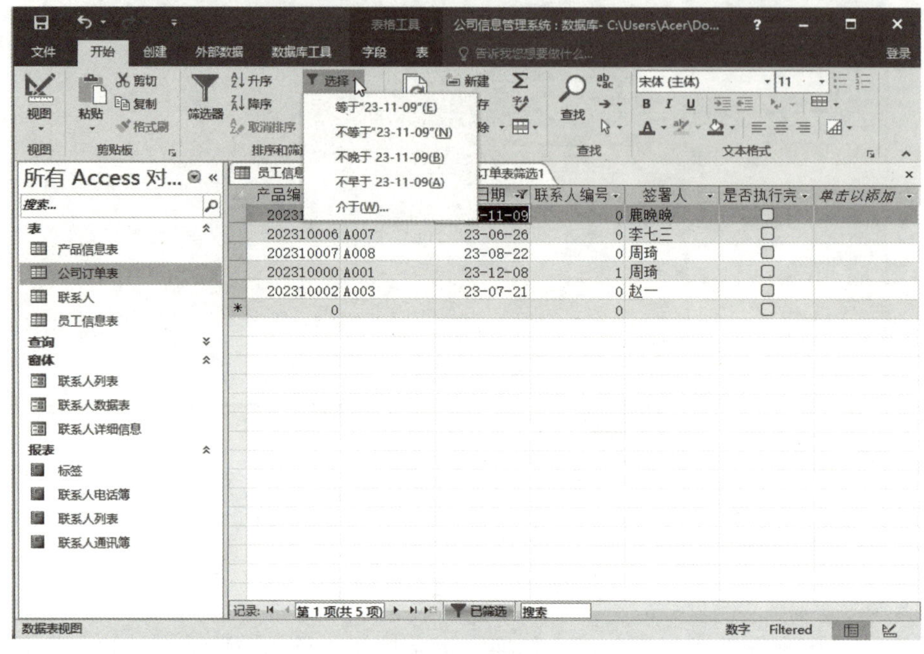

图 2–89 快速筛选

可用的命令将因所选值的数据类型的不同而不同。另外，字段右键菜单中也提供了这些命令。右击某个字段，在弹出的快捷菜单中进行筛选操作，如图 2–90 所示。

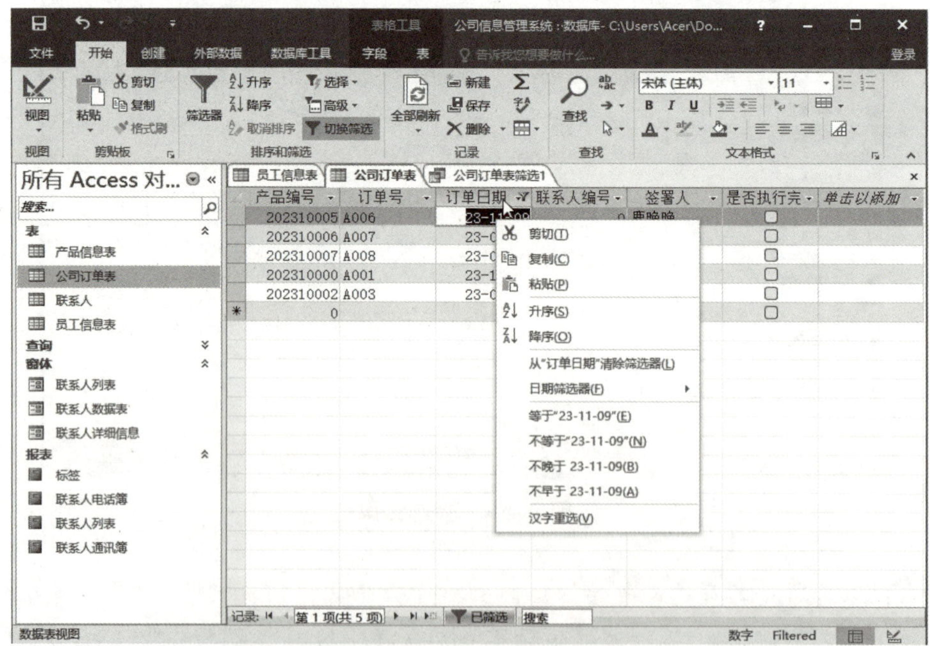

图 2–90 使用右键快捷菜单进行筛选

课堂案例 2–17　在【员工信息表】数据表中筛选出不属于营销人员的员工

（1）启动 Access 2016 应用程序，打开【公司信息管理系统】的【员工信息表】数据表。

（2）在【职务】列中，选中第一个【营销人员】单元格，打开【开始】选项卡，在【排序和筛选】组中单击【选择】按钮，从弹出的下拉菜单中执行【不等于“营销人员”】命令，如图 2–91 所示。

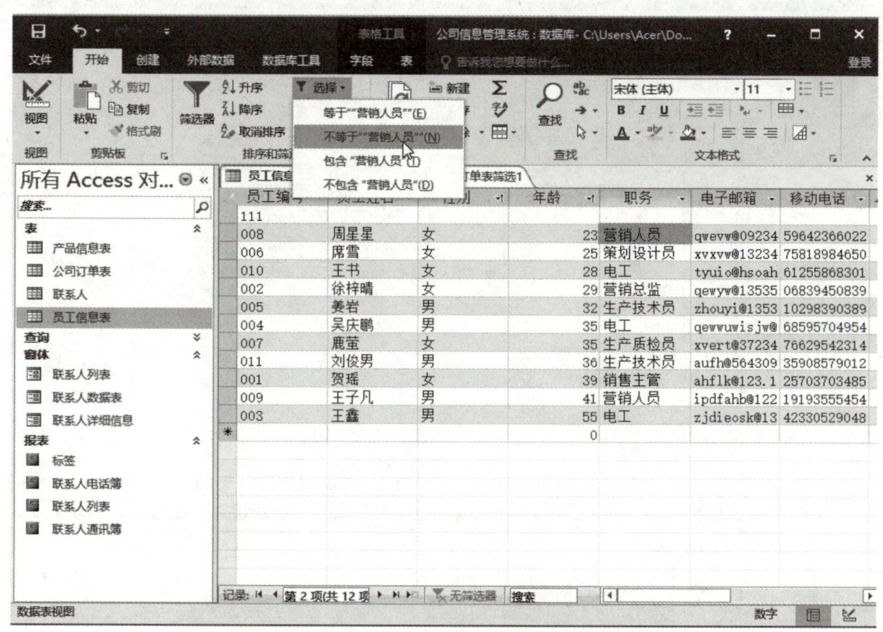

图 2–91　执行【不等于“营销人员”】命令

（3）此时，数据表显示出所有不属于营销人员的员工信息，如图 2–92 所示。

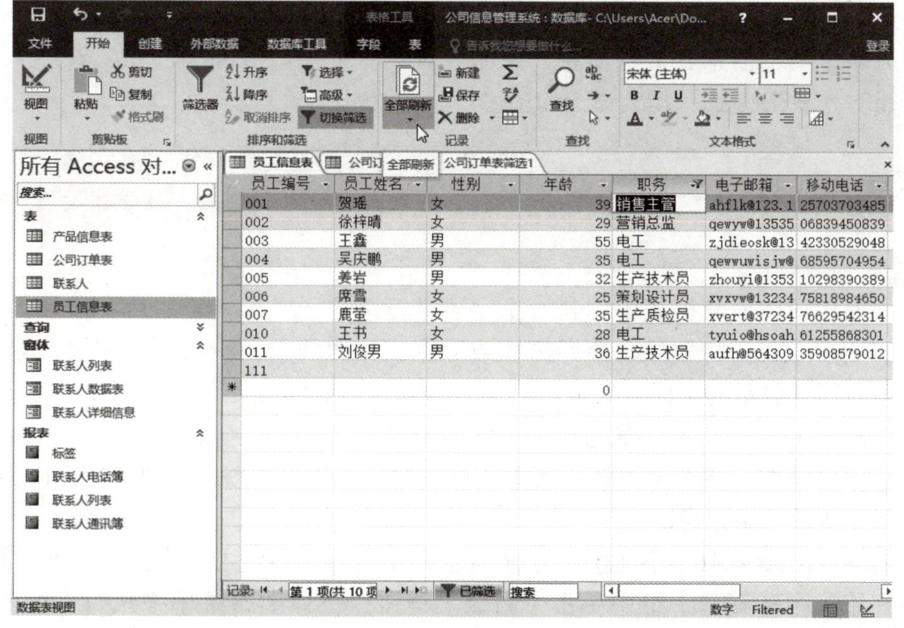

图 2–92　显示出所有不属于营销人员的员工信息

（4）在【排序和筛选】组中单击【高级】按钮，在弹出的下拉菜单中执行【高级筛选 / 排序】命令，打开【员工信息表筛选 1】窗口，在【条件】单元格中显示条件表达式，如图 2–93 所示。

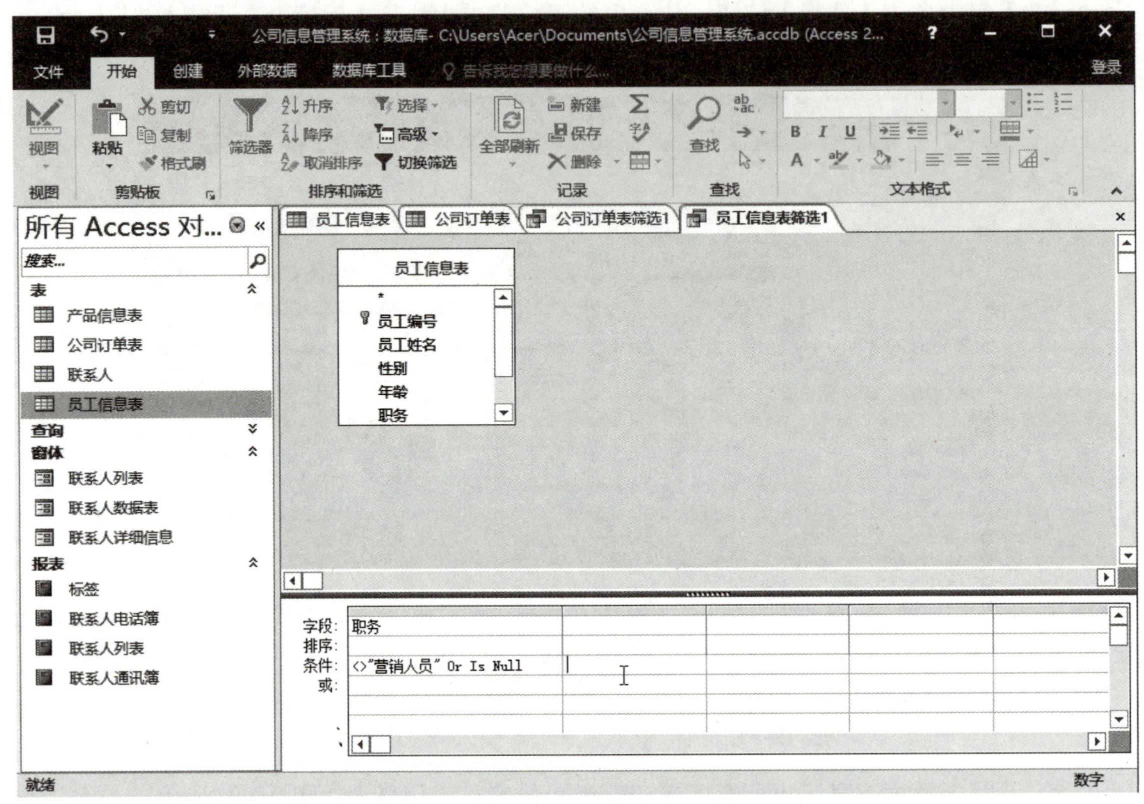

图 2–93 【条件】单元格中的条件表达式

（5）关闭【员工信息表】数据表，并保存对表的更改。当再次打开该表并单击【切换筛选】按钮时，表中将显示此次筛选的结果。

提示：筛选条件【<>“营销人员”】显示在【条件】文本框中，它是【[职位]<>“营销人员”】的省略写法，含义就是要筛选出【职位】字段内容不为【营销人员】的记录。

3．使用窗体筛选

如果想要按窗体或数据表中的若干个字段进行筛选，或者要查找特定记录，那么该方法会非常有用。Access 将创建与原始窗体或数据表相似的空白窗体或数据表，然后让用户根据需要填写任意数量的字段。完成后，Access 将查找包含指定值的记录。

课堂案例 2–18 使用窗体筛选指定条件的记录

通过下面的操作，在【公司订单表】数据表中筛选出由鹿晚晚在 2023 年 11 月份签署，但没有执行完毕的订单记录。

（1）启动 Access 2016 应用程序，打开【公司信息管理系统】的【公司订单表】数据表。

（2）在【排序和筛选】组中单击【高级】按钮，在弹出的菜单中执行【按窗体筛选】命令，如图 2–94 所示，打开【公司订单表：按窗体筛选】窗格。

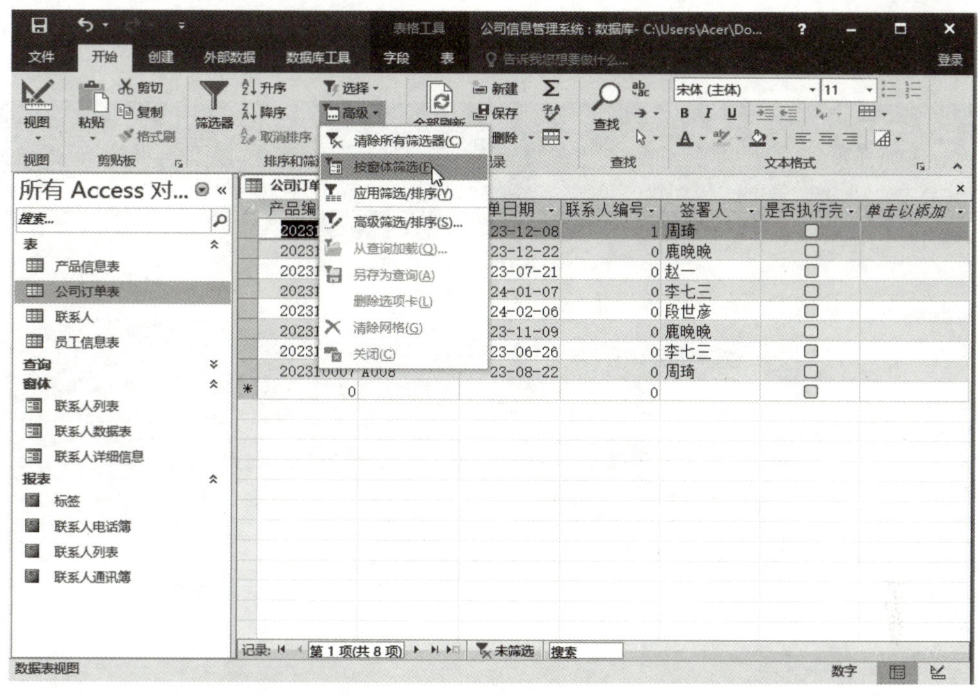

图 2-94　执行【按窗体筛选】命令

（3）在【订单日期】列表中输入表达式【Format$（[公司订单表]|【订单日期]，“中日期”）Like “23-12*”】；在【签署人】下拉列表中选择【鹿晚晚】选项；在【是否执行完毕】列表中首先选中复选框，然后取消选中状态，如图 2-95 所示。

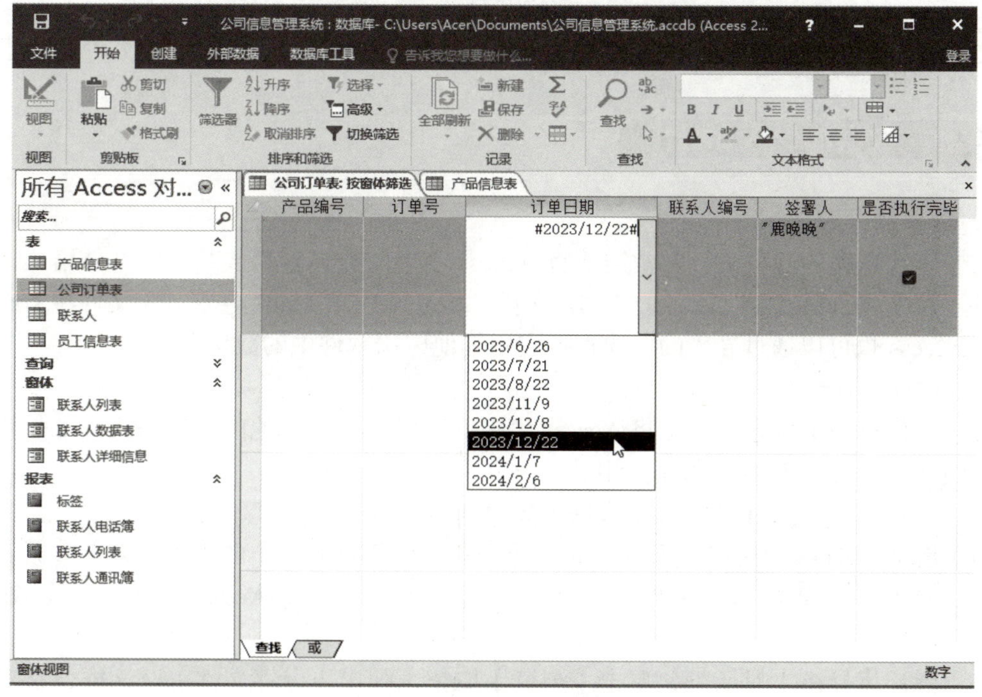

图 2-95　设置数值

（4）在【排序和筛选】组中单击【切换筛选】按钮，此时表中显示所有符合条件的记录，如图 2–96 所示。

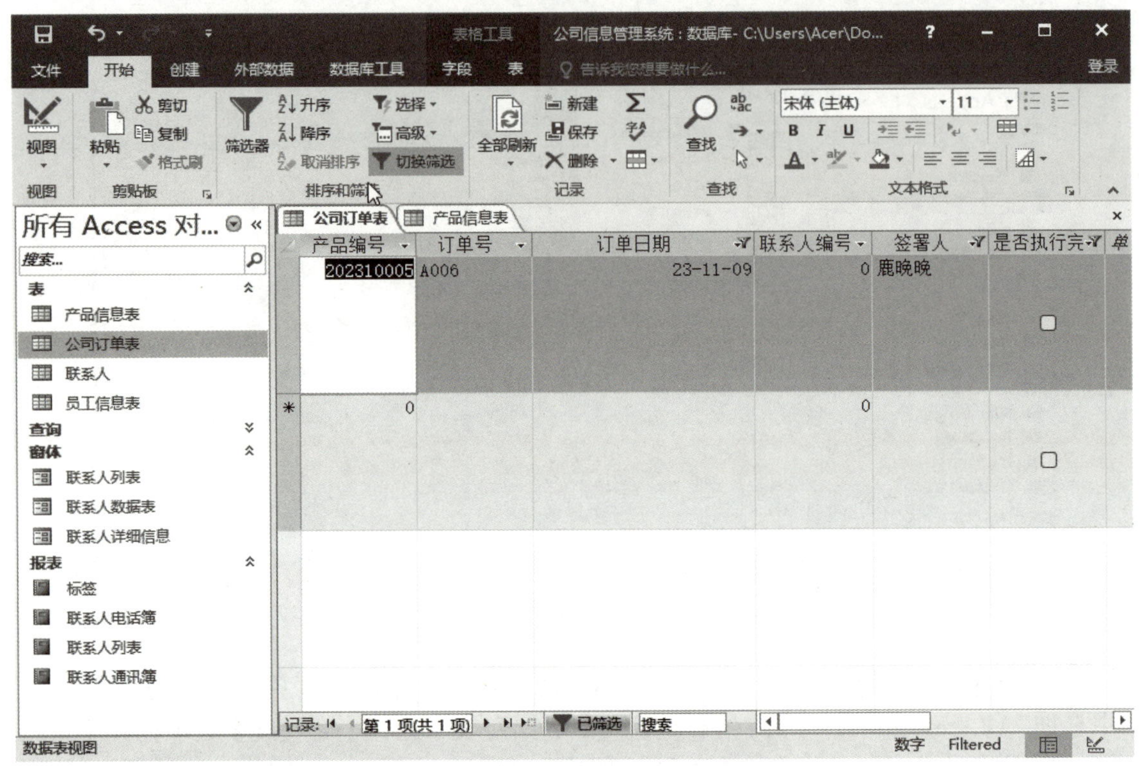

图 2–96 显示所有符合条件的记录

（5）关闭【公司订单表】数据表，保存筛选结果。

2.5.5 数据的导入和导出

1．数据的导入

在操作数据库的过程中，时常需要将 Access 表中的数据转换成其他的文件格式，如文本文件（.txt）、Excel 文档（.xlsx）、XML 文件（.xml）、PDF（.pdf）或 XPS 文件（.xps）等。同时，Access 也可以通过导入的方式直接应用其他应用软件中的数据。

2．数据的导出

导出操作有两个概念，一是将 Access 表中的数据转换成其他的文件格式，二是将当前表输出到 Access 的其他数据库中使用。

课堂案例 2–19　将【联系人】数据表导出到【项目】数据库

（1）启动 Access 2016 应用程序，打开【公司信息管理系统】的【联系人】数据表。

（2）打开【外部数据】选项卡，在【导出】组中单击【Access】按钮，如图 2–97 所示。

（3）弹出【导出】对话框，单击【浏览】按钮，弹出【保存文件】对话框，在对话框中选择目标数据库的路径。

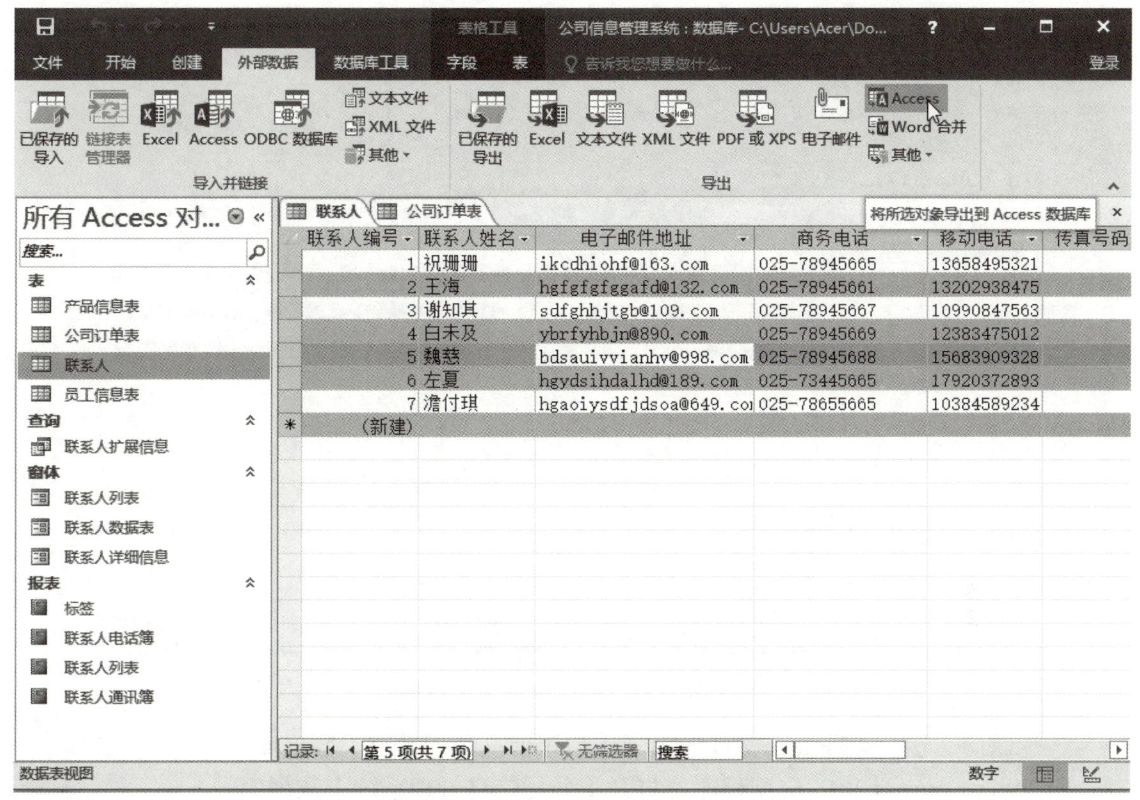

图 2-97　单击【Access】按钮

（4）单击【保存】按钮，返回【导出】对话框，然后单击【确定】按钮。

（5）弹出【导出】对话框，保持对话框中的默认设置，如图 2-98 所示，单击【确定】按钮。

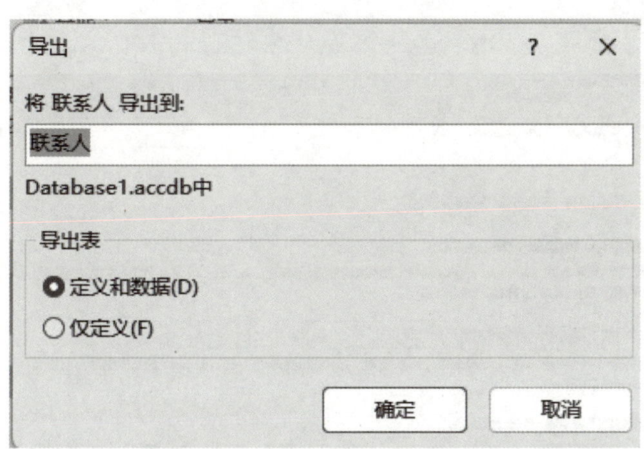

图 2-98　【导出】对话框

（6）此时，返回【导出】对话框，显示导出成功信息。

（7）单击【关闭】按钮。然后打开【联系人】数据库，导航窗口显示导入的【联系人】数据表，如图 2-99 所示。

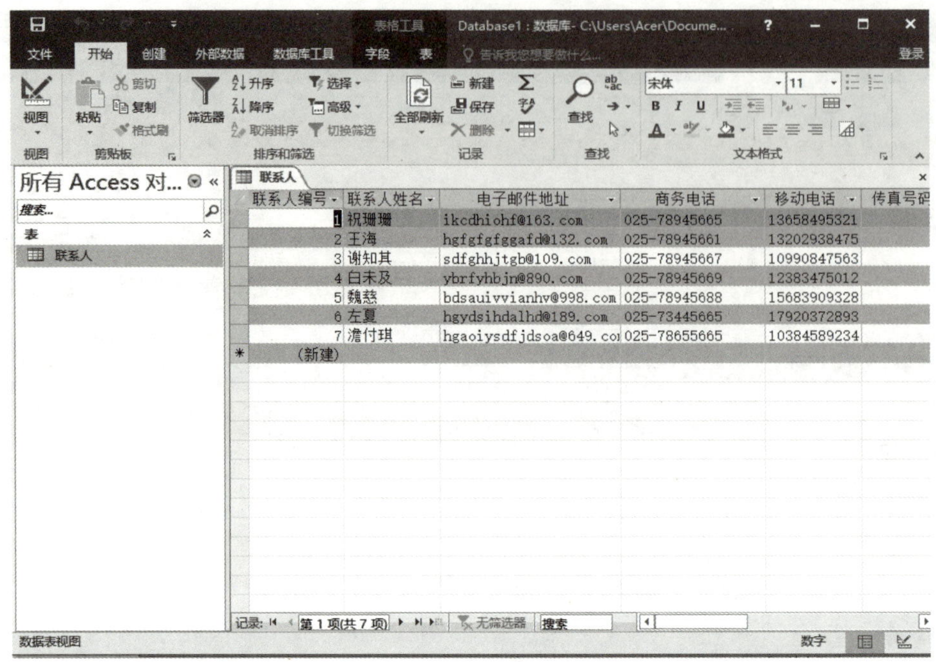

图 2-99　导入的【联系人】数据表

课堂案例 2-20　将 Excel 文件导入到【公司信息管理系统】数据库

（1）启动 Access 2016 应用程序，打开【公司信息管理系统】数据库。

（2）打开【外部数据】选项卡，在【导入并链接】组中单击【Excel】按钮。

（3）弹出如图 2-100 所示的【获取外部数据 -Excel 电子表格】对话框，单击【浏览】按钮。

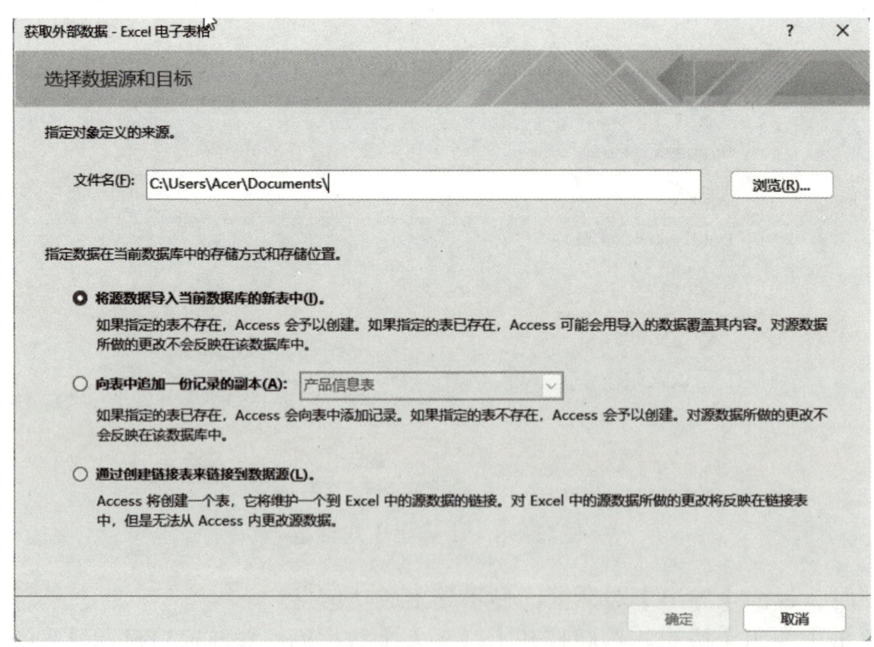

图 2-100　【获取外部数据 -Excel 电子表格】对话框

（4）在弹出的【打开】对话框中，选择导入的文件，即【员工工资表】，如图 2-101 所示，单击【打开】按钮。

图 2-101 【打开】对话框

（5）返回【获取外部数据 -Excel 电子表格】对话框，保持其他设置，单击【确定】按钮。

（6）弹出【导入数据表向导】对话框，保持选中【显示工作表】单选按钮，如图 2-102 所示，单击【下一步】按钮。

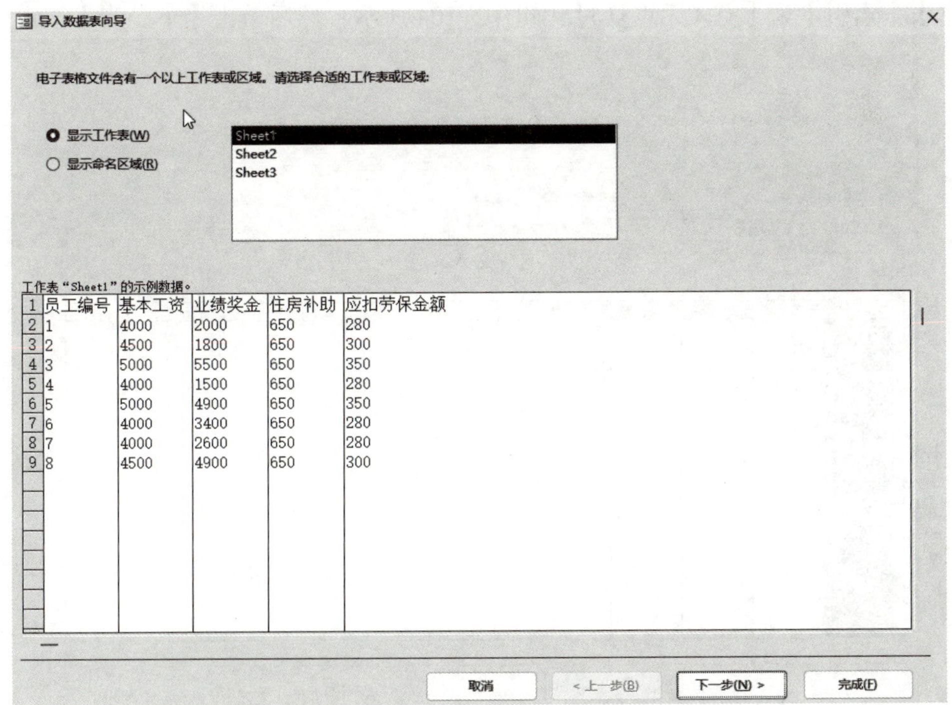

图 2-102 选中【显示工作表】单选按钮

（7）在列标题设置向导对话框中，选中【第一行包含列标题】复选框，如图 2-103 所示，单击【下一步】按钮。

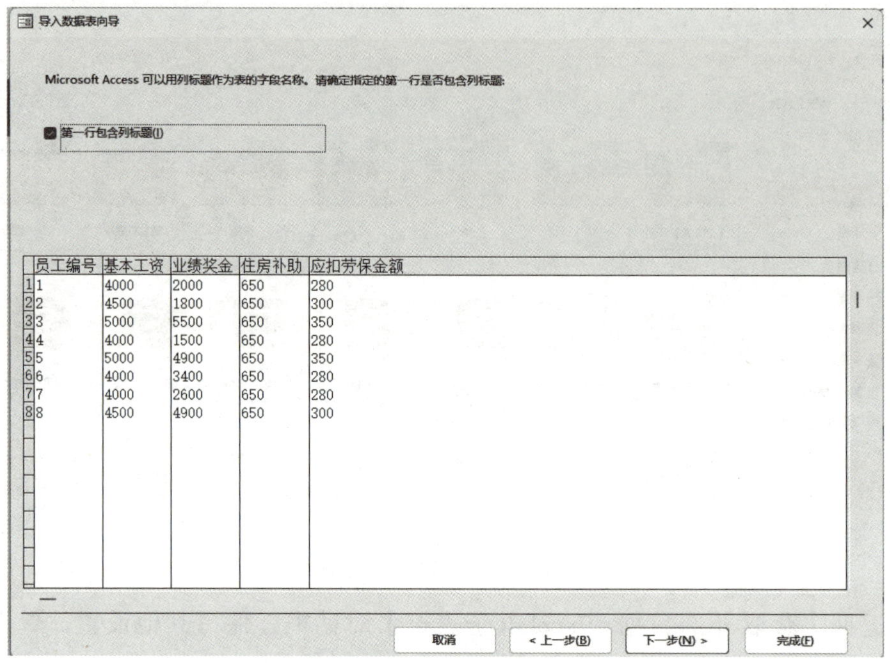

图 2-103 选中【第一行包含列标题】复选框

（8）在字段信息设置向导对话框中，设置字段名称为【员工编号】，数据类型为【短文本】，【索引】为【有（无重复）】，如图 2-104 所示，然后单击【下一步】按钮。

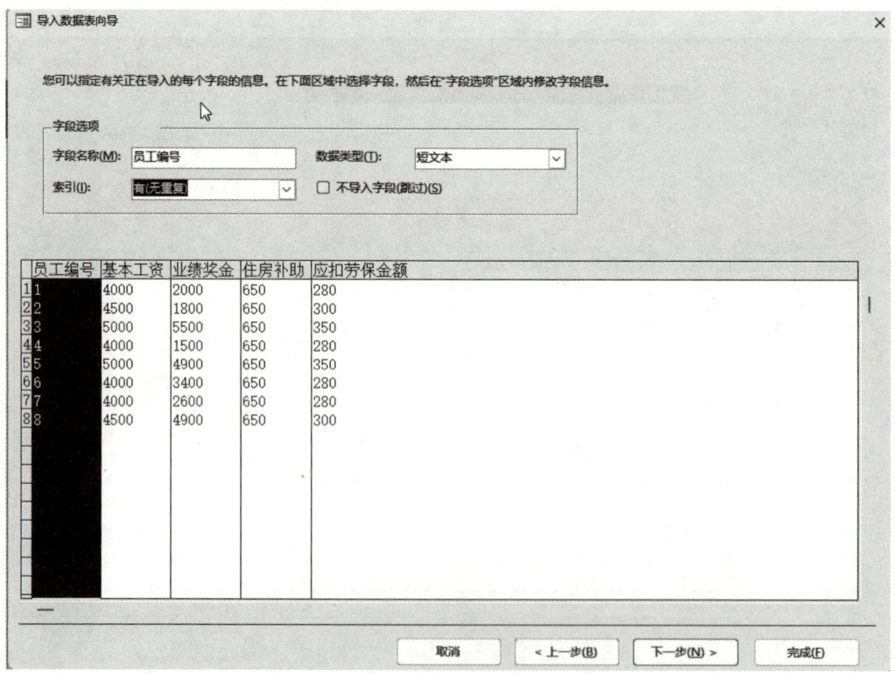

图 2-104 设置字段选项

（9）在主键设置向导对话框中，选中【我自己选择主键】单选按钮，并在其右侧的下拉列表中选择【员工编号】选项，如图 2-105 所示，单击【下一步】按钮。

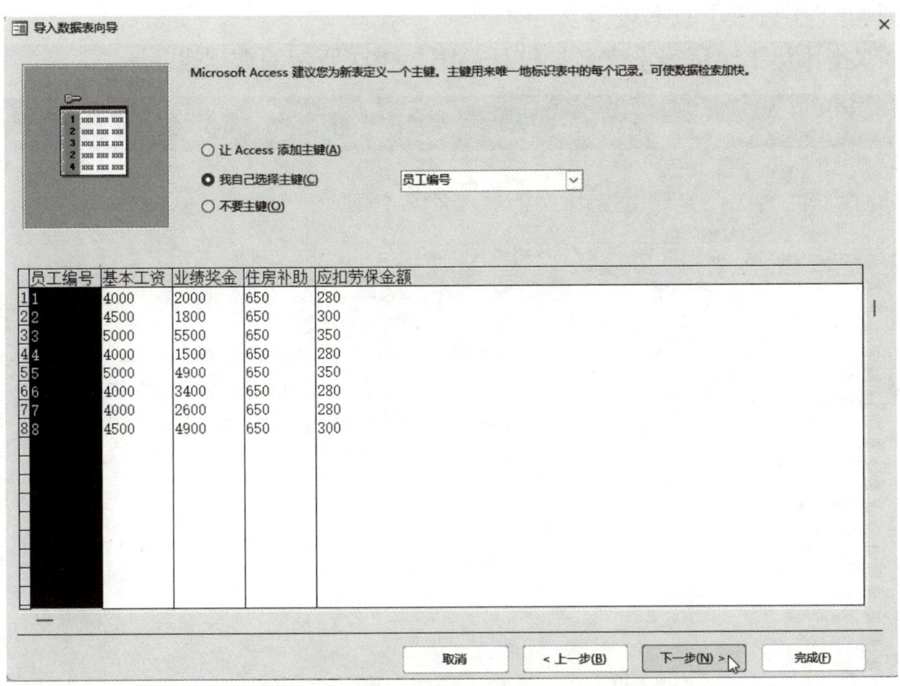

图 2-105　选择【员工编号】选项

（10）在弹出的【导入数据表向导】对话框中的【导入到表】文本框中输入表名称【员工工资表】，如图 2-106 所示，然后单击【完成】按钮。

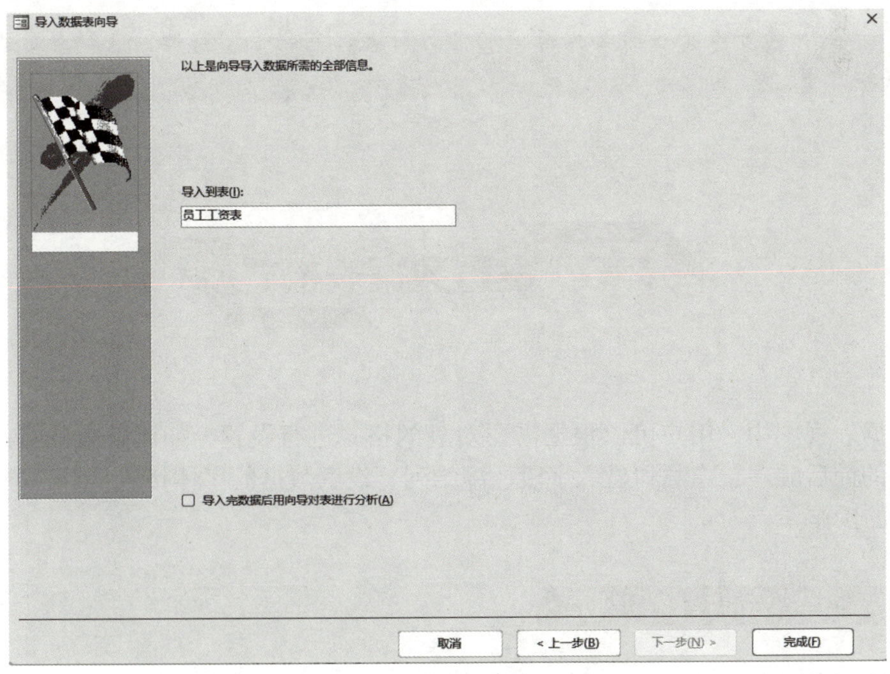

图 2-106　输入表名称【员工工资表】

（11）返回到【获取外部数据 -Excel 电子表格】对话框，显示完成导入向导操作信息。单击【关闭】按钮。此时【公司信息管理系统】数据库左侧的导航窗格中的【表】组中显示导入的【员工工资表】数据表。

（12）双击【员工工资表】表名，打开如图 2-107 所示的数据表。

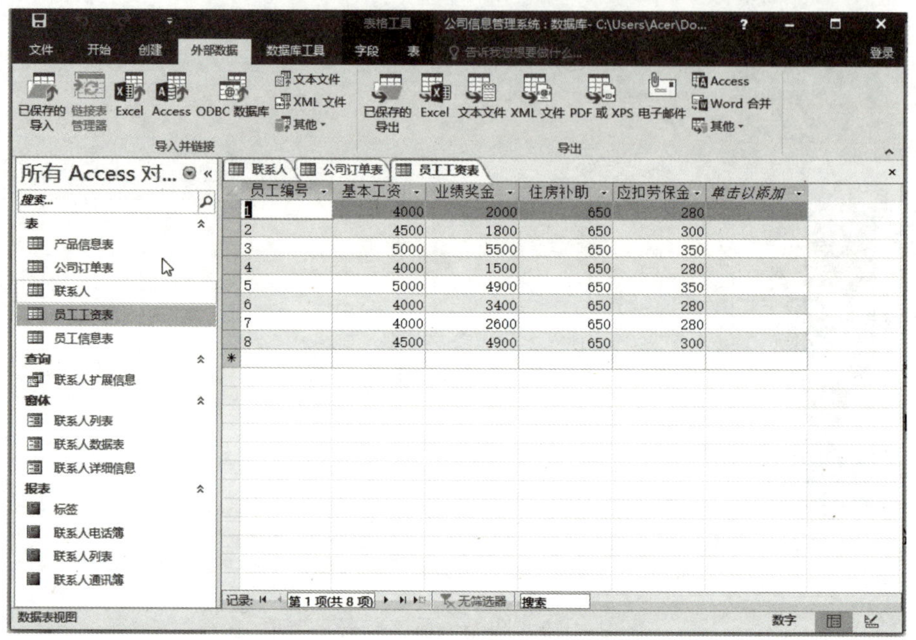

图 2-107 【员工工资表】数据表

（13）查看完毕后，单击【关闭】按钮，关闭导入的数据表。

提示：用户也可以将当前数据库中的各种对象，包括表、窗体、查询等导入另一个 Access 数据库中。

2.6 设置数据表格式

在数据表视图中，用户可以根据需要对表的格式进行设置，如调整表的行高和列宽、改变字段的前后顺序、隐藏和显示字段、冻结列、设置数据的字体格式等，这些都是用户必须掌握的操作。

2.6.1 设置表的行高和列宽

在数据库视图中，Access 2016 以默认的行高和列宽属性显示所有的行和列，用户可以通过改变行高和列宽属性来满足实际操作的需要。调整行高和列宽主要有两种方法，一种是通过【开始】选项卡的【记录】组设置，另一种是直接拖动鼠标调整。

课堂案例 2-21　使用【记录】组和鼠标调整【联系人】数据表的行高和列宽

（1）启动 Access 2016 应用程序，打开【公司信息管理系统】数据库。

（2）在左侧导航窗格的【表】组中双击【联系人】数据表，打开【联系人】数据表。

（3）选中【电子邮件地址】字段，在【开始】选项卡的【记录】组中单击【其他】按钮，在弹出的下拉菜单中执行【字段宽度】命令，如图 2-108 所示。

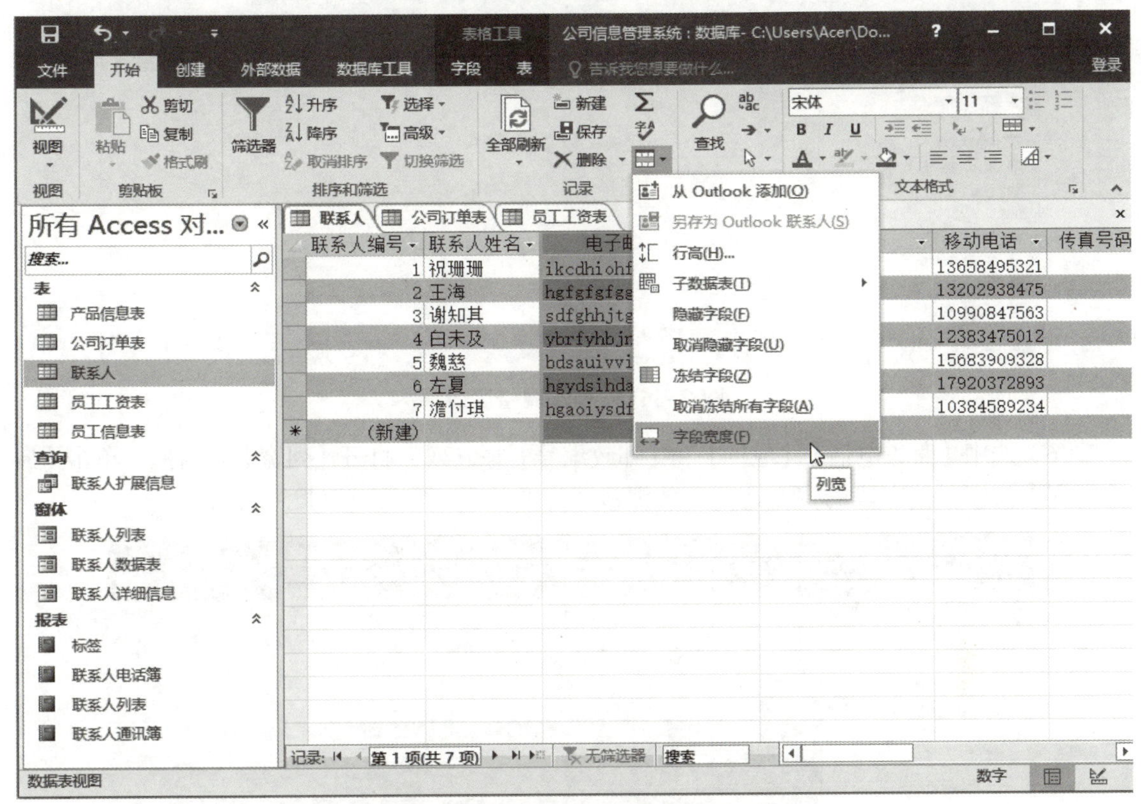

图 2-108　执行【字段宽度】命令

（4）弹出【列宽】对话框，在【列宽】文本框中输入数字 30，如图 2-109 所示。

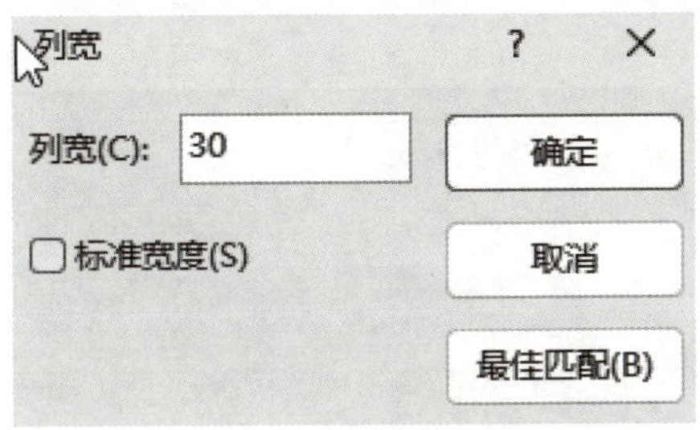

图 2-109　设置列宽

（5）单击【确定】按钮。此时【联系人】数据表的【电子邮件地址】字段的宽度设置效果如图 2-110 所示。

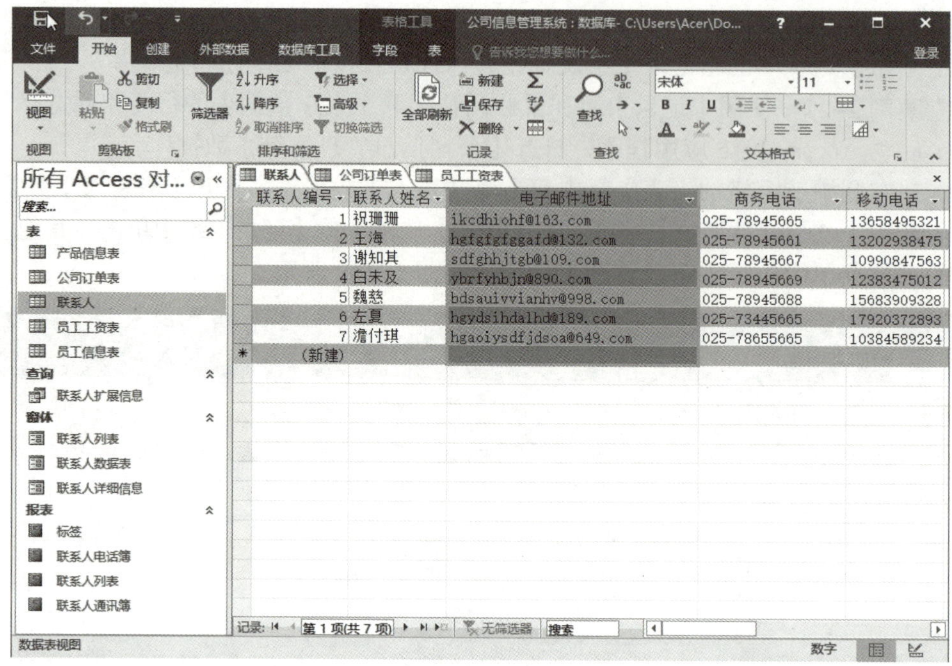

图 2-110 列宽调整后效果

（6）选中【商务电话】、【地址】和【邮政编号】等五列，打开【列宽】对话框，单击【最佳匹配】按钮，使字段的宽度达到与数据最匹配的效果，如图 2-111 所示。

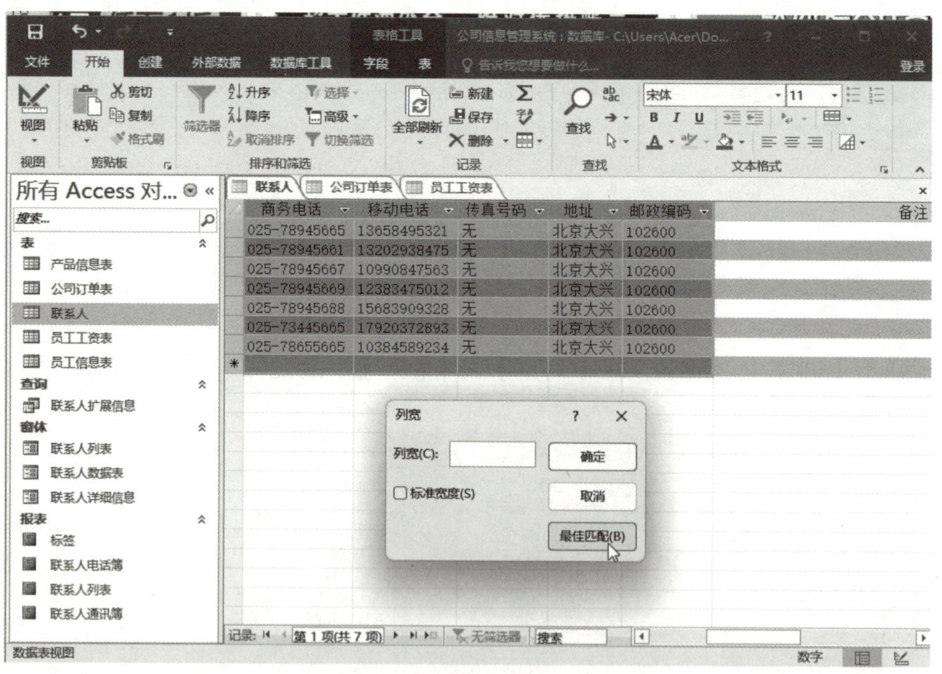

图 2-111 最佳匹配列宽效果

（7）将鼠标指针放在【联系人姓名】字段名和【电子邮件地址】字段名之间的边框线上，待鼠标样式变更黑色双向箭头后，按住鼠标左键向左拖动，如图 2-112 所示。

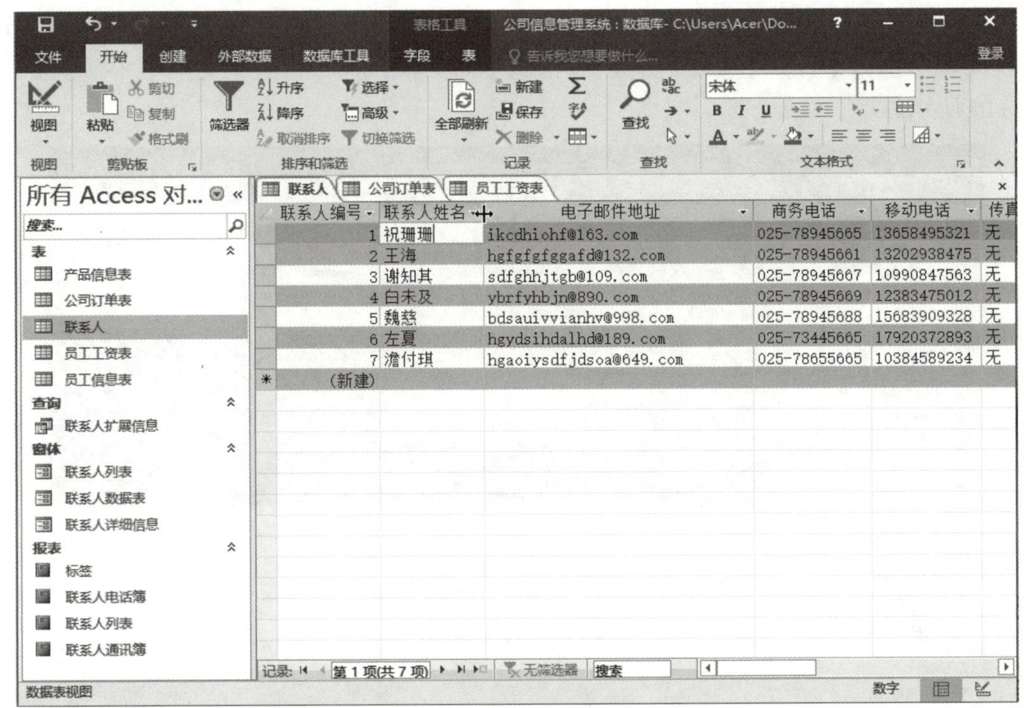

图 2–112　鼠标拖动调整列宽度

（8）拖动到适当位置时释放鼠标左键，此时【联系人姓名】字段的列宽效果，如图 2–113 所示。

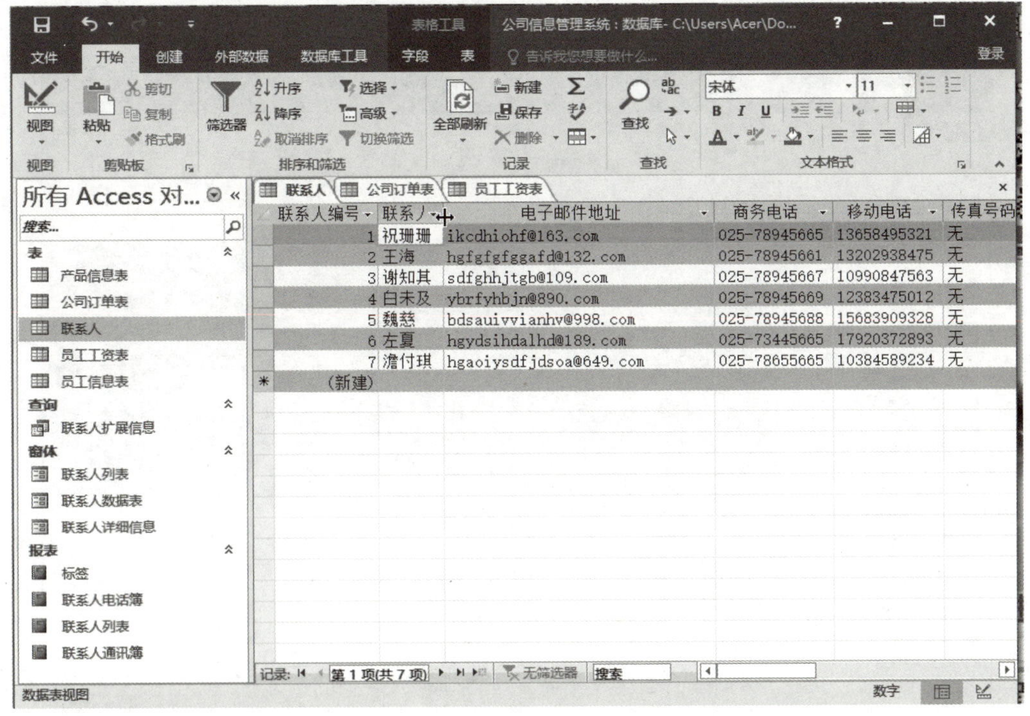

图 2–113　鼠标拖动调整列宽后的效果

（9）选中所有记录，在【开始】选项卡的【记录】组中，单击【其他】按钮，从弹出的下拉菜单中执行【行高】命令，弹出【行高】对话框，在【行高】文本框中输入 20，如图 2-114 所示。

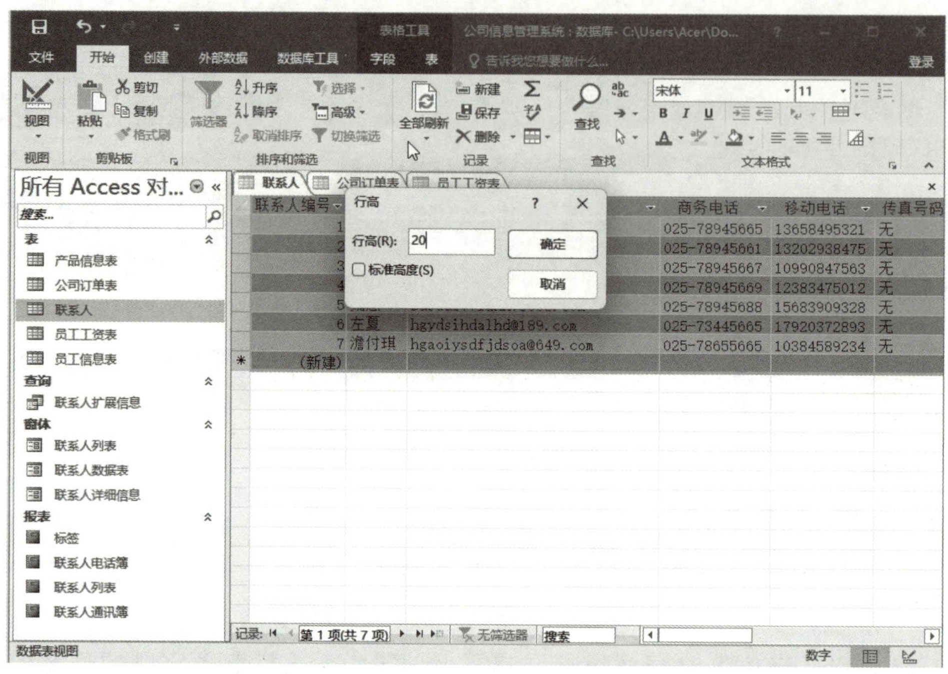

图 2-114　输入行高数值

（10）单击【确定】按钮，将行高应用于当前数据表中，如图 2-115 所示。

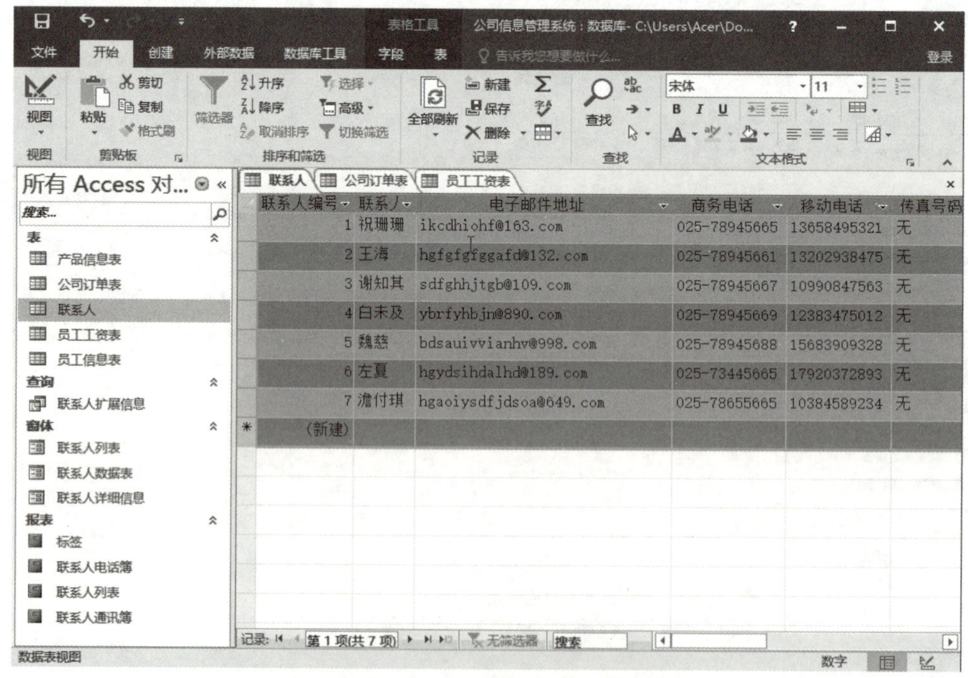

图 2-115　应用行高设置后的效果

（11）在快速访问工具栏中单击【保存】按钮，将所做的修改保存。

2.6.2 调整字段顺序

字段在数据表中的显示顺序是以用户输入的先后顺序决定的。在表的编辑过程中，用户可以根据需要调整字段的显示位置，尤其是在字段较多的表中，调整字段顺序可以方便浏览到最常用的字段信息。

课堂案例 2–22 在【员工信息表】数据表中调整字段顺序

（1）启动 Access 2016 应用程序，打开【公司信息管理系统】数据库。

（2）双击打开【员工信息表】的数据表视图窗口，选中【职务】字段，如图 2–116 所示。

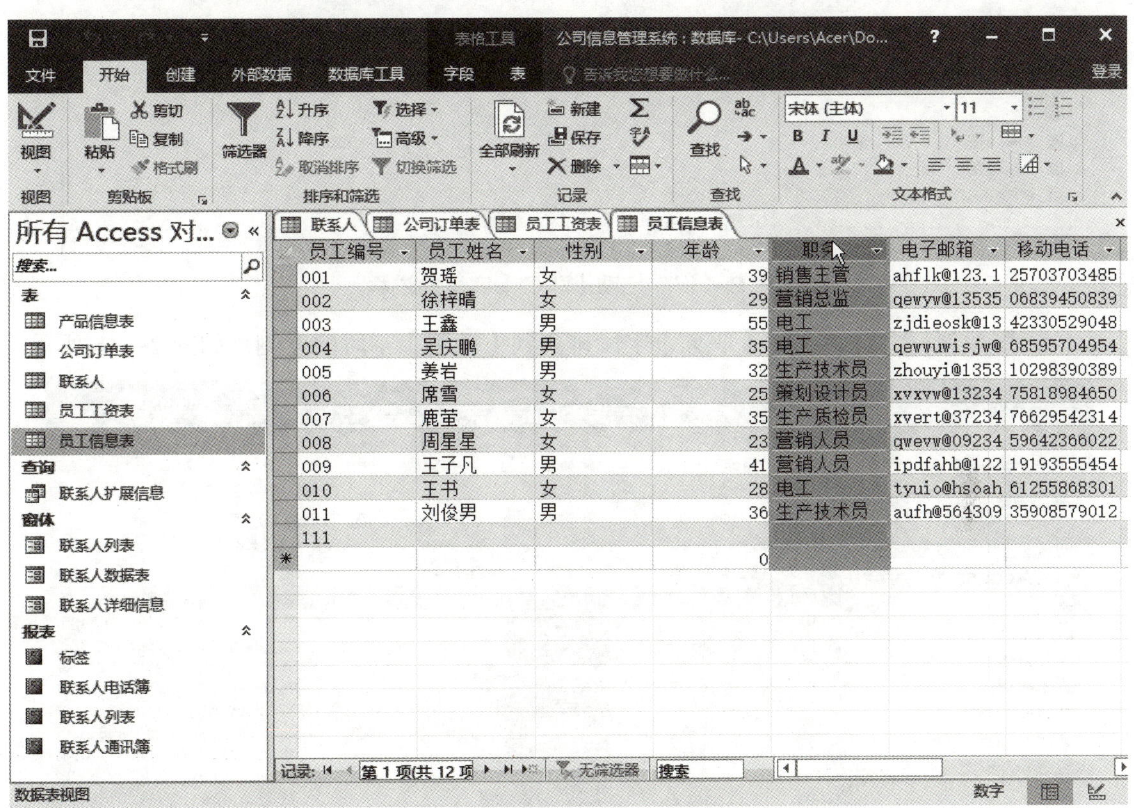

图 2–116 选中【职务】字段

（3）按住鼠标左键，拖动该字段到【性别】字段的左侧，在拖动过程中将出现如图 2–117 所示的黑线。

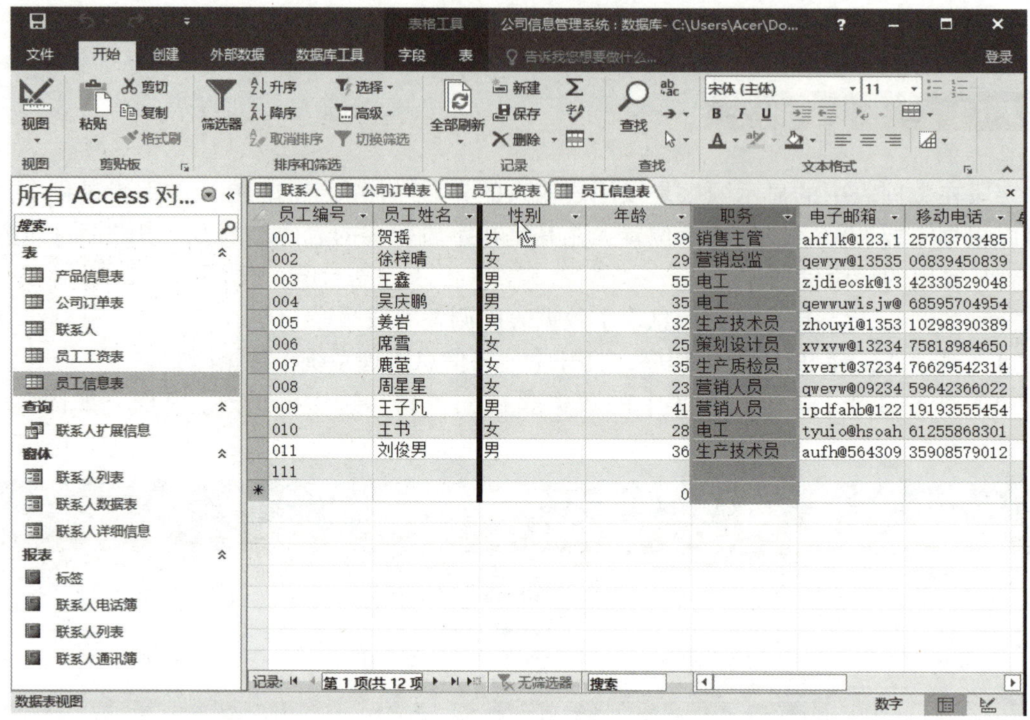

图 2-117 拖动【职务】字段的过程

（4）释放鼠标左键，此时【职务】字段排列到【性别】字段的左侧，如图 2-118 所示。

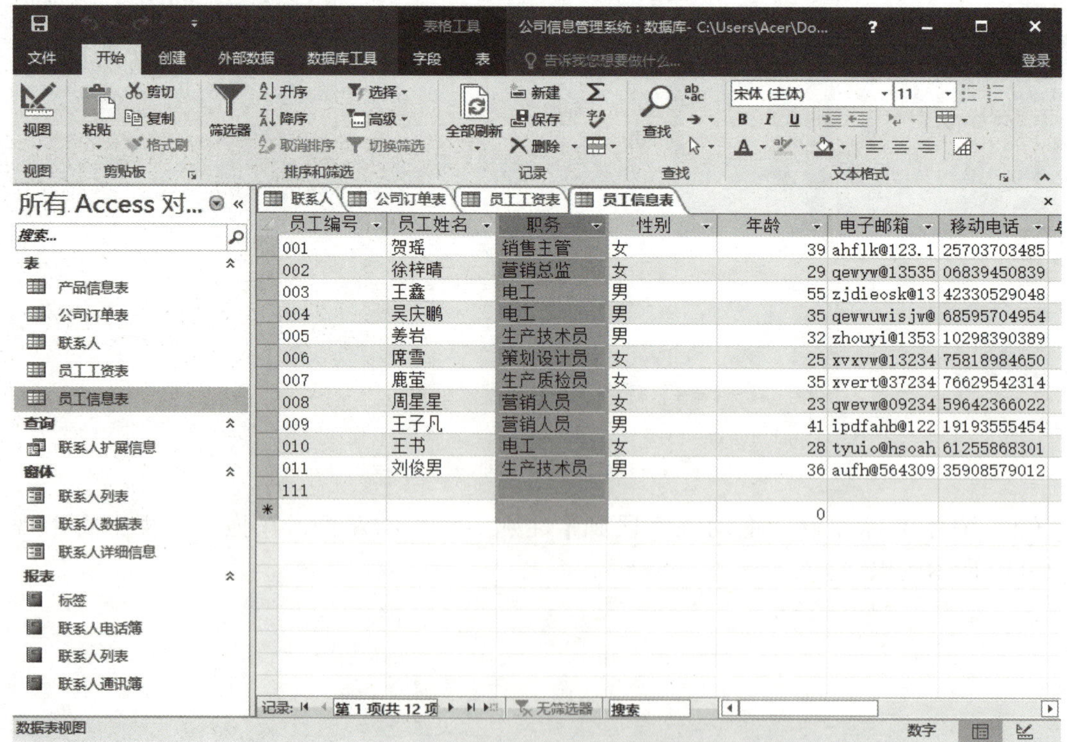

图 2-118 移动字段后的效果

（5）在快速访问工具栏中单击【保存】按钮，将所做的修改保存。

2.6.3 隐藏和显示字段

在数据表视图中，当表中的字段较多或者数据较长时，需要单击字段滚动条才能浏览到全部字段，这时可以将不重要的字段隐藏，当需要查看这些数据时再将它们显示出来。

课堂案例 2-23 在【员工信息表】数据表中隐藏与显示【年龄】字段

（1）启动 Access 2016 应用程序，打开【公司信息管理系统】数据库。

（2）双击打开【员工信息表】数据表的视图窗口，选中【年龄】字段。

（3）打开【开始】选项卡，在【记录】组中单击【其他】按钮，在弹出的下拉菜单中执行【隐藏字段】命令，如图 2-119 所示。

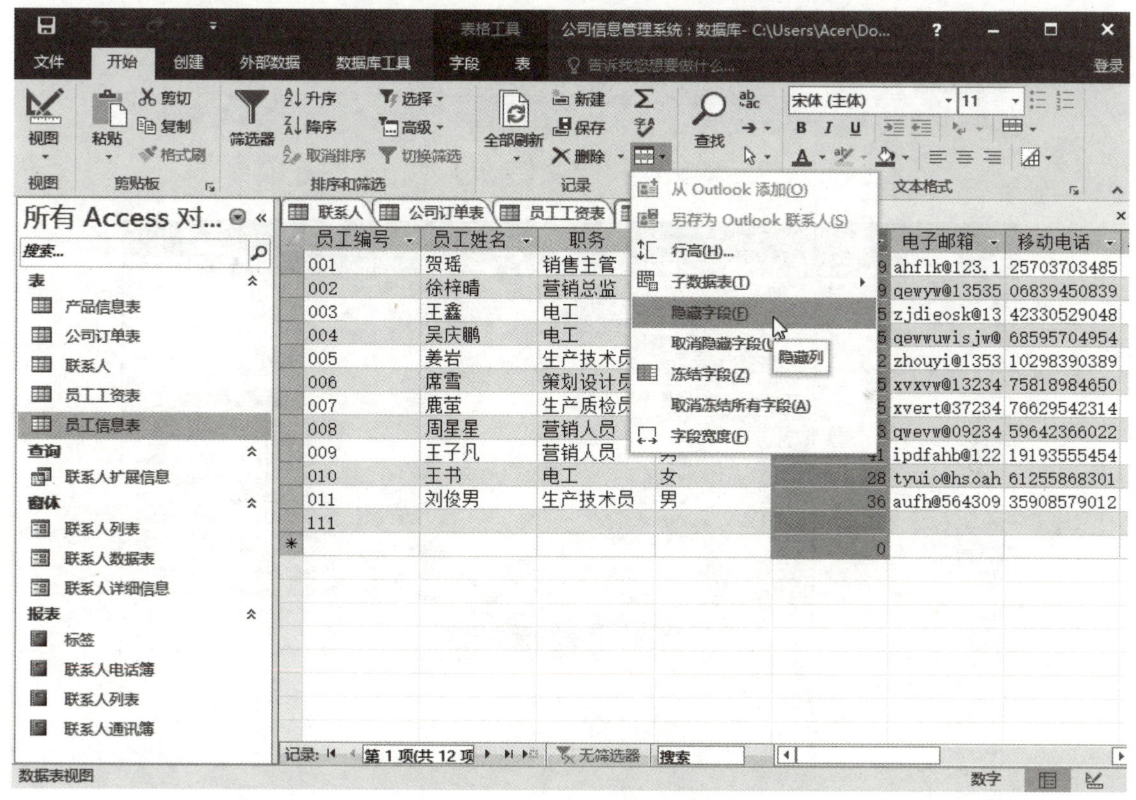

图 2-119 执行【隐藏字段】命令

（4）此时【年龄】列被隐藏，如图 2-120 所示。

（5）再次在【记录】组中单击【其他】按钮，从弹出的下拉菜单中执行【取消隐藏字段】命令，弹出【取消隐藏列】对话框。

（6）在对话框的【列】列表框中选中【年龄】复选框，单击【关闭】按钮，此时【年龄】字段显示在表中，如图 2-121 所示。

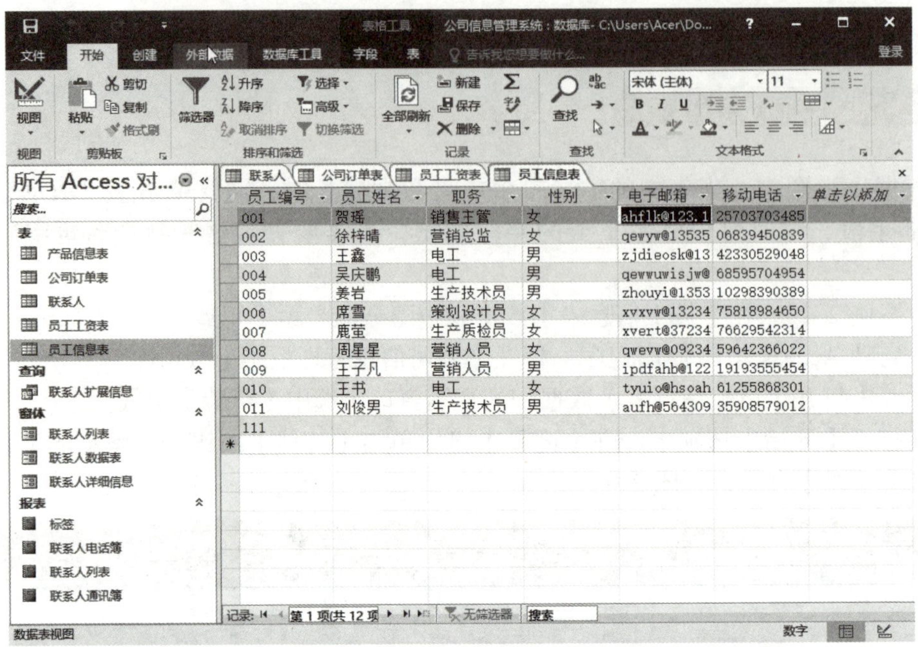

图 2–120 隐藏【年龄】列

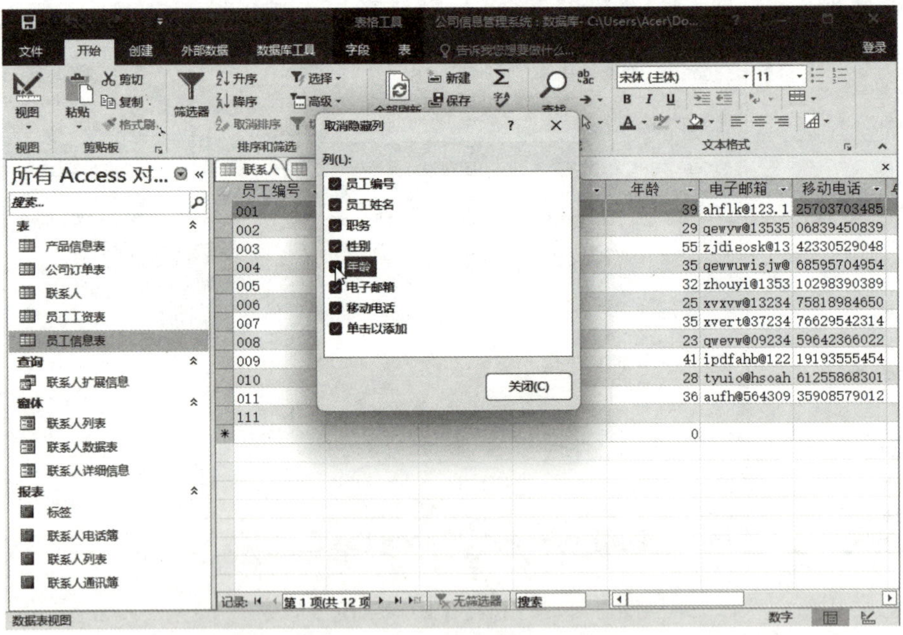

图 2–121 【取消隐藏列】对话框

2.6.4 设置网格属性

在数据表视图中，通常会在行和列之间显示网格，用户可以通过设置数据表的网格和背景来更好地区分记录。

课堂案例 2-24　在【产品信息表】数据表中设置网格属性

（1）启动 Access 2016 应用程序，打开【公司信息管理系统】数据库。

（2）打开【产品信息表】数据表的视图窗口，选中第一条记录，在【开始】选项卡的【文本格式】组中单击【背景色】按钮，在弹出的颜色面板中选择一种颜色，如图 2-122 所示。

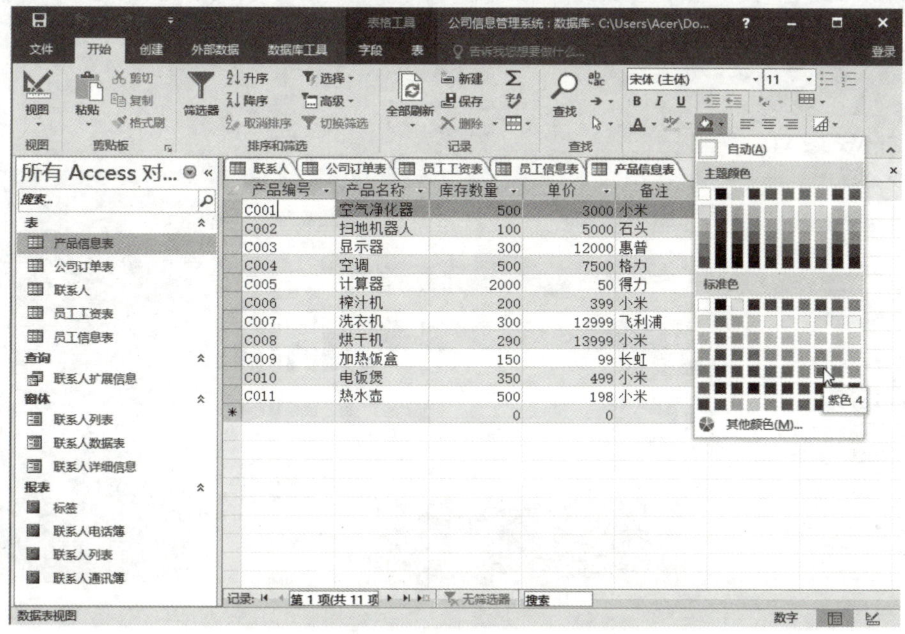

图 2-122　选择一种单元格填充颜色

（3）此时，数据表中【产品编号】为奇数的记录单元格将被设置为新颜色，如图 2-123 所示。

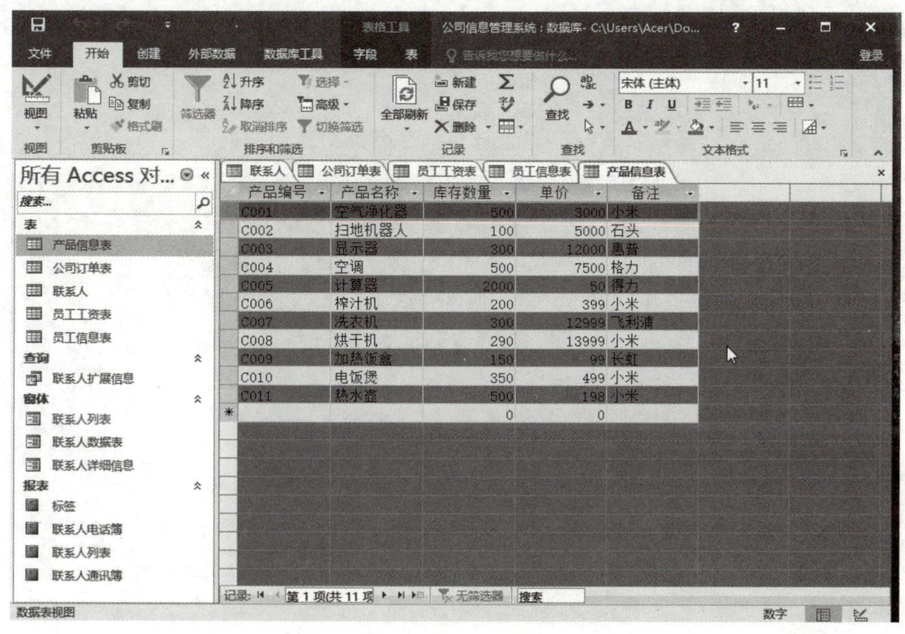

图 2-123　设置新的填充色效果

（4）单击【文本格式】组右下方的对话框启动器，弹出【设置数据表格式】对话框。

（5）单击【网格线颜色】下拉箭头，在弹出的颜色面板中选择【紫色，强调文字颜色 6，深色 50%】选项，如图 2-124 所示。

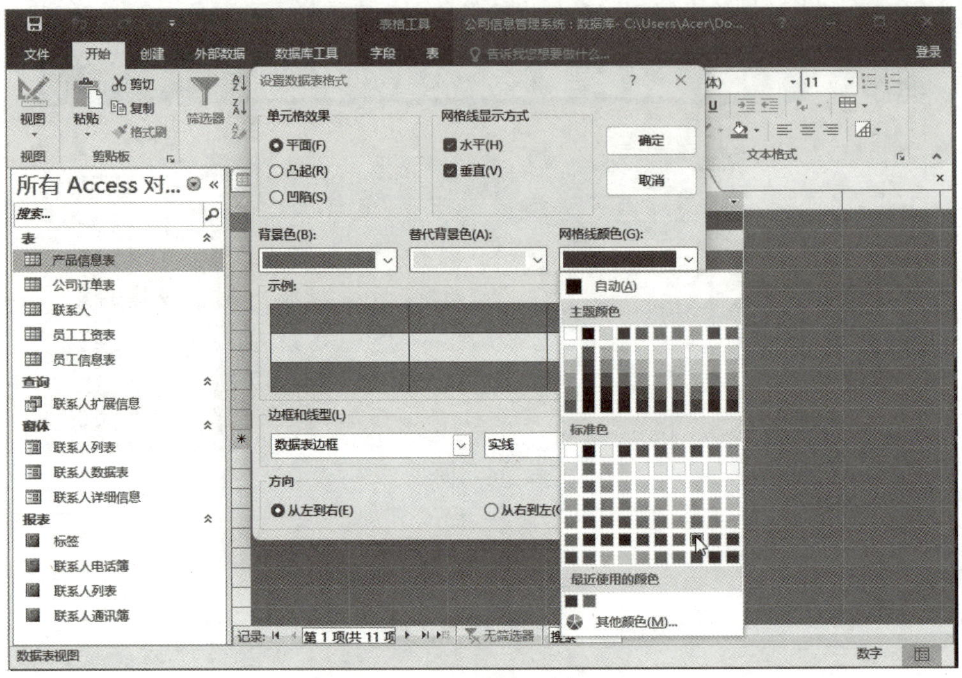

图 2-124　调整网格线参数

（6）单击【确定】按钮，此时数据表的效果如图 2-125 所示。

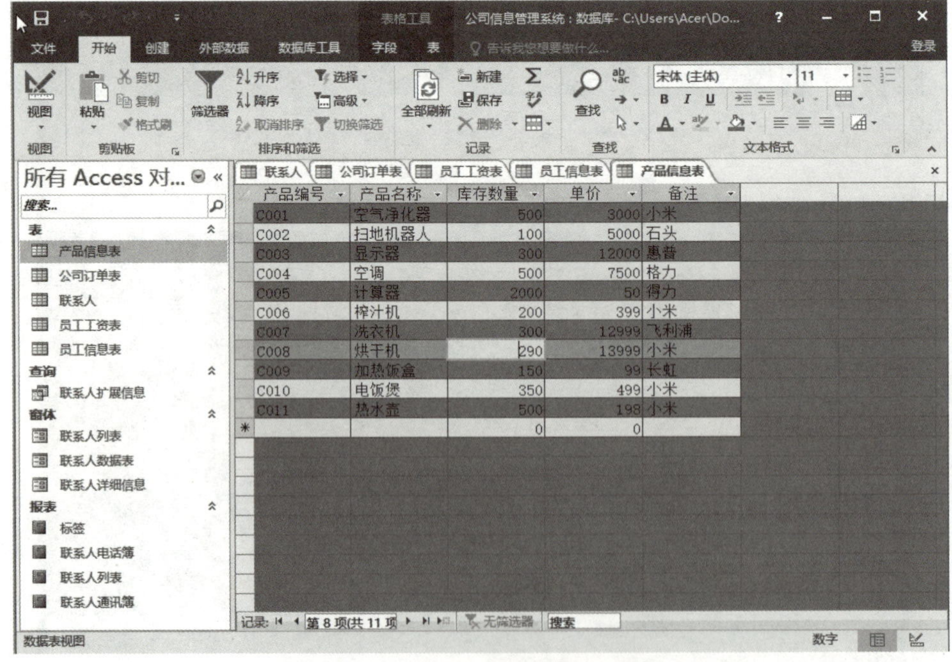

图 2-125　设置网格线格式后的效果

（7）在快速访问工具栏中单击【保存】按钮，将【产品信息表】中所做的修改保存。

2.6.5　设置字体格式

在数据表视图中，用户同样可以为表中的数据设置字体格式，在【开始】选项卡的【文本格式】组中进行设置即可。

课堂案例 2–25　在【员工信息表】数据表中设置数据的字体格式

（1）启动 Access 2016 应用程序，打开【公司信息管理系统】数据库。

（2）打开【员工信息表】数据表的视图窗口，选中所有的记录，在【文本格式】组中单击【字体颜色】按钮，在弹出的颜色面板中选择【深蓝，文本 2】选项，如图 2–126 所示。

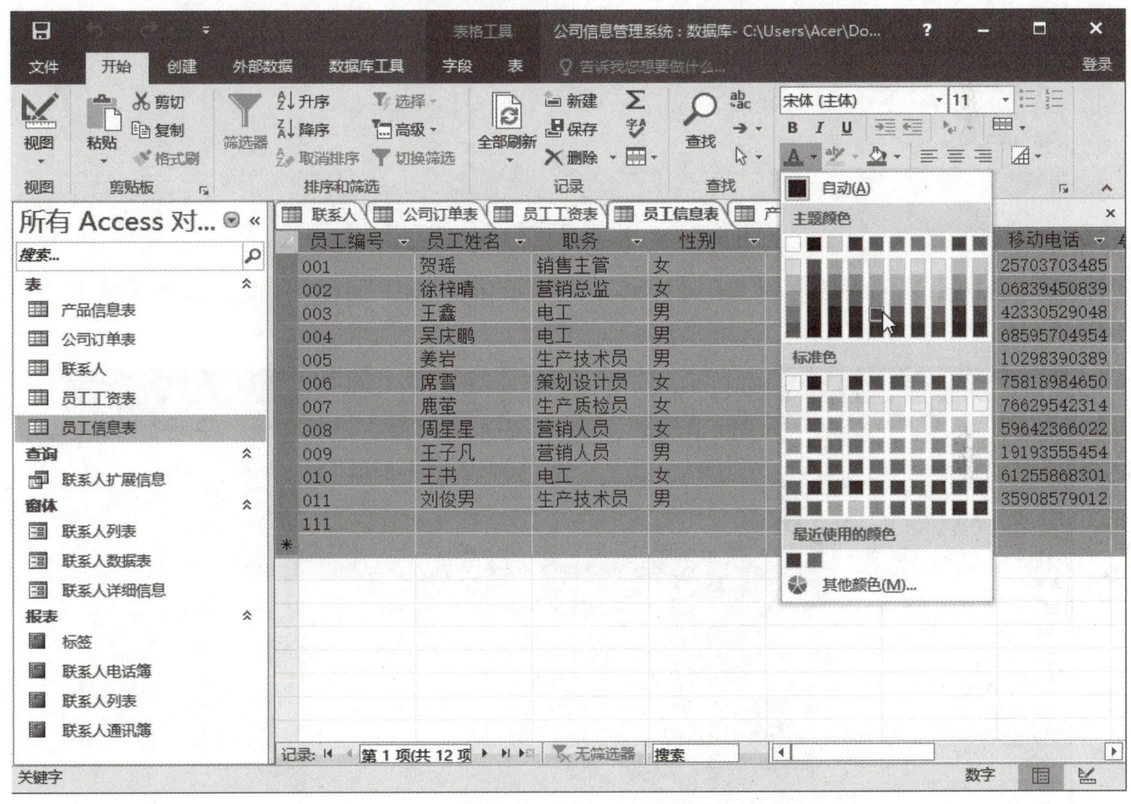

图 2–126　选择字体颜色

（3）设置好字体颜色后的数据表效果如图 2–127 所示。

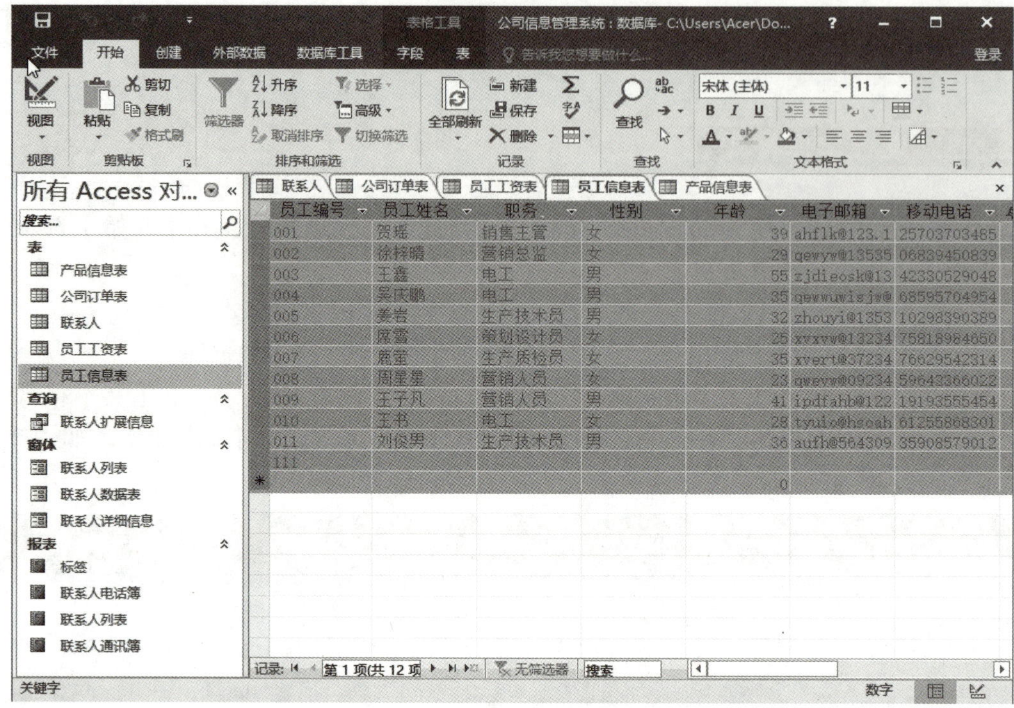

图 2–127　设置文字颜色后的效果

（4）选中【员工编号】列，在【字体】组中单击【居中】按钮，使【职员编号】列中的所有数值居中显示，如图 2–128 所示。

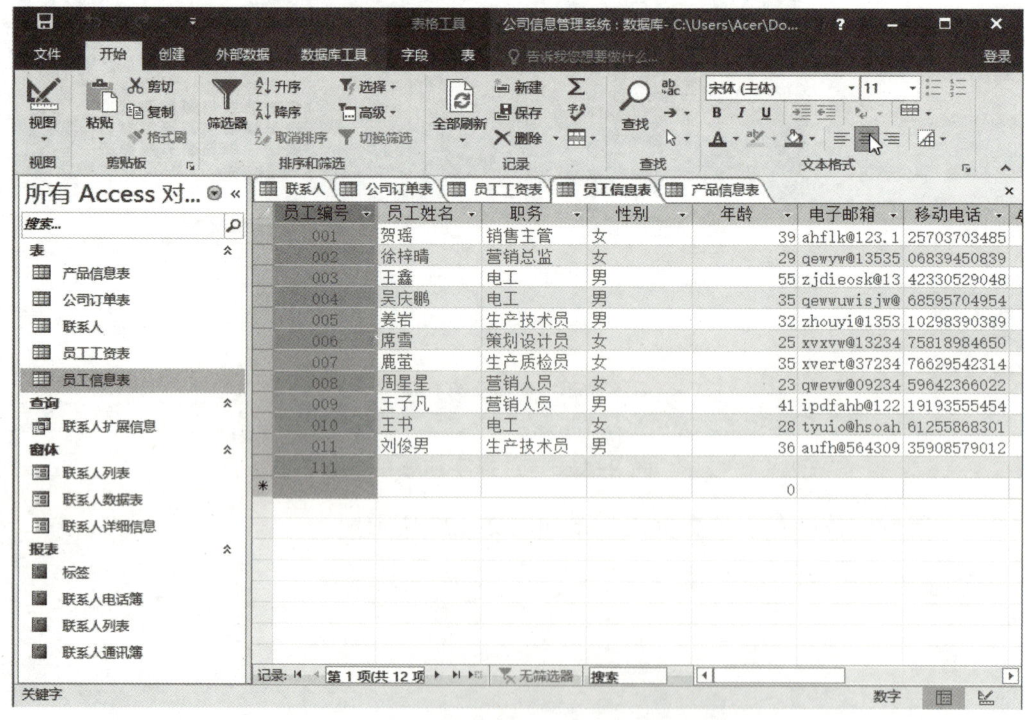

图 2–128　【员工编号】列居中显示效果

（5）参照步骤（4），使【员工姓名】、【职务】、【性别】和【年龄】列中的数值都居中显示，如图 2-129 所示。

图 2-129　多列居中显示效果

（6）在快速访问工具栏中单击【保存】按钮，将【员工信息表】中所做的修改保存。

2.7　建立表间的关系

Access 是关系型数据库，用户创建了所需表之后，还要建立表之间的关系。Access 就是凭借这些关系来连接表或查询表中的数据的。

2.7.1　表关系概述

两个表之间的关系是通过一个相关联的字段建立的，在两个相关联的表中，起着定义相关字段取值范围作用的表称为父表，该字段称为主键；而另一个引用父表中相关字段的表称为子表，该字段称为子表的外键。

根据父表和子表中关联字段间的相互关系，Access 数据表间的关系可以分为三种，即一对一关系、一对多关系和多对多关系。

（1）一对一关系。父表中的每一条记录只能与子表中的一条记录相关联。在这种表关系中，父表和子表都必须以相关联的字段为主键。

（2）一对多关系。父表中的每一条记录可与子表中的多条记录相关联。在这种表关系中，父表必须根据相关联的字段建立主键。

（3）多对多关系。父表中的记录可与子表中的多条记录相关联，而子表中的记录也可与父表中的多条记录相关联。在这种表关系中，父表与子表之间的关联实际上是通过一个中间数据表来实现的。

2.7.2 表的索引

索引的作用就如同书的目录一样，通过它可以快速地查找所需的章节。对于一张数据表来说，建立索引的操作就是指定一个或多个字段，以便按照字段中的值来检索或排序数据。

课堂案例 2–26　将【订单号】和【联系人编号】字段设置为索引

（1）启动 Access 2016 应用程序，打开【公司信息管理系统】数据库。

（2）打开【公司订单表】的设计视图，如图 2–130 所示。在【设计】选项卡的【显示 / 隐藏】组中单击【索引】按钮，弹出【索引：公司订单表】对话框。

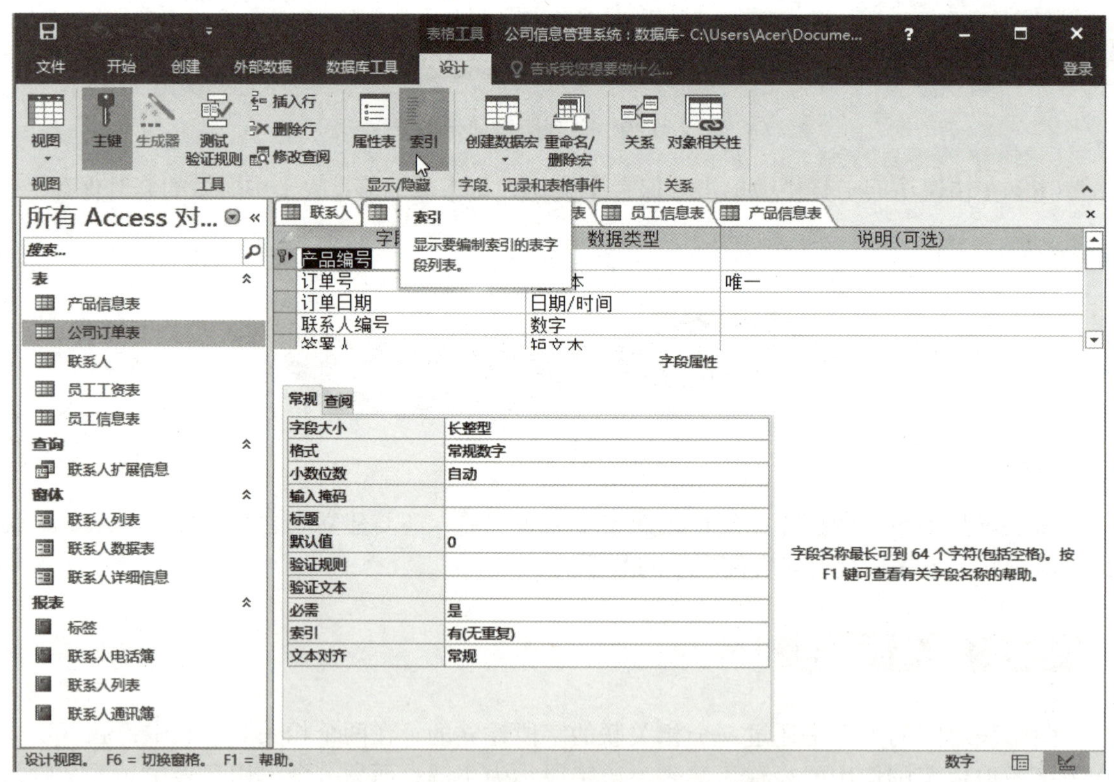

图 2–130　【公司订单表】的设计视图

（3）【索引：公司订单表】对话框中显示了主键字段，该字段默认为索引，如图 2–131 所示。

（4）在【索引名称】列的第 2 行中输入【联系人编号】，在【字段名称】下拉列表中选择【联系人编号】选项，如图 2–132 所示。

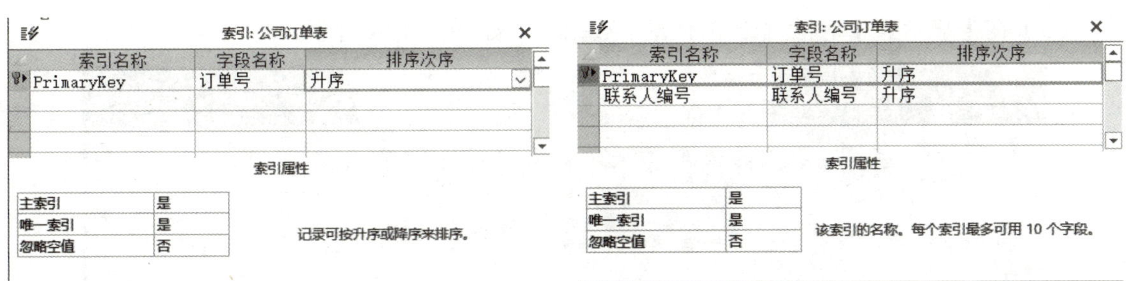

图 2–131　【索引：公司订单表】对话框 1　　图 2–132　【索引：公司订单表】对话框 2

（5）关闭【索引：公司订单表】对话框，保存设置的索引后，切换到数据表视图，此时数据表按照【索引：公司订单表】对话框中设置的索引和排序方式重新排列，如图 2–133 所示。

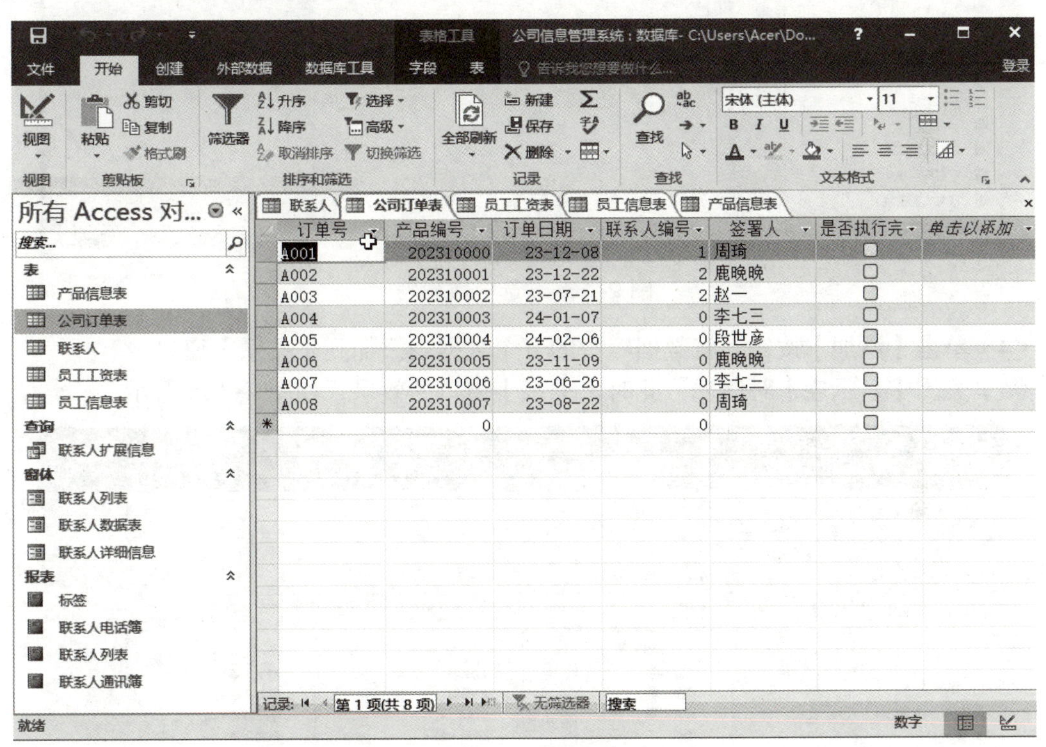

图 2–133　索引结果显示

2.7.3　创建表关系

在表之间创建关系，可以确保 Access 将某一表中的改动反映到相关联的表中。一个表可以和多个其他表相关联，而不是只能与另一个表组成关系对。

课堂案例 2–27　【公司信息管理系统】的表之间创建关系

（1）启动 Access 2016 应用程序，打开【公司信息管理系统】数据库。

（2）打开【数据库工具】选项卡，在【关系】组中单击【关系】按钮，打开【关系】窗口。由于当前不存在任何关系，因此将自动弹出【显示表】对话框。

（3）在【显示表】对话框中选中五个数据表，如图 2-134 所示。

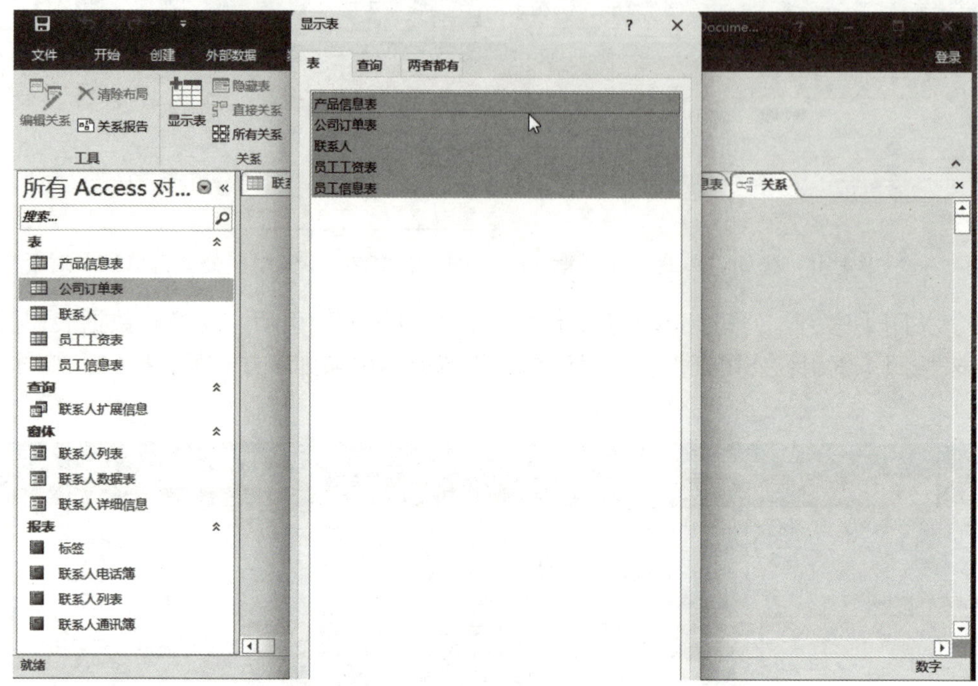

图 2-134　选中数据表

（4）单击【添加】按钮，将数据库中的五个数据表添加到【关系】窗口中。

（5）关闭【显示表】对话框，此时【关系】窗口的效果，如图 2-135 所示。

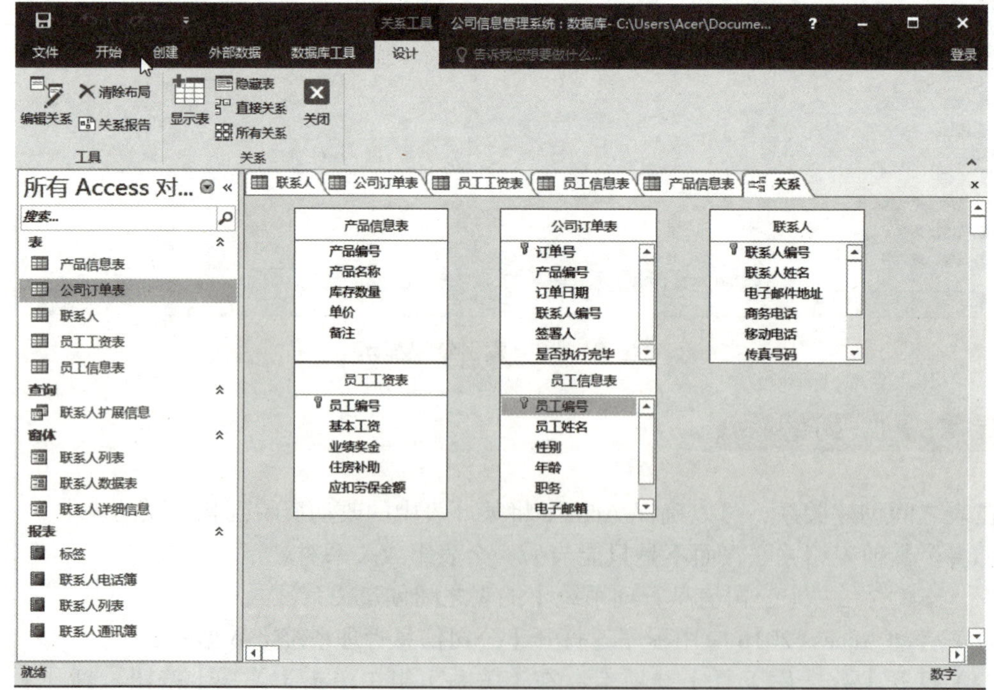

图 2-135　【关系】窗口的效果

（6）按住鼠标左键在【公司订单表】中拖动【产品编号】字段到【产品信息表】的【产品编号】字段上，如图 2-136 所示。

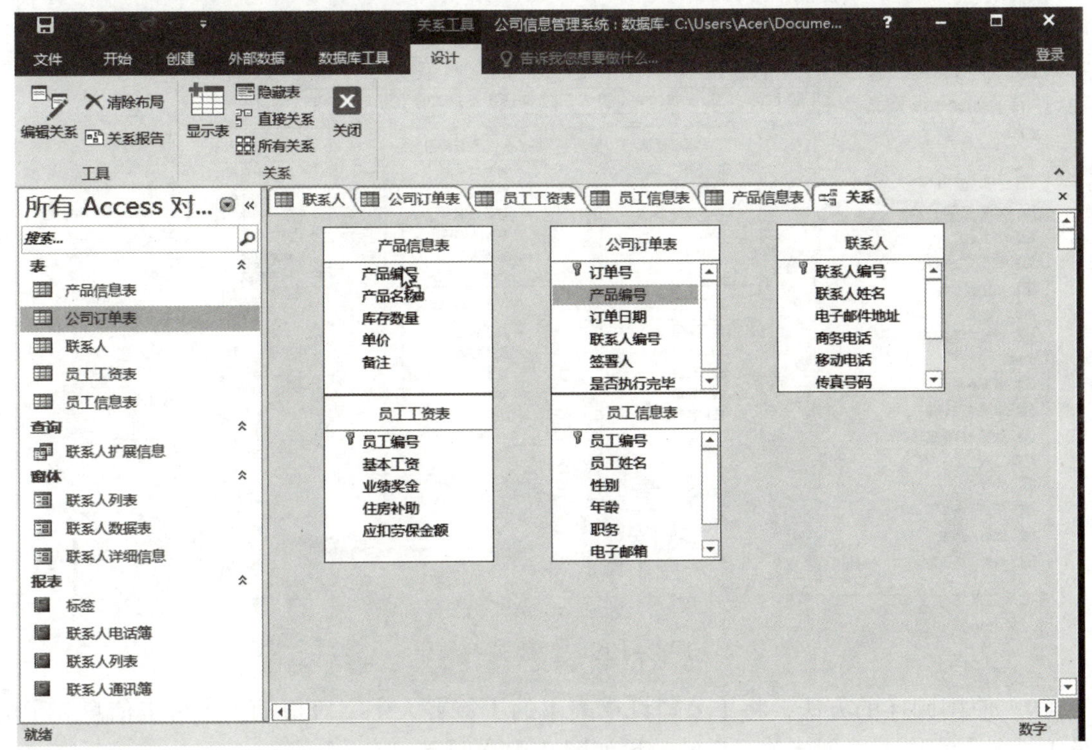

图 2-136　拖动字段

（7）释放鼠标左键，弹出【编辑关系】对话框，如图 2-137 所示。

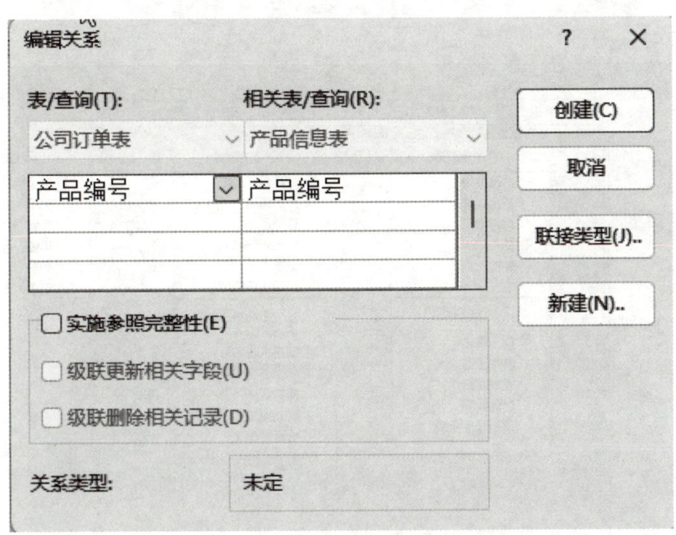

图 2-137　【编辑关系】对话框

（8）单击【创建】按钮，系统完成创建【公司订单表】和【产品信息表】中字段关系的过程。创建的结果如图 2-138 所示。

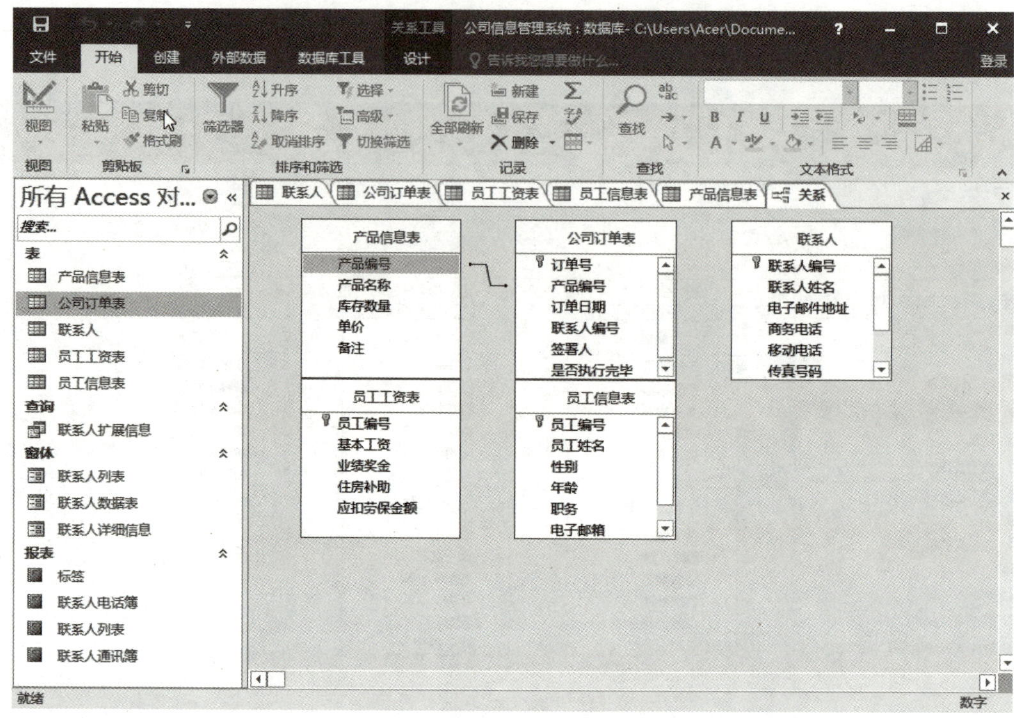

图 2-138　创建关系结果

（9）使用同样的方法，将【公司订单表】的【签署人】字段拖动到【员工信息表】的【员工姓名】字段上，创建关系后的效果如图 2-139 所示。

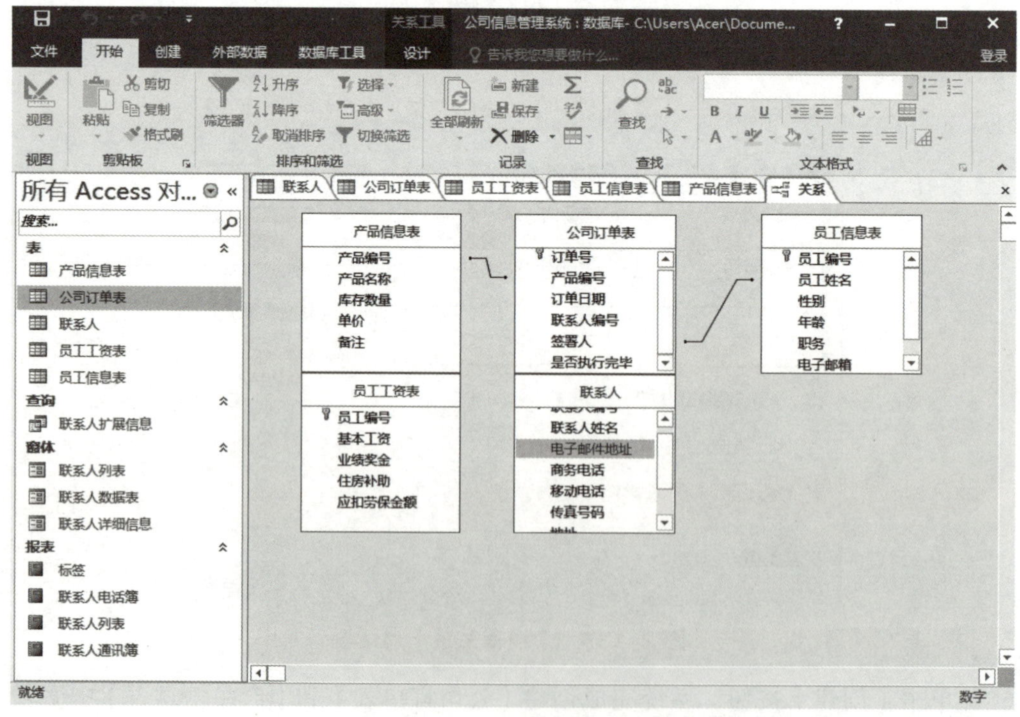

图 2-139　创建其他关系效果

（10）在【设计】选项卡的【关系】组中单击【关闭】按钮，在弹出的提示框中单击【是】按钮，保存创建的表关系。

2.7.4 设置参照完整性

参照完整性是一种系统规则，Access 可以用它来确保关系表中的记录是有效的，并且确保用户不会在无意间删除或改变重要的相关数据。

参照完整性的设置，可以通过【编辑关系】对话框中三个复选框来实现。表 2–5 说明了设置复选框选项与表之间关系字段的关系。

表 2–5　设置复选框选项与表之间关系字段的关系

复选框选项			关系字段的数据关系
参照完整性	级联更新字段	级联删除字段	
√	—	—	两表中关系字段的内容都不允许更改或删除
√	√	—	当更改主表中关系字段的内容时，子表的关系字段会自动更改，但仍然拒绝直接更改子表的关系字段内容
√	—	√	当删除主表中关系字段的内容时，子表的相关记录会一起删除。直接删除子表中的记录时，主表不受其影响
√	√	√	当更改或删除主表中关系字段的内容时，子表的关系字段会自动更改或删除

课后小结

1. 在表设计中，什么是主键，为什么它是必要的？
2. 描述如何在 Access 中为一个表创建合适的索引，并讨论索引的优缺点。

测试与答案

第3章 查询设计

学习要点

◇ 查询的概念、种类和作用。
◇ 各种查询的建立。
◇ 查询的应用。

学习目标

在本章的学习中，将介绍学习表间关系的概念和定义方法，查询的概念及其作用，如何使用查询向导创建各种类型的查询，如何使用查询设计视图，以及如何在查询设计网格中添加字段、设置查询条件。另外，还将介绍学习创建计算查询、参数查询和交叉表查询等高级查询，以及操作查询的设计并学会创建查询的方法。

课程思政

作为世界上现存规模最大、保存最为完整的木质结构古建筑群之一，故宫不仅展示了中国古代建筑的辉煌，而且其严谨的布局体现了古人对信息流动和管理的深刻理解。

查询设计在数据库中的作用就像是故宫的精密布局一样，十分关键。有效的查询设计能保证信息流动的高效和有序，是智能信息处理的核心。

故宫是我国古代灿烂的文化艺术珍品，也是人类文化的代表性见证，它既是物质产品，又是精神产品，它是几百年前劳动人民智慧和血汗的结晶，充分反映了中国古代劳动人民的高度智慧和创造才能。

3.1 查询概述

3.1.1 查询的概念

查询就是依据一定的查询条件，对数据库中的数据信息进行查找。查询与表一样，都是数据库的对象，允许用户依据准则或查询条件抽取表中的记录与字段。Access 2016 中的查询，可以对一个数据库中的一个或多个表中存储的数据信息进行查找、统计、计算、排序等。

3.1.2 查询的类型

Access 2016 提供了多种查询方式。查询方式可分为选择查询、汇总查询、交叉表查询、重复项查询、不匹配查询、动作查询、SQL 特定查询以及多表之间进行的关系查询。这些查询方式总结起来有四类，即选择查询、特殊用途查询、操作查询和 SQL 专用查询。

3.1.3 查询的作用和功能

查询是数据库提供的一种功能强大的管理工具，可以按照用户所指定的各种方式来进行查询。查询基本上可满足用户以下需求。

（1）指定所要查询的基本表。

（2）指定要在结果集中出现的字段。

（3）指定准则来限制结果集中所要显示的记录。

（4）指定结果集中记录的排序顺序。

（5）对结果集中的记录进行数学统计。

（6）将结果集制成一个新的基本表。

（7）在结果集的基础上建立窗体和报表。

（8）根据结果集建立图表。

（9）在结果集中进行新的查询。

（10）查找不符合指定条件的记录。

（11）建立交叉表形式的结果集。

（12）在其他数据库软件包生成的基本表中进行查询。

作为对数据的查找，查询与筛选有许多相似的地方，但两者是有本质区别的。查询是数据库的对象，而筛选是数据库的操作。

查询和筛选之间的区别见表 3-1。

表 3-1 查询和筛选之间的区别

功能	查询	筛选
用作窗体或报表的基础	是	是
排序结果中的记录	是	是
如果允许编辑，就编辑结果中的数据	是	是
向表中添加新的记录集	是	否
只选择特定的字段包含在结果中	是	否
作为一个独立的对象存储在数据库中	是	否
不用打开基本表，查询和窗体就能查看结果	是	否
在结果中包含计算值和集合值	是	否

3.2 单表查询

建立数据库，创建数据表并在数据表中存储了数据之后，就可以创建查询了。单表查询是指对一个表进行查询，可以只显示一个表中对用户有用的数据，以便用户浏览。

3.2.1 创建单表查询

图 3-1 【显示表】对话框

在 Access 2016 中，可以使用查询向导和查询设计视图创建查询。下面将以实例来介绍使用查询设计视图创建单表查询的方法。

课堂案例 3-1 为【产品信息表】建立简单的单表查询

（1）启动 Access 2016 应用程序，打开【公司信息管理系统】数据库。

（2）打开【创建】选项卡，在【查询】组中单击【查询设计】按钮，打开查询设计视图窗口，弹出如图 3-1 所示的【显示表】对话框。

（3）在【表】选项卡的列表框中选择【产品信息表】选项，单击【添加】按钮。

（4）关闭【显示表】对话框。在【产品信息表】列表中拖动【产品编号】字段到下方的【字段】文本框中，添加查询字段。

（5）在【产品信息表】列表中双击【产品名称】字段，将其添加到【字段】文本框中。

（6）在第 3 列【字段】下拉列表框中选择【库存数量】选项，将其添加到【字段】文本框中，如图 3–2 所示。

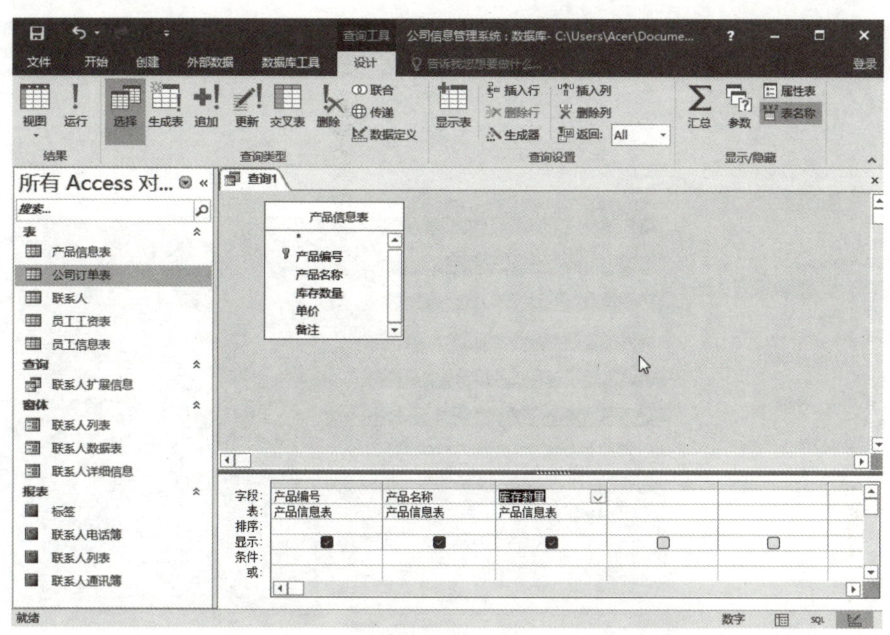

图 3–2　添加到【字段】文本框

（7）在【查询工具】的【设计】选项卡的【显示 / 隐藏】组中单击【属性表】按钮，此时打开【属性表】窗格。

（8）在【属性表】窗格的【说明】文本框中输入字段名称【库存数量】，在【格式】下拉列表中选择【固定】选项，如图 3–3 所示。

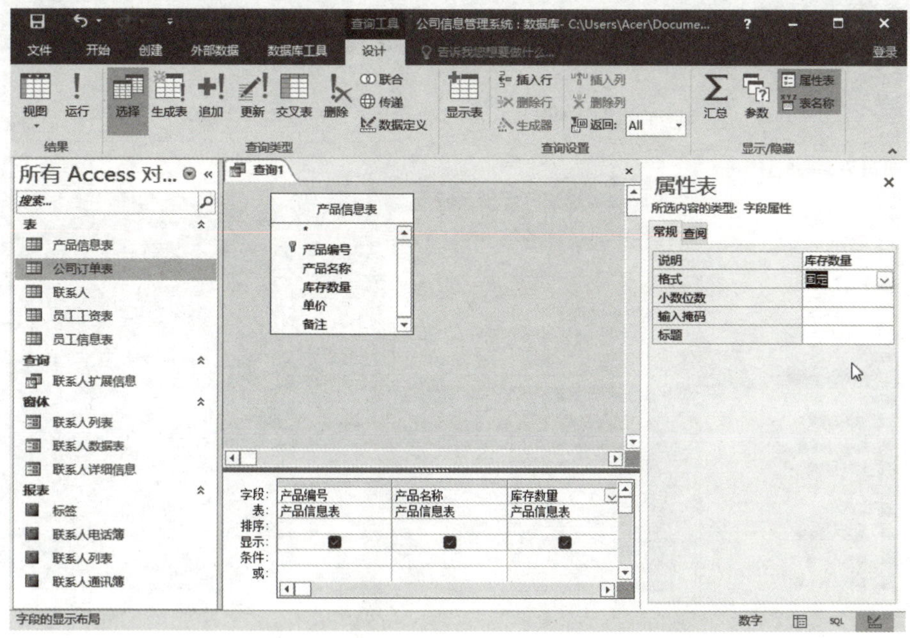

图 3–3　【属性表】窗格的设置

（9）关闭【属性表】窗格。在【设计】选项卡的【结果】组中单击【运行】按钮，显示查询结果如图 3–4 所示。

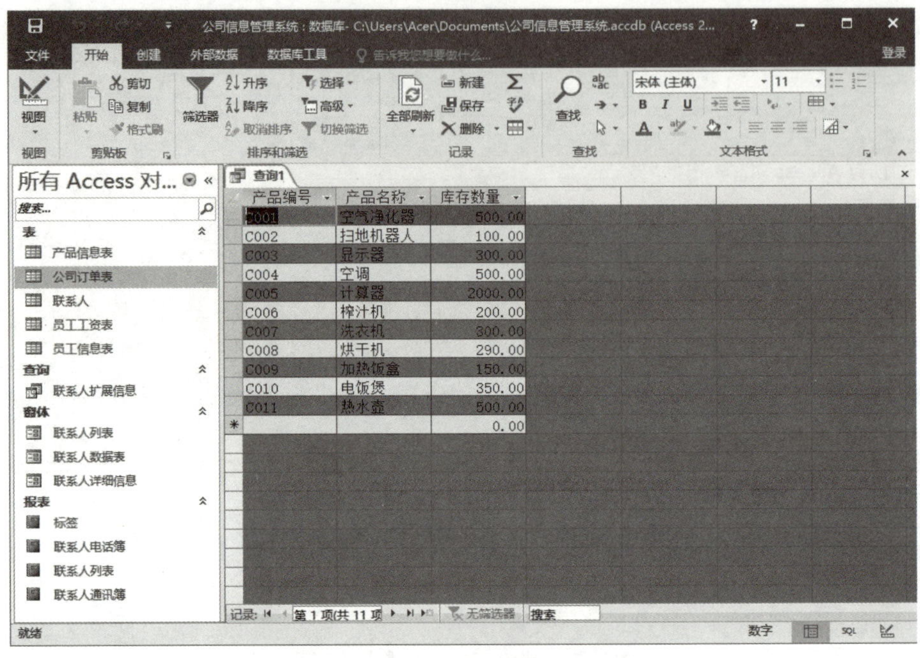

图 3–4　查询结果

（10）单击【文件】按钮，在弹出的【文件】下拉菜单中执行【对象另存为】命令，弹出【另存为】对话框，在【查询名称】文本框中输入查询名称【产品信息表 – 字段查询】，如图 3–5 所示。

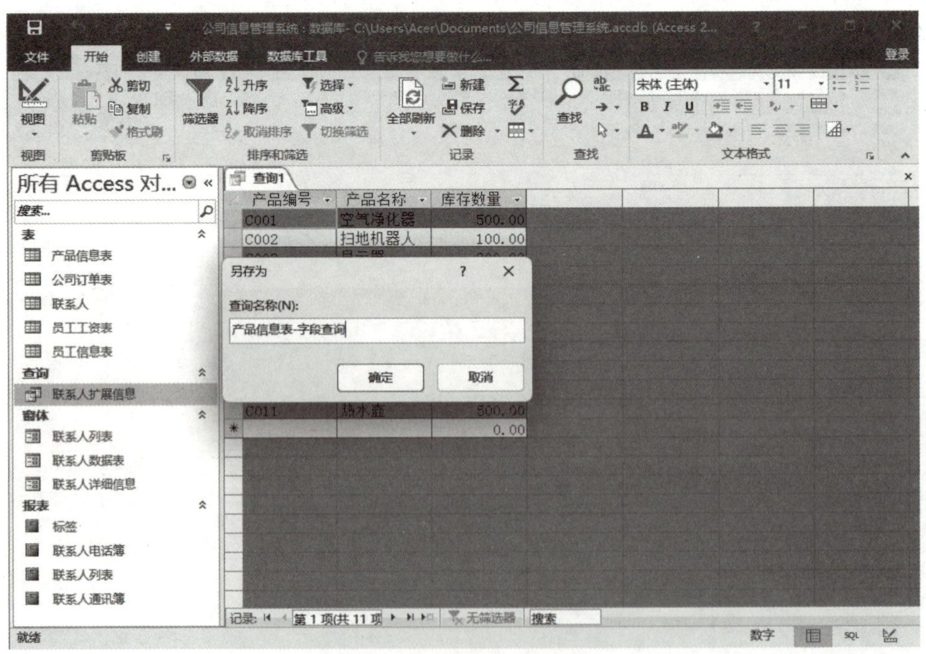

图 3–5　输入查询名称

（11）单击【确定】按钮，关闭查询结果数据表。此时在左侧导航窗格的【查询】组中可以看到新创建的查询，如图 3-6 所示。

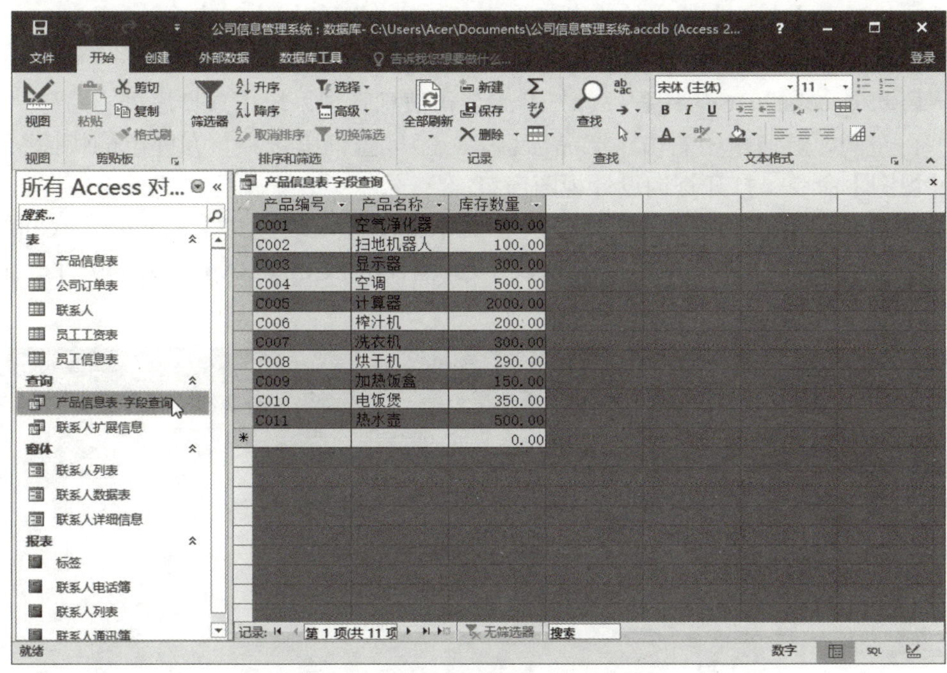

图 3-6　新创建的查询结果

3.2.2　设置查询条件

查询条件是一种限制查询范围的方法，主要用来筛选出符合某种特殊条件的记录。查询条件可以在查询设计视图窗口的【条件】文本框中进行设置。

查询条件类似于一种公式，它是由引用的字段、运算符和常量组成的字符串。在 Access 2016 中，查询条件也称为表达式，常用的查询条件见表 3-2。

表 3-2　常用的查询条件

条件	说明
> 25 And < 50	此条件适用于数字字段，返回数字大于 25 且小于 50 的记录
Not“China”	返回字段不包含 China 字符串的所有记录
100 Or 150	返回数字为 100 或 150 的记录
Between 100 And 150	等于“> 100 And < 150”，返回数字大于 100 且小于 150 的记录
Like“China”	返回所有包括“China”字符串的记录。注意它不等于“China”条件，因为“China”条件只返回字段的值为“China”的记录
Is Null	此条件可用于任何类型的字段，返回字段值为 Null 的记录
> #2/28/2018#	返回所有日期字段值在 2018 年 2 月 28 日以后的记录
<= 150	返回数字小于或等于 150 的记录
Date ( )	返回所有日期字段值为今天的记录

各种不同的数据类型字段可以使用不同的条件，用户可以根据自己的查询要求给出条件。要向查询中添加条件，必须先在设计视图中打开查询，将光标定位到要进行选择查询的字段处，然后在【条件】行中输入条件，即可完成查询条件的创建。

课堂案例 3-2　使用 Between...And... 表达式查询

（1）启动 Access 2016 应用程序，打开【公司信息管理系统】数据库。

（2）在左侧导航窗格中右击【产品信息表 - 字段查询】选项，在弹出的快捷菜单中执行【设计视图】命令，打开查询设计视图窗口。

（3）在【产品编号】列下方的【条件】文本框中输入表达式【Between "C002" And "C005"】，在【或】文本框中输入表达式【Between "C007" And "C009"】，如图 3-7 所示。

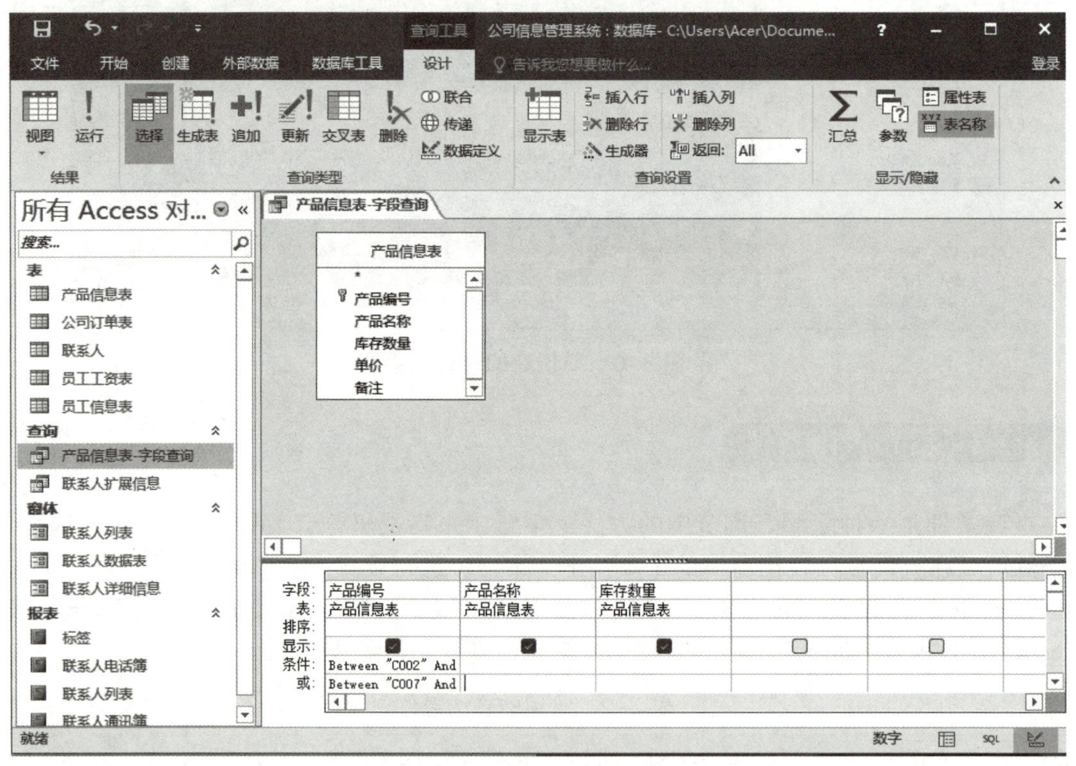

图 3-7　输入表达式

（4）打开【查询工具】的【设计】选项卡，在【结果】组中单击【运行】按钮，此时显示【客户编号】为 C002、C003、C004、C005、C007、C008 和 C009 的记录，如图 3-8 所示。

（5）关闭查询数据表窗口，不保存查询结果。

课堂案例 3-3　使用 In（）函数查询

（1）启动 Access 2016 应用程序，打开【公司信息管理系统】数据库。

（2）打开【产品信息表 - 字段查询】查询设计视图窗口，然后在【产品编号】列下方的【条件】文本框中输入函数 In（"C001"，"C002"，"C003"，"C005"，"C006"），如图 3-9 所示。

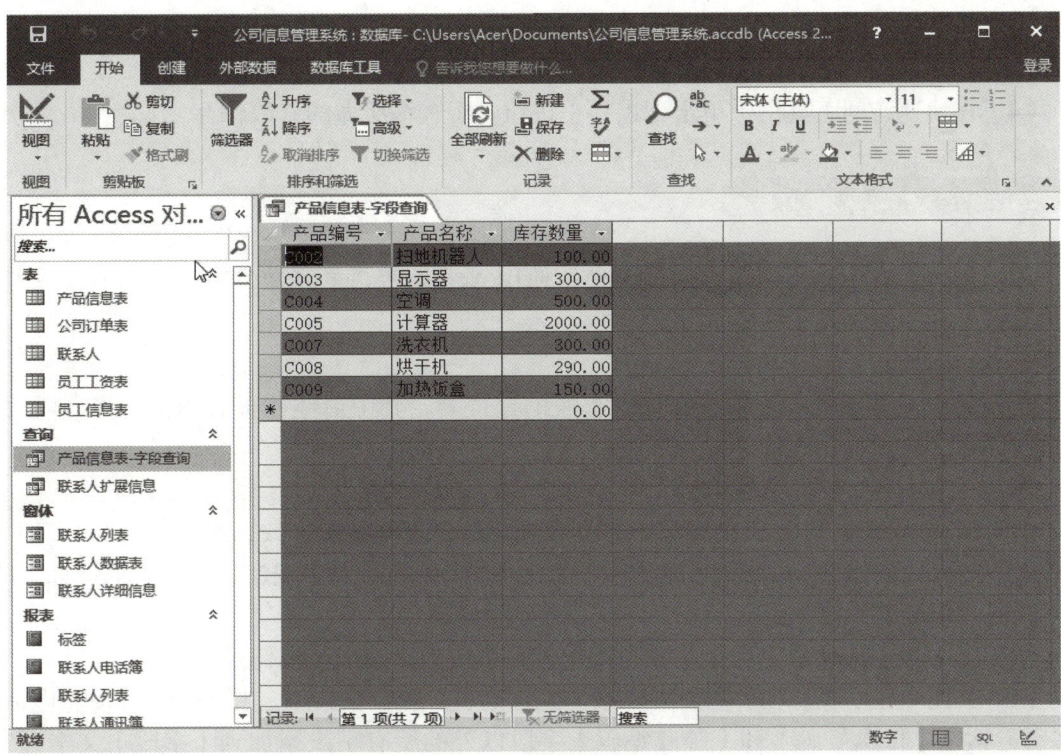

图 3–8　查询结果

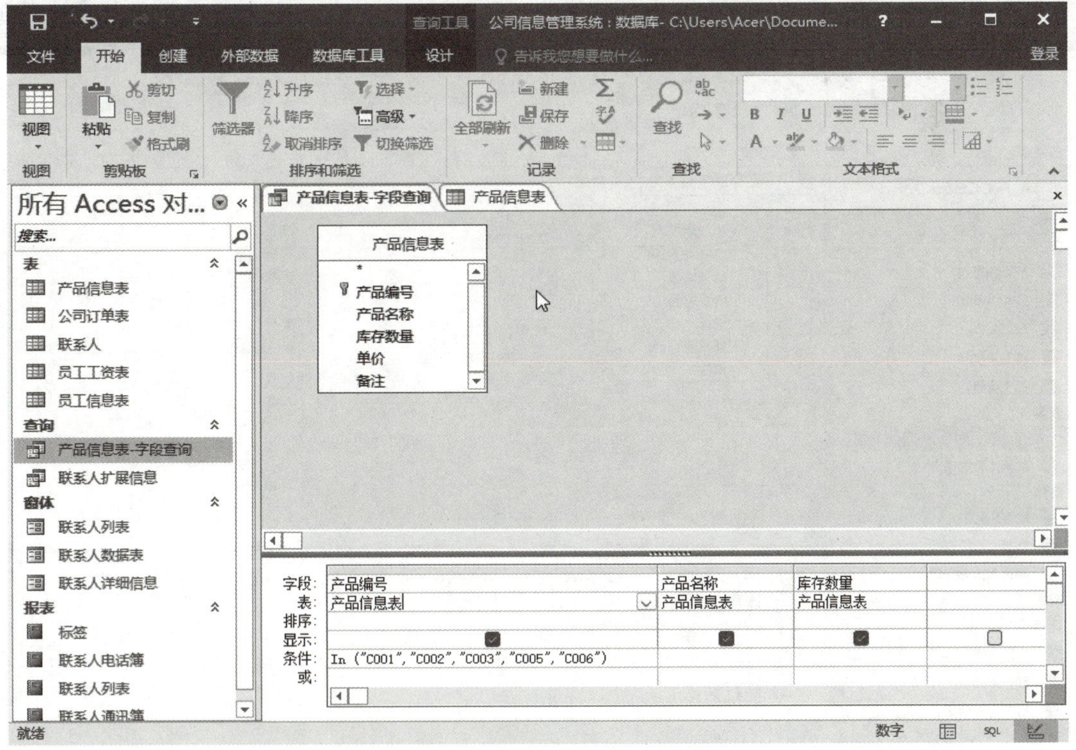

图 3–9　输入 In ( ) 函数

（3）打开【查询工具】的【设计】选项卡，在【结果】组中单击【运行】按钮，此时显示的查询结果和上一例创建的查询结果相同。

（4）在快速访问工具栏中单击【保存】按钮，将查询所做的修改保存。

3.2.3 设置查询字段

用户可以在查询中引用某些对象的值，使用 Access 提供的函数计算字段的值，或者使用运算符处理字段的显示格式。

1. 对象参照

所谓对象，是指表的字段或窗体、报表的控件等，其中窗体和报表的概念将在以后几章进行学习，这里仅用表的字段加以说明。

课堂案例 3-4　在字段前添加文字

（1）启动 Access 2016 应用程序，打开【公司信息管理系统】数据库。

（2）打开【创建】选项卡，在【查询】组中单击【查询设计】按钮，打开查询设计视图，弹出【显示表】对话框。

（3）在【表】选项卡中选择【联系人】选项，单击【添加】按钮。

（4）关闭【显示表】对话框，将表添加到查询设计视图窗口中。将表中除【商务电话】、【移动电话】、【传真号码】和【邮政编码】字段以外的所有字段添加到【字段】文本框中，如图 3-10 所示。

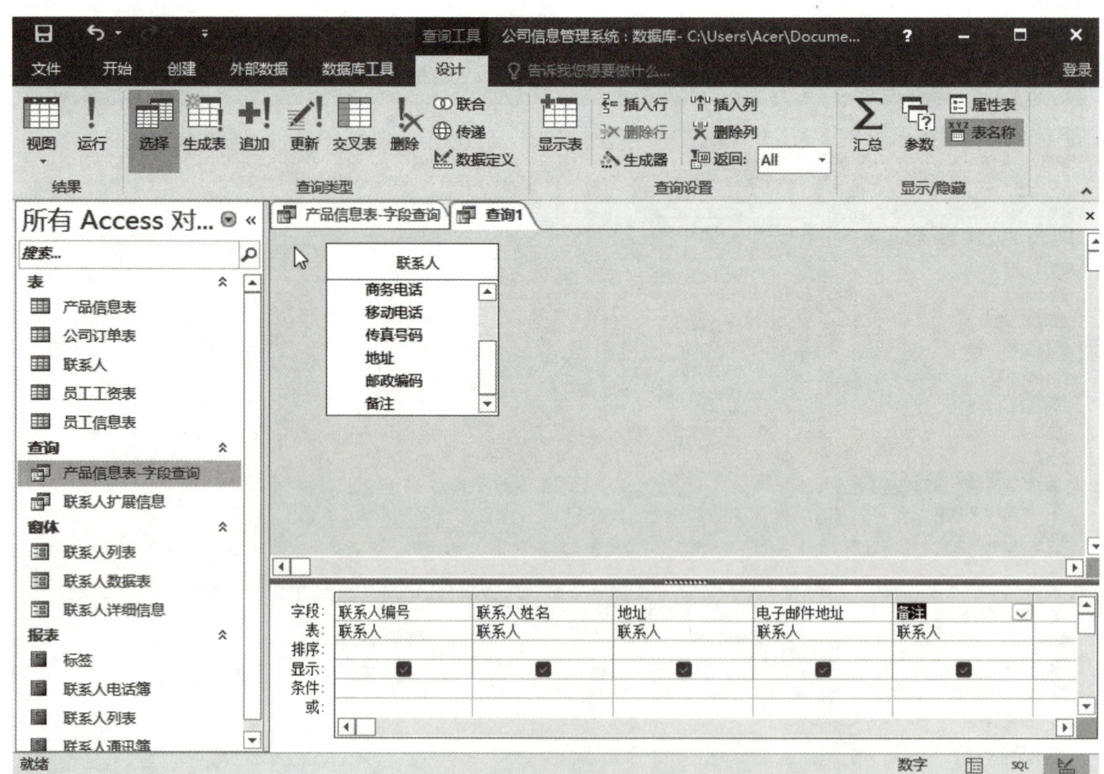

图 3-10　添加字段

（5）在【字段】文本框中将字段名【备注】修改为【“销售区域”+[地址]】，如图 3–11 所示。

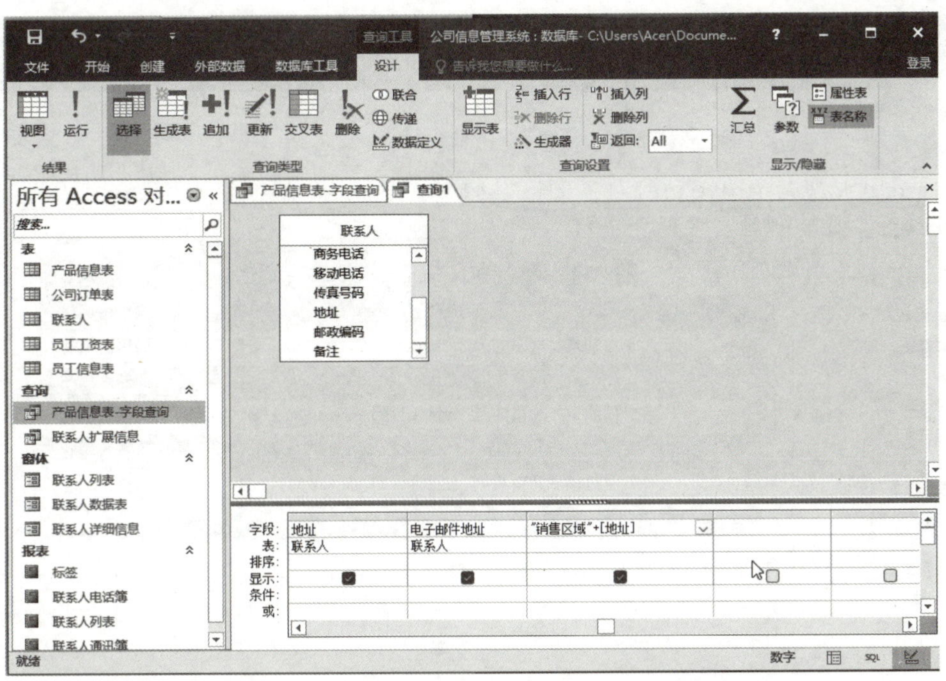

图 3–11　修改备注

（6）按下【 Enter 】键，此时该字段名变为【表达式 1：“销售区域” +[地址]】，并将【表达式 1】改为【说明】，如图 3–12 所示。

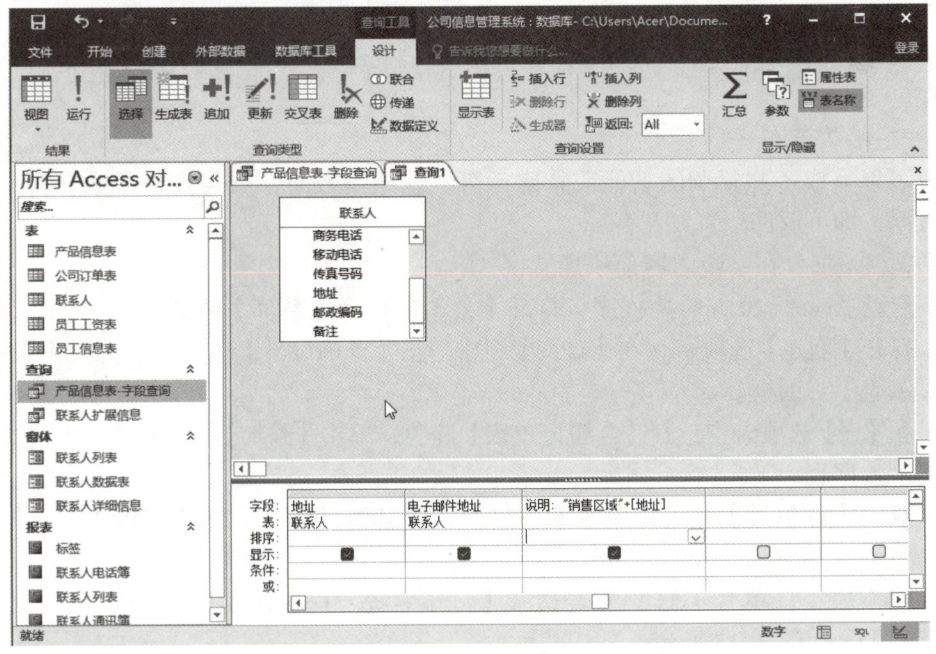

图 3–12　更改字段名

（7）在【设计】选项卡的【结果】组中单击【运行】按钮，即可看到【备注】字段的内容，如图 3-13 所示。

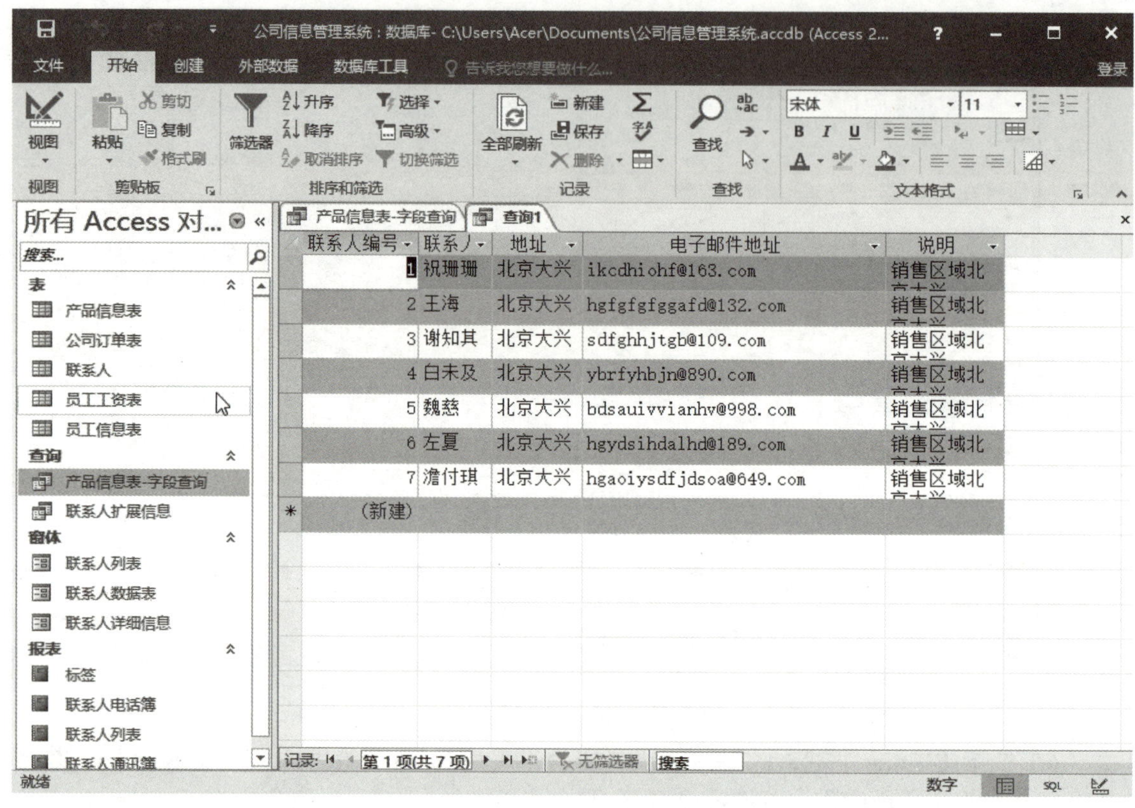

图 3-13　备注字段的内容

（8）在快速访问工具栏中单击【保存】按钮，将该查询以文件名【联系人 - 修改字段】进行保存。

2. 使用函数查询

函数可以完成一些复杂的功能或特殊运算。使用函数时，只需要将函数名写出，或赋予一个数据，即可返回运算结果。

课堂案例 3-5　在字段内容前添加文字

（1）启动 Access 2016 应用程序，打开【公司信息管理系统】数据库。

（2）打开【创建】选项卡，在【查询】组中单击【查询设计】按钮，打开查询设计视图，弹出【显示表】对话框。

（3）在【表】选项卡中选择【公司订单表】选项，单击【添加】按钮，在窗口中添加【公司订单表】数据表。

（4）双击【订单号】和【订单日期】字段，将其添加到下方的【字段】文本框中，如图 3-14 所示。

（5）将字段【订单号】修改为表达式【订单状态：[订单号]+IIf([是否执行完毕],“是”,“否”)】，如图 3-15 所示。

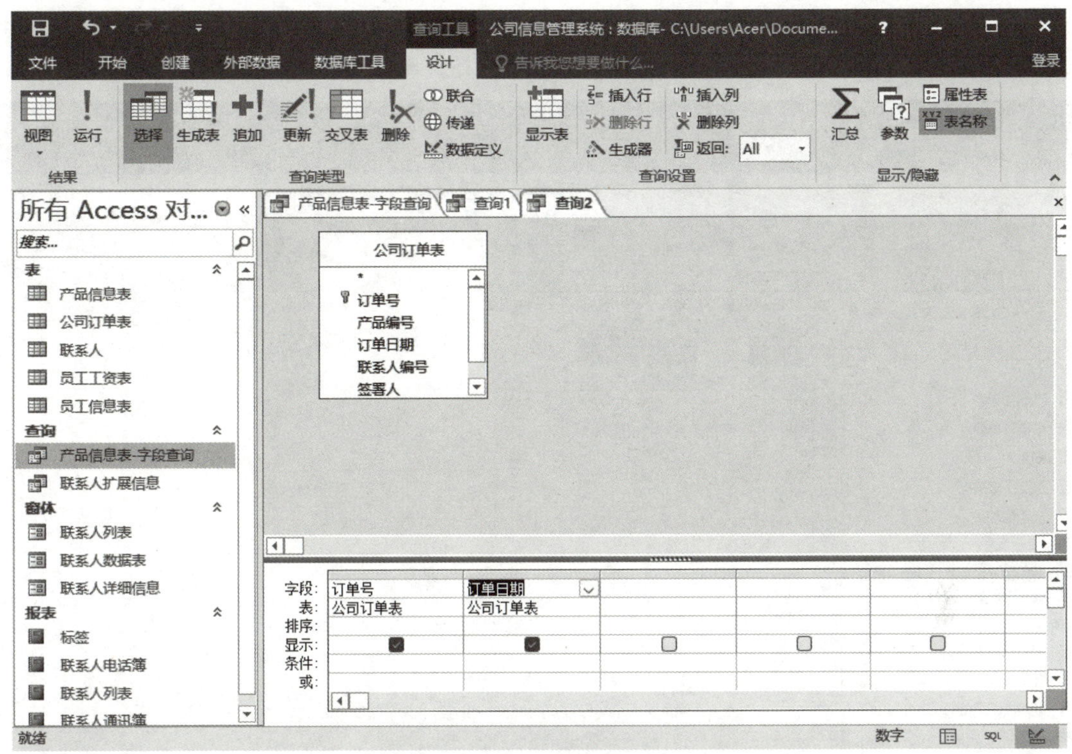

图 3–14　添加字段

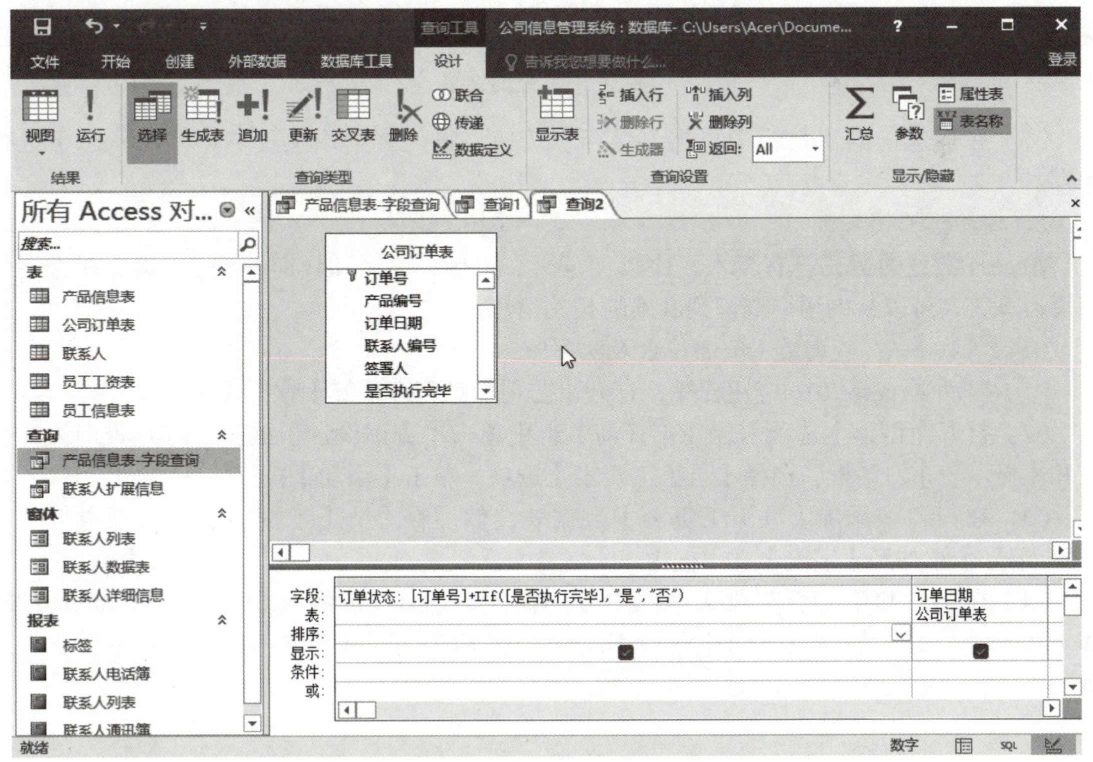

图 3–15　设置表达式

（6）打开【查询工具】的【设计】选项卡，在【结果】组中单击【运行】按钮，此时显示查询结果，如图 3–16 所示。

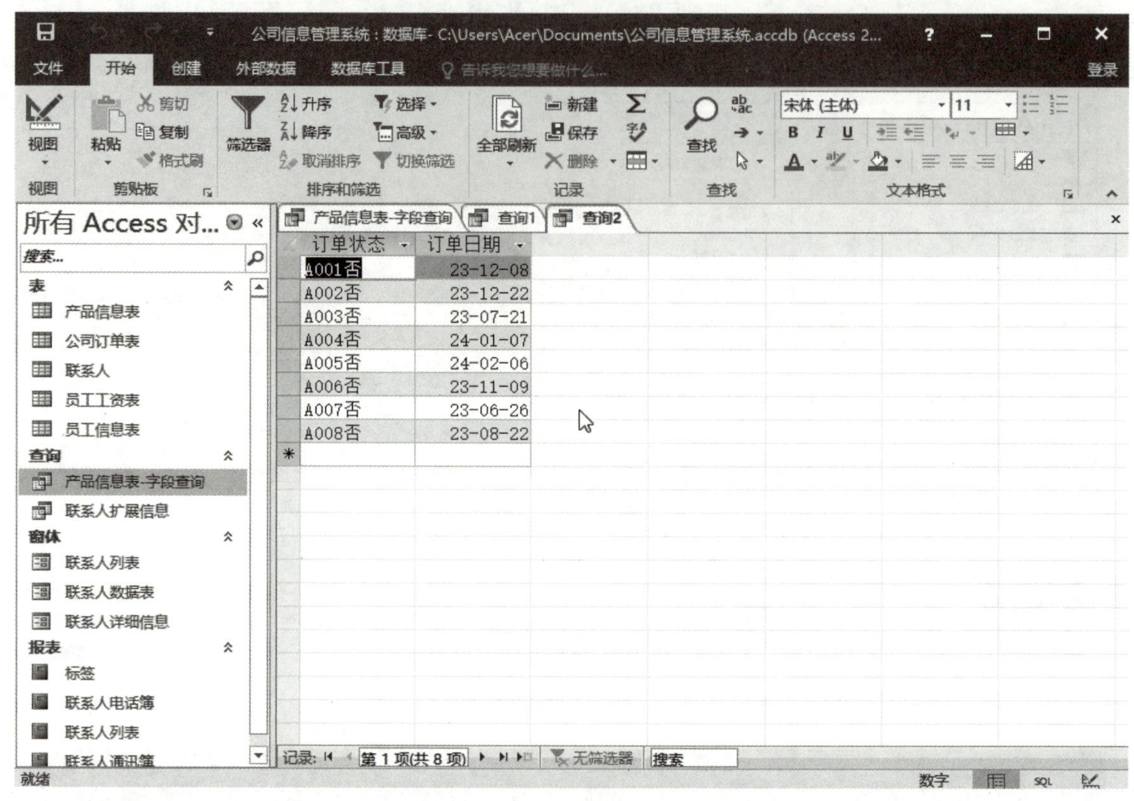

图 3–16 查询结果

（7）在快速访问工具栏中单击【保存】按钮，将该查询以文件名【订单状态】进行保存。

3．使用运算符查询

Access 常见的运算符有算术、比较、逻辑、连接、引用和日期 / 时间六类。在查询中使用运算符，可以帮助用户查询到准确的相关信息。

课堂案例 3–6 查询员工应缴税金及实际收入

（1）启动 Access 2016 应用程序，打开【公司信息管理系统】数据库。

（2）打开【创建】选项卡，在【查询】组中单击【查询设计】按钮，打开查询设计视图和【显示表】对话框，选择【员工工资表】选项，单击【添加】按钮。

（3）在窗口中添加【员工工资表】数据表，然后在【员工工资表】列表框中将字段【员工编号】添加到【字段】文本框中。

（4）在第二和第三个字段文本框中分别输入表达式【应缴税金：[基本工资]*0.05】和【实际收入：[基本工资]+[业绩奖金]+[住房补助]–[应扣劳保金额]–[基本工资]*0.05】，如图 3–17 所示。

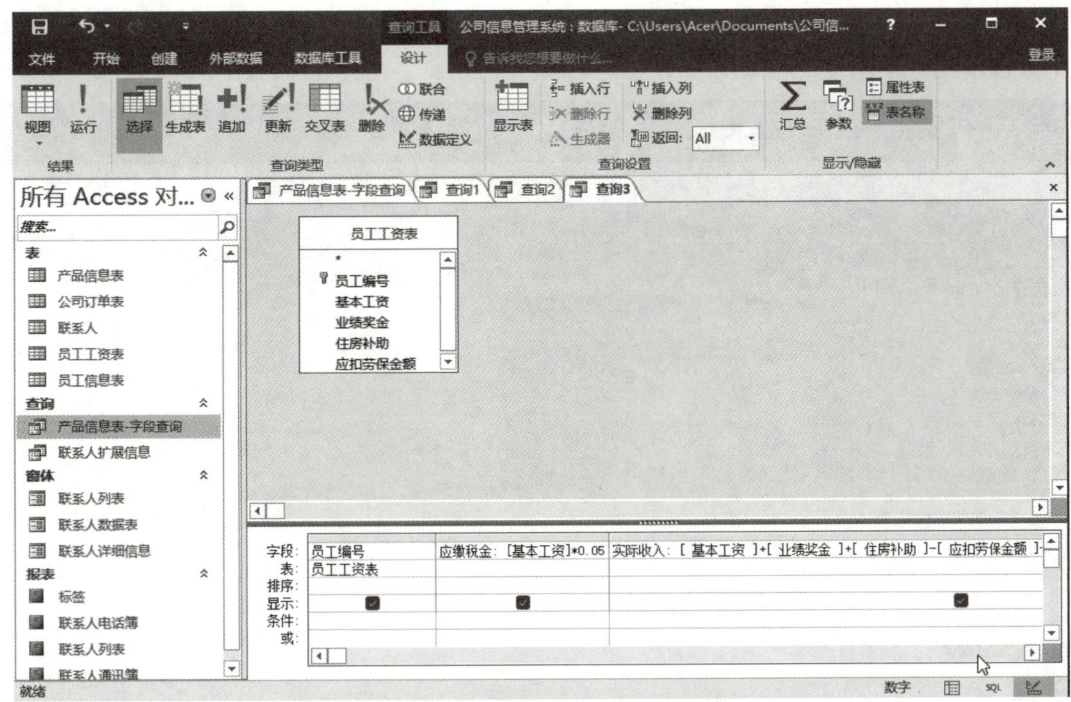

图 3-17 分别输入第二、三字段的表达式

（5）在第三个字段的【条件】文本框中输入条件【＞6000 And ＜20000】，如图 3-18 所示。

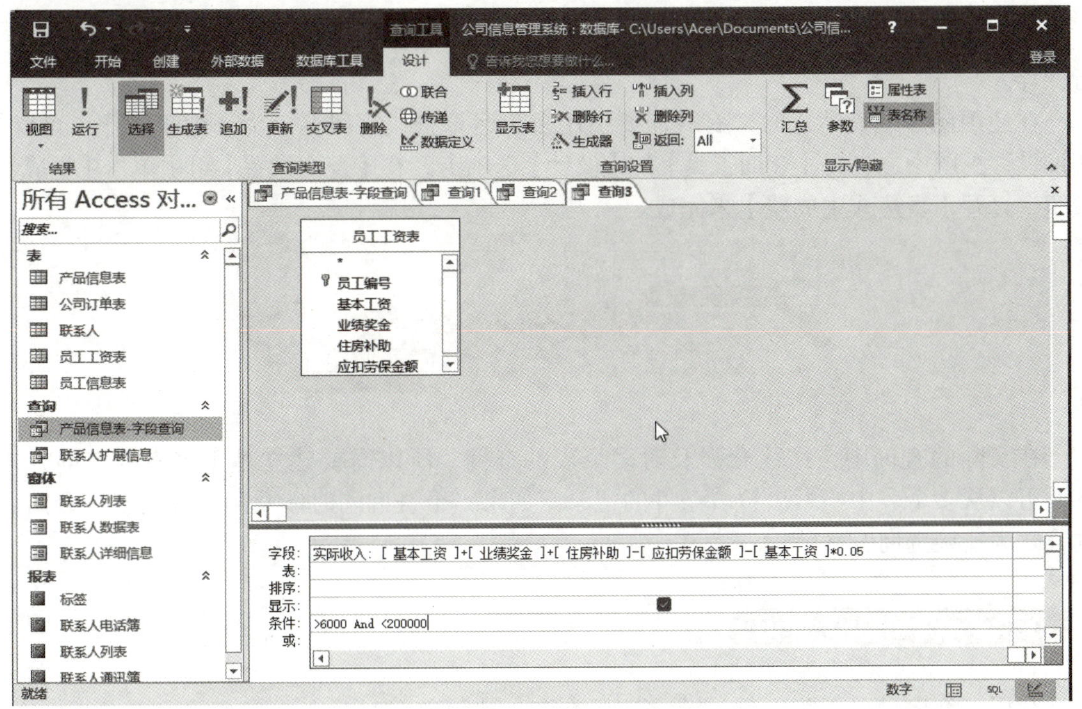

图 3-18 输入第三字段的条件

（6）打开【查询工具】的【设计】选项卡，在【结果】组中单击【运行】按钮，此时显示查询结果，如图 3–19 所示。

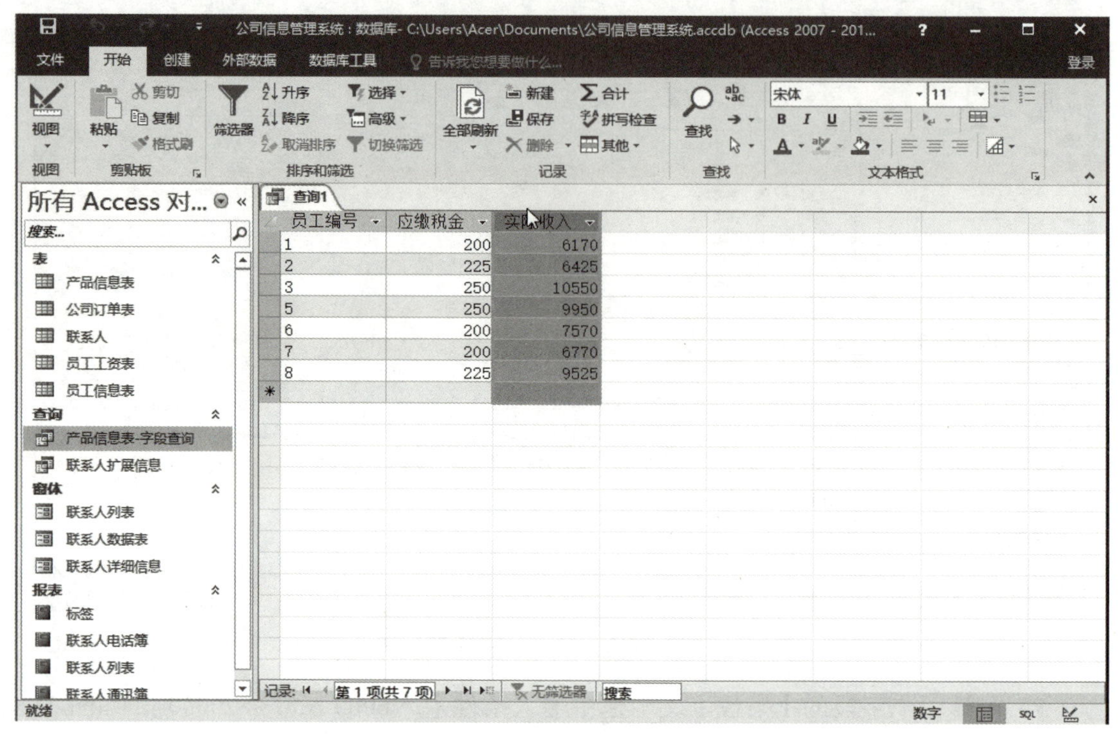

图 3–19　查询结果

（7）在快速访问工具栏中单击【保存】按钮，将该查询以文件名【员工收入查询】进行保存。

在使用函数或表达式时，有时需要引用多个运算符或字段名。为了便于操作，可以在查询设计视图中，打开【查询工具】的【设计】选项卡，在【查询设置】组中单击【生成器】按钮，打开【表达式生成器】来完成。

3.3　多表查询

在实际的查询中，往往会涉及对多个表的查询，所以需要建立基于多表的查询方式，从而可以从多个表中检索出符合条件的记录。如果一个查询同时涉及两个或更多个数据表，则称之为连接查询。

3.3.1　简单选择查询

利用查询向导可以很方便地建立选择查询，从而实现对一个或多个数据表进行检索查询的目的，生成新的查询字段并保存结果。

课堂案例 3-7　使用【简单查询向导】进行查询

（1）启动 Access 2016 应用程序，打开【公司信息管理系统】数据库。

（2）打开【创建】选项卡，在【查询】组中单击【查询向导】按钮，弹出如图 3-20 所示的【新建查询】对话框。

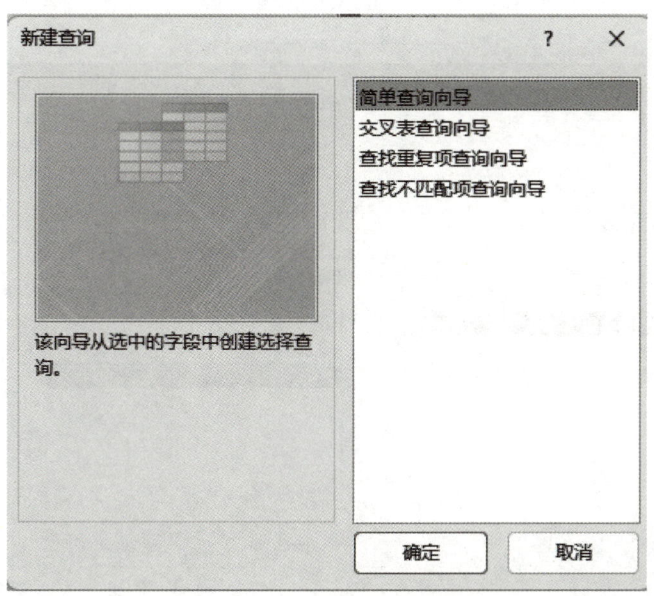

图 3-20　【新建查询】对话框

（3）选择【简单查询向导】选项，单击【确定】按钮，弹出【简单查询向导】对话框。

（4）在【表 / 查询】下拉列表中选择【表：员工信息表】选项，在【可用字段】列表框中选择【员工姓名】选项，单击按钮，将其添加到【选定字段】列表框中，如图 3-21 所示。

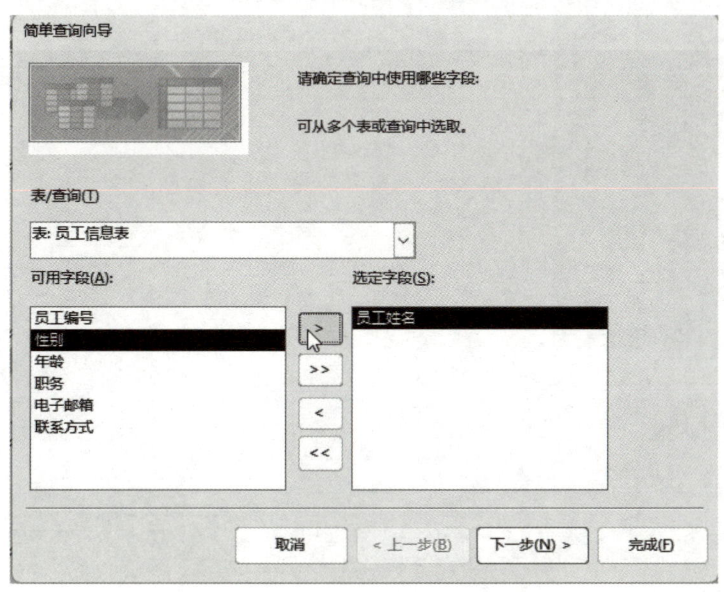

图 3-21　【简单查询向导】对话框 1

（5）在【表 / 查询】下拉列表中选择【表：员工工资表】选项，在【可用字段】列表框中依次选择【员工编号】和【基本工资】字段，单击按钮，将其添加到【选定字段】列表框中，如图 3-22 所示。

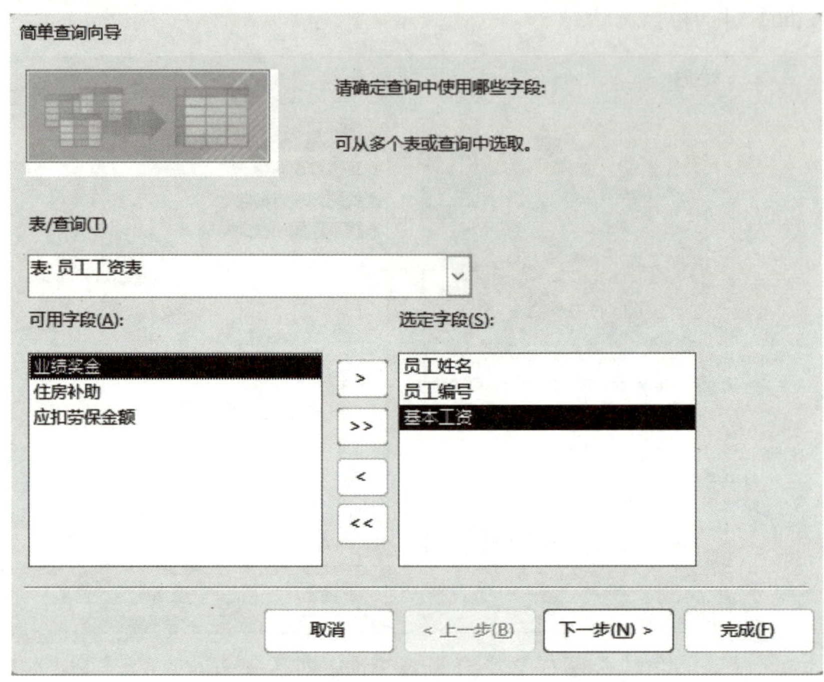

图 3-22 【简单查询向导】对话框 2

（6）单击【下一步】按钮，打开如图 3-23 所示的窗口，显示供用户选择查询的方式。

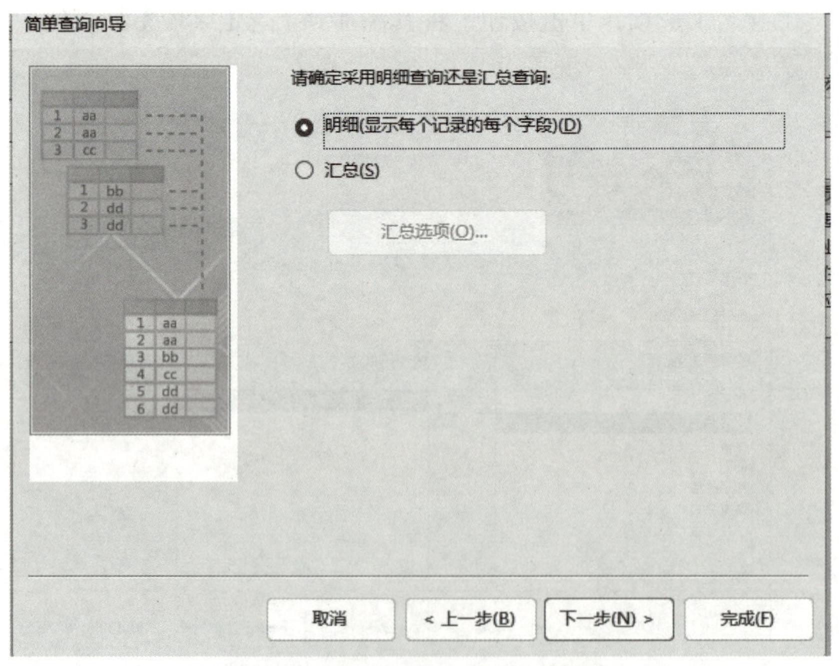

图 3-23 【简单查询向导】对话框 3

（7）单击【下一步】按钮，打开如图 3–24 所示的窗口，在【请为查询指定标题】文本框中输入【员工工资向导查询】。

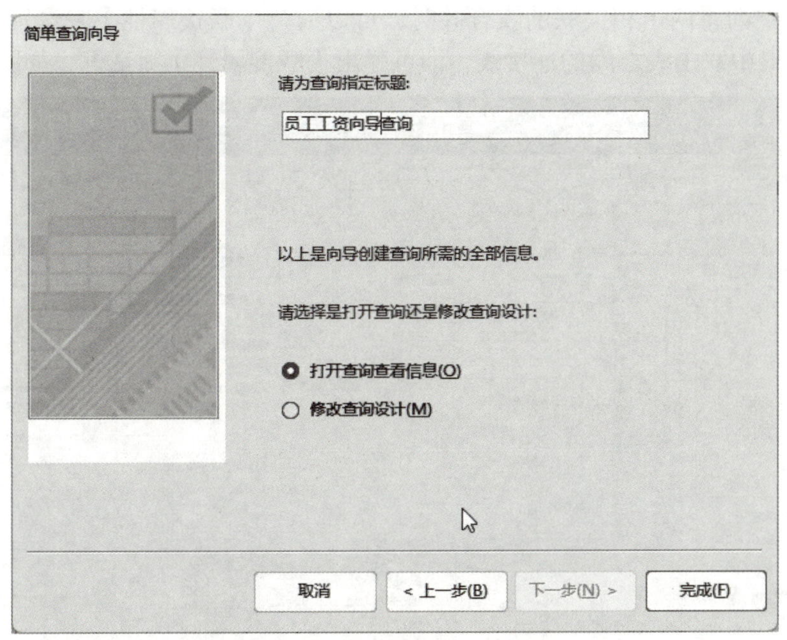

图 3–24　【简单查询向导】对话框 4

（8）单击【完成】按钮，完成查询的设计，自动打开查询结果窗口，如图 3–25 所示。

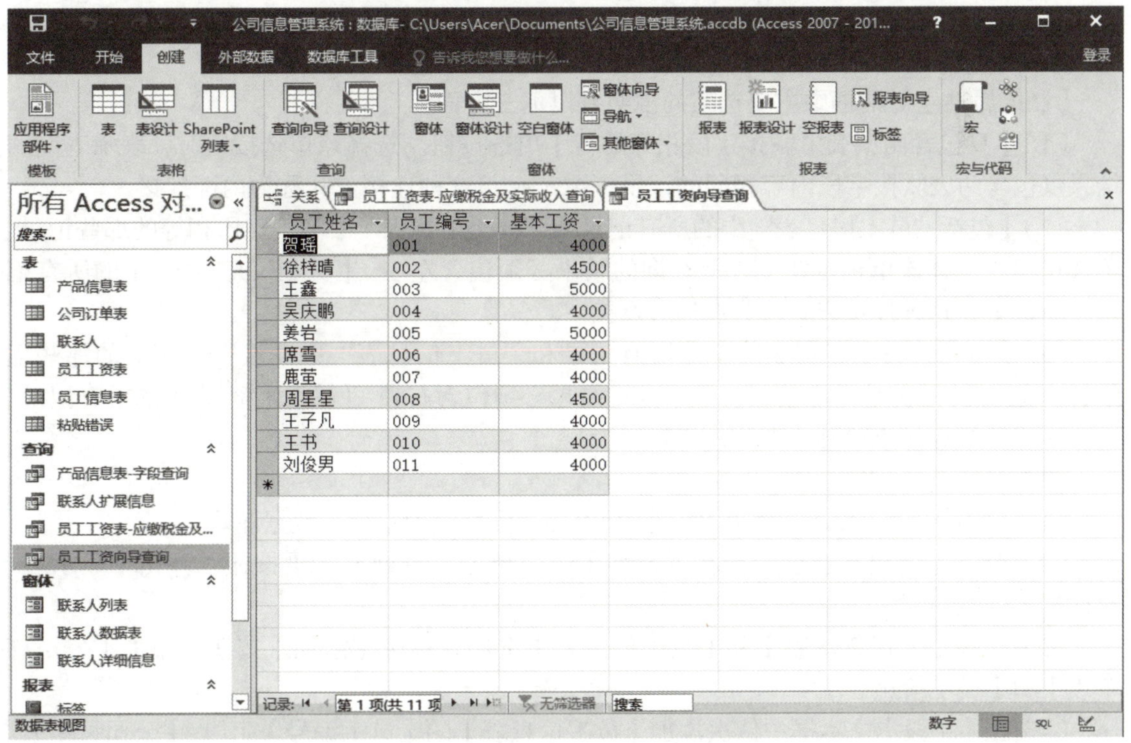

图 3–25　查询结果

3.3.2 连接查询

当要通过查询将两个相关联的表合并时，可以通过【联接属性】来设置外连接。在查询设计视图窗口中双击表之间的连接线，即可弹出【联接属性】对话框，如图 3-26 所示。

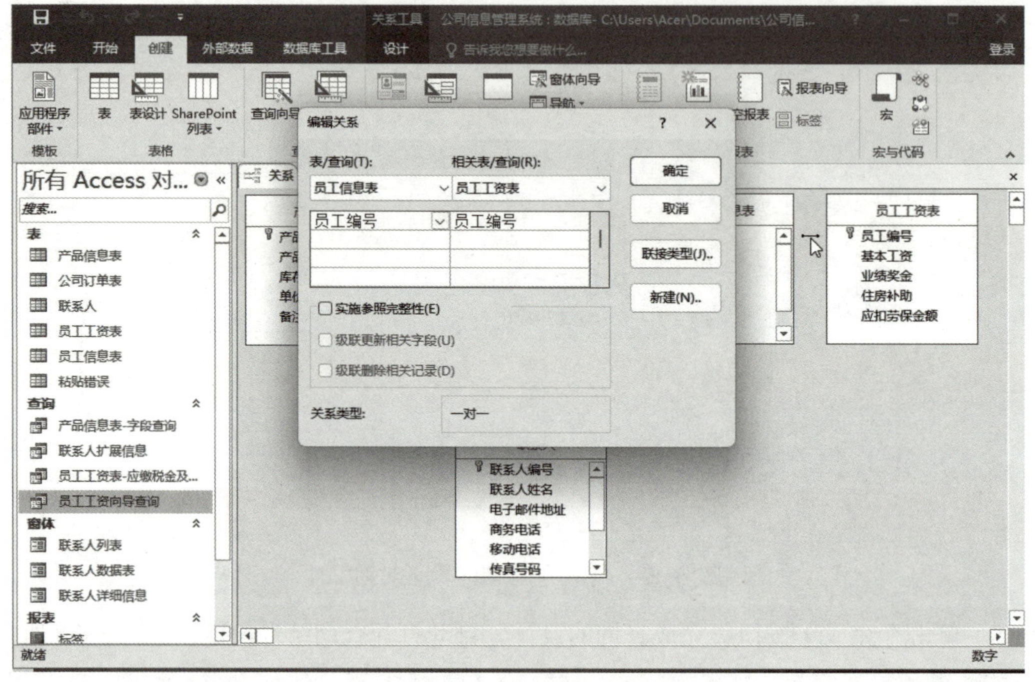

图 3-26 【联接属性】对话框

【联接属性】对话框中主要选项的说明有以下三方面。

（1）【只包含两个表中联接字段相等的行】单选按钮。选择该单选按钮时，表示查询的结果仅包含两表联接字段内容相同的记录。Access 将这种连接方式称为内部连接。

（2）【包括“员工信息表”中的所有记录和“员工工资表”中联接字段相等的那些记录】单选按钮。选择该单选按钮，表示查询的结果必须包含左表（【员工信息表】）中的所有记录。Access 将这种连接方式称为左边外联接。

（3）【包括“员工工资表”中的所有记录和“员工信息表”中联接字段相等的那些记录】单选按钮：选择该单选按钮，表示查询结果必须包含右表（【员工工资表】）的所有记录。Access 将这种连接方式称为右边外连接。

课堂案例 3-8　创建连接查询

（1）启动 Access 2016 应用程序，打开【公司信息管理系统】数据库。

（2）打开【创建】选项卡，在【查询】组中单击【查询设计】按钮，弹出【显示表】对话框。

（3）选择【公司订单表】和【员工信息表】选项，单击【添加】按钮，添加【公司订单表】和【员工信息表】。

（4）在【字段】文本框中依次添加【员工信息表】的【员工编号】字段、【公司订单表】的【签署人】字段和【订单号】字段，如图 3-27 所示。

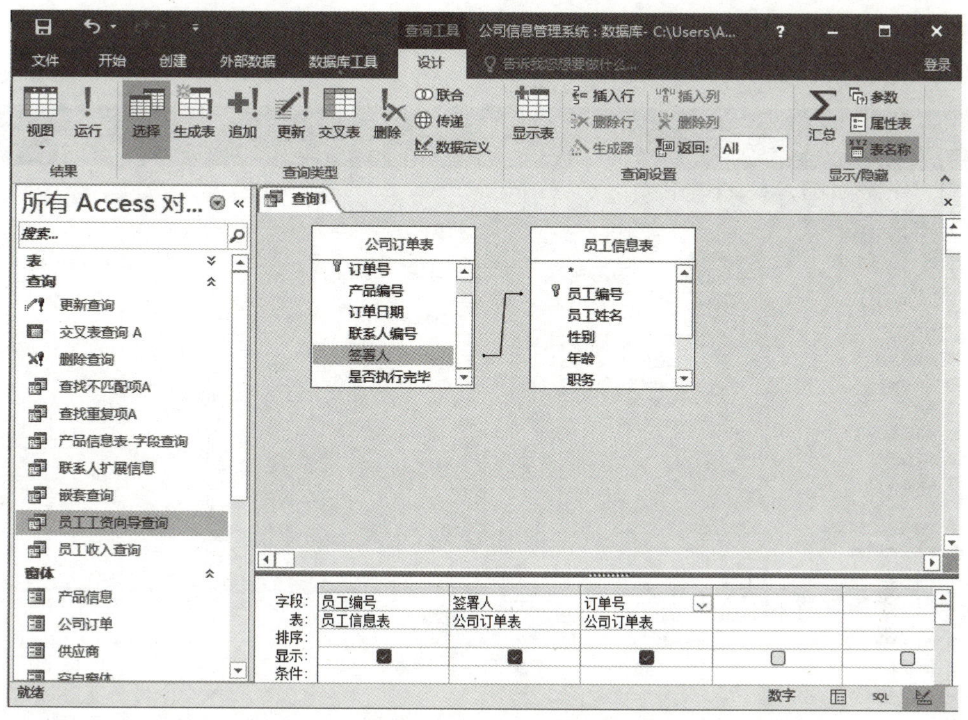

图 3-27　添加字段

（5）双击表之间的连接线，弹出【联接属性】对话框，选中第 2 个单选按钮，如图 3-28 所示。

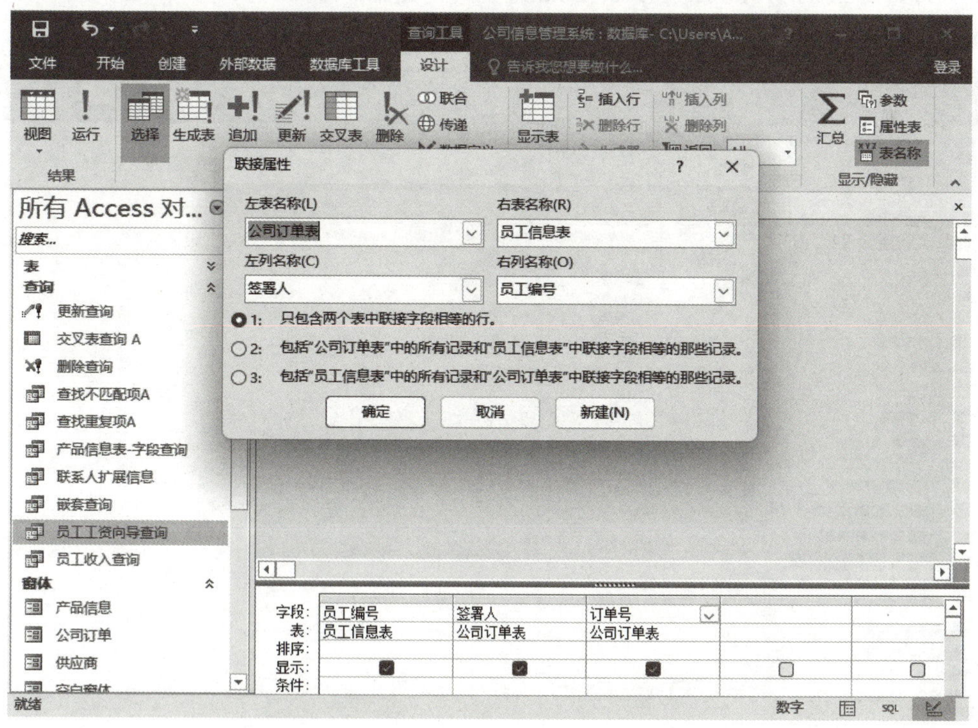

图 3-28　选择第 2 个单选按钮

（6）单击【确定】按钮，关闭【联接属性】对话框，此时查询设计视图窗口中表之间的连接线有了箭头，如图 3-29 所示。

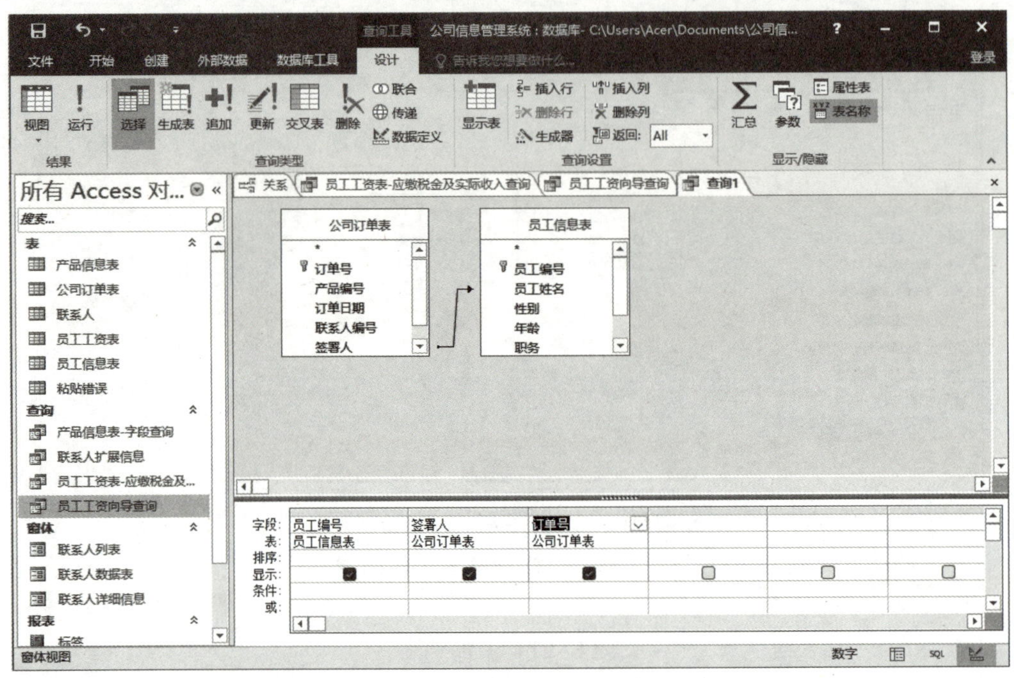

图 3-29 设置关系效果

（7）打开【查询工具】的【设计】选项卡，在【结果】组中单击【运行】按钮，显示如图 3-30 所示的查询结果。

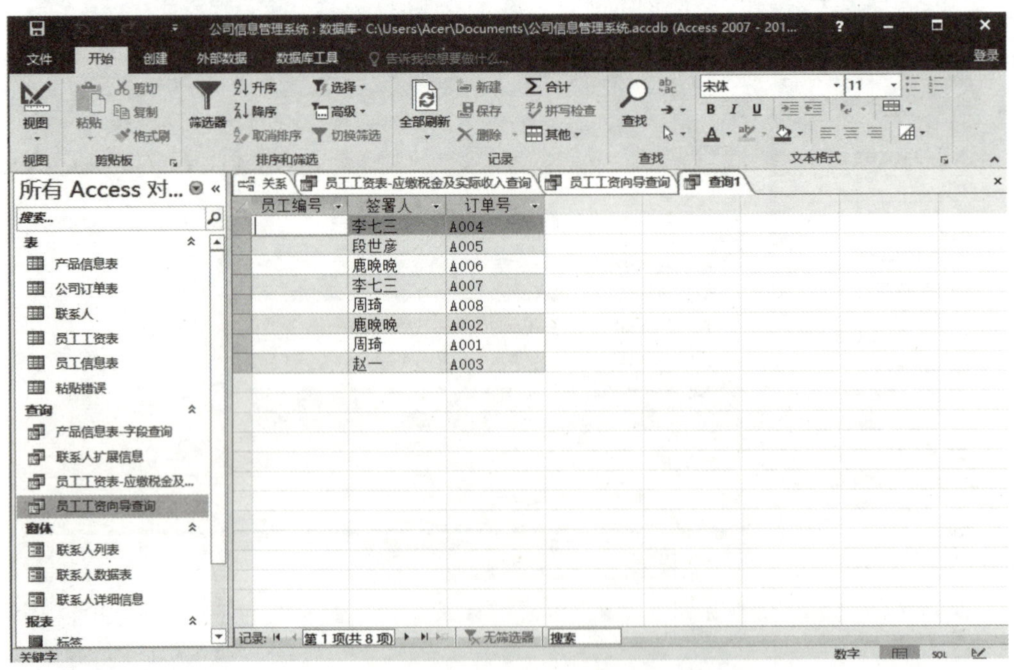

图 3-30 查询结果

（8）在快速访问工具栏中单击【保存】按钮，将查询以文件名【左边外连接】进行保存。

3.3.3　嵌套查询

在查询设计视图中，将一个查询作为另一个查询的数据源，从而达到使用多表创建查询的效果，这样的查询称为嵌套查询。

课堂案例 3-9　基于【员工收入查询】创建嵌套查询

（1）启动 Access 2016 应用程序，打开【公司信息管理系统】数据库。

（2）打开【创建】选项卡，在【查询】组中单击【查询设计】按钮，打开查询设计窗口，弹出【显示表】对话框。

（3）在【表】选项卡中选择【员工信息表】和【员工工资表】选项，单击【添加】按钮，将【员工信息表】和【员工工资表】添加到查询设计视图窗口中，如图 3-31 所示。

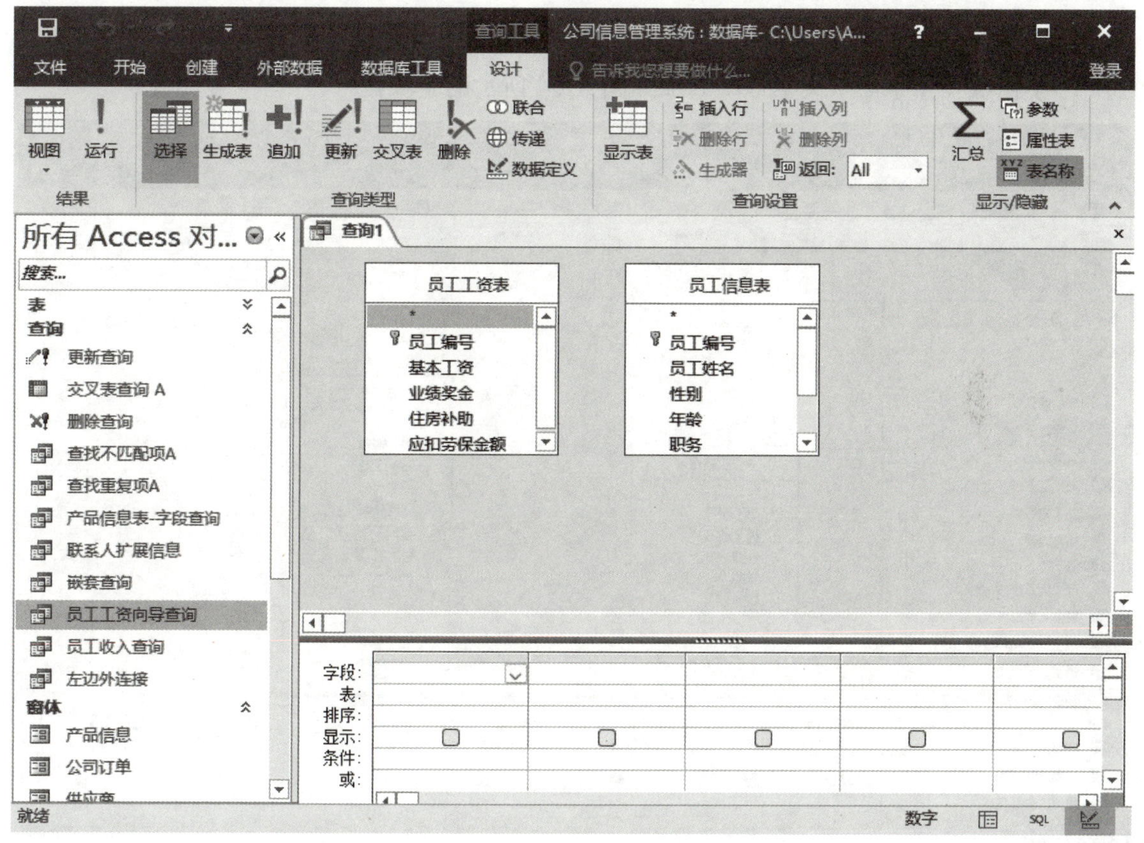

图 3-31　添加查询

（4）在【设计】选项卡的【查询设置】组中单击【显示表】，在弹出的对话框的【查询】选项卡中选择【员工收入查询】选项，如图 3-32 所示，单击【添加】按钮，将查询添加到窗口中，如图 3-33 所示。

图 3-32 选择【员工收入查询】选项

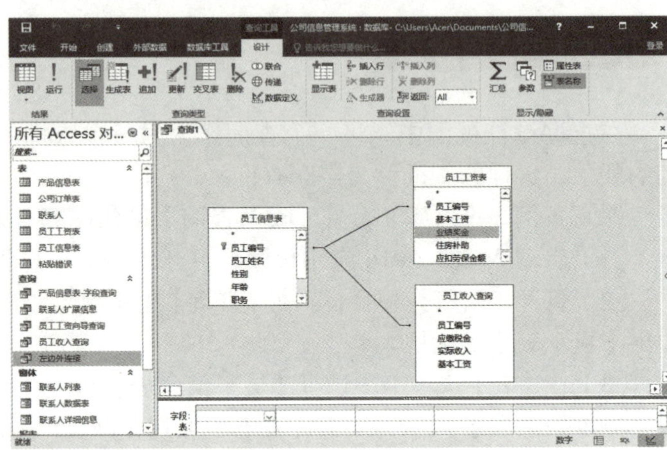

图 3-33 将查询添加到窗口

（5）依次在【字段】文本框中添加如图 3-34 所示的字段。

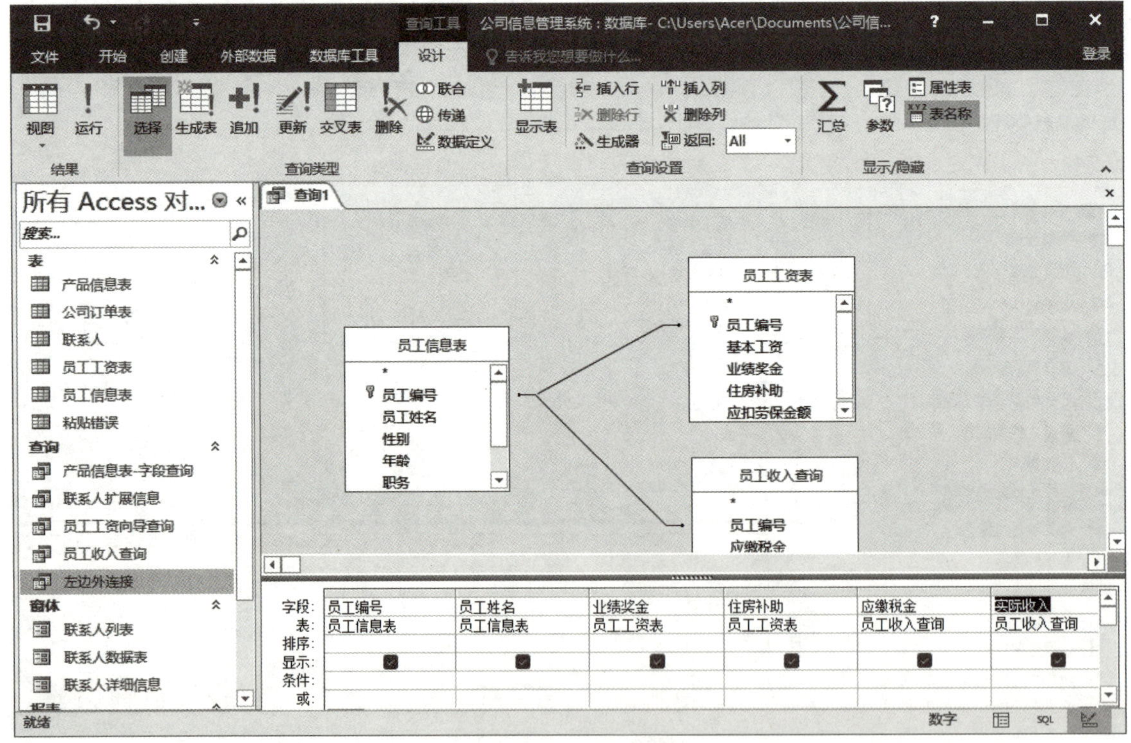

图 3-34 添加字段

（6）打开【查询工具】的【设计】选项卡，在【结果】组中单击【运行】按钮，查询结果如图 3-35 所示。

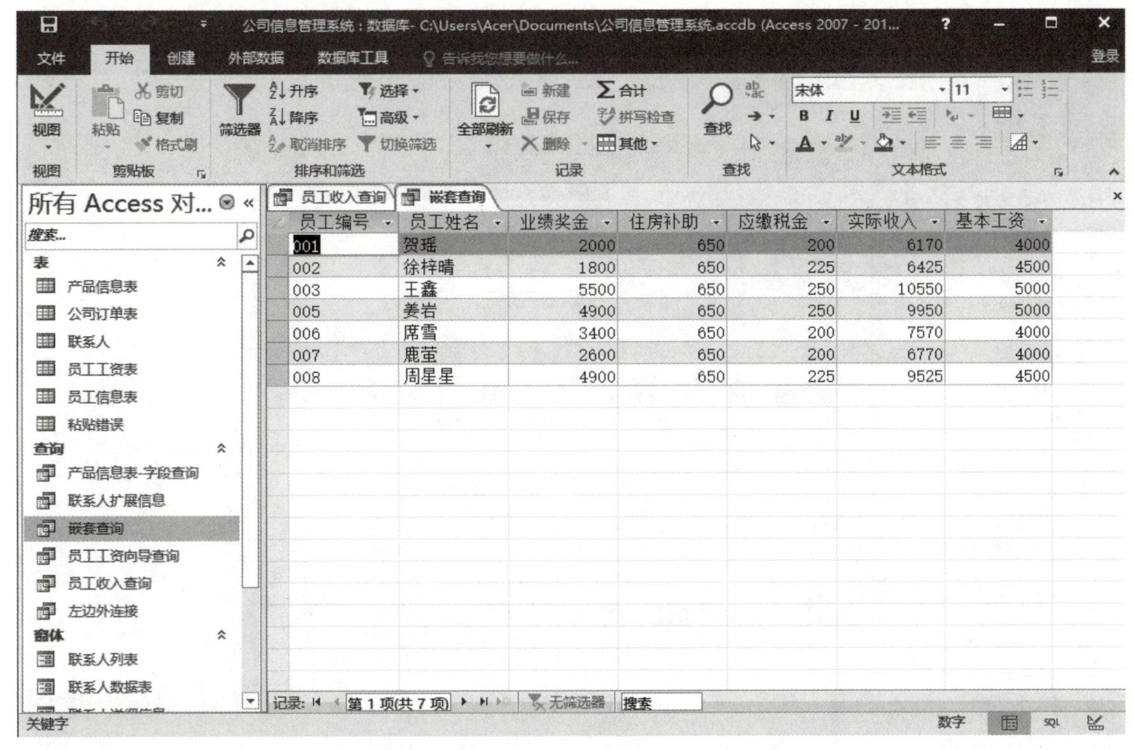

图 3-35　查询结果

（7）在快速访问工具栏中单击【保存】按钮，将查询以文件名【嵌套查询】进行保存。

3.3.4　交叉表查询

使用交叉表查询计算和重构数据，可以简化数据分析。交叉表查询将查询的字段分成两组，一组以行标题的方式显示在表格的左边，另一组以列标题的方式显示在表格的顶端。在行和列交叉的地方对数据进行总计、平均、计数或是其他类型的计算，并显示在交叉点上。

课堂案例 3-10　使用交叉表查询向导创建查询

（1）启动 Access 2016 应用程序，打开【公司信息管理系统】数据库。

（2）打开【创建】选项卡，在【查询】组中单击【查询向导】按钮，弹出【新建查询】对话框，选择【交叉表查询向导】选项，单击【确定】按钮。

（3）弹出【交叉表查询向导】对话框，在【视图】选项区域选中【查询】单选按钮。

（4）在列表框中选择【查询：嵌套查询】选项，单击【下一步】按钮，弹出如图 3-36 所示的对话框，用户可以在该对话框中选择行标题。

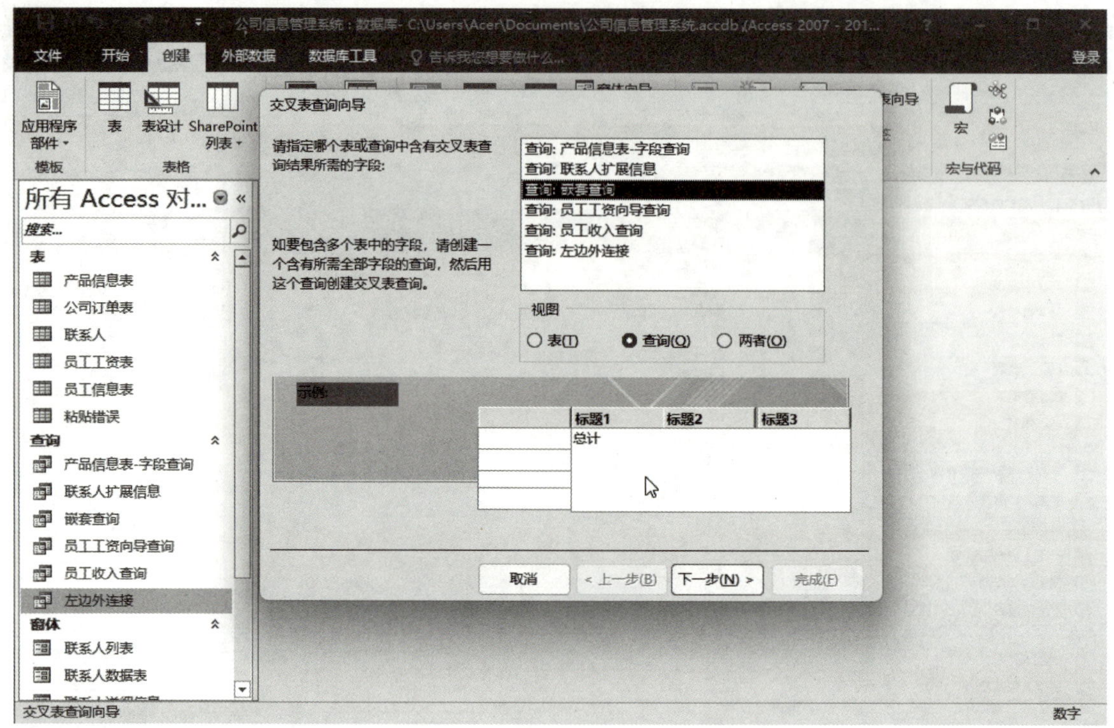

图 3-36 【交叉表查询向导】对话框 1

（5）在【可用字段】列表中分别选中【员工编号】和【基本工资】字段，单击按钮，将它们添加到【选定字段】列表中，如图 3-37 所示。

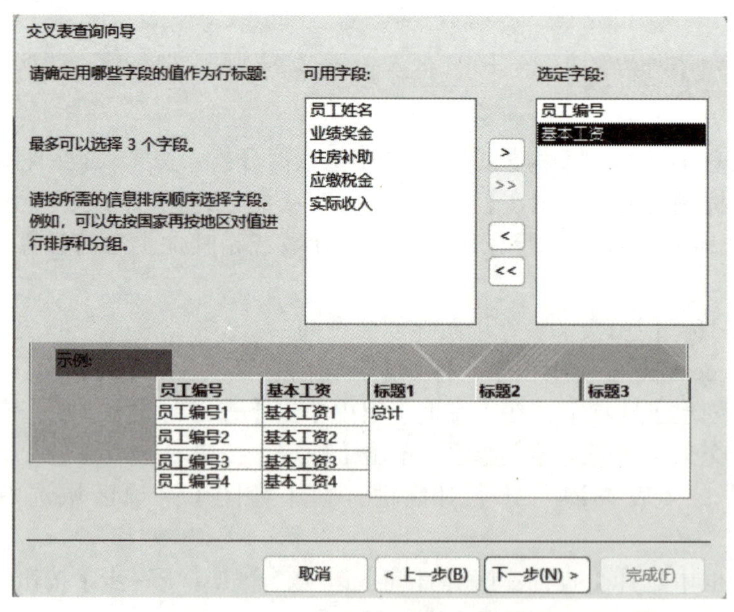

图 3-37 【交叉表查询向导】对话框 2

（6）单击【下一步】按钮，进入用于设置列标题的对话框，选择【员工姓名】字段，如图 3-38 所示。

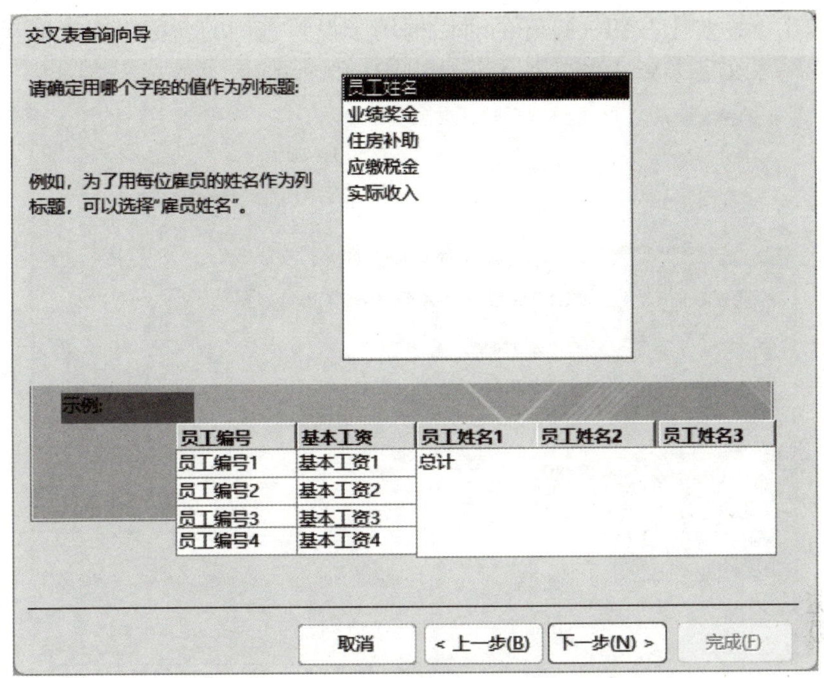

图 3-38　【交叉表查询向导】对话框 3

（7）单击【下一步】按钮，打开设置行列交叉点显示字段的对话框，在【字段】列表中选择【业绩奖金】选项，在【函数】列表中选择【最后】选项，并取消选中【是，包括各行小计】复选框，如图 3-39 所示。

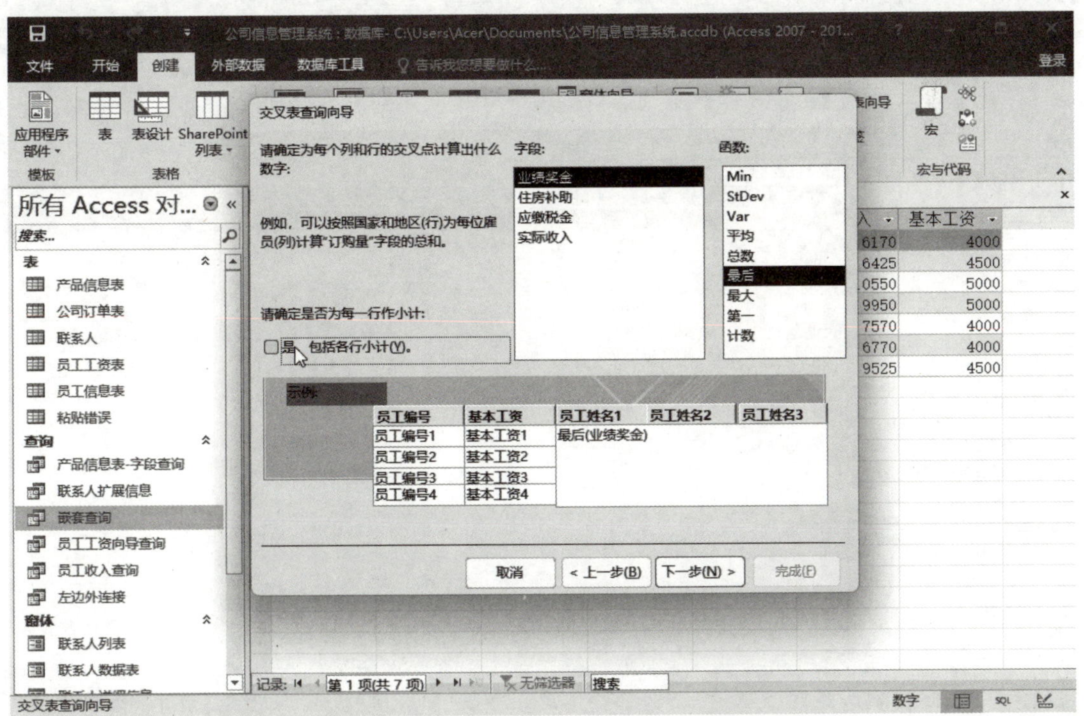

图 3-39　【交叉表查询向导】对话框 4

（8）单击【下一步】按钮，打开的对话框用于设置查询的名称。在【请指定查询的名称】文本框中输入文字【交叉表查询 A】，如图 3-40 所示。

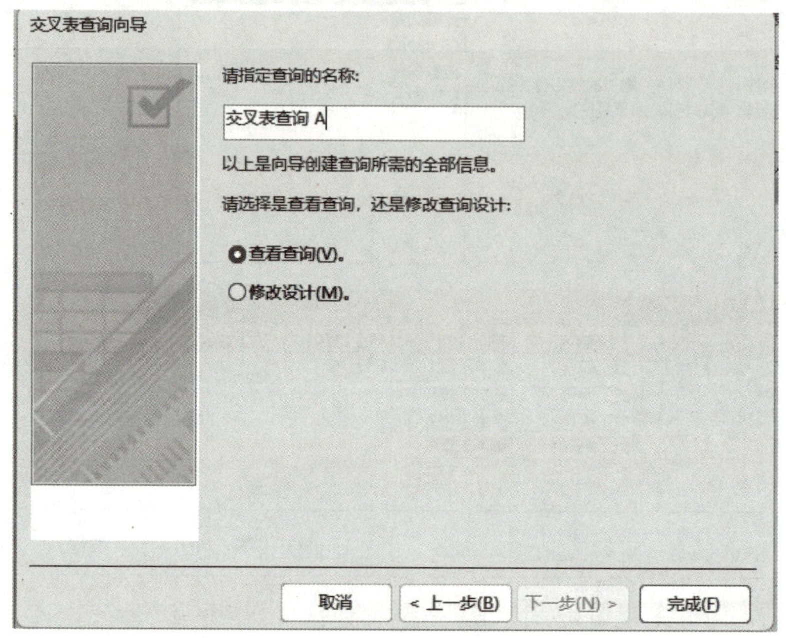

图 3-40 【交叉表查询向导】对话框 5

（9）单击【完成】按钮，显示交叉查询的结果，如图 3-41 所示。

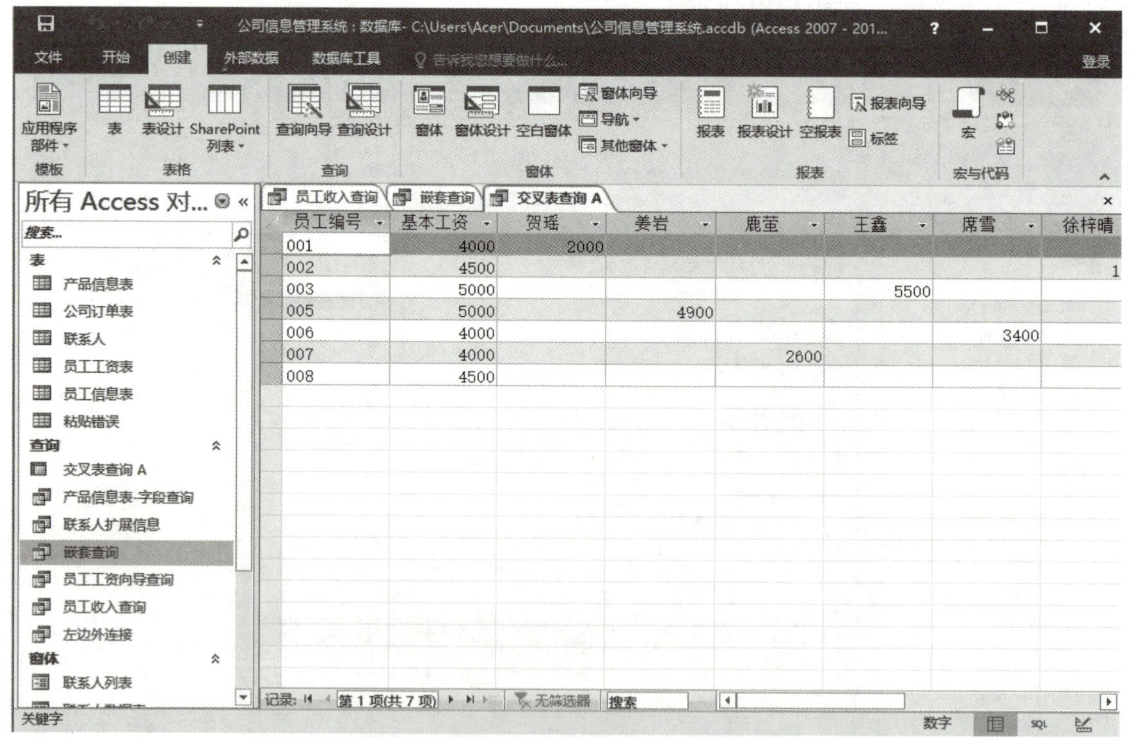

图 3-41 交叉查询的结果

提示：如果要直接在视图窗口中创建交叉表查询，可以在设计视图窗口中添加数据源后，在【查询工具】的【设计】选项卡的【查询类型】组中单击【交叉表】按钮即可。

3.3.5　查找重复项查询

根据重复项查询向导创建的查询结果，可以确定在表中是否有重复的记录，或确定记录在表中是否共享相同的值。例如，可以搜索【员工姓名】字段中的重复值来确定公司是否有重名的员工记录。

课堂案例 3–11　使用【查找重复项查询向导】创建查询

（1）启动 Access 2016 应用程序，打开【公司信息管理系统】数据库。

（2）打开【创建】选项卡，在【查询】组中单击【查询向导】按钮，弹出【新建查询】对话框，选择【查找重复项查询向导】选项，单击【确定】按钮。

（3）在弹出的【查找重复项查询向导】对话框的列表中选择【表：公司订单表】选项，如图 3–42 所示。

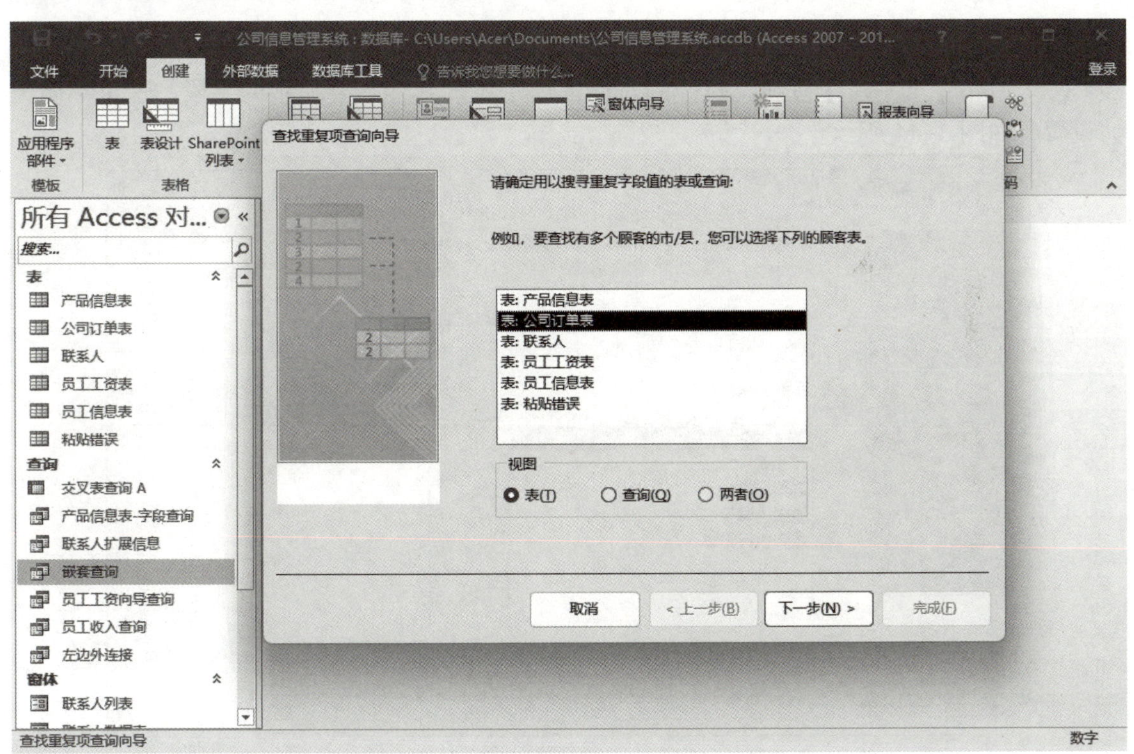

图 3–42　【查找重复项查询向导】对话框 1

（4）单击【下一步】按钮，在打开的对话框的【可用字段】列表中选择【签署人】选项，单击按钮，将其添加到【重复值字段】列表中，如图 3–43 所示。

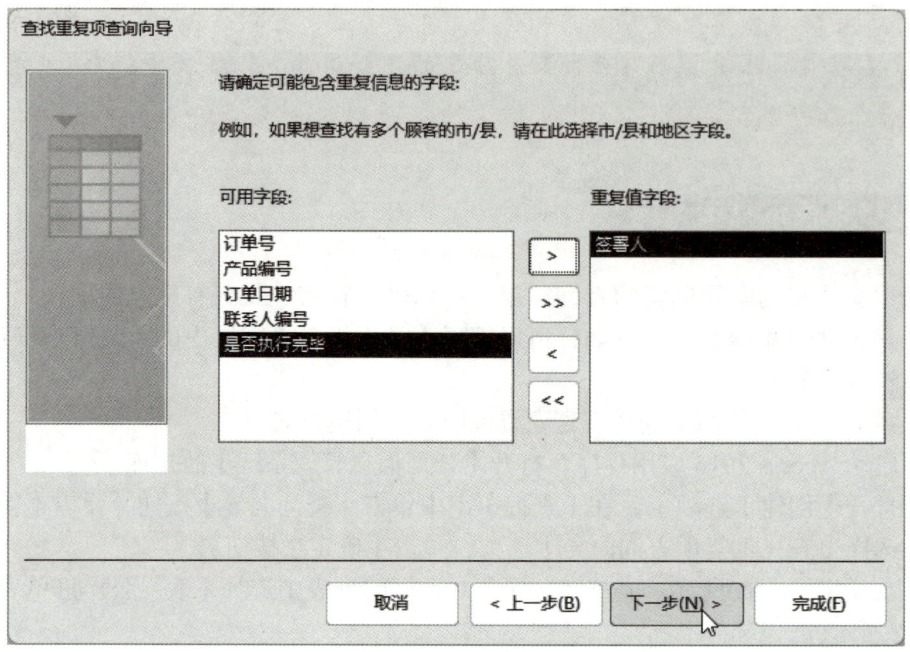

图 3-43 【查找重复项查询向导】对话框 2

（5）单击【下一步】按钮，打开的对话框用于添加其他需要显示的字段，这里不做任何设置，如图 3-44 所示。

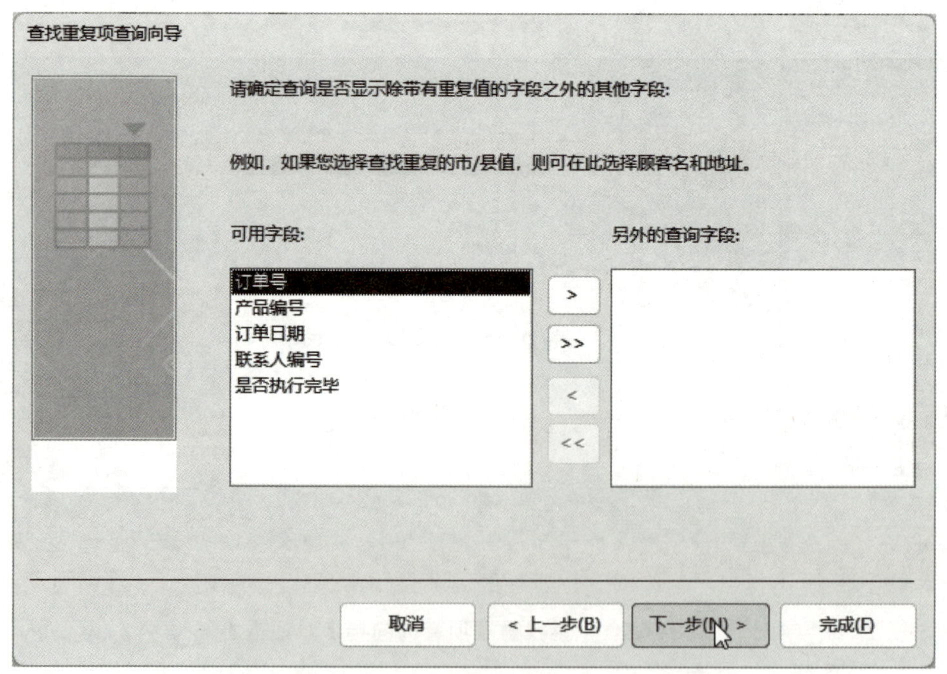

图 3-44 【查找重复项查询向导】对话框 3

（6）单击【下一步】按钮，在打开的对话框的【请指定查询的名称】文本框中输入【查找重复项 A】，如图 3-45 所示。

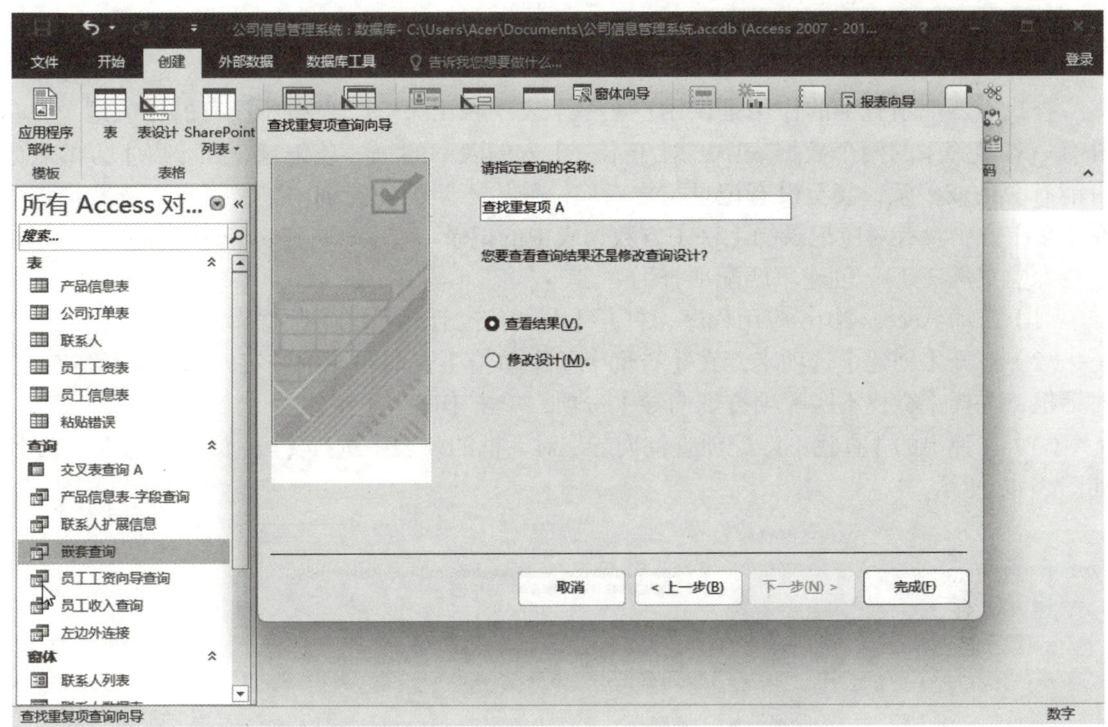

图 3–45　【查找重复项查询向导】对话框 4

（7）最后，单击【完成】按钮，此时自动显示如图 3-46 所示的查询结果。

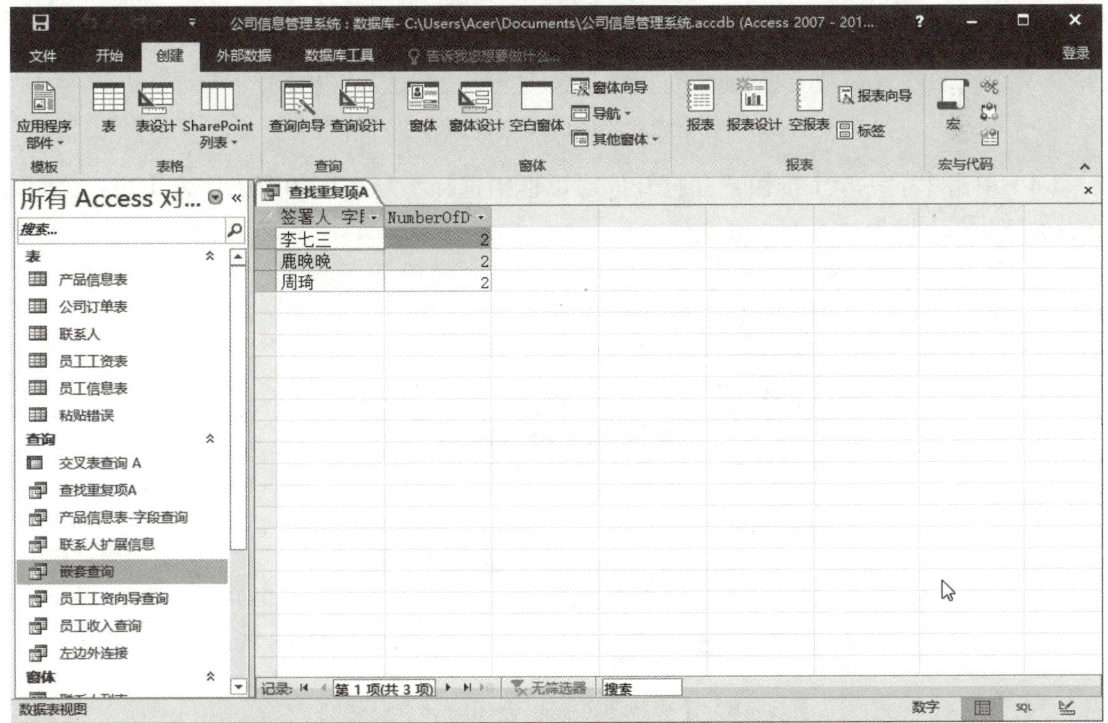

图 3–46　查询结果

3.3.6 查找不匹配项查询

查找不匹配项查询的作用是供用户在一个表中找出另一个表中所没有的相关记录。在具有一对多关系的两个数据表中，对于【一】方的表中的每一条记录，在【多】方的表中可能有一条或多条，甚至没有记录与之对应，使用不匹配项查询向导，就可以查找出那些在【多】方中没有对应记录的【一】方数据表中的记录。

课堂案例 3-12　创建不匹配项查询

（1）启动 Access 2016 应用程序，打开【公司信息管理系统】数据库。

（2）打开【创建】选项卡，在【查询】组中单击【查询向导】按钮，弹出【新建查询】对话框，选择【查找不匹配项查询向导】选项，单击【确定】按钮。

（3）在弹出的【查找不匹配项查询向导】对话框的列表中选择【表：员工信息表】选项，如图 3-47 所示。

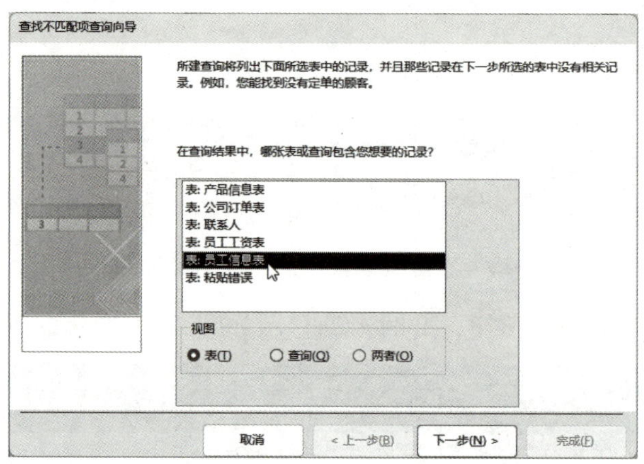

图 3-47　【查找不匹配项查询向导】对话框 1

（4）单击【下一步】按钮，在打开的对话框中选择参与查询的第二张表【表：公司订单表】，如图 3-48 所示。

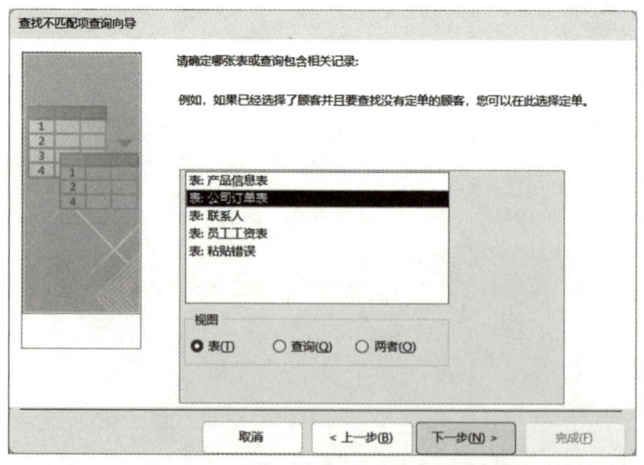

图 3-48　【查找不匹配项查询向导】对话框 2

（5）单击【下一步】按钮，在打开的对话框中保持默认设置，如图 3-49 所示。

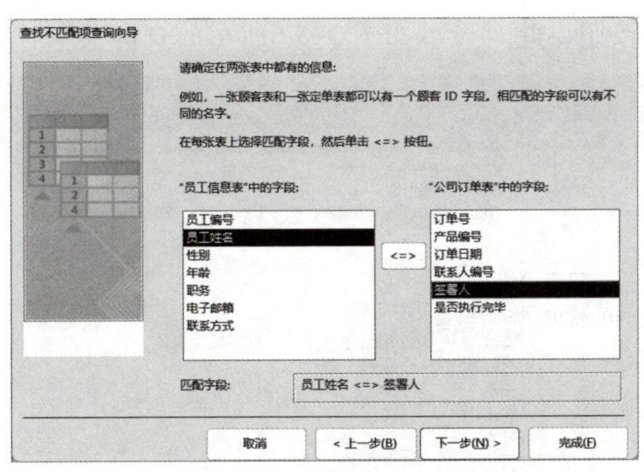

图 3–49　【查找不匹配项查询向导】对话框 3

（6）单击【下一步】按钮，在打开的对话框的【可用字段】列表中选中【员工编号】选项，单击按钮，将其添加到【选定字段】列表中；选中【员工姓名】选项，单击按钮，将其添加到【选定字段】列表中；选中【职务】选项，单击按钮，将其添加到【选定字段】列表中；选中【性别】选项，单击按钮，将其添加到【选定字段】列表中，如图 3–50 所示。

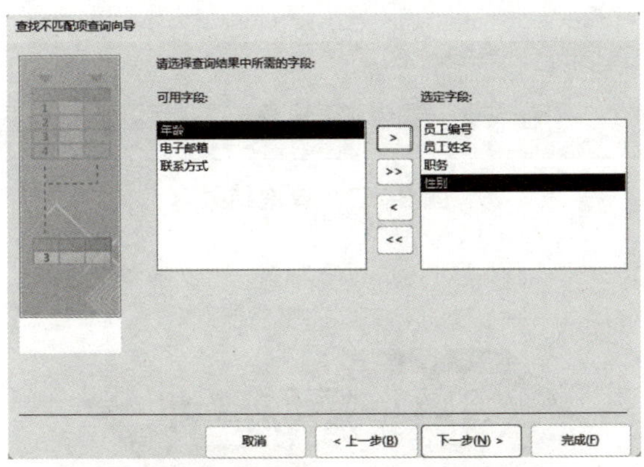

图 3–50　【查找不匹配项查询向导】对话框 4

（7）单击【下一步】按钮，在打开的对话框的【请指定查询名称】文本框中输入【查找不匹配项 A】，如图 3–51 所示。

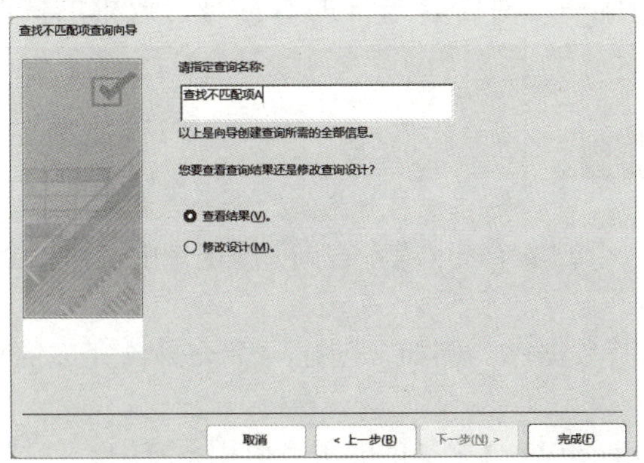

图 3–51　【查找不匹配项查询向导】对话框 5

（8）单击【完成】按钮，此时显示如图 3-52 所示的查询结果。

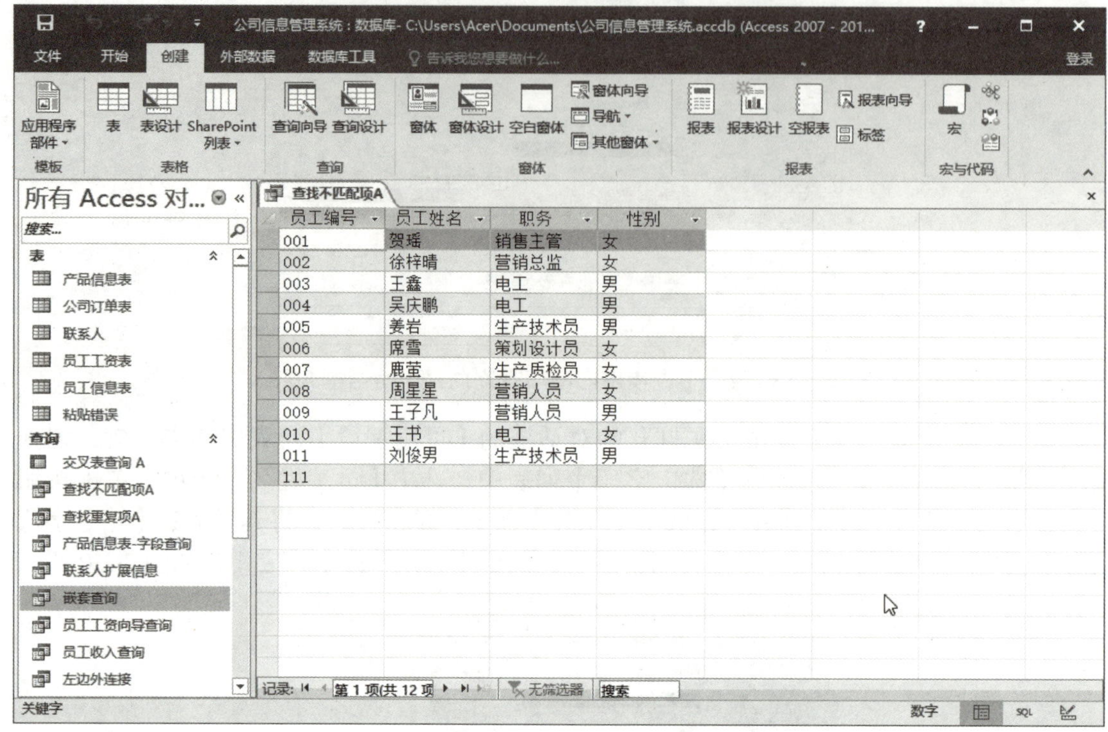

图 3-52 查询结果

3.4 操作查询

操作查询用于同时对一个或多个表执行全局数据管理操作。操作查询可以对数据表中原有的数据内容进行编辑，对符合条件的数据进行成批的修改。因此，应该备份数据库。

3.4.1 生成表查询

生成表查询可以从一个或多个表（或者查询）的记录中制作一个新表。在以下六种情况中使用生成表查询。

（1）把记录导出到其数据库。例如，创建一个交易已完成的订单表，以便送到其他部门。

（2）把记录导出到 Excel/Word 之类的非关系应用系统中。

（3）对被导出的信息进行控制。例如，筛选出机密或不相干的数据。

（4）用作在一特定时间出现的一个报表的记录源。

（5）通过添加一个记录集来保存初始文件，然后用一个追加查询向该记录集中添加新记录。

（6）用一个新记录集替换现有的表中的记录。

课堂案例 3–13　创建生成表查询

（1）启动 Access 2016 应用程序，打开【公司信息管理系统】数据库。

（2）打开【创建】选项卡，在【查询】组中单击【查询设计】按钮，打开查询设计视图，弹出【显示表】对话框。将【员工工资表】添加到查询设计视图窗口中，并将【员工工资表】中的所有字段作为查询字段，如图 3–53 所示。

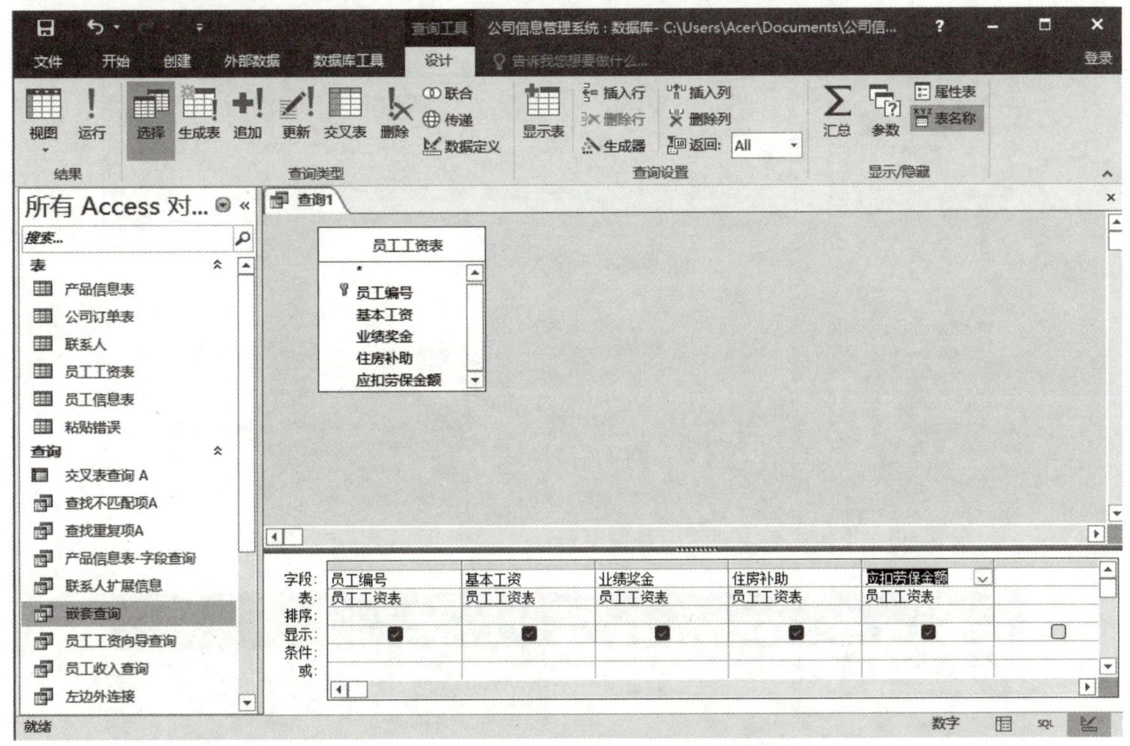

图 3–53　添加字段

（3）在【基本工资】字段对应的【条件】文本框中输入表达式【＞4500】，如图 3–54 所示。

（4）打开【设计】选项卡，在【查询类型】选项组中单击【生成表】按钮，打开【生成表】对话框，在【表名称】文本框中输入文字【收入筛选表】，并选中【当前数据库】单选按钮，如图 3–55 所示。

（5）在【生成表】对话框中单击【确定】按钮，完成表名称的设置。

（6）在【设计】选项卡的【结果】组中单击【运行】按钮，弹出提示框，如图 3–56 所示，此时应单击【是】按钮。

（7）关闭该查询，不保存对该查询所做的修改。

（8）此时，导航窗格的表组中出现【收入筛选表】数据表，如图 3–57 所示。

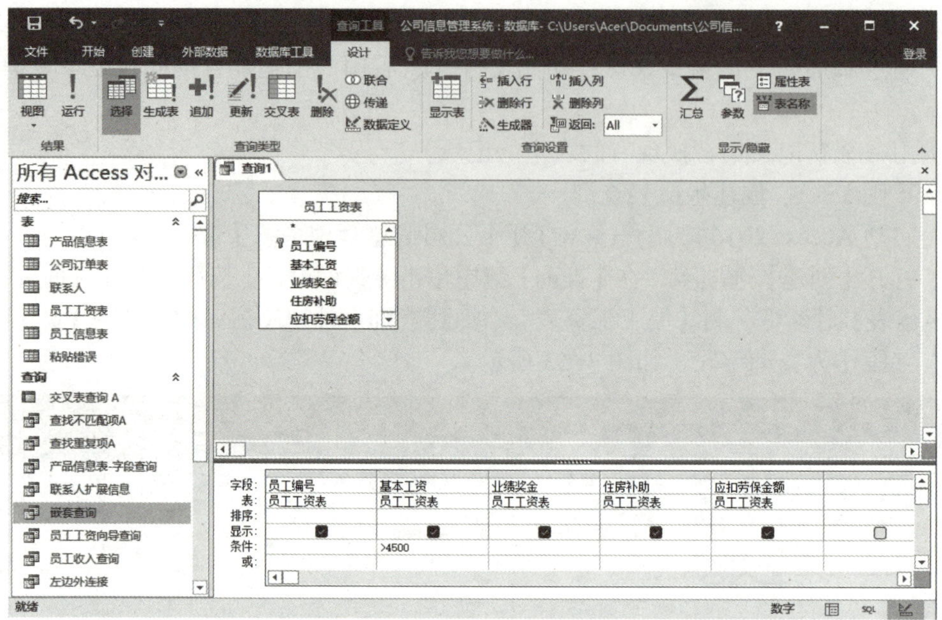

图 3-54　输入表达式

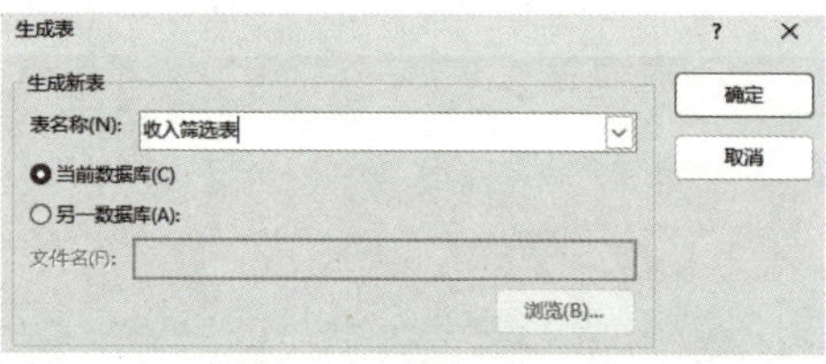

图 3-55　【生成表】对话框参数设置

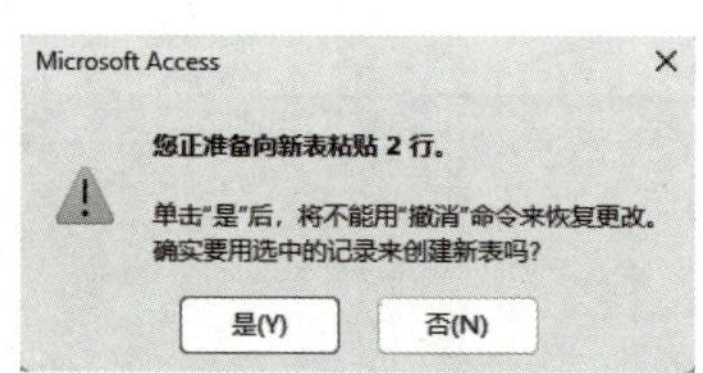

图 3-56　提示框

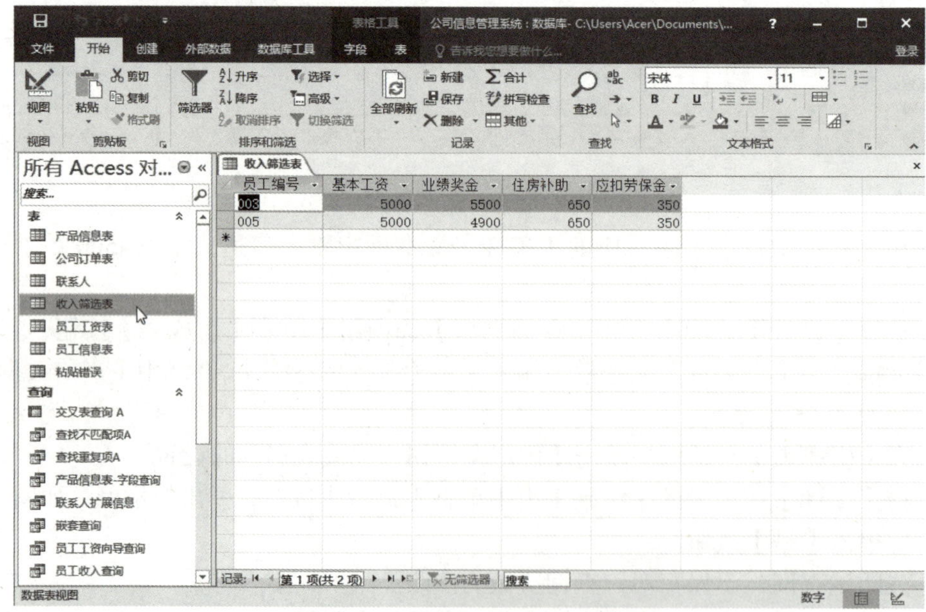

图 3-57　【收入筛选表】数据表

3.4.2　删除查询

删除查询是将整个记录全部删除而不只是删除查询所使用的字段。可以从单个表删除记录，也可以通过级联删除相关记录而从相关表中删除记录。删除查询要比其他动作查询危险得多，因为一旦意外删除了某些不该删除的数据，便无法进行恢复。

课堂案例 3–14　创建删除查询

（1）启动 Access 2016 应用程序，打开【公司信息管理系统】数据库。

（2）打开【创建】选项卡，在【查询】组中单击【查询设计】按钮，打开查询设计视图，弹出【显示表】对话框。

（3）将【收入筛选表】添加到查询设计视图窗口中，并将【收入筛选表】中的所有字段作为查询字段。

（4）在【员工编号】字段对应的【条件】文本框中输入【 Between “006” And “009” 】，如图 3–58 所示。

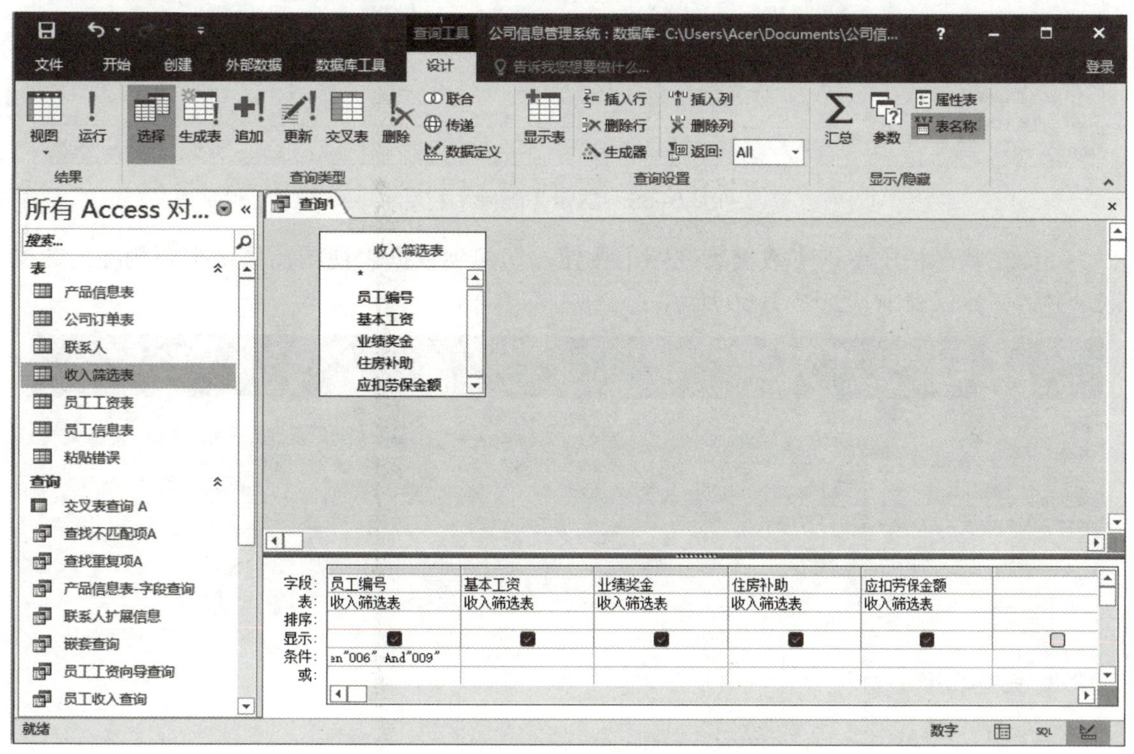

图 3–58　输入表达式

（5）打开【查询工具】的【设计】选项卡，在【查询类型】组中单击【删除】按钮，此时在查询设计视图窗口中显示【删除】行，如图 3–59 所示。

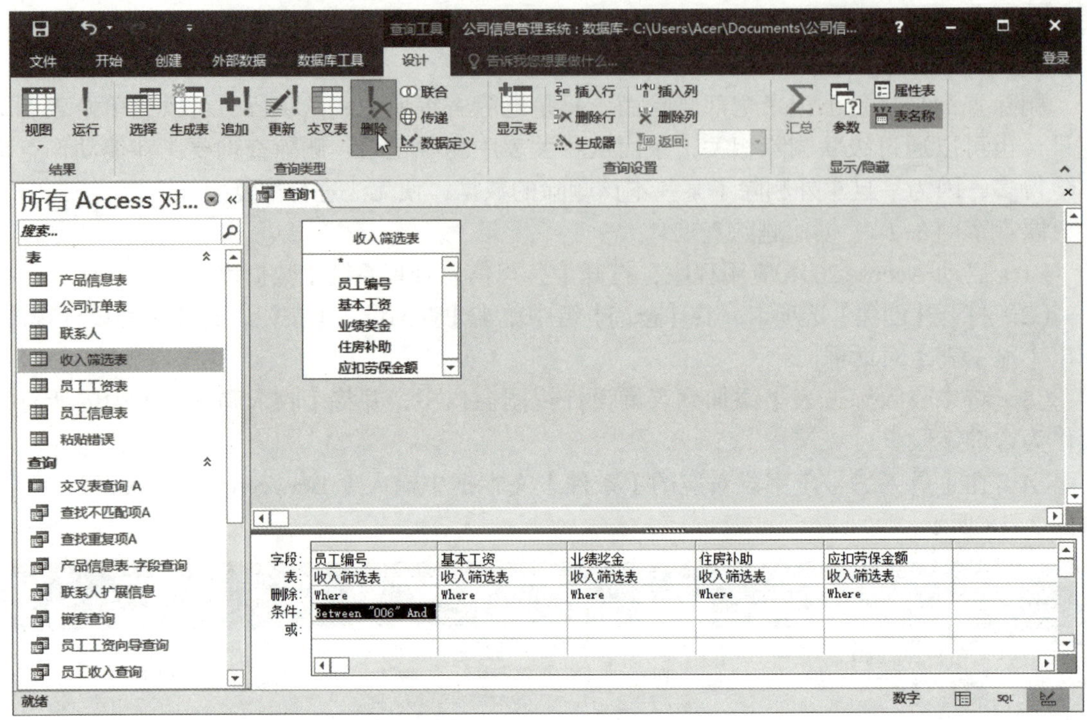

图 3-59　显示【删除】行

（6）在状态栏中单击【数据表视图】按钮，切换到数据表视图，系统把要删除的数据记录显示在数据表中，如图 3-60 所示。

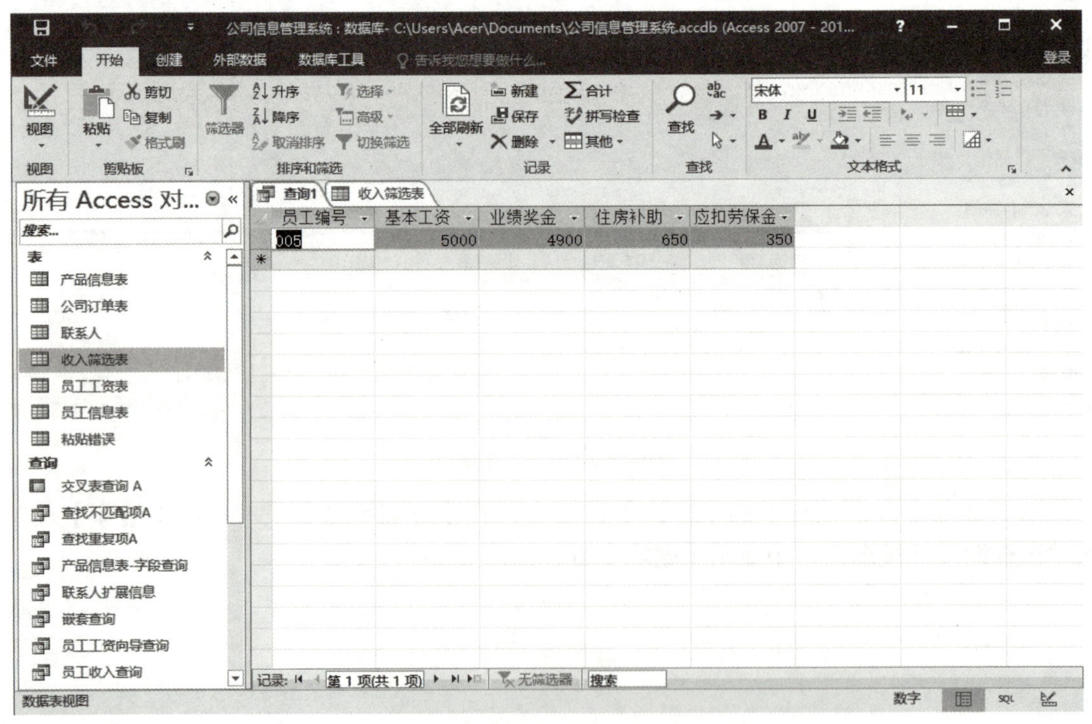

图 3-60　显示要删除的数据记录

（7）在状态栏中单击【设计视图】按钮，切换到设计视图窗口，在【设计】选项卡的【结束】组中单击【运行】按钮，弹出如图 3-61 所示的提示框，单击【是】按钮。

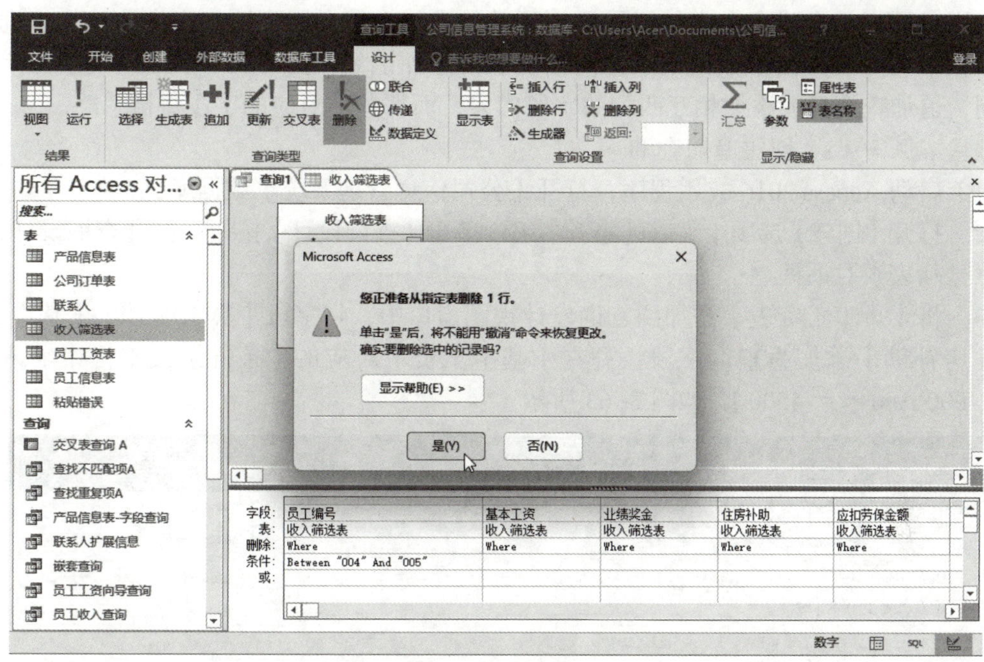

图 3-61　提示框

（8）关闭查询设计视图窗口，在弹出的信息提示框中单击【是】按钮，将查询以【删除查询】为名保存。

（9）打开【收入筛选表】数据表，该表的效果如图 3-62 所示。

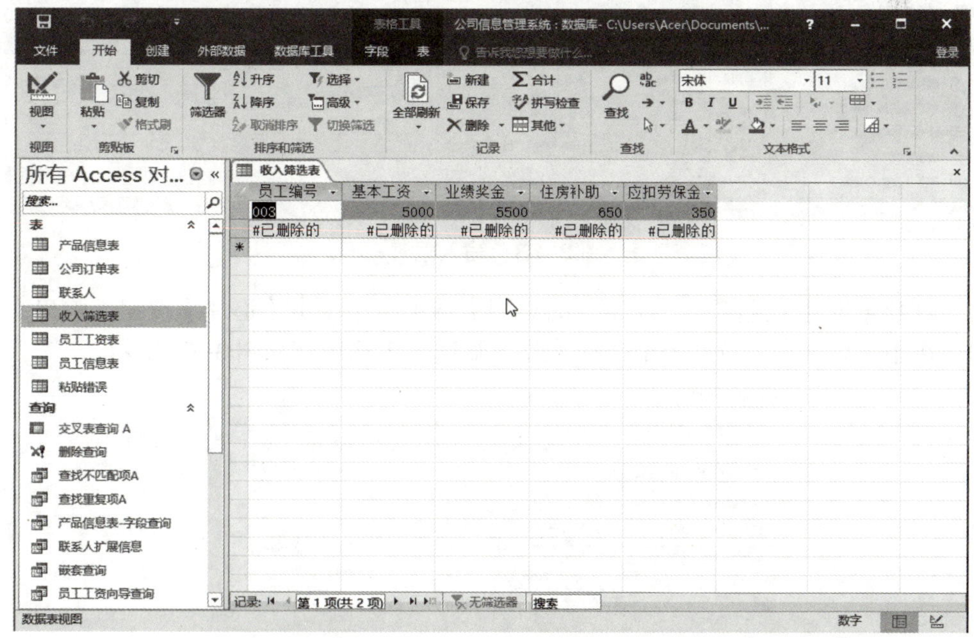

图 3-62　【收入筛选表】数据表

3.4.3 追加查询

当用户要把一个或多个表的记录添加到其他表时，就会用到追加查询。追加查询可以从另一个数据库表中读取数据记录并向当前表内添加记录，由于两个表之间的字段定义可能不同，追加查询只能添加相互匹配的字段内容，而那些不对应的字段将被忽略。

课堂案例 3-15　创建追加查询

（1）启动 Access 2016 应用程序，打开【公司信息管理系统】数据库。

（2）打开【创建】选项卡，在【查询】组中单击【查询设计】按钮，打开查询设计视图，弹出【显示表】对话框。

（3）将【员工工资表】添加到查询设计视图窗口中，将字段【员工编号】、【基本工资】和【住房补助】添加为查询字段，并在【基本工资】对应的【条件】文本框中输入条件【>= 4000 And <= 4500】，如图 3-63 所示。

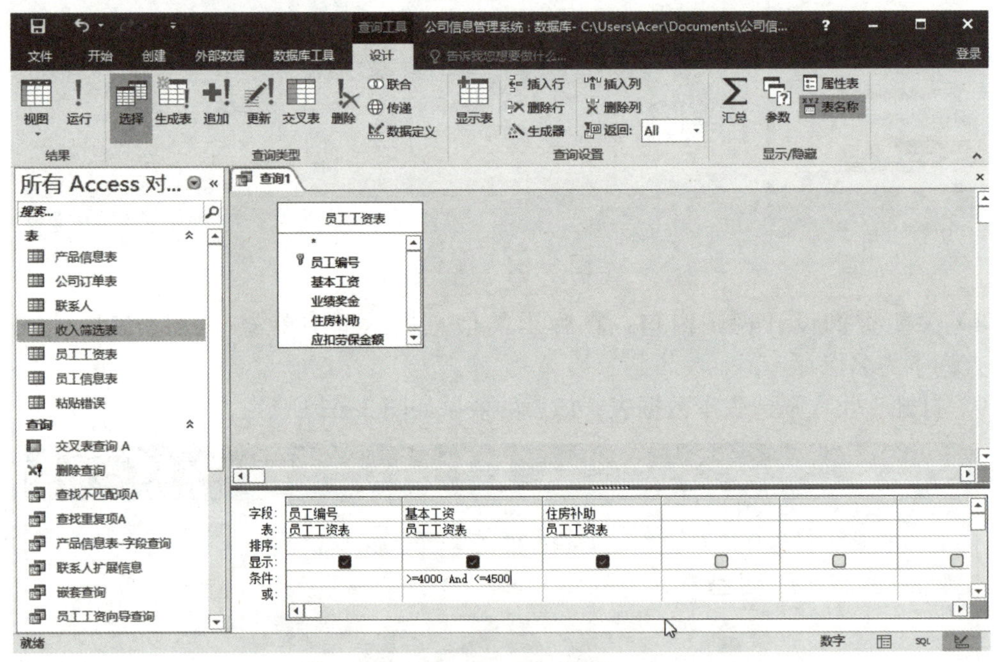

图 3-63　输入条件

（4）打开【设计】选项卡，在【查询类型】选项组中单击【追加】按钮，弹出【追加】对话框，在【表名称】下拉列表中选择【收入筛选表】选项，如图 3-64 所示。

图 3-64　【追加】对话框

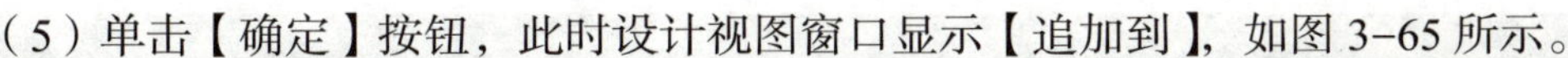

（5）单击【确定】按钮，此时设计视图窗口显示【追加到】，如图 3–65 所示。

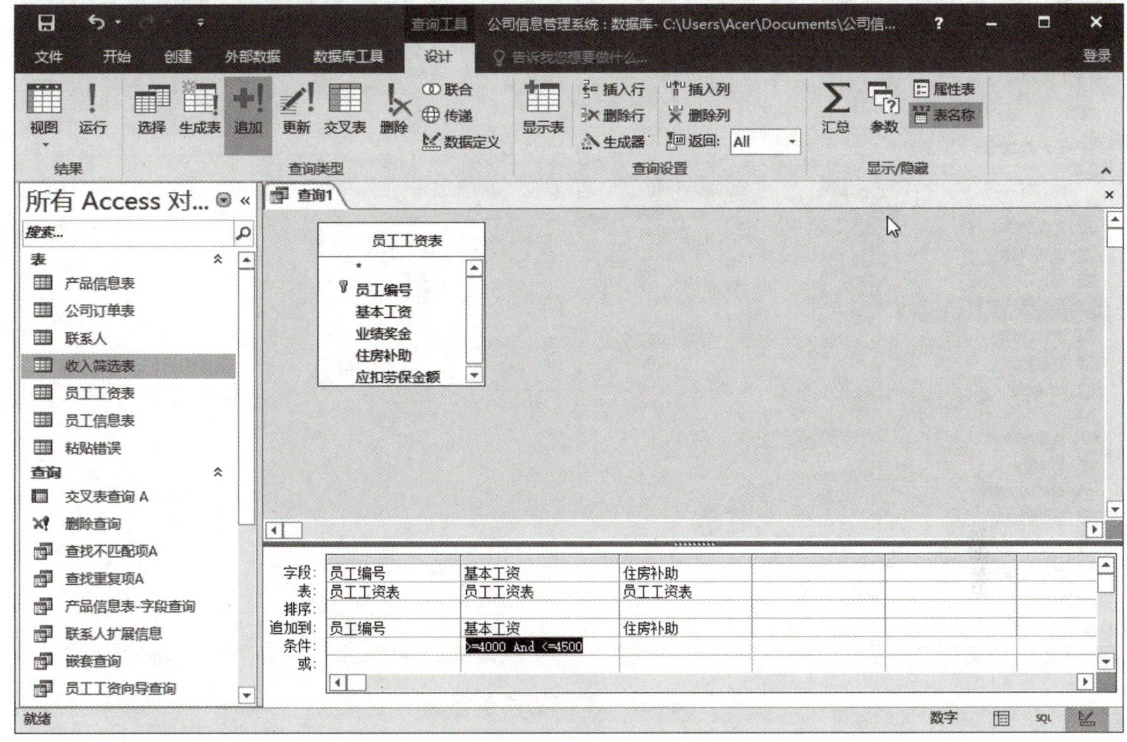

图 3–65　显示【追加到】

（6）在【设计】选项卡的【结束】组中单击【运行】按钮，弹出提示框，如图 3–66 所示。

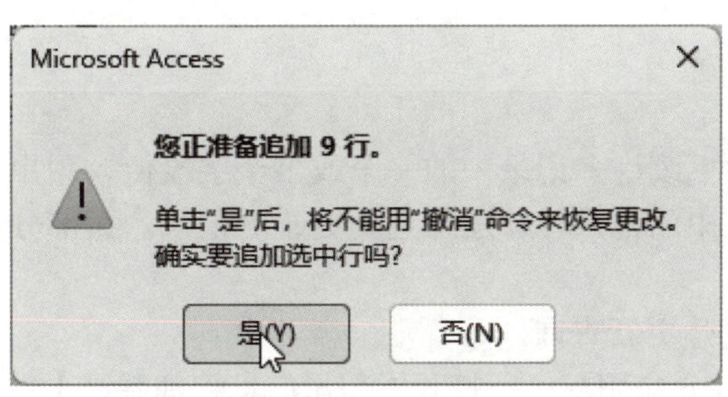

图 3–66　提示框

（7）单击【是】按钮，关闭查询设计视图窗口，不保存该查询。

（8）打开【收入筛选表】数据表，此时该表添加了两条记录，位于工作表末尾两行，如图 3–67 所示。

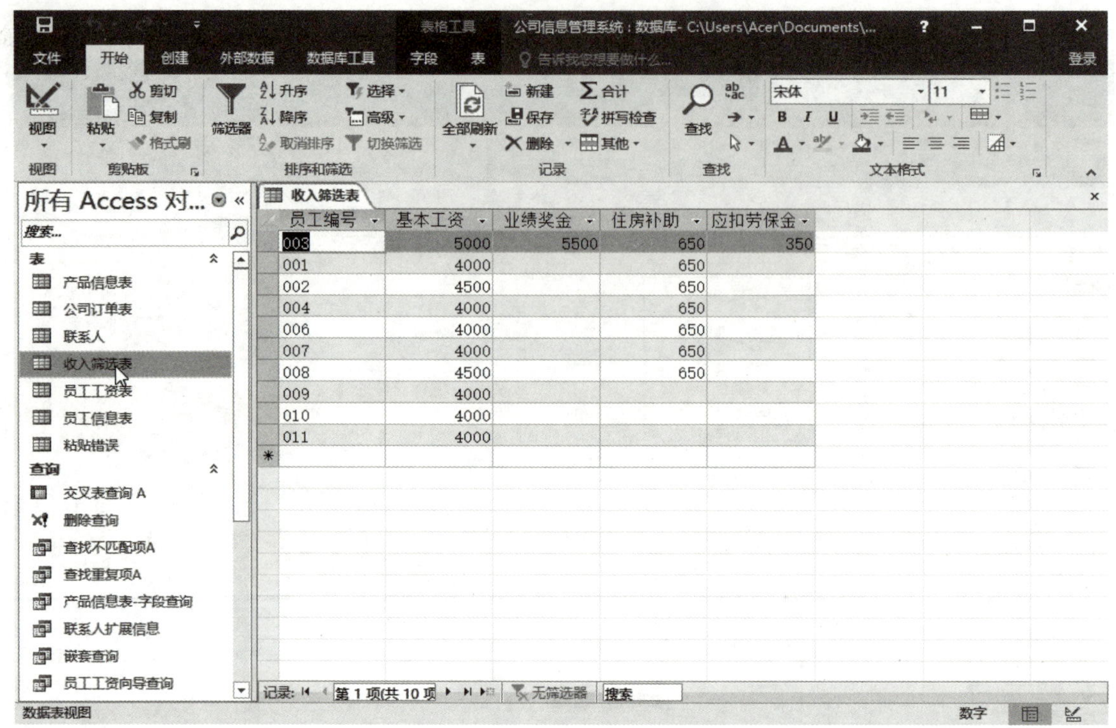

图 3–67　添加的两条记录

提示：不能使用追加查询更改现有记录的个别字段中的数据。用户只能使用追加查询来添加数据行。

3.4.4　更新查询

更新查询用于同时更改许多记录中的一个或多个字段值，用户可以添加一些条件，这些条件除了更新多个表中的记录外，还筛选要更改的记录。大部分更新查询可以用表达式来规定更新规则。

课堂案例 3–16　创建更新查询

（1）启动 Access 2016 应用程序，打开【公司信息管理系统】数据库。

（2）打开【创建】选项卡，在【查询】组中单击【查询设计】按钮，打开查询设计视图窗口，弹出【显示表】对话框。

（3）将【员工工资表】添加到设计视图窗口中，并将【员工编号】、【基本工资】和【住房补助】字段添加到【字段】文本框中。

（4）打开【查询工具】的【设计】选项卡，在【查询类型】组中单击【更新】按钮，此时查询设计视图窗口中的【显示】行更改为【更新到】，如图 3–68 所示。

（5）在【基本工资】字段对应的【条件】文本框中输入表达式【＜4500】，在【住房补助】字段对应的【更新到】文本框中输入表达式【[员工工资表]！[住房补助]+50】，如图 3–69 所示。

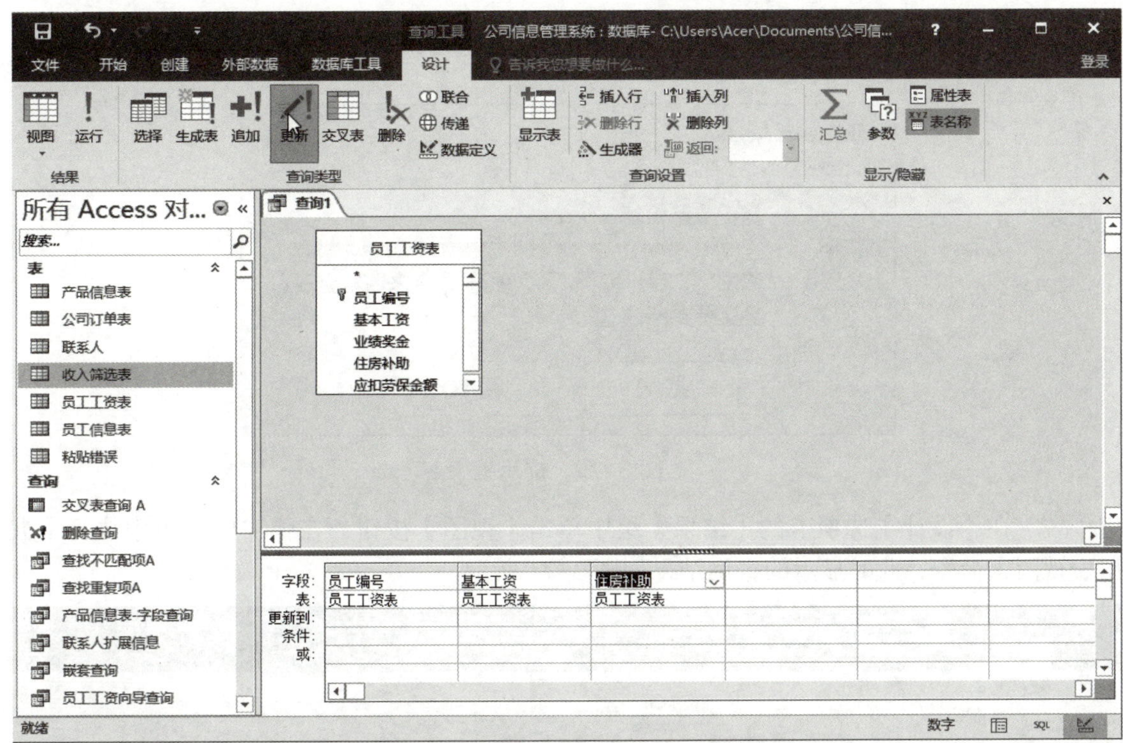

图 3-68　【显示】行更改为【更新到】

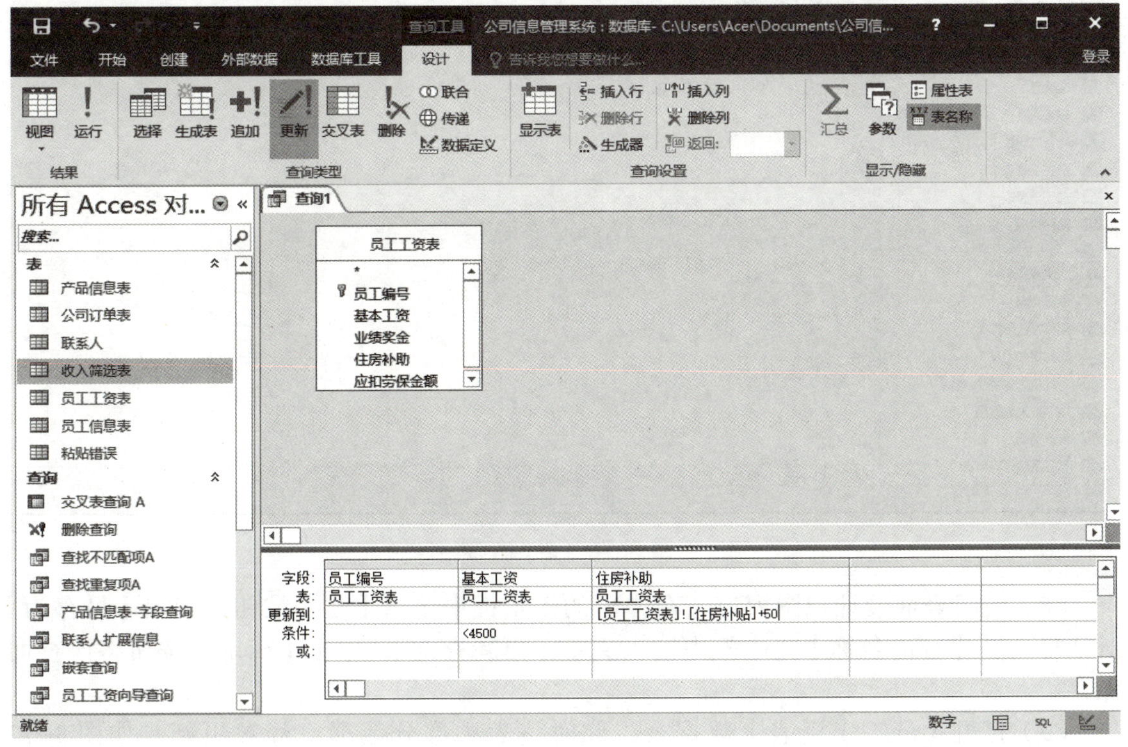

图 3-69　输入表达式

（6）在【设计】选项卡的【结果】组中单击【运行】按钮，弹出提示框，如图 3–70 所示，此时单击【是】按钮。

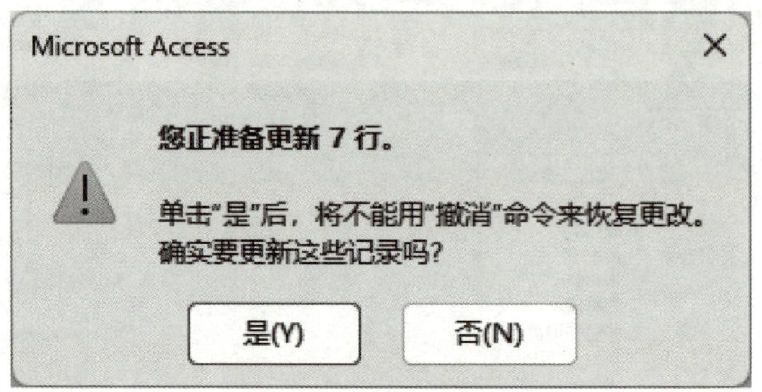

图 3–70　提示框

（7）在【设计】选项卡的【结果】组中单击【视图】按钮，在弹出的菜单中执行【数据表视图】命令，此时显示的查询结果如图 3–71 所示。

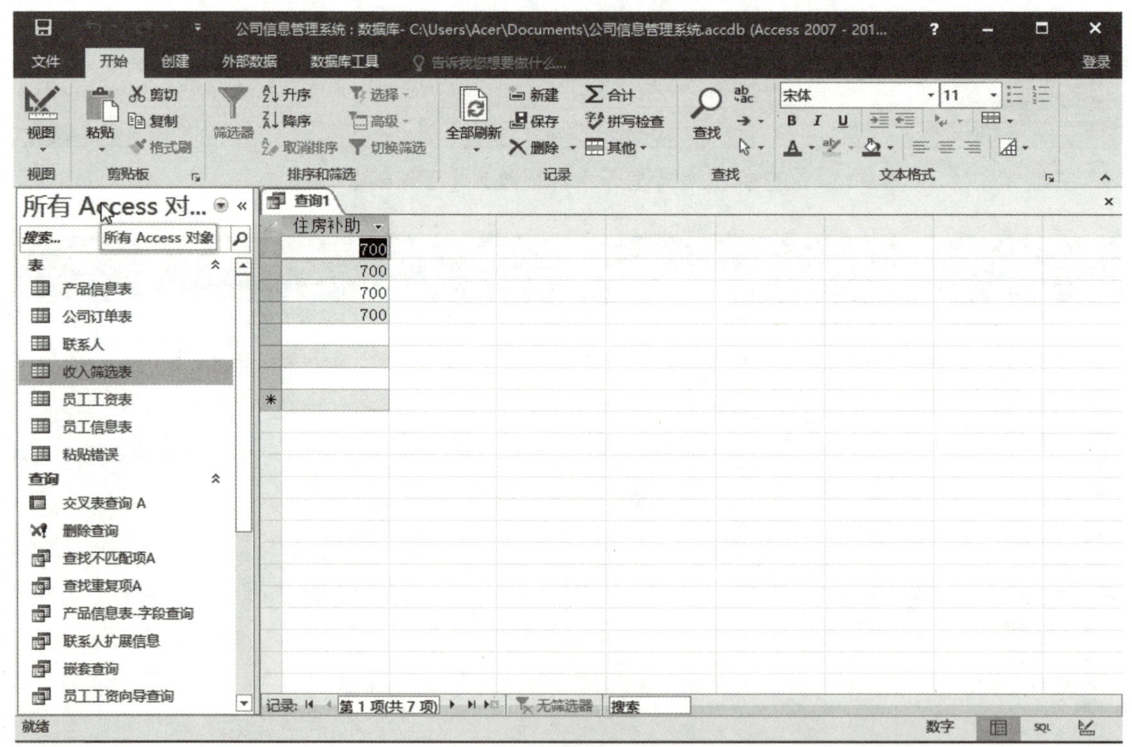

图 3–71　查询结果

（8）关闭查询设计视图窗口，在弹出的提示框中单击【是】按钮，弹出【另存为】对话框，在【查询名称】文本框中输入文字【更新查询】，单击【确定】按钮将该查询保存。

（9）打开【员工工资表】数据表，此时该表中部分数据已经被更新，如图 3–72 所示。

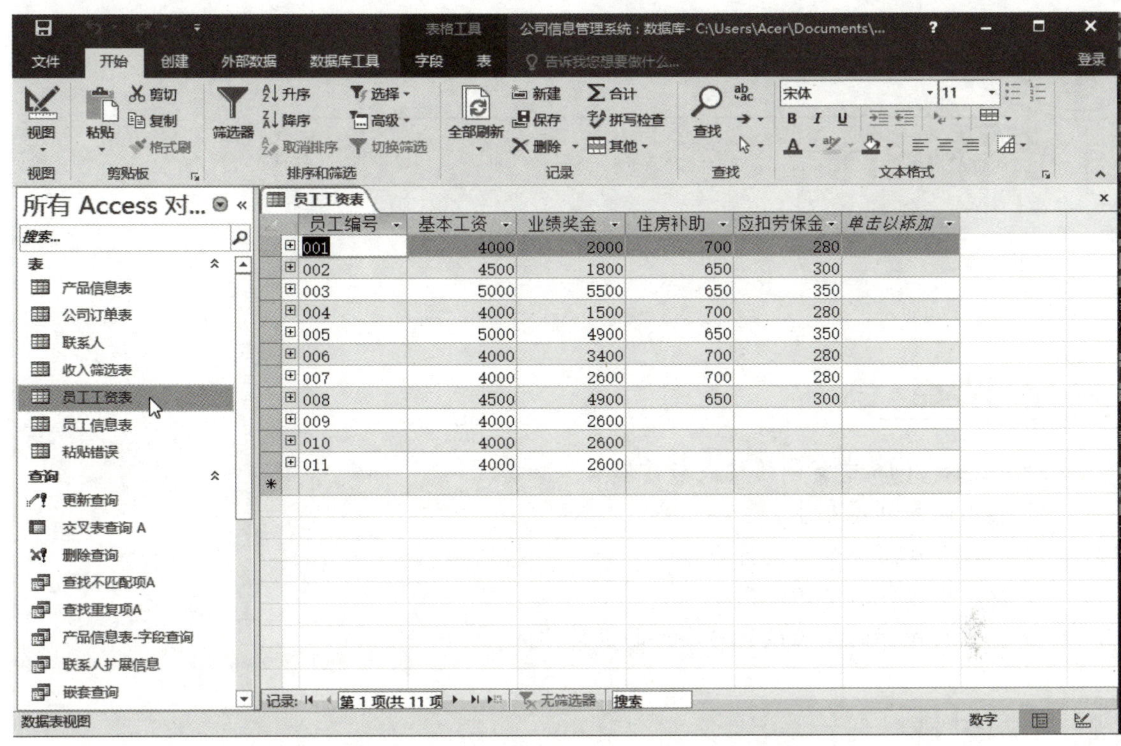

图 3–72　【员工工资表】数据表查询结果

课后小结

1. 解释 SQL 中的 JOIN 操作，并举例说明如何在 Access 中使用 JOIN 来合并两个表的数据。

2. 描述如何在 Access 中创建一个参数查询，并讨论其使用场景。

测试与答案

第4章 窗体设计

学习要点

◇ Access 2016 中窗体的构成与作用。
◇ 利用向导创建窗体。
◇ 在设计视图中如何设计窗体。
◇ 窗体中控件对象的使用。
◇ 窗体及控件的属性设置与事件的设计方法。

学习目标

在 Access 2016 数据库中，窗体作为人机交互的一个重要接口，是功能最强的对象之一。大多数数据的使用和维护都需要通过窗体来完成。本章将主要介绍窗体的基本知识，包括窗体的概念、如何使用向导和设计器来创建窗体，如何创建弹出式窗体，以及如何使用控件工具箱等内容。

课程思政

苏州园林，以其精妙的布局、和谐的景致而著称，为游人提供了独特的体验。

在数据库应用中，窗体设计如同中国传统园林的造景艺术。用户友好且功能丰富的窗体设计，为数据库用户提供了高效、直观的操作界面，展现了中国设计的美学与实用性。

苏州园林作为中国古代城市园林的代表，不仅展现了中国传统园林的艺术和技术造诣，还体现了中国古代城市园林建设布局设计和管理的理念和技艺，对中国传统文化的传承和弘扬发挥着重要的作用。

4.1　窗体基础知识

窗体是 Access 2016 中的一个非常重要的对象，同时也是最复杂和灵活的对象。用户通过窗体可以方便地输入数据、编辑数据、显示统计和查询数据，是人机交互的窗口。窗体的设计最能展示设计者的能力与个性，好的窗体结构能使用户方便地进行数据库操作。此外，利用窗体可以将整个应用程序组织起来，控制程序流程，形成一个完整的应用系统。

在 Access 2016 中，窗体具有可视化的设计风格。由于使用了数据库引擎机制，因此可将数据表捆绑于窗体。

4.1.1　窗体的概念与作用

窗体是在可视化程序设计中经常提及的概念，实际上窗体就是程序运行时的 Windows 窗口，只是在应用系统设计时称为窗体，在程序运行时用户通过该窗口实现与系统的交互工作来操纵数据库。

窗体是用户与 Access 2016 应用程序之间的主要操作接口，若要开发数据库应用系统，就必须制作窗体。

对用户而言，窗体是操作应用系统的界面，靠菜单或按钮提示用户进行业务流程操作。不论数据处理系统的业务性质如何不同，必定有一个主窗体，提供系统的各种功能，用户通过选择不同操作进入下一步操作的界面，完成操作后返回主窗体。窗体的主要特点与作用有如下三个方面。

1. 显示与编辑数据

可以通过窗体输入、修改、删除数据表中的数据，该功能是窗体最普遍的应用。如图 4-1 所示为【图书借阅管理系统】窗体。

2. 使用窗体查询或统计数据库中的数据

可以通过窗体输入数据或统计条件，查询或统计数据库中的数据，该功能也是窗体最普遍的应用。如图 4-1 所示为【图书借阅管理系统】窗体。

3. 显示提示信息

用于显示提示、说明、错误、警告等信息，帮助用户进行操作。

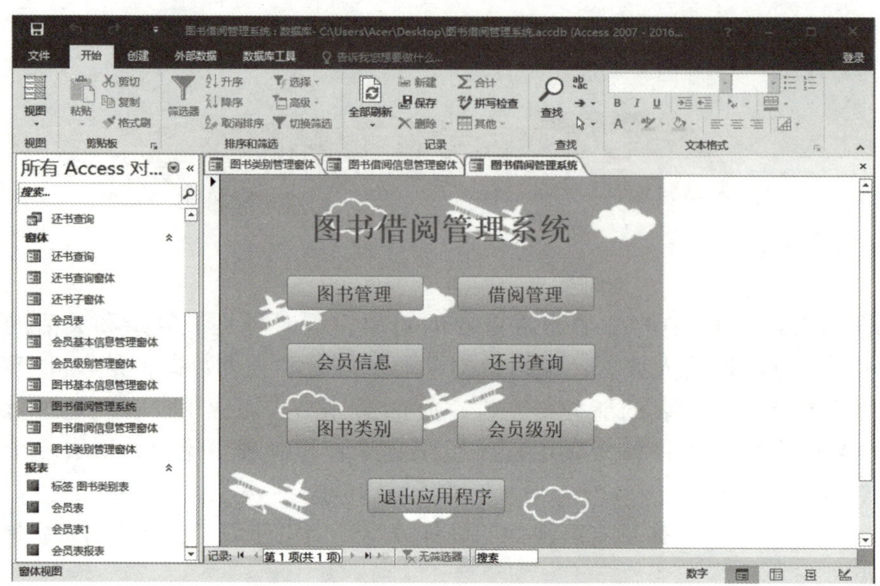

图 4-1 【图书借阅管理系统】窗体

4.1.2 窗体构成

窗体通常由窗体页眉、页面页眉、主体五部分、页面页脚和窗体页脚组成，每一部分称为窗体的【节】。除主体节外，其他节可通过设置确定有无，但所有窗体必有主体节，其结构如图 4-2 所示。

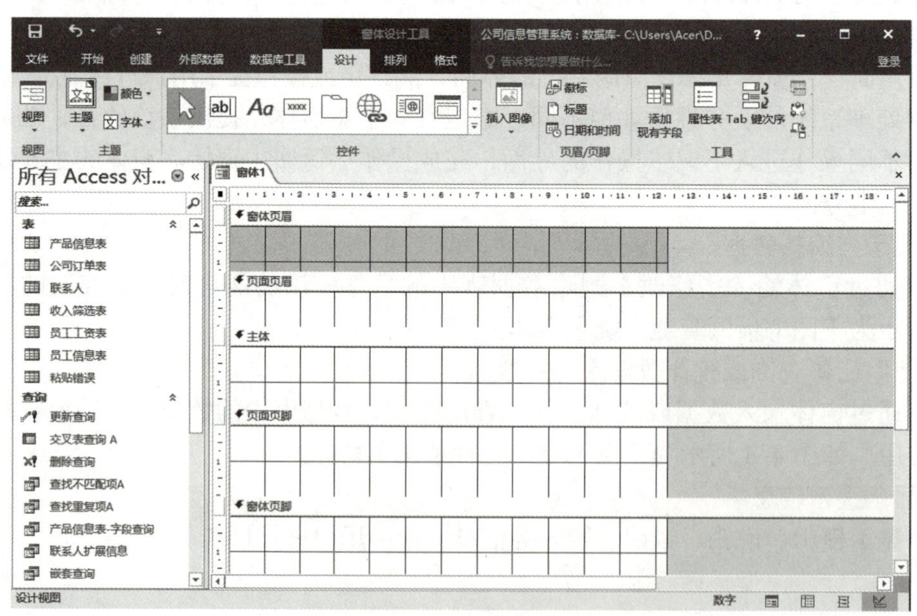

图 4-2 窗体的结构

（1）窗体页眉。位于窗体的顶部位置，一般用于显示窗体标题、窗体使用说明或放置窗体任务按钮等。

（2）页面页眉。只显示在打印的窗体上，用于设置窗体在打印时的页头信息，如标题、图像、列标题、用户要在每一打印页上方显示的内容等。

（3）主体。是窗体的主要部分，绝大多数的控件及信息都出现在主体节中，通常用来显示记录数据，是数据库系统数据处理的主要工作界面。

（4）页面页脚。用于设置窗体在打印时的页脚信息，如日期、页码、用户要在每一打印页下方显示的内容等。由于窗体设计主要应用于系统与用户的交互接口，通常在窗体设计时很少考虑页面页眉和页面页脚的设计。

（5）窗体页脚。功能与窗体页眉基本相同，位于窗体底部，一般用于显示对记录的操作说明、设置命令按钮等。

需要说明的是，窗体在结构上由以上五部分组成，在设计时主要使用标签、文本框、组合框、列表框、命令按钮、复选框、切换与选项按钮、选项卡、图像等控件对象，以设计出面向不同应用与功能的窗体。

4.1.3 窗体视图

窗体视图是窗体在具有不同功能和应用范围下呈现的外观表现形式。表和查询有两种视图，即设计视图和数据表视图。窗体有三种视图，即设计视图、窗体视图和数据表视图。

（1）设计视图是创建窗体或修改窗体的窗口，任何类型的窗体均可以通过设计视图来完成创建。在窗体的设计视图中，可直观地显示窗体的最终运行格式。设计者可利用控件工具箱向窗体添加各种控件，通过设置控件属性和事件代码处理，完成窗体功能设计。此外还可以通过格式工具栏中的工具完成控件布局等窗体格式设计。在设计视图中创建的窗体，可在窗体视图和数据表视图中进行结果查看。

（2）窗体视图就是窗体运行时的显示格式，用于查看在设计视图中所建立窗体的运行结果。在窗体设计过程中，需要不断地在两种视图之间进行切换，以完善窗体设计。

（3）数据表视图是以行和列的格式显示表、查询或窗体数据的窗口。在数据表视图中，可以编辑、添加、修改、查找或删除数据。

4.2 创建窗体

窗体的创建方法与前面章节中介绍的其他数据库对象的创建方法相同，可以使用向导创建，也可以直接在设计视图中创建。本节将介绍使用各种方法来创建不同类型的窗体。

4.2.1 使用工具创建窗体

Access 2016 提供了更多智能化的自动创建窗体的方法，在【创建】选项卡的【窗体】

组中，单击窗体工具按钮，即可创建窗体。【窗体】组如图 4-3 所示。

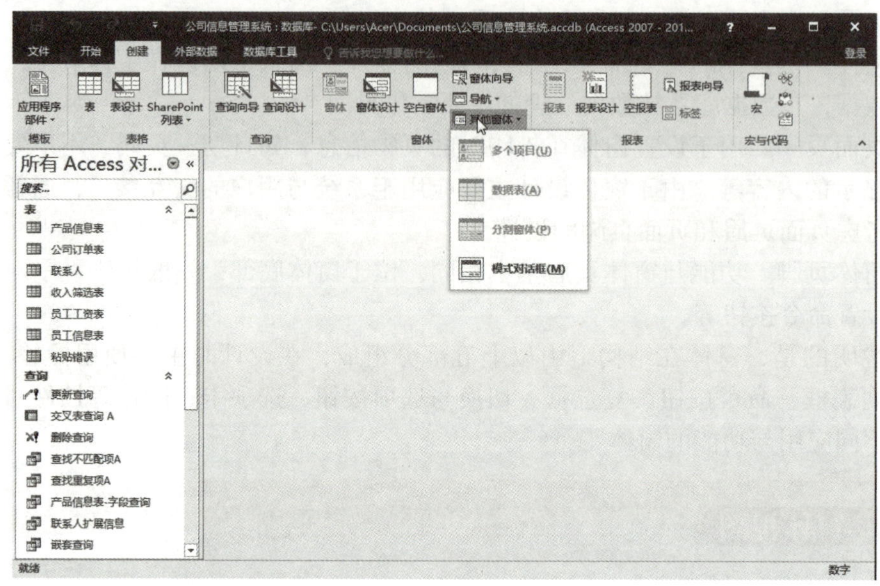

图 4-3 【窗体】组

1. 使用窗体工具创建新窗体

在左侧导航窗格中选中希望在窗体上显示的数据表或查询，在【创建】选项卡的【窗体】组中单击【窗体】按钮，即可自动生成窗体。

课堂案例 4-1 使用窗体工具创建【员工信息】窗体

（1）启动 Access 2016 应用程序，打开【公司信息管理系统】数据库。

（2）在左侧导航窗格的【表】组中选择【员工信息表】数据表，打开【创建】选项卡，在【窗体】组中单击【窗体】按钮，生成如图 4-4 所示的窗体。

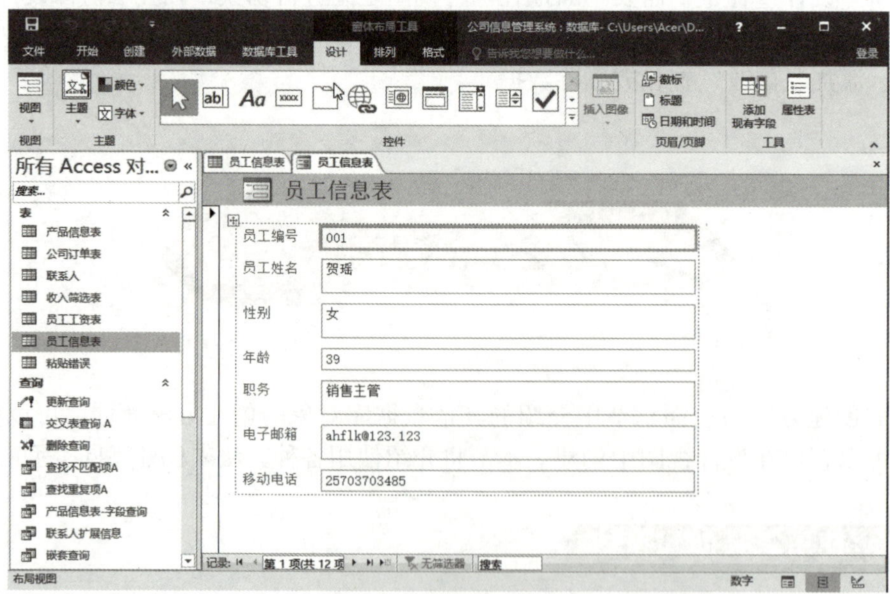

图 4-4 生成的窗体

（3）在快捷访问工具栏中单击【保存】按钮，弹出【另存为】对话框，将窗体以窗体名称【员工信息】进行保存。

（4）此时，在左侧导航窗格中将显示新创建的窗体【员工信息】，如图 4-5 所示。

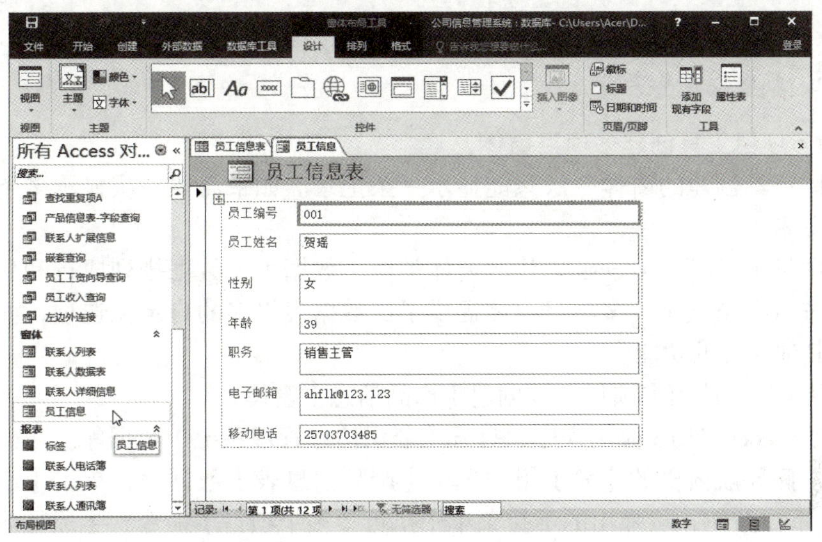

图 4-5　【员工信息】窗体

2. 使用分割窗体工具创建分割窗体

分割窗体可以在窗体中同时提供数据的两种视图，即窗体视图和数据表视图。

课堂案例 4-2　使用分割窗体工具创建【公司订单】窗体

（1）启动 Access 2016 应用程序，打开【公司信息管理系统】数据库。

（2）在左侧导航窗格的【表】组中选中【公司订单表】数据表，单击【窗体】组中的【其他窗体】下拉按钮，在弹出的下拉菜单中执行【分割窗体】命令，生成如图 4-6 所示的窗体。

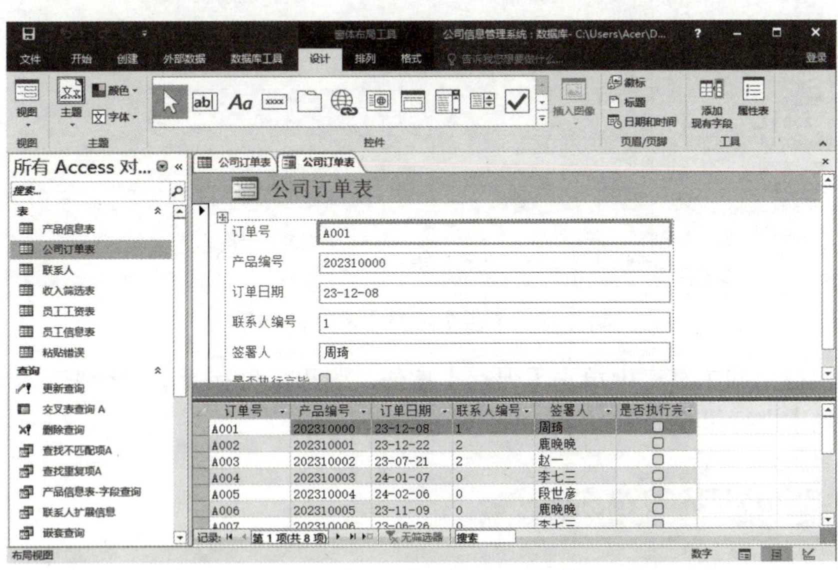

图 4-6　执行【分割窗体】命令后的结果

（3）在快捷访问工具栏中单击【保存】按钮，弹出【另存为】对话框，将窗体以文件名【公司订单】进行保存。

提示：分割窗体中的两种视图连接到同一数据源，并且总是保持相互同步。如果在窗体的一部分中选择了一个字段，则会在窗体的另一部分选择相同的字段，用户可从任一部分添加、编辑或删除数据。

3. 使用多项目工具创建多项目窗体

使用窗体工具创建的窗体一次只能显示一条记录。如果需要一次显示多条记录，可以创建多项目窗体。

使用多项目工具时，Access 创建的窗体类似于数据表，数据排列成行和列的形式，用户一次可以查看多条记录。多项目窗体提供了比数据表更多的自定义选项，如添加图形元素、按钮和其他控件的功能。

课堂案例 4-3　使用多项目工具创建【产品信息】窗体

（1）启动 Access 2016 应用程序，打开【公司信息管理系统】数据库。

（2）在左侧导航窗格的【表】组中选中【产品信息表】数据表，单击【窗体】组中的【其他窗体】下拉按钮，从弹出的下拉菜单中执行【多个项目】命令，生成如图 4-7 所示的窗体。

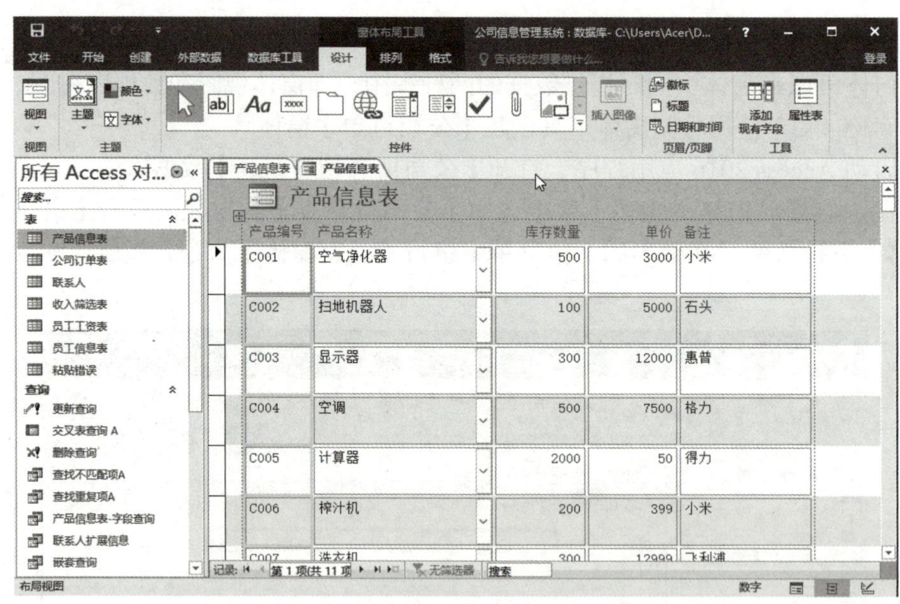

图 4-7　【多个项目】命令的结果

（3）在快捷访问工具栏中单击【保存】按钮，弹出【另存为】对话框，将窗体以文件名【产品信息】进行保存。

4.2.2　使用窗体向导创建窗体

使用窗体向导也可以创建窗体，按照向导提示进行选择，最后完成窗体的初步创建。

如果用户需要调整窗体对象的控件布局，只需在设计视图中进行修改。

课堂案例 4-4　使用窗体向导创建【供应商】窗体

（1）启动 Access 2016 应用程序，打开【公司信息管理系统】数据库。

（2）在【创建】选项卡的【窗体】组中单击【窗体向导】按钮，弹出【窗体向导】对话框。

（3）在【表 / 查询】下拉列表中选择【表：联系人】选项，单击按钮，将【可用字段】列表中的所有字段添加到【选定字段】列表中，如图 4-8 所示。

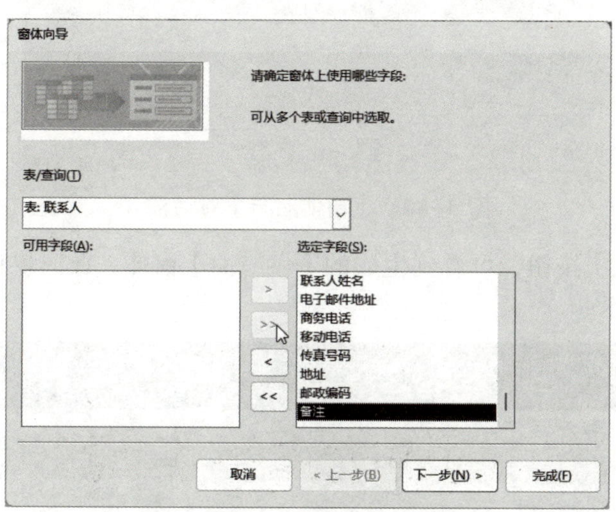

图 4-8　【窗体向导】对话框 1

（4）单击【下一步】按钮，弹出如图 4-9 所示的对话框，该对话框用来设置窗体布局，这里选中【纵栏表】单选按钮。

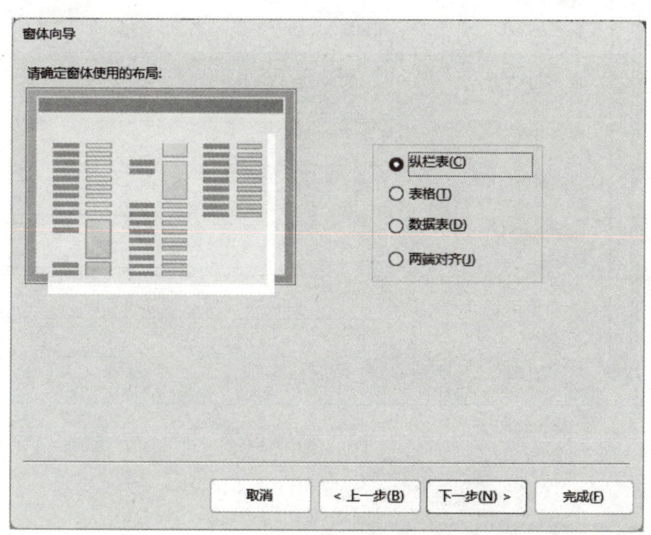

图 4-9　【窗体向导】对话框 2

（5）单击【下一步】按钮，弹出如图 4-10 所示的对话框，在【请为窗体指定标题】文本框中输入文字【供应商】，其他保持默认设置。

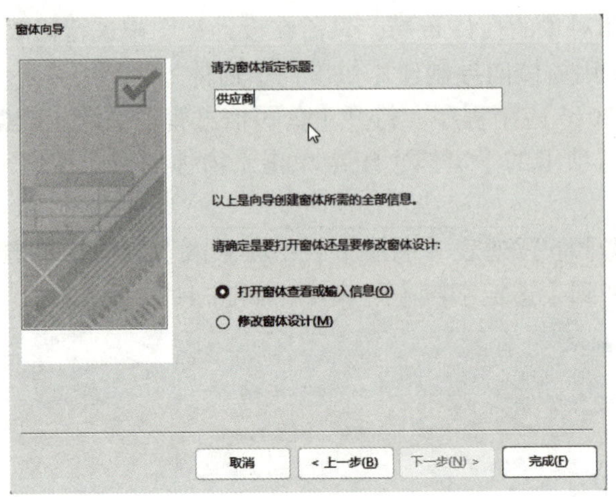

图 4–10 【窗体向导】对话框 3

（6）单击【完成】按钮，可看到生成的【供应商】窗体，此时供应商信息显示在窗体列中，如图 4–11 所示。

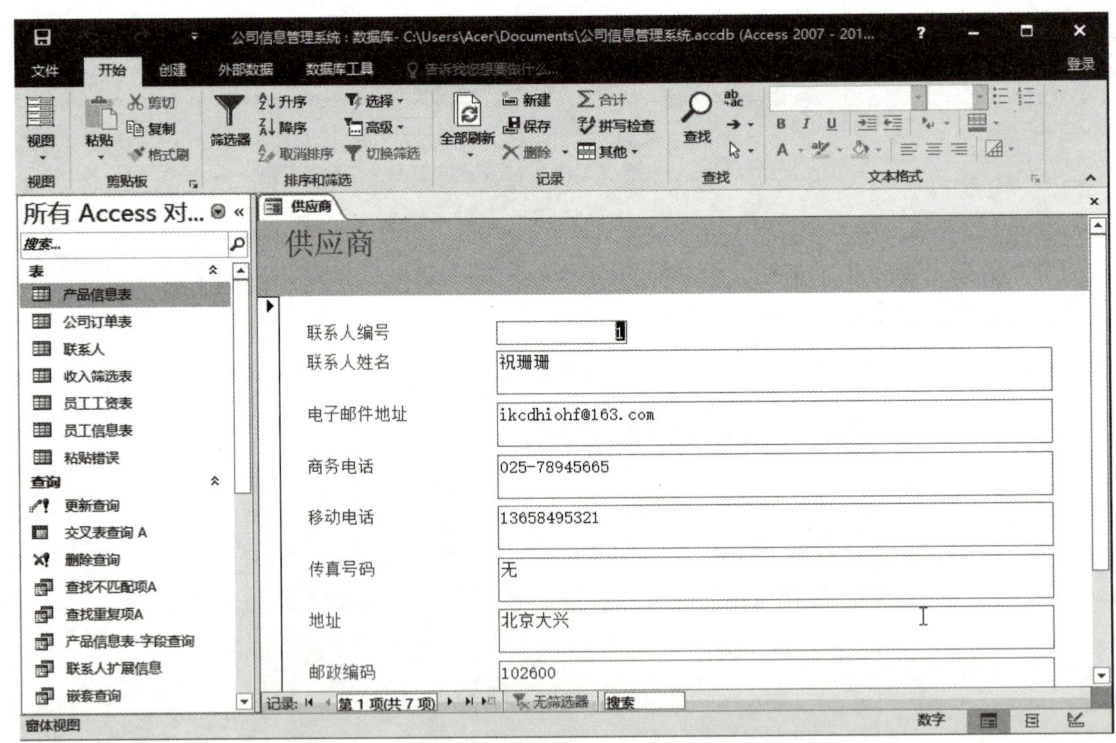

图 4–11 窗体效果

4.2.3 使用空白窗体工具创建窗体

如果窗体构建工具或窗体向导不符合创建窗体的需要，可以使用空白窗体工具创建窗体。当计划在窗体上放置很少几个字段时，这是一种快捷的窗体构建方式。

课堂案例 4-5　使用空白窗体工具创建窗体

（1）启动 Access 2016 应用程序，打开【公司信息管理系统】数据库。

（2）在【创建】选项卡的【窗体】组中单击【空白窗体】按钮，Access 在布局视图中打开一个空白窗体，并显示【字段列表】窗格，如图 4-12 所示。

图 4-12　空白窗体

（3）在【字段列表】窗格中单击【显示所有表】，再单击【员工信息表】左侧的加号按钮，展开【员工信息表】中所有的字段列表，如图 4-13 所示。

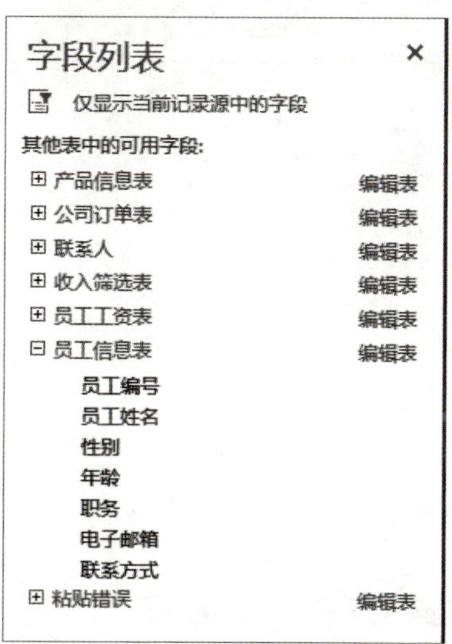

图 4-13　展开【员工信息表】中所有的字段列表

（4）在展开的列表中双击【员工编号】字段，自动将其添加到空白窗体中，如图 4–14 所示。

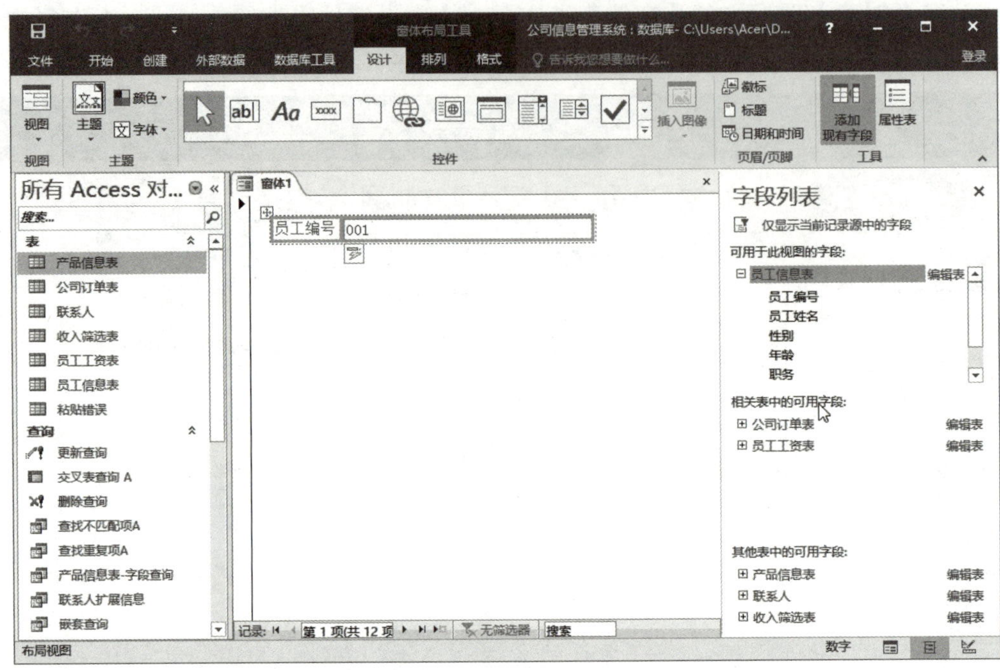

图 4–14　添加【员工编号】字段

（5）在【字段列表】窗格中，按住【Ctrl】键选中所需的多个字段，按住鼠标左键拖动到窗体中，如图 4–15 所示。

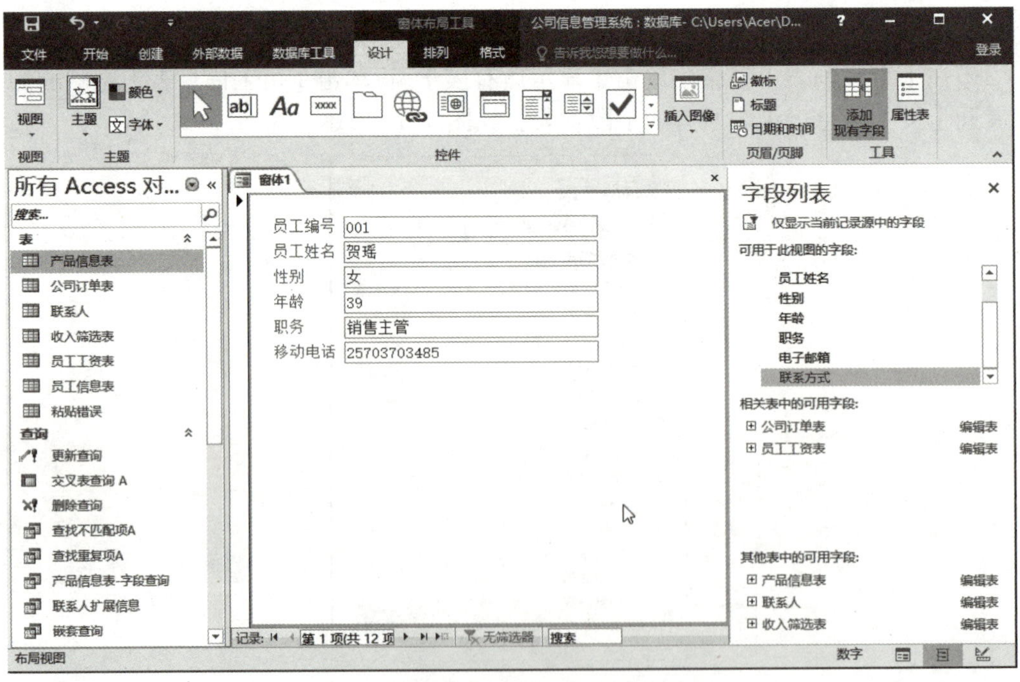

图 4–15　添加字段

（6）在【窗体布局工具】栏的【设计】选项卡中单击【页眉 / 页脚】组中的【日期和时间】按钮，弹出【日期和时间】对话框，如图 4-16 所示。

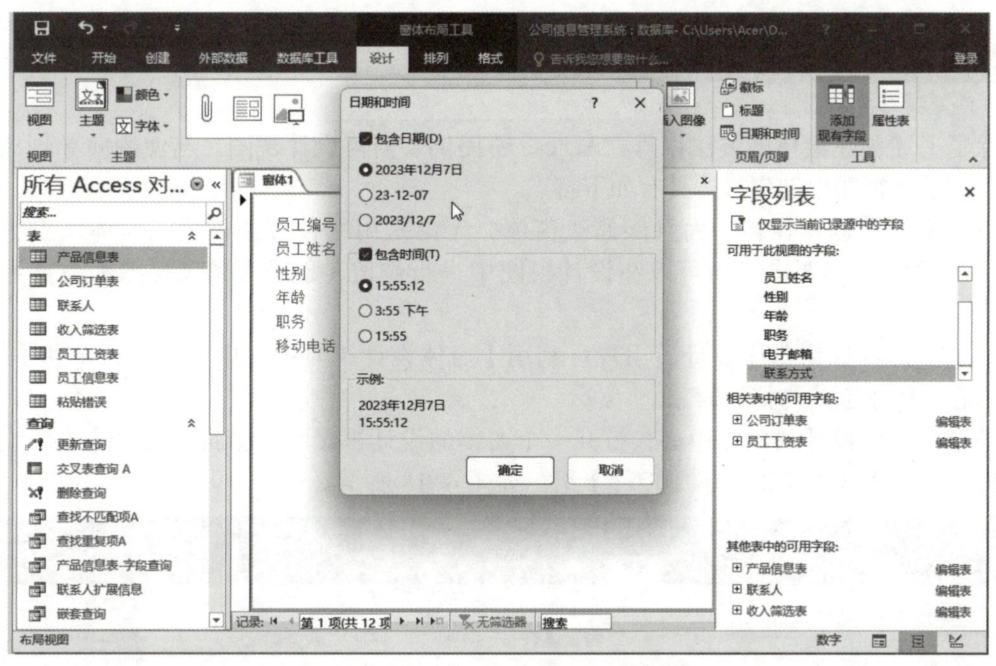

图 4-16　【日期和时间】对话框

（7）选中【包含时间】复选框，单击【确定】按钮，在窗体中显示时间，如图 4-17 所示。

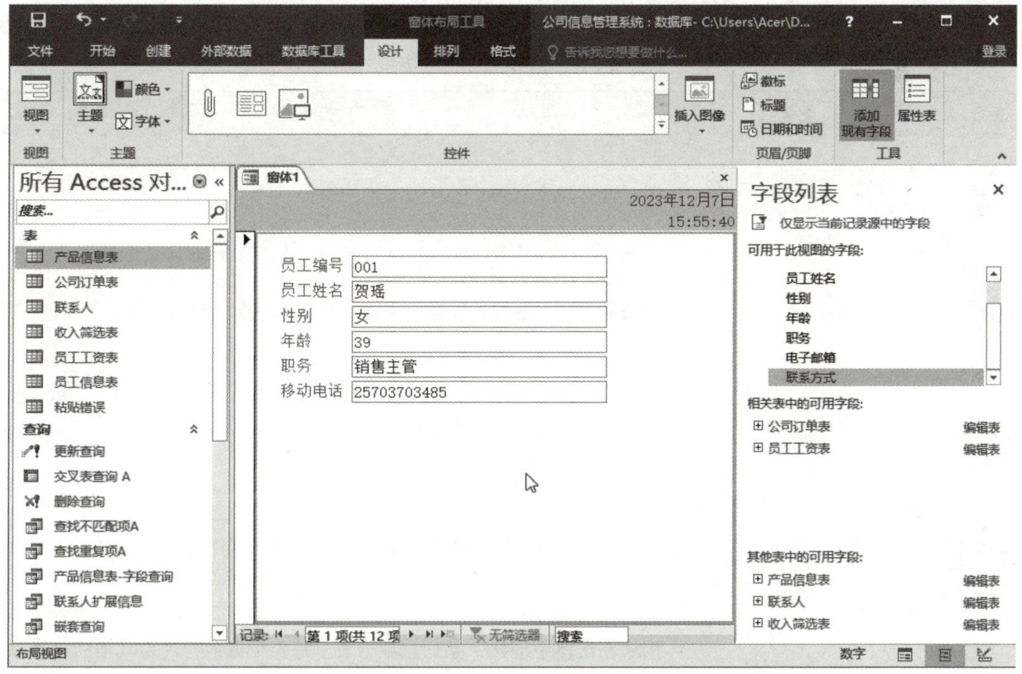

图 4-17　窗体中显示时间

（8）在快速访问工具栏中单击【保存】按钮，弹出【另存为】对话框，将窗体以文件名【空白窗体】进行保存。

4.2.4 使用设计视图创建窗体

除了上述创建窗体的方法以外，Access 还提供了窗体设计视图。与使用向导创建窗体相比，在设计视图中创建窗体具有如下特点。

（1）不但能创建窗体，而且能修改窗体。无论是用哪种方法创建的窗体，生成的窗体如果不符合预期要求，均可以在设计视图中进行修改（数据透视表视图和数据透视图除外）。

（2）支持可视化程序设计，用户可利用【窗体设计工具】栏中的【设计】和【排列】选项卡在窗体中创建与修改对象。

控件是窗体设计的命令中心，打开一个窗体的设计视图时，会自动打开【窗体设计工具】的【设计】选项卡以显示【控件】组，如图 4-18 所示。

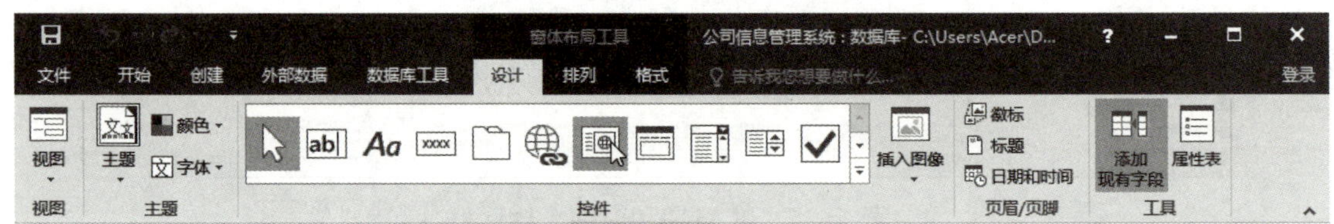

图 4-18 显示【控件】组

控件是窗体上的图形化对象，如文本框、复选框、滚动条或命令按钮等，用于显示数据和执行操作。【控件】组中各个控件的功能说明见表 4-1。

表 4-1 各个控件的功能

按钮	名称	功能说明
	选择	用于选择墨迹笔划、形状和文本的矩形区域
ab|	文本框	用来创建文本框控件以显示文本、数字、日期、时间和备注等字段
Aa	标签	用来创建包含固定文本的标签控件
XXXX	按钮	用来创建能够激活宏或 Visual Basic 过程的命令按钮控件
	选项卡控件	用来在窗体中创建一系列选项卡页。每页可以包含许多其他的控件以显示信息

（续表）

按钮	名称	功能说明
	超链接	用来创建指向网页、图片、电子邮件地址或程序的链接
	Web 浏览器控件	完全可以代替 TWebBrowser，方便快速定制自己的 Web 浏览器
	导航控件	用来快速建立导航，为浏览者提供方便，也为网站做出信息指导
XYZ	选项组	用来创建选项组控件，其中包含一个或多个切换按钮、选项按钮或复选框
	插入或删除分页符	用来在多页窗体的页间添加分页符
	组合框	用来创建包含一系列控件潜在值和一个可编辑文本框的组合框控件
	图表	用来在窗体中添加 Microsoft Office 图表
	直线	用来向窗体中添加直线以增强外观
	切换按钮	当表格内数据参数具有逻辑性选项时，用户可以使用该工具配合数据的输入，使其更加直接
	列表框	用来创建包含一系列控件潜在值的列表框控件
	矩形	用来向窗体中添加填充的或空的矩形以增强外观
	复选框	适合于逻辑数据的输入。当它被设置时，值为 1；被重设时，值为 0。另外，也可以将其作为定制对话框或选项组的一部分使用
	未绑定对像框	用来添加一个来自其他应用程序的对象，但该程序必须支持对象链接与嵌入
	附件	用来上传附件

（续表）

按钮	名称	功能说明
	选项按钮	与【切换按钮】类似，用于输入有逻辑性选项的参数数据，可以使得数据输入更加方便。此外，它也可以作为定制对话框或选项组的一部分使用
	子窗体 / 子报表	用来在当前窗体中嵌入另一个窗体
	绑定对象框	用来在窗体中使用来自本数据的 ActiveX 对象
	图像	用来在窗体中放置静态图片

课堂案例 4–6　使用设计视图创建【生产部员工信息】窗体

（1）启动 Access 2016 应用程序，打开【公司信息管理系统】数据库。

（2）打开【创建】选项卡，在【窗体】组中单击【窗体设计】按钮，打开窗体设计视图。

（3）自动打开【窗体设计工具】的【设计】选项卡，在【工具】组中单击【添加现有字段】按钮，打开如图 4–19 所示的【字段列表】窗格。

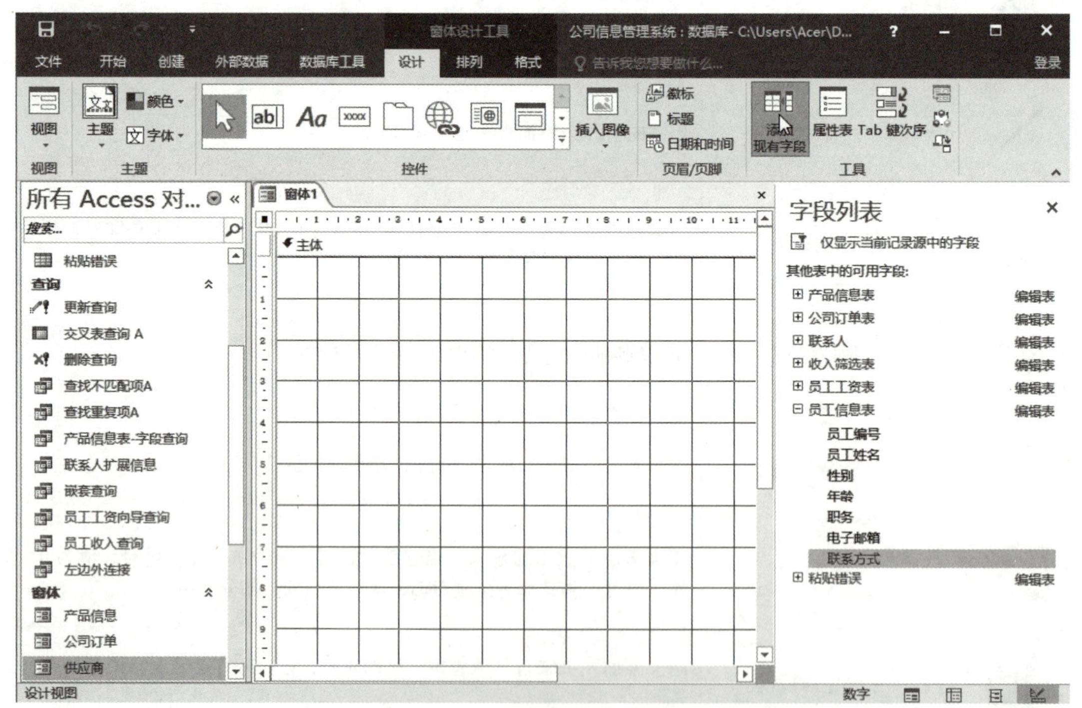

图 4–19　【字段列表】窗格

（4）在【生产部员工信息】选项展开的字段列表中选择【员工编号】字段。

（5）按住鼠标左键将【员工编号】字段拖到窗体上，释放鼠标，如图 4–20 所示。

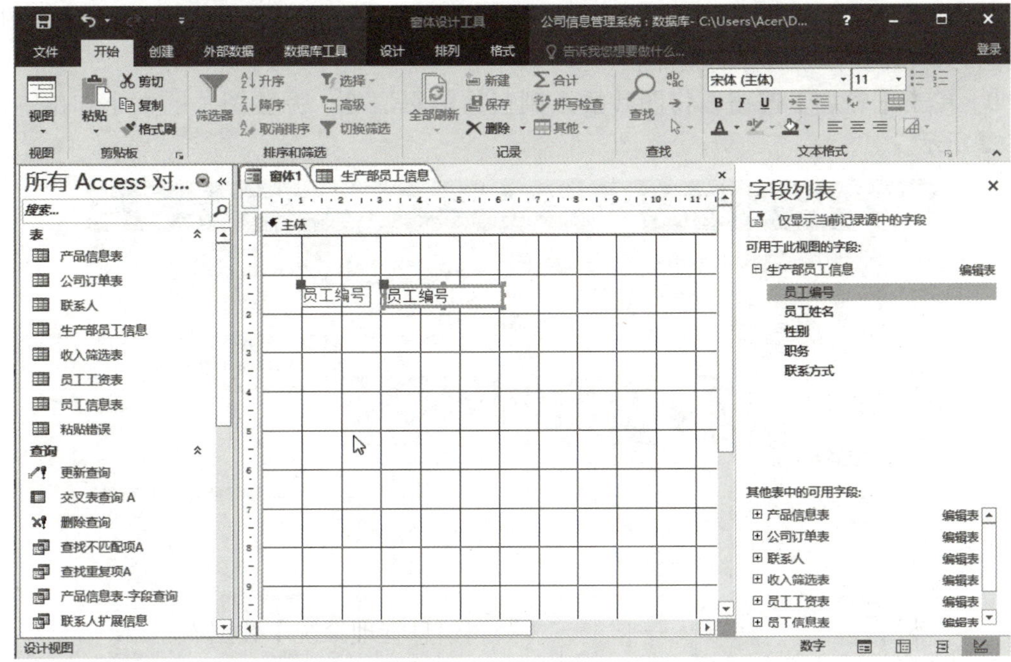

图 4-20　在窗体上添加【员工编号】字段

（6）选中添加的标签控件和文本框控件，使用键盘方向键将它们拖动到窗体视图的合适位置。

（7）参照上述方法，将字段【员工姓名】、【职务】和【联系方式】添加到设计视图窗口中，并调整控件在窗体中的位置，如图 4-21 所示。

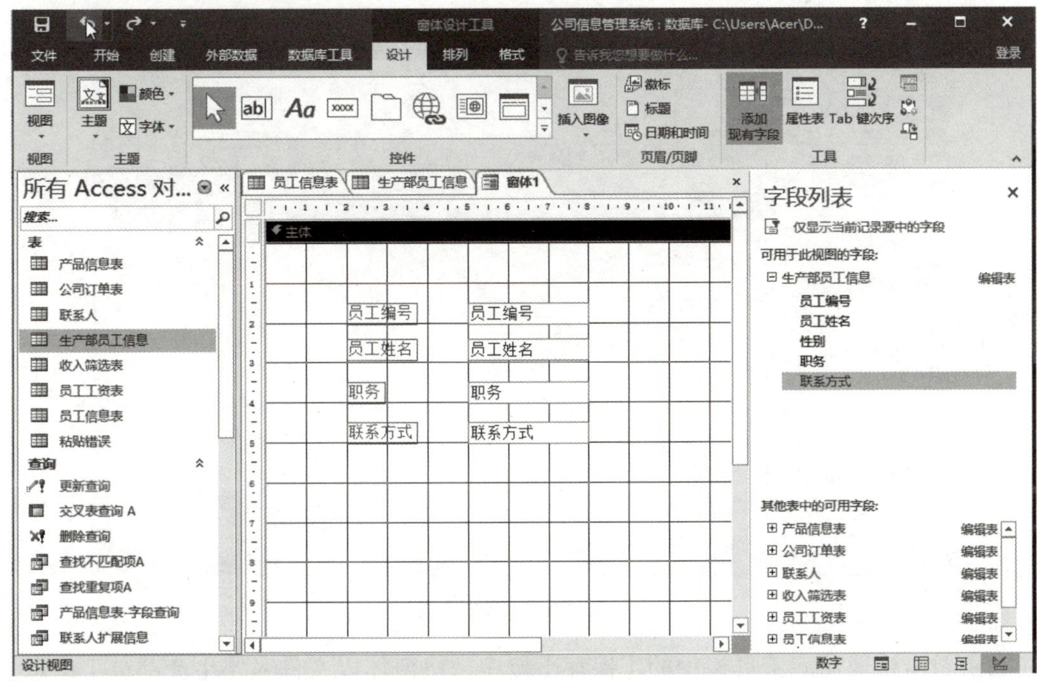

图 4-21　添加其他字段

（8）在【设计】选项卡的【页眉 / 页脚】组中单击【徽标】按钮，弹出【插入图片】对话框，选择需要作为徽标的图片。

（9）单击【确定】按钮，将图片插入到窗体的页眉处，调整图片的大小和位置，如图 4-22 所示。

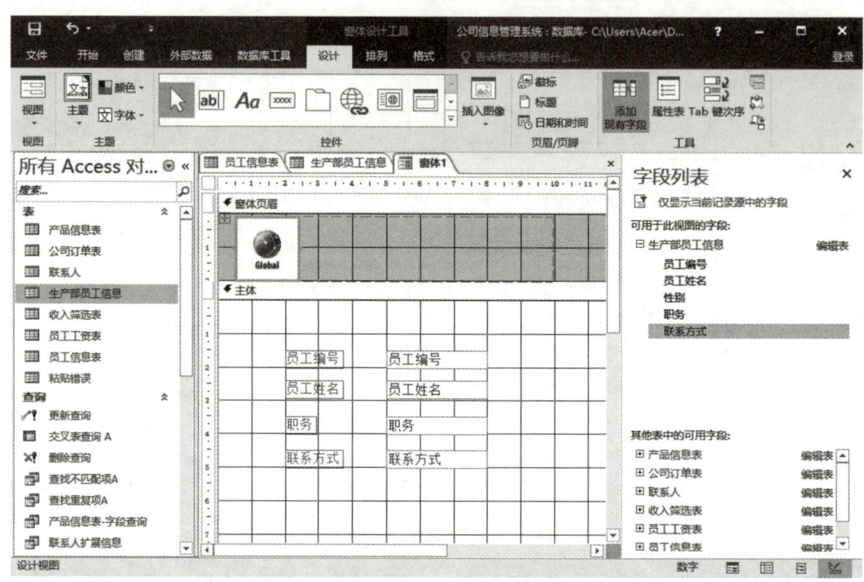

图 4-22　在窗体页眉上添加图片

（10）在【设计】选项卡的【视图】组中单击【窗体视图】按钮，切换到窗体视图，如图 4-23 所示。

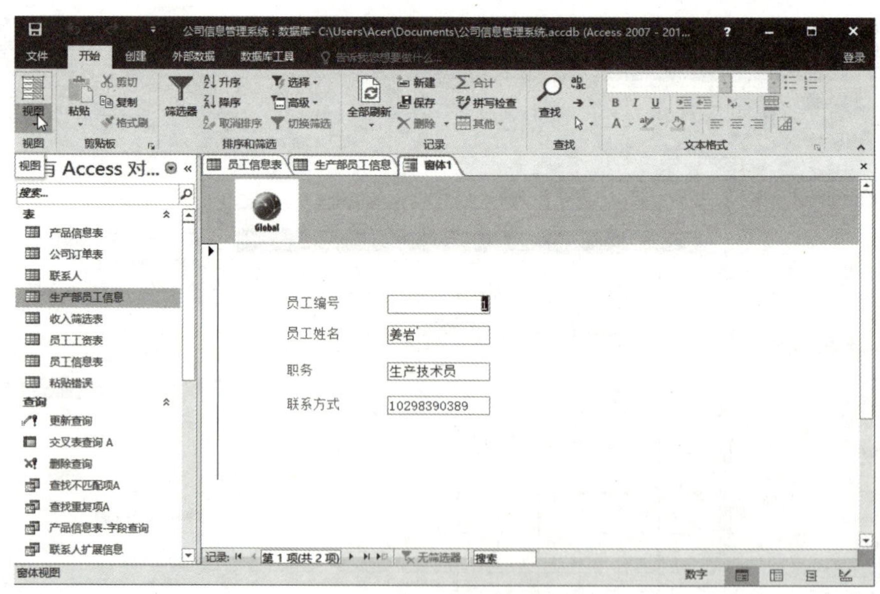

图 4-23　窗体视图

（11）单击快速访问工具栏中的【保存】按钮，将窗体以文件名【生产部员工信息】进行保存。

4.3　使用窗体控件

在学会创建简单窗体后，经常需要对窗体中的控件进行调整，对窗体布局进行设计，体现出窗体对象操作灵活、界面美观等特点，更好地实现人机交互功能。

4.3.1　使用控件

使用控件可以查看和处理数据库中的数据。最常用的控件是文本框（默认创建的就是文本框控件），其他控件包括组合框、列表框、复选框和选项卡控件等。本节将介绍这些控件的使用方法。

1. 使用组合框控件

窗体提供组合框和列表框等控件，使用这些控件可以减少重复输入数据的麻烦。下面将以实例介绍如何通过创建组合框来输入数据。

课堂案例 4-7　在【员工信息】窗体中创建组合框

（1）启动 Access 2016 应用程序，打开【公司信息管理系统】数据库。

（2）在左侧导航窗格的【窗体】组中双击【员工信息】选项，打开【员工信息】窗体。

（3）在【开始】选项卡的【视图】组中，单击【视图】下拉按钮，从弹出的下拉菜单中执行【设计视图】命令，切换到设计视图界面，如图 4-24 所示。

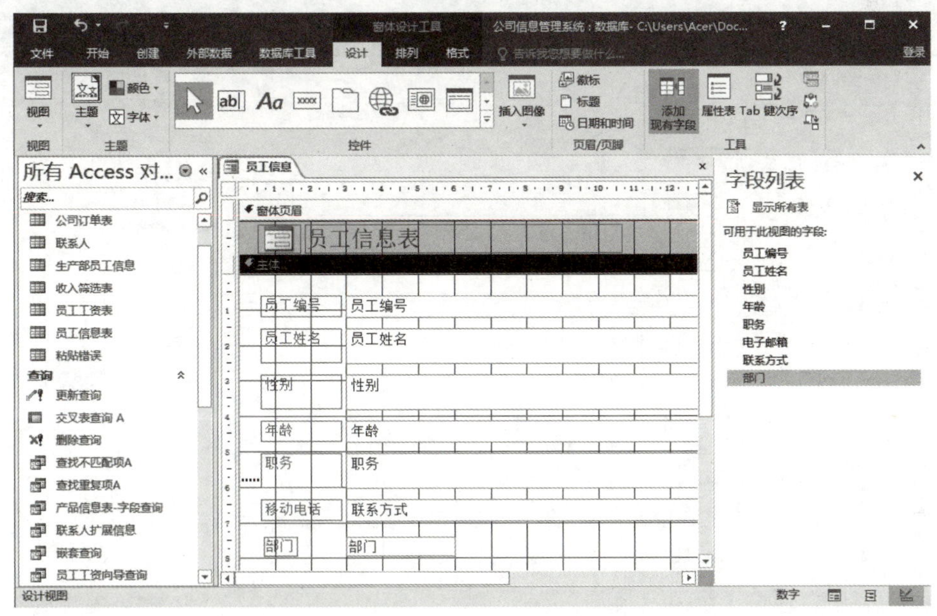

图 4-24　设计视图界面

（4）选中【部门】文本框控件，并按下【Delete】键，将其删除，如图 4–25 所示。

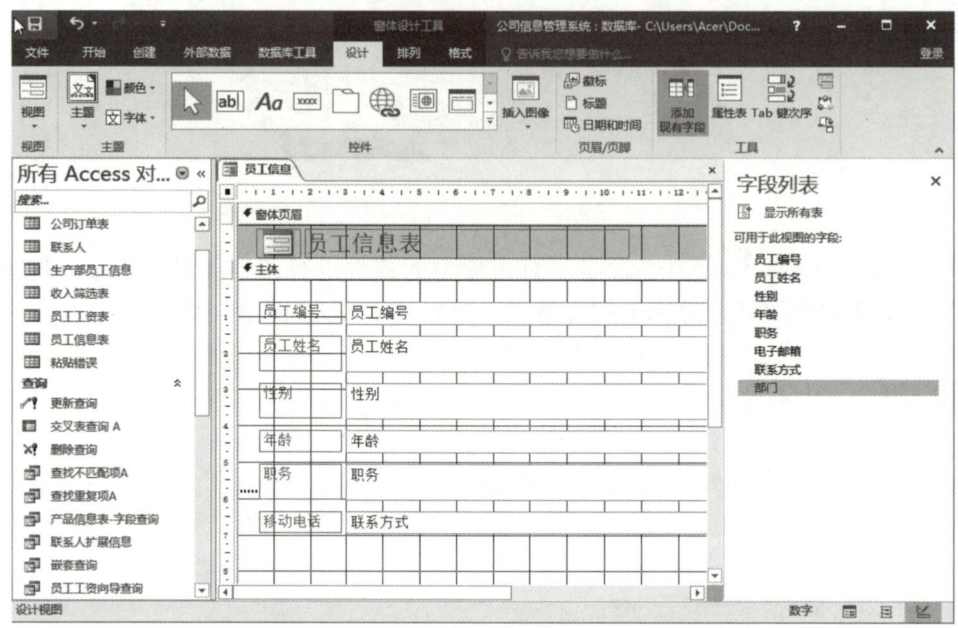

图 4–25 删除【部门】控件后的视图界面

（5）在【窗体设计工具】的【设计】选项卡的【控件】组中单击【其他】按钮，在弹出的控件列表框中保持【使用控件向导】选项的选中状态，然后单击【工具】组中的【添加现有字段】按钮，打开【字段列表】窗格。

（6）在【控件】组中单击【其他】按钮，从弹出的控件列表框中单击【组合框】按钮，并将【部门】字段从字段列表中拖动至窗体设计视图中，如图 4–26 所示。

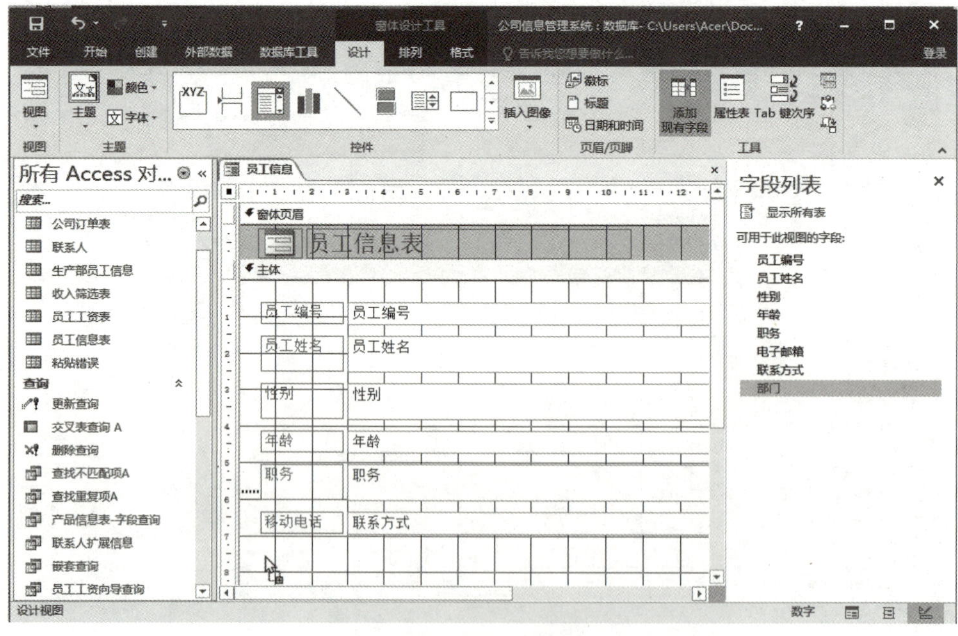

图 4–26 拖动添加字段

（7）释放鼠标后，弹出【组合框向导】对话框，选中【自行键入所需的值】单选按钮，如图 4–27 所示。

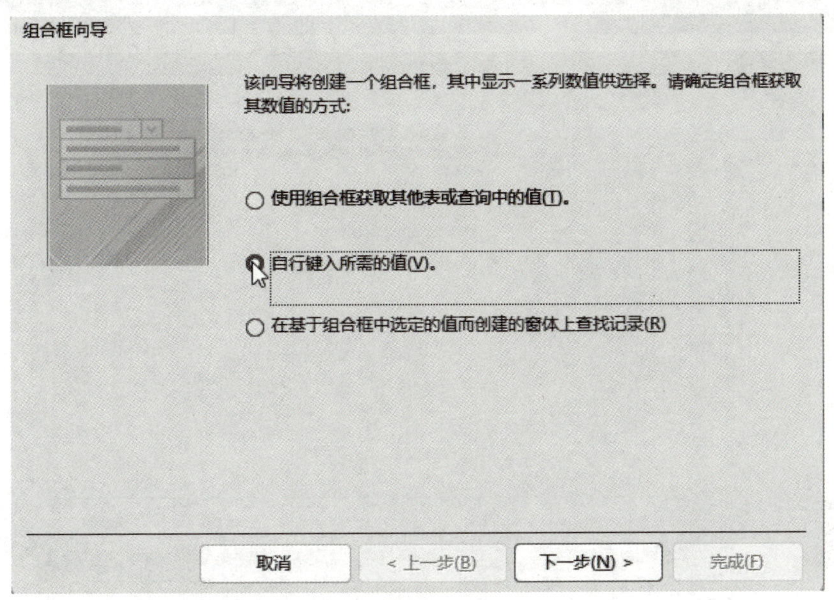

图 4–27　【组合框向导】对话框 1

（8）单击【下一步】按钮，在打开的对话框的【第 1 列】文本框中输入如图 4–28 所示的文字。

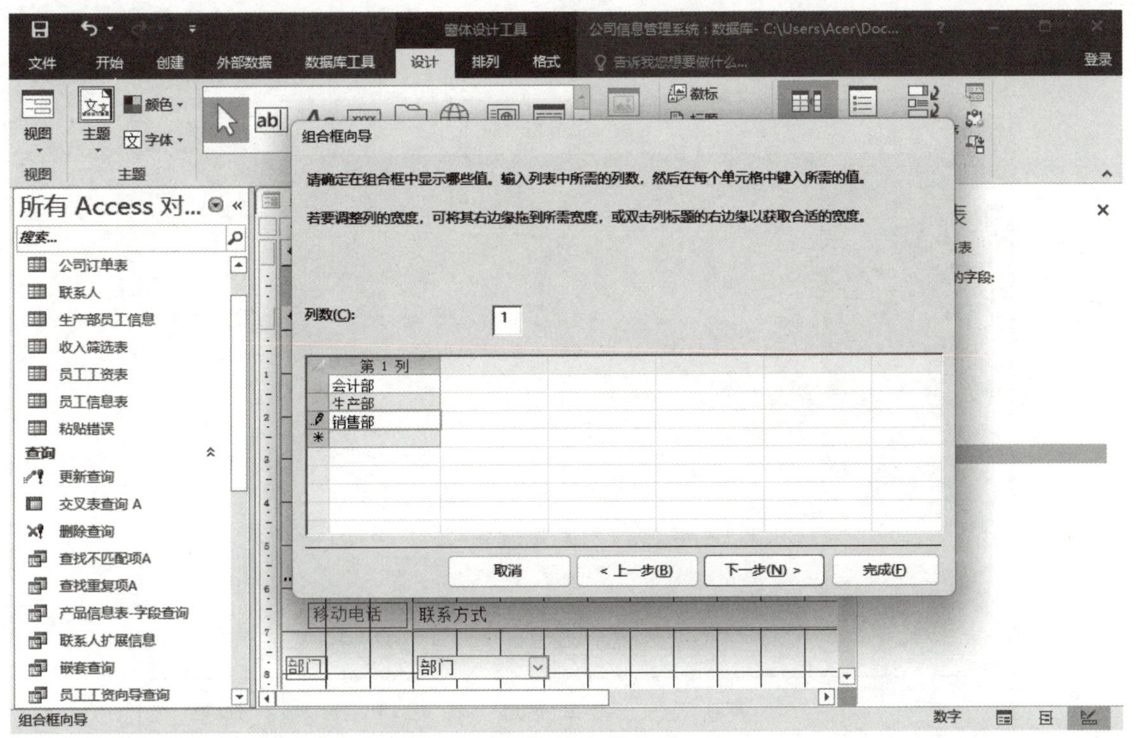

图 4–28　【组合框向导】对话框 2

（9）单击【下一步】按钮，保存对话框的默认设置，如图 4–29 所示。

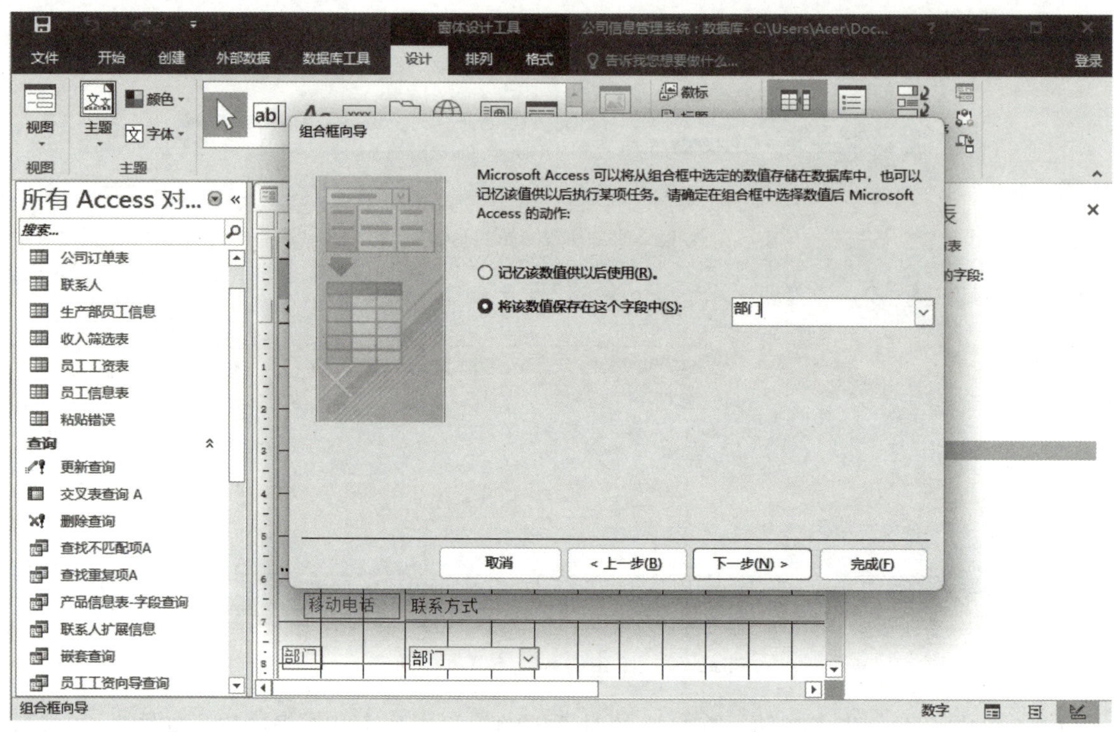

图 4–29 【组合框向导】对话框 3

（10）单击【下一步】按钮，在【请为组合框指定标签】文本框中输入标签名称【部门】，如图 4–30 所示。

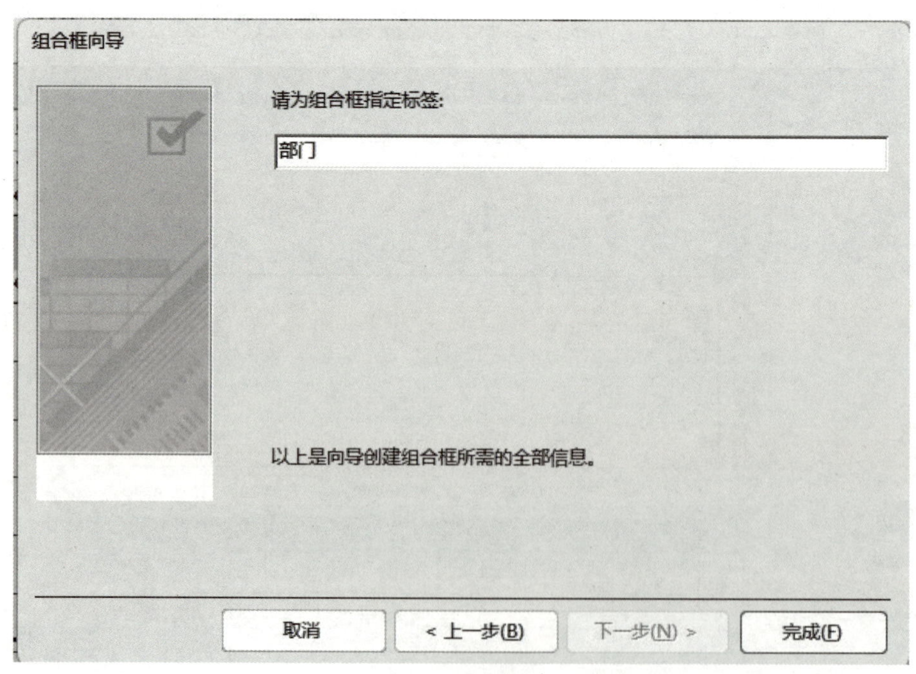

图 4–30 【组合框向导】对话框 4

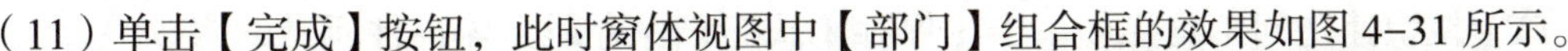

（11）单击【完成】按钮，此时窗体视图中【部门】组合框的效果如图 4-31 所示。

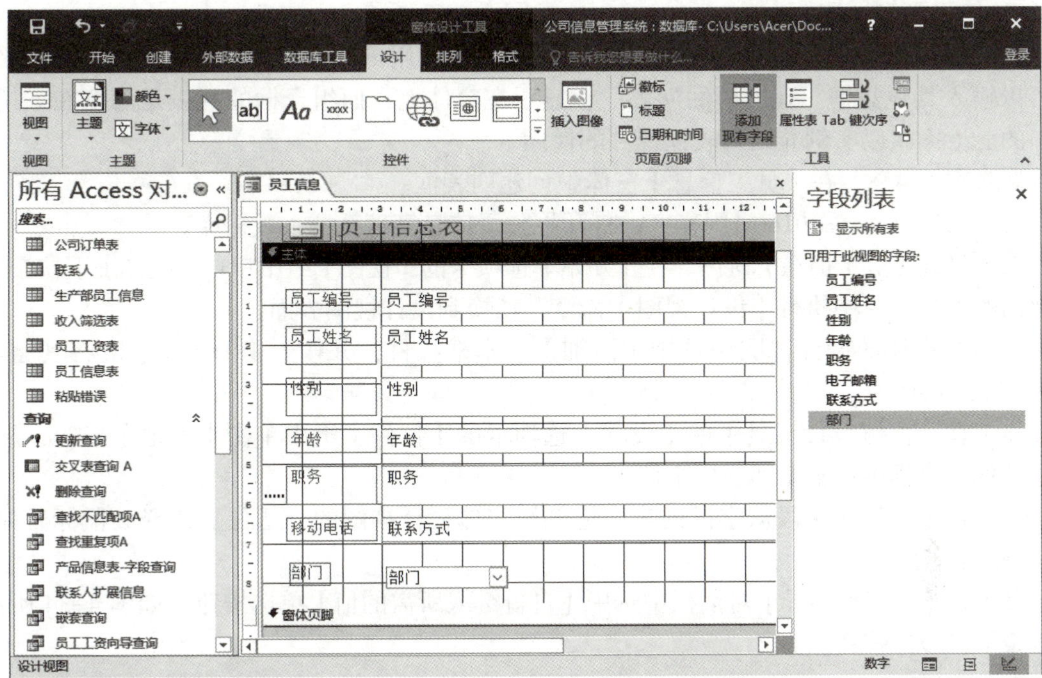

图 4-31　添加【部门】组合框的效果

（12）切换到窗体视图，此时添加的控件效果如图 4-32 所示。

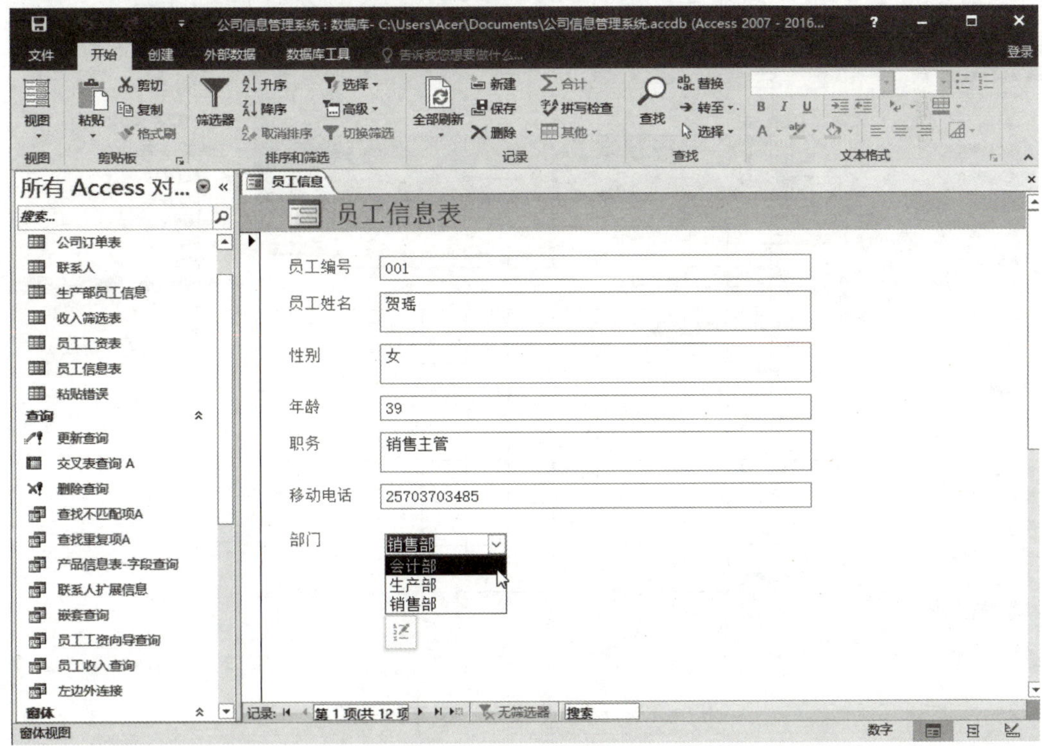

图 4-32　控件效果

（13）在快速访问工具栏中单击【保存】按钮，保存对窗体控件所做的修改。

2. 使用列表框控件

列表框与组合框是有区别的。在组合框控件中，用户除了可以在列表中选择数据外，还可以输入其他数据。列表框的列表一直显示在窗体上，而组合框的列表是隐藏在下拉列表中的。下面将以实例介绍列表框控件的使用。

课堂案例 4-8　在【员工信息】窗体中创建列表框

（1）启动 Access 2016 应用程序，打开【公司信息管理系统】数据库。

（2）打开【员工信息】窗体，在【开始】选项卡的【视图】组中单击【视图】下拉按钮，从弹出的下拉菜单中执行【设计视图】命令，切换到设计视图界面。

（3）在窗体的设计视图中选中【性别】文本框控件，并按下【 Delete 】键将其删除，如图 4-33 所示。

（4）在【窗体设计工具】的【设计】选项卡的【控件】组中单击【其他】按钮，从弹出的控件列表框中单击【列表框】按钮。

（5）将【性别】字段从字段列表中拖动至窗体设计视图的合适位置，释放鼠标后弹出【列表框向导】对话框。

（6）在【列表框向导】对话框中选中【自行键入所需的值】单选按钮，如图 4-34 所示，单击【下一步】按钮。

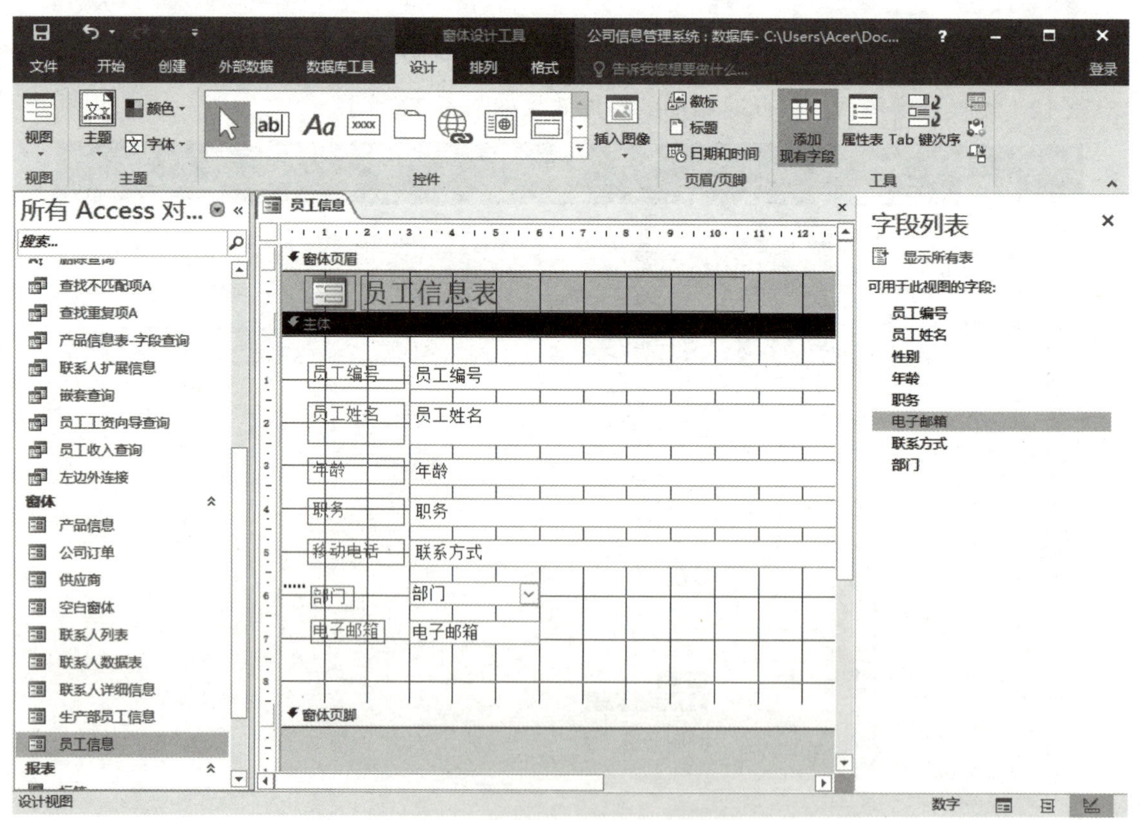

图 4-33　删除【性别】文本框控件

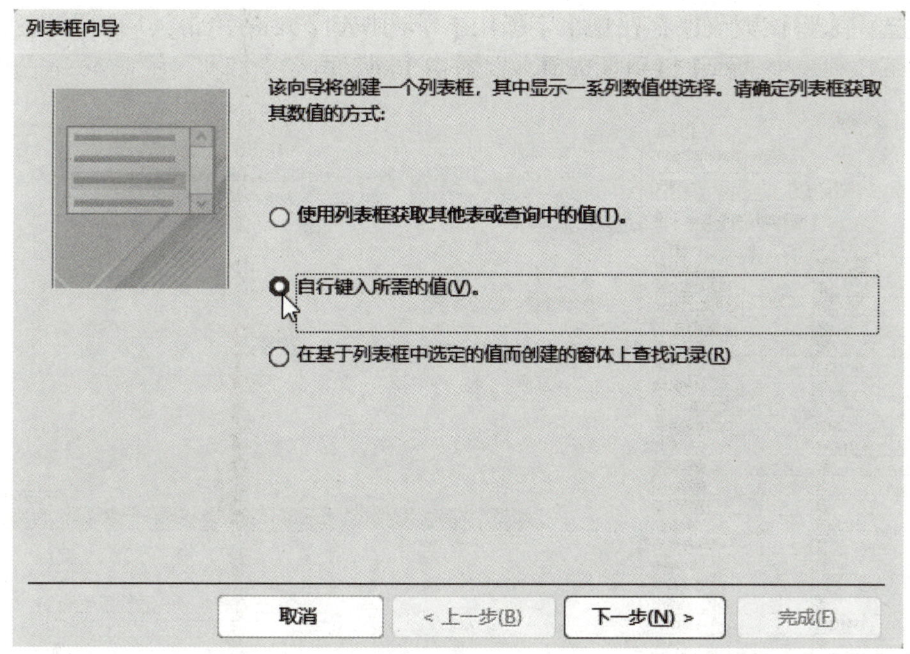

图 4-34　【列表框向导】对话框 1

（7）设置对话框中各数值，效果如图 4-35 所示，然后单击【下一步】按钮。

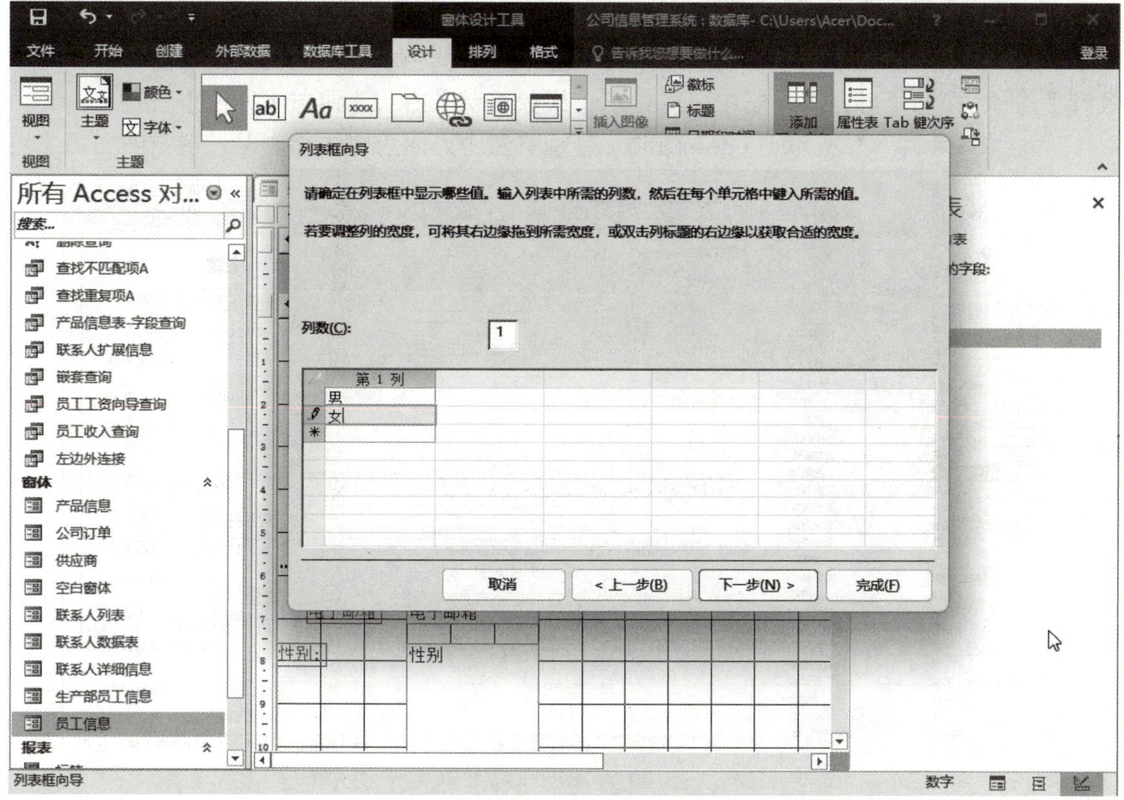

图 4-35　【列表框向导】对话框 2

（8）选中【将该数值保存在这个字段中】单选按钮，然后单击其后的下拉列表按钮，在弹出的下拉列表中选择【性别】选项，如图 4–36 所示。

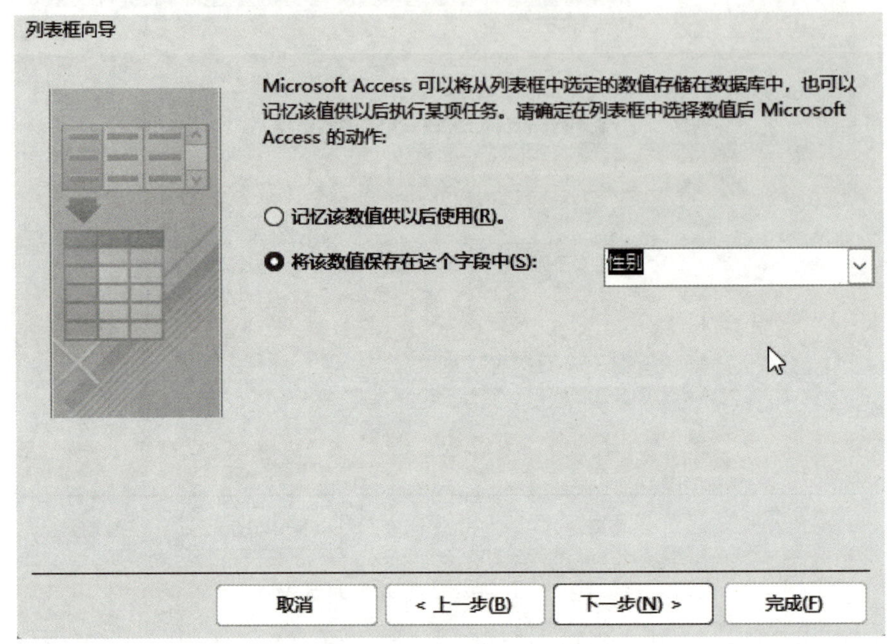

图 4–36 【列表框向导】对话框 3

（9）单击【下一步】按钮，在对话框的【请为列表框指定标签】文本框中输入【性别】，如图 4–37 所示。

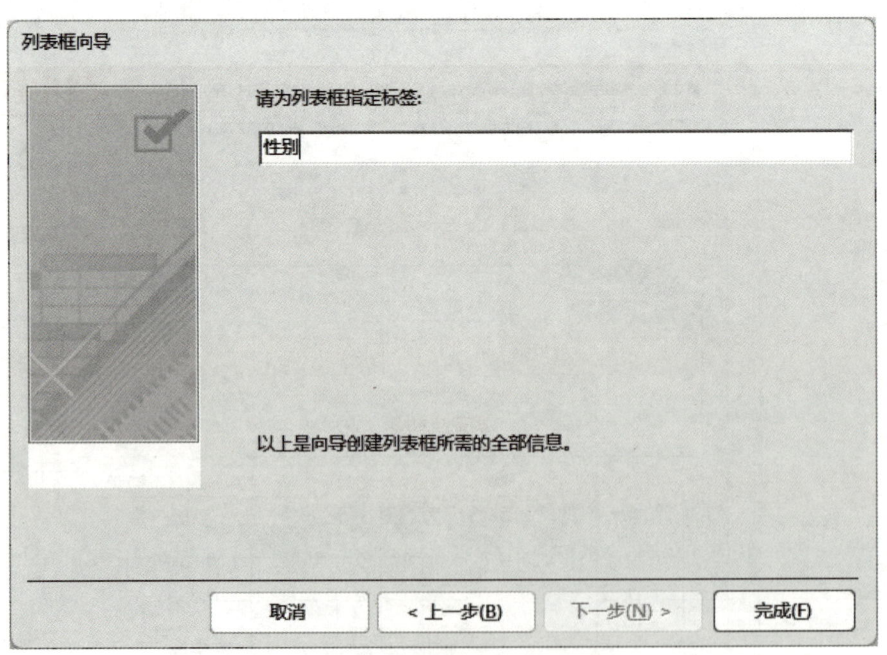

图 4–37 【列表框向导】对话框 4

（10）单击【完成】按钮，在窗体的设计视图中调整控件的位置，如图 4–38 所示。

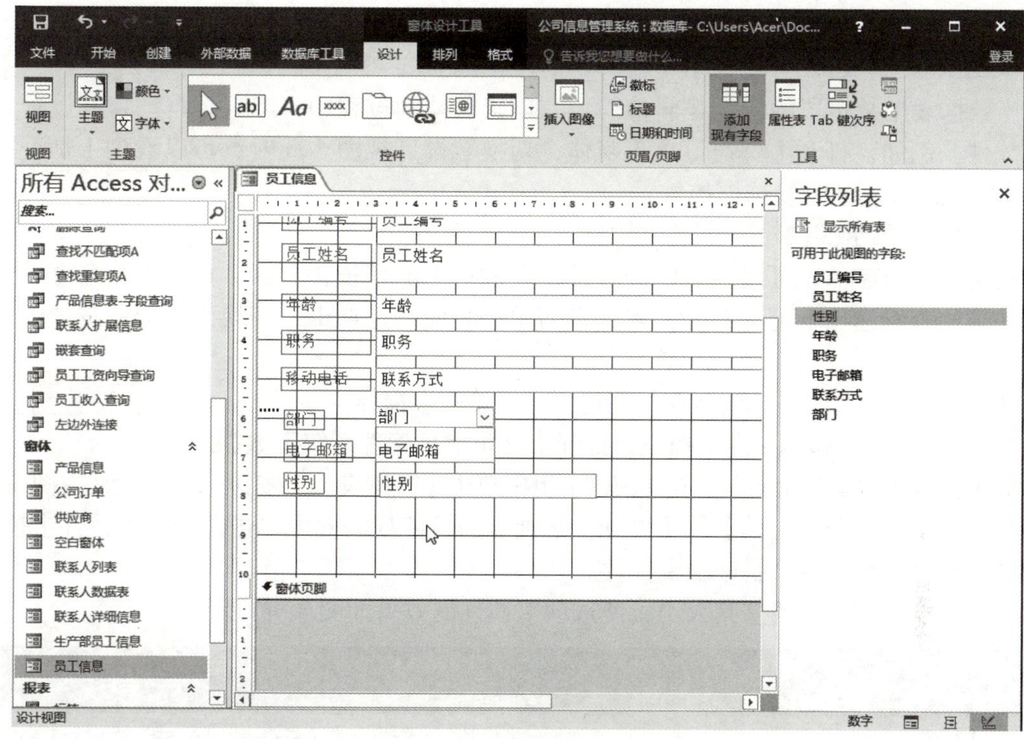

图 4–38　调整控件的位置

（11）切换到窗体视图，此时添加的控件效果如图 4–39 所示。

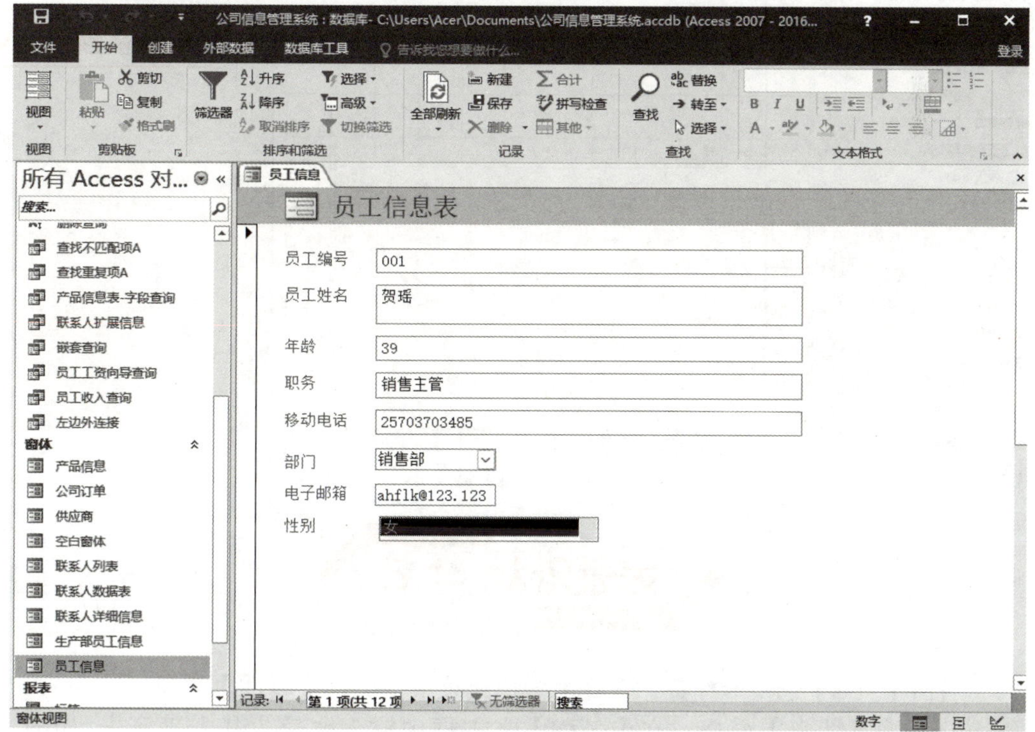

图 4–39　控件效果

（12）在快速访问工具栏中单击【保存】按钮，保存对窗体控件所做的修改。

3．使用复选框控件

当数据表中某字段的值为逻辑值时，在创建窗体的过程中，Access 自动将其设置为复选框控件。例如，打开【公司订单】窗体，切换至设计视图。此时，可以看到【是否执行完毕】字段自动创建为复选框控件。

4．使用选项卡控件

利用选项卡控件，可以在有限的屏幕上摆放更多的可视化元素，如文本、命令、图像等。如果要查看选项卡上的某些元素，只需单击相应的选项卡，切换到相应的选项卡界面即可。

课堂案例 4-9　使用选项卡控件创建【员工工资】窗体

（1）启动 Access 2016 应用程序，打开【公司信息管理系统】数据库。

（2）打开【创建】选项卡，在【窗体】组中单击【窗体设计】按钮，打开设计视图窗口。

（3）在【窗体设计工具】的【设计】选项卡的控件列表框中单击【选项卡控件】按钮，拖动鼠标在窗体视图中绘制选项卡控件。

（4）释放鼠标后，调整其大小，使选项卡控件的效果如图 4-40 所示。

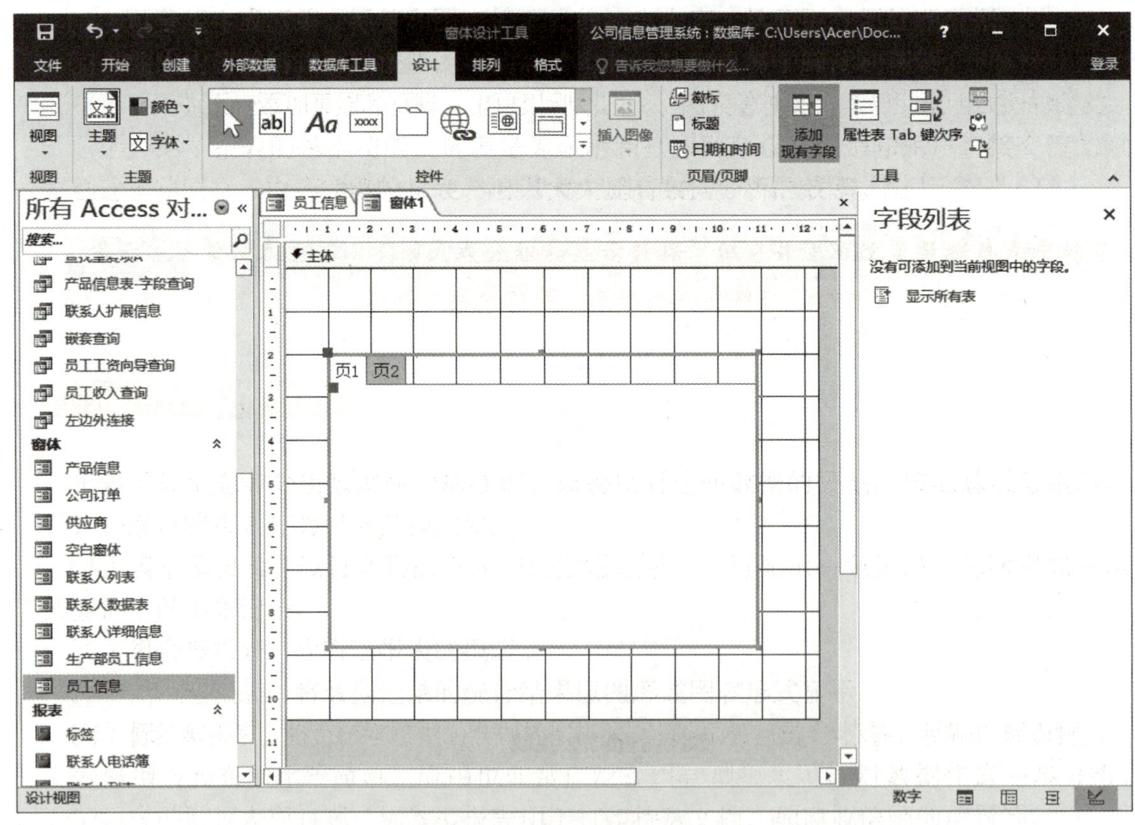

图 4-40　选项卡控件的效果

（5）右击【页 1】选项卡标签，在弹出的快捷菜单中执行【属性】命令。

（6）打开【属性表】窗格，在【名称】文本框中输入文字【基本工资】，如图 4-41 所示。

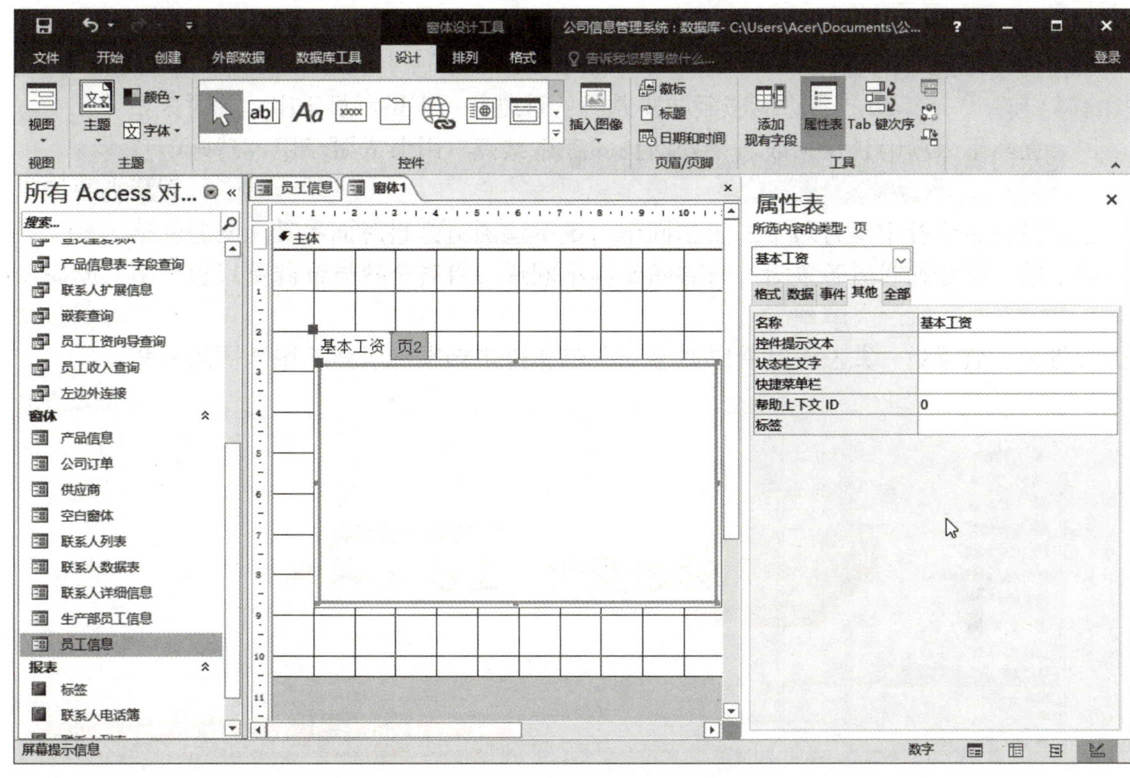

图 4-41　输入文字【基本工资】

（7）选中【页 2】选项卡标签，在【属性表】窗格的【标题】文本框中输入文字【业绩奖金】，关闭窗格，此时窗体设计视图的效果如图 4-42 所示。

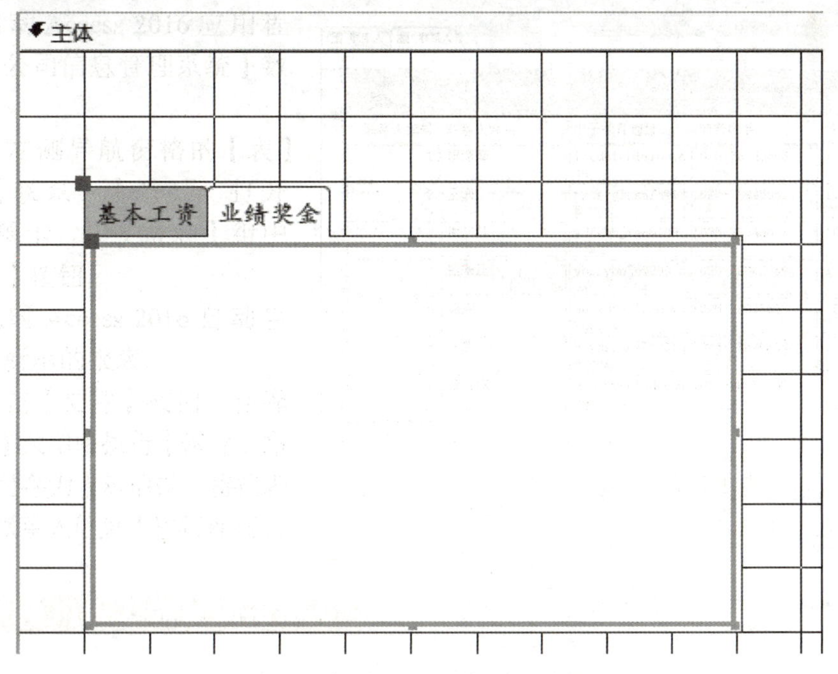

图 4-42　窗体设计视图的效果

（8）在【业绩奖金】标签上右击，在弹出的快捷菜单中执行【插入页】命令，在选项卡控件中添加新的页标签，并在【属性表】窗格中更改页标签标题为【住房补助】，如图 4–43 所示。

图 4–43　更改页标签标题

（9）使用同样的方法，继续添加选项卡页面，使窗体设计视图的效果如图 4–44 所示。

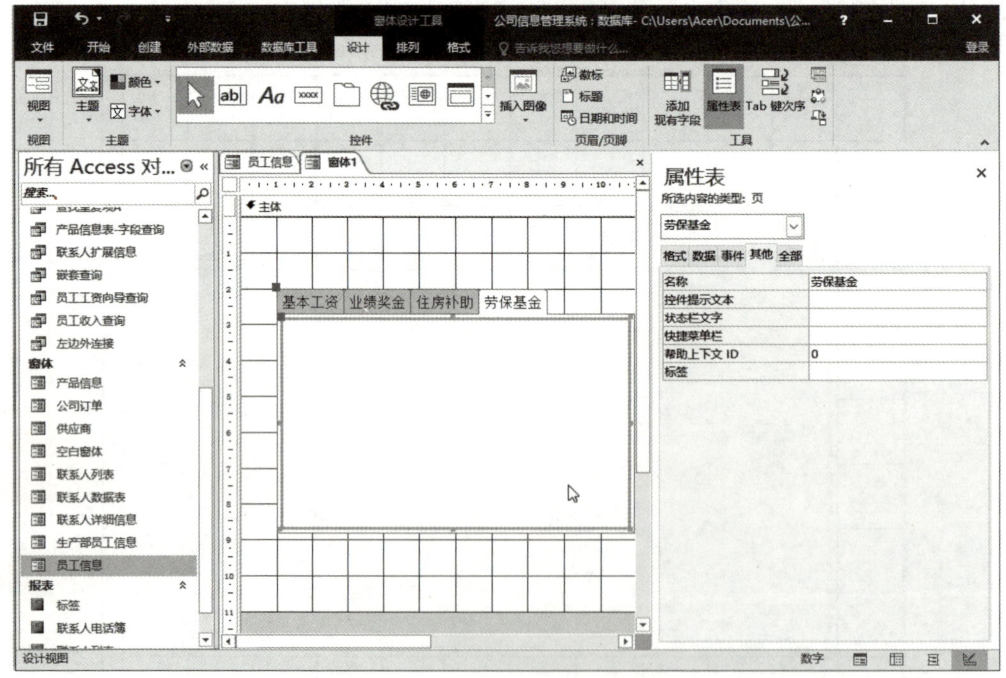

图 4–44　窗体设计视图的效果

（10）切换到【基本工资】选项卡，在【工具】组中单击【添加现有字段】按钮，显示【字段列表】窗格。

（11）拖动【员工工资表】字段列表中的【员工编号】和【基本工资】字段到选项卡控件设计区域，并调节选项卡控件和字段文本框控件的位置，如图 4-45 所示。

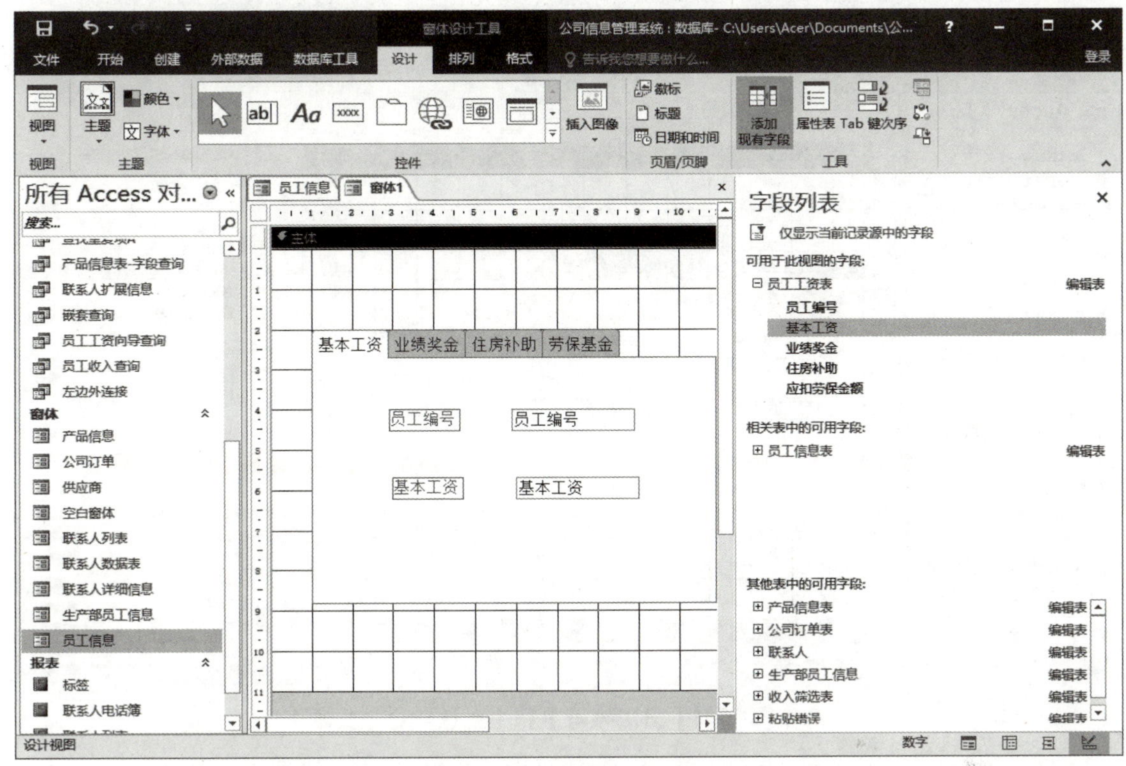

图 4-45　调整控件位置

（12）切换窗体视图，效果如图 4-46 所示。

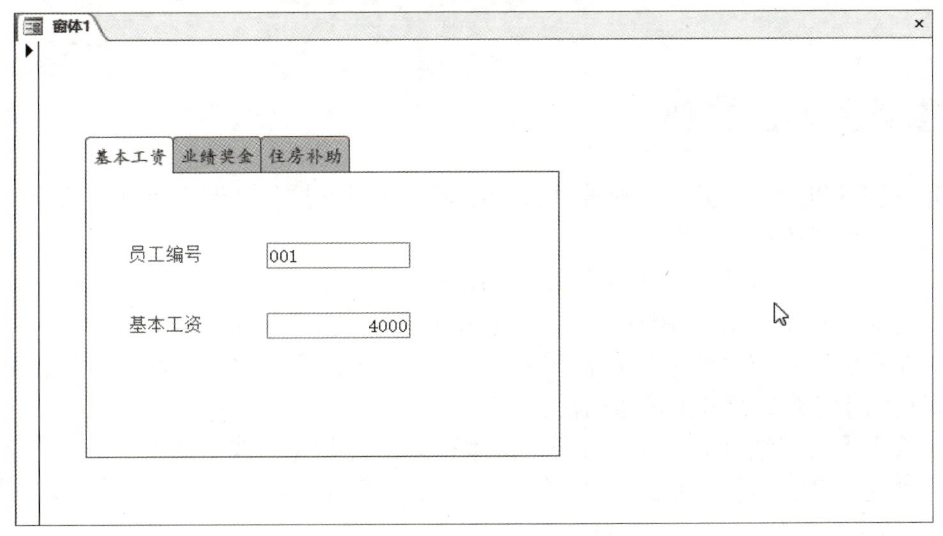

图 4-46　调整控件后的效果

（13）在【业绩奖金】选项卡中添加【员工编号】和【业绩奖金】文本框，如图 4–47 所示。

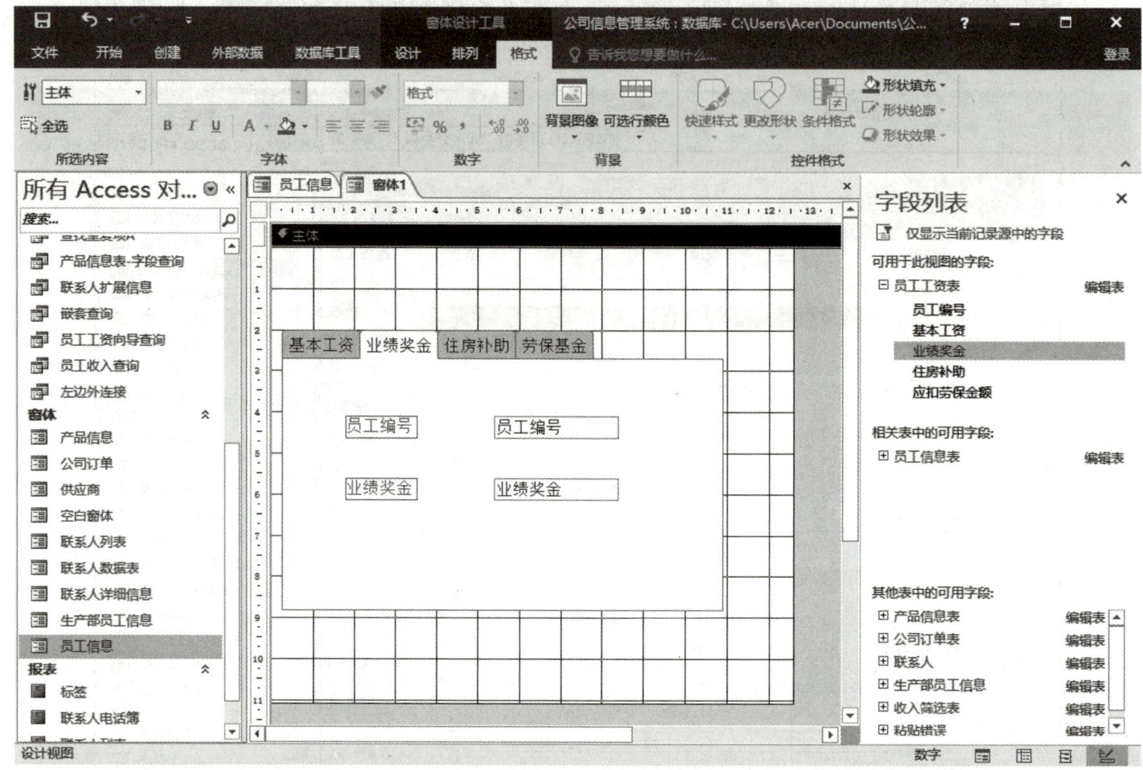

图 4–47　添加【员工编号】和【业绩奖金】文本框

（14）使用同样的方法，在【住房补助】选项卡中添加【员工编号】和【住房补助】文本框，在【劳保基金】选项卡中添加【员工编号】和【应扣劳保金额】文本框。

（15）在快速访问工具栏中单击【保存】按钮，将创建的窗体以【员工工资】为名进行保存。

4.3.2　设置控件格式

创建完控件以后，需要经常对控件进行编辑，如对齐控件、调整控件的间距、设置控件背景色以及设置控件属性等。

课堂案例 4–10　在【员工信息】窗体中设置控件格式

（1）启动 Access 2016 应用程序，打开【公司信息管理系统】数据库。

（2）在左侧导航窗格的【窗体】组中右击【员工信息】选项，在弹出的快捷菜单中执行【布局视图】命令，打开窗体布局视图。

（3）选中【员工编号】控件，打开【窗体布局工具】|【格式】选项卡，在【字体】组中单击【填充 / 背景色】按钮右侧的下拉箭头，在打开的颜色面板中选择【浅蓝 3】色块，如图 4–48 所示。

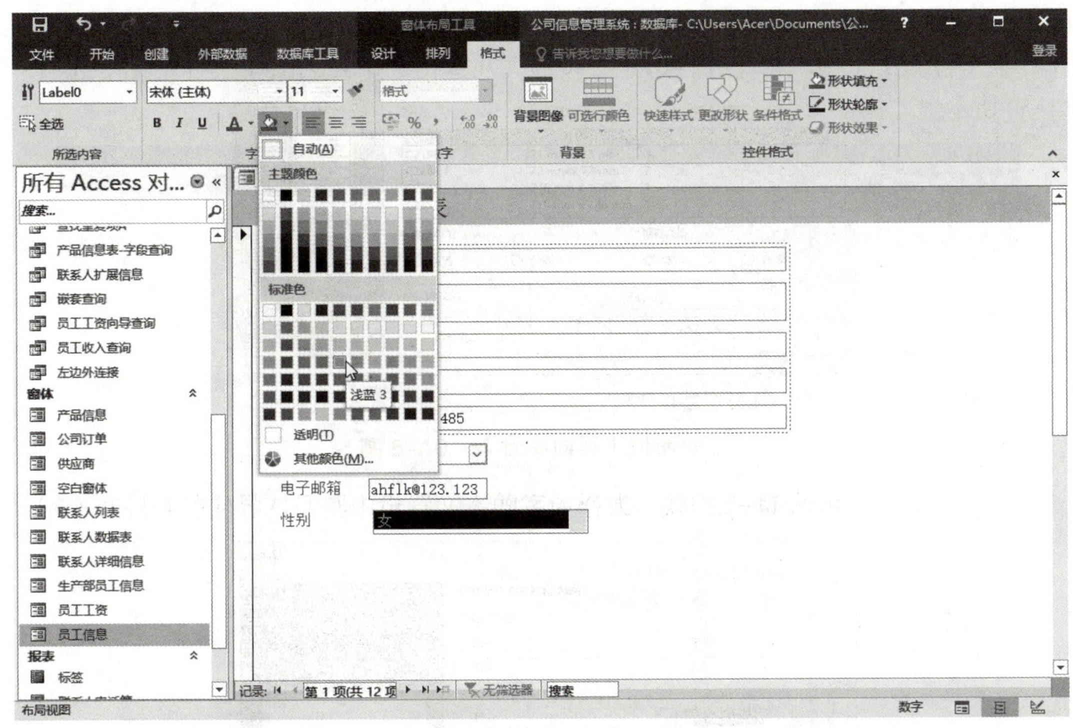

图 4-48　设置颜色 1

（4）使用同样的方法，为其他文本框控件添加相同的背景色，并为控件标签设置背景色为【褐紫红色 3】，如图 4-49 所示。

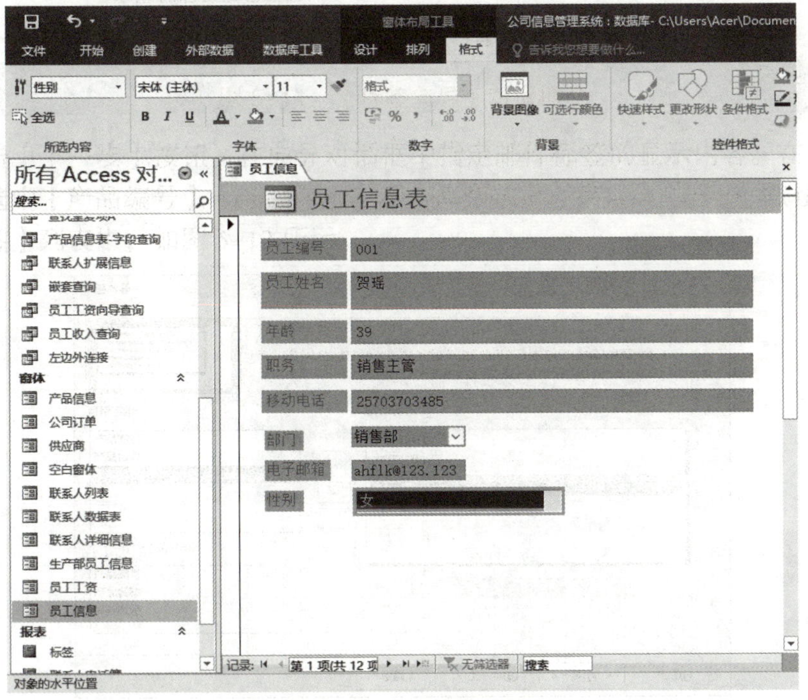

图 4-49　设置颜色 2

（5）按住【Shift】键的同时选中右侧的所有控件，打开【窗体布局工具】|【排列】选项卡，在【位置】组中单击【控件边距】按钮，从弹出的下拉列表中选择【无】选项，如图 4-50 所示。

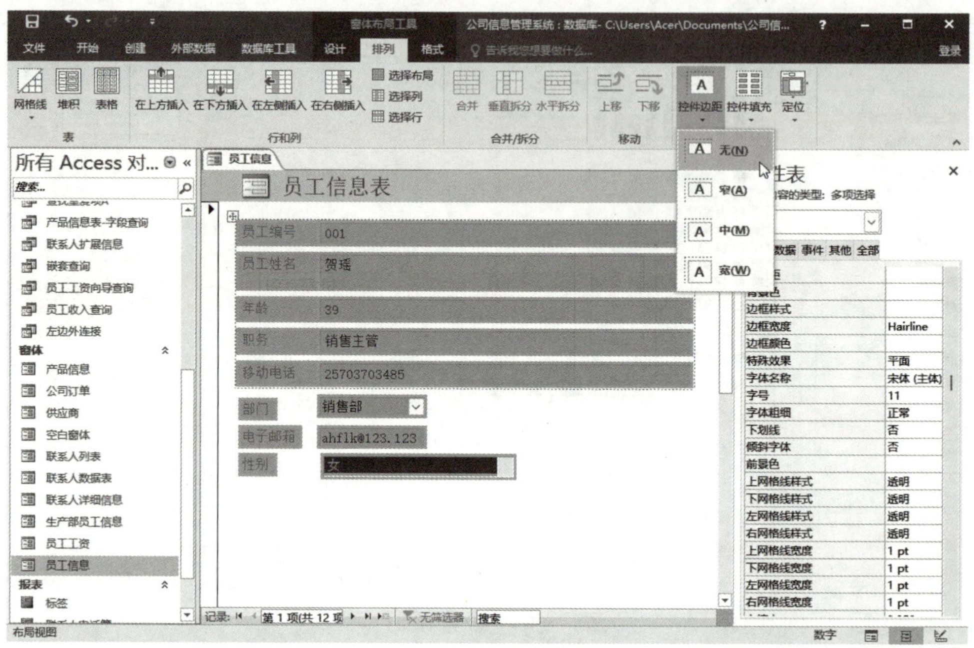

图 4-50　设置控件边距

（6）选中【职务】控件，在【排列】选项卡的【移动】组中单击【上移】按钮，使其位于【员工姓名】控件下方，如图 4-51 所示。

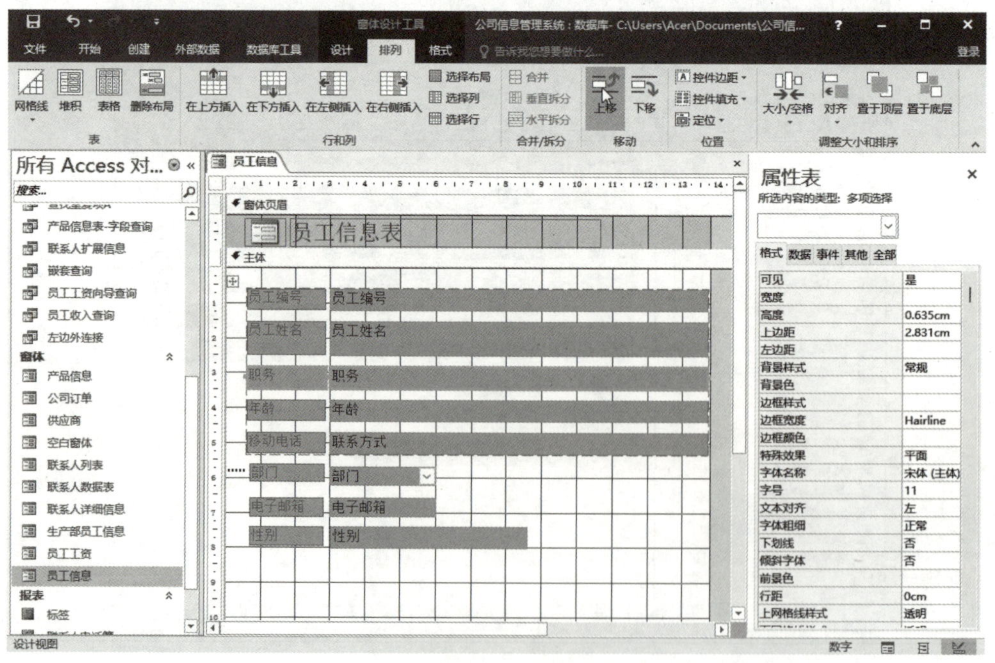

图 4-51　移动控件

（7）在【设计】选项卡的【工具】组中单击【属性表】按钮，打开【属性表】窗格。在窗格上方的下拉列表中选择【电子邮箱】选项，并在【格式】选项卡的【下划线】下拉列表中选择【是】选项，如图 4-52 所示。

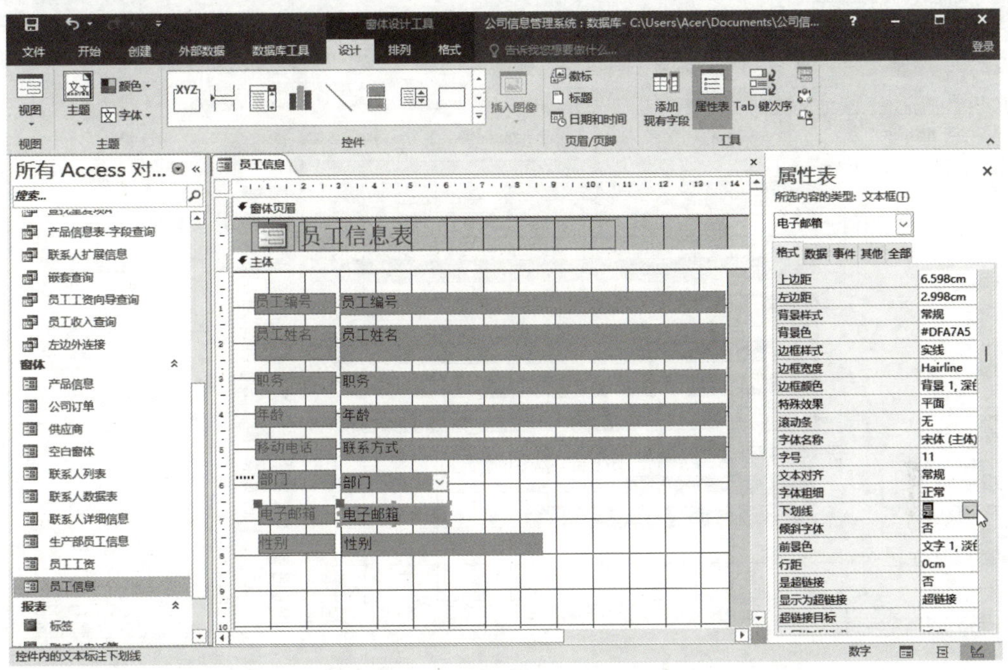

图 4-52　【属性表】窗格的设置

（8）此时，窗体布局中【电子邮箱】文本框中会显示设置的格式，如图 4-53 所示。

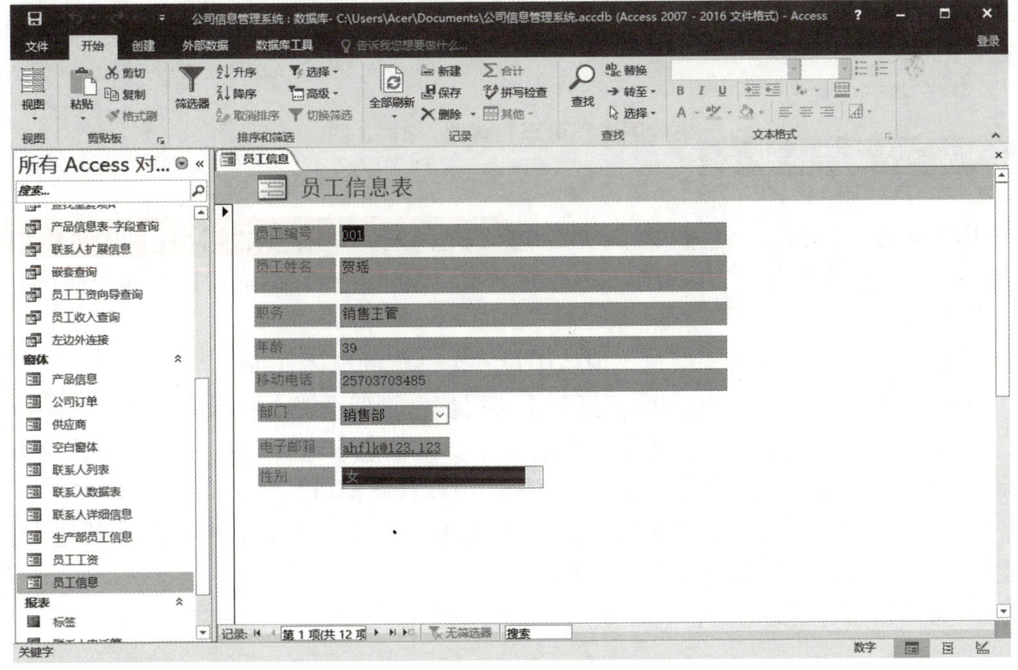

图 4-53　预览效果

（9）在【属性表】窗格中打开【员工编号】文本框，在【全部】选项卡里的【是否锁定】下拉列表中选择【是】选项，如图 4-54 所示。

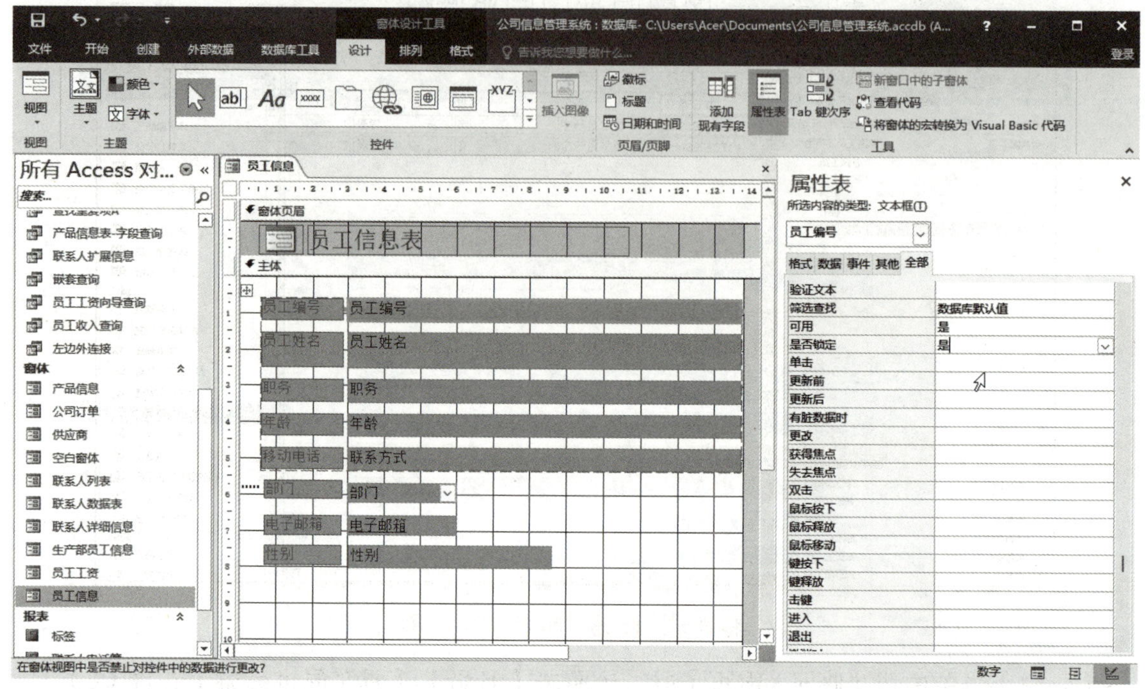

图 4-54 【员工编号】文本框中设置【是否锁定】

（10）在快速访问工具栏中单击【保存】按钮，保存对控件所做的修改。

提示：将【员工编号】文本框锁定后，若再尝试在窗体中修改数据，将不会被系统接受。

4.3.3 设置窗体外观

使用向导创建的窗体，它们的结构和功能都是固定的。用户在实际应用中可以根据自己的需要对其进行个性化设置。在 Access 2016 中，窗体设计大都是通过添加个性化的窗体控件来实现的。

课堂案例 4-11 在【员工信息】窗体中设置个性化的窗体外观

（1）启动 Access 2016 应用程序，打开【公司信息管理系统】数据库。

（2）在左侧导航窗格的【窗体】组中右击【员工信息】选项，从弹出的快捷菜单中执行【设计视图】命令，打开【员工信息】窗体的设计视图窗口。

（3）打开【窗体设计工具】的【设计】选项卡，在【控件】组中单击【其他】按钮，从弹出的控件列表框中单击【矩形】按钮。

（4）拖动鼠标绘制矩形控件，使矩形包围其他所有控件，如图 4-55 所示。

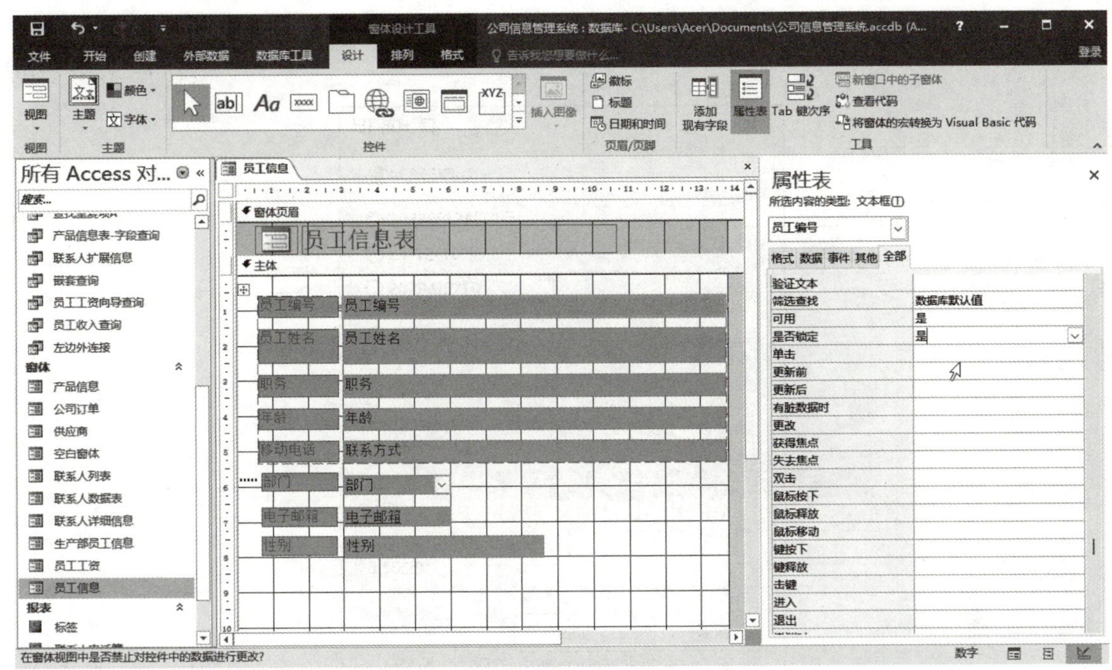

图 4-55　绘制矩形控件

（5）在矩形控件被选中的状态下，在【格式】选项卡的【控件格式】组中单击【形状填充】按钮，将矩形控件填充为【浅灰 3】色块，如图 4-56 所示。

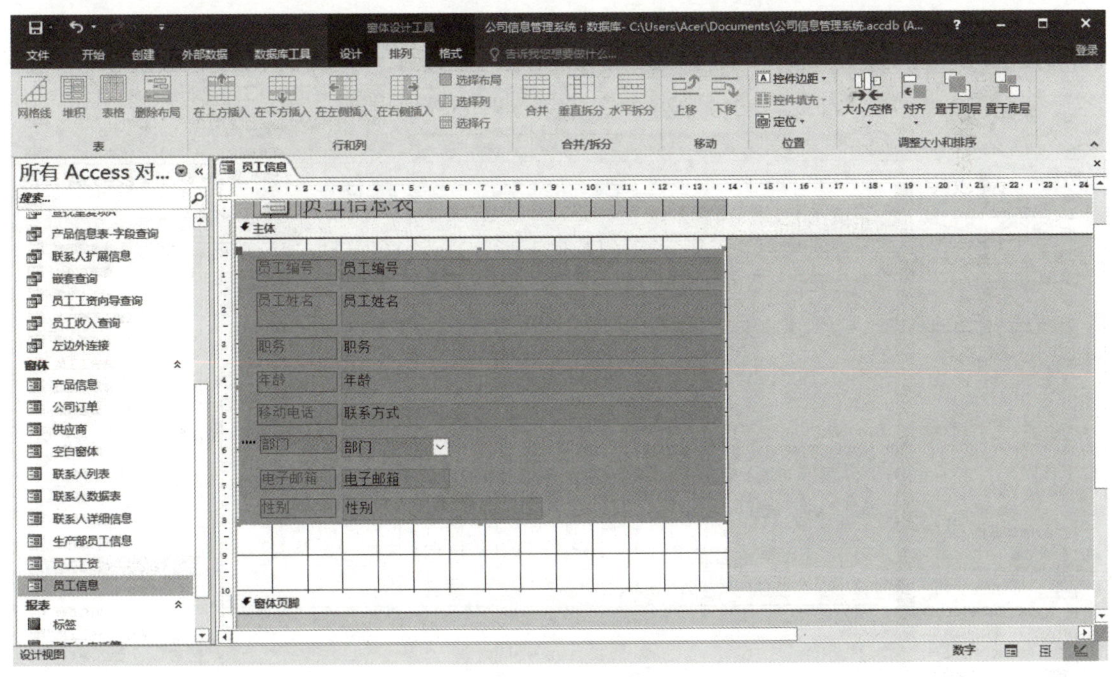

图 4-56　设置颜色

（6）打开【排列】选项卡，在【调整大小和排序】组中单击【置于底层】按钮，使矩形控件位于最底层，此时窗体设计视图的效果，如图 4-57 所示。

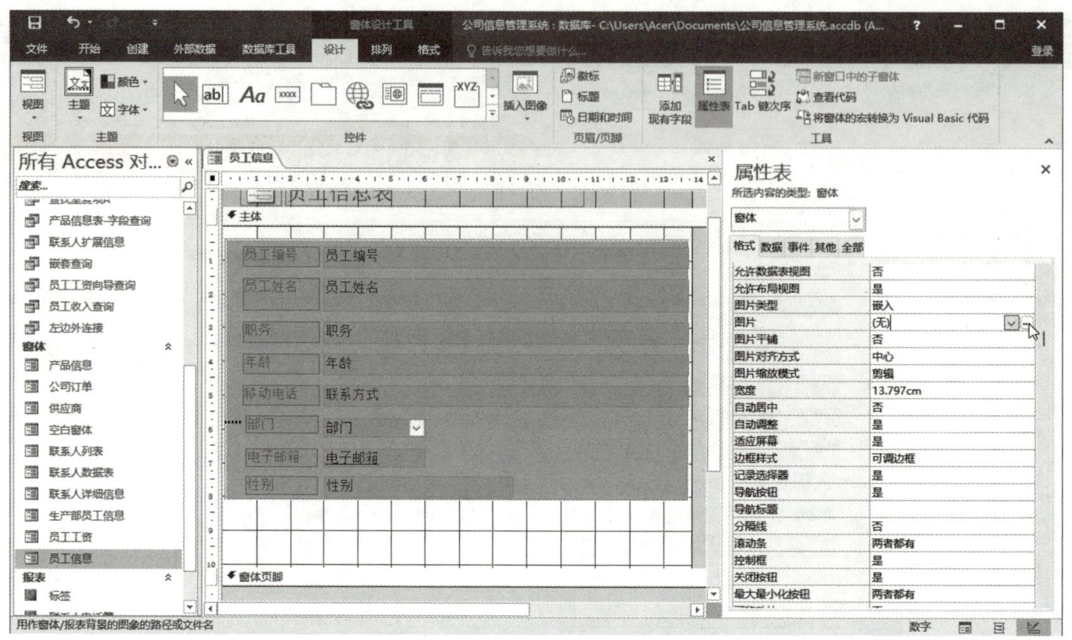

图 4–57　窗体设计视图的效果

（7）选中文本框控件、列表框控件和组合框控件，在【设计】选项卡的【主题】组中单击【主题】按钮，在弹出的下拉列表中选择【离子】样式，为控件应用主题样式，如图 4–58 所示。

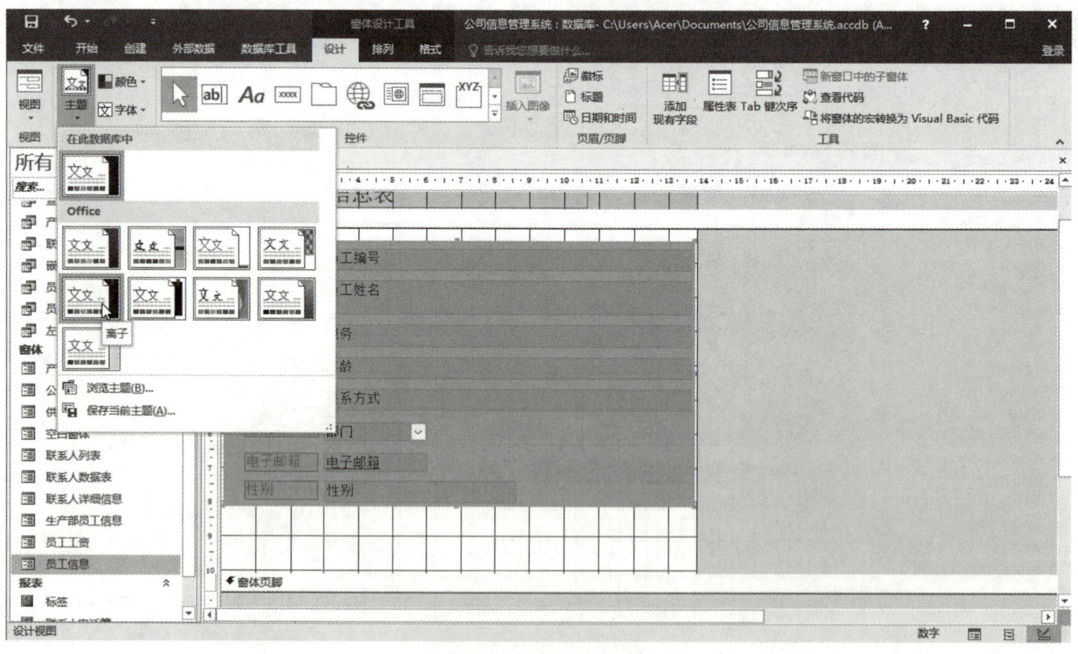

图 4–58　设置主题

（8）在【设计】选项卡的【工具】组中单击【属性表】按钮，打开【属性表】窗格，在【窗体】的【格式】选项卡中，单击【图片】右侧的按钮，如图 4–59 所示。

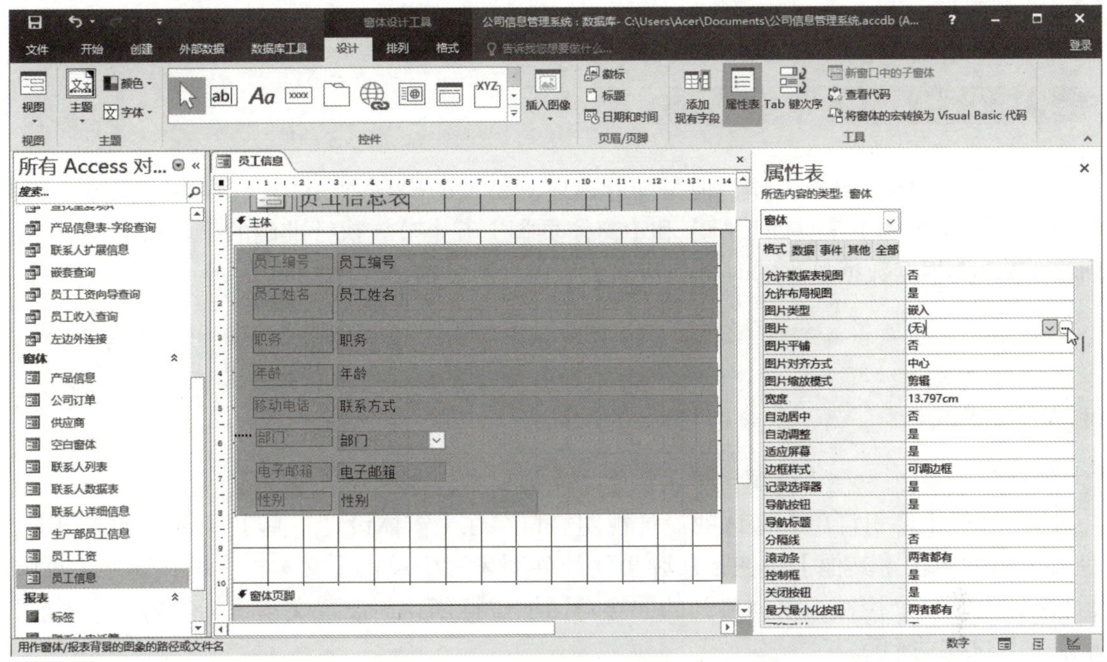

图 4–59　设置【窗体】的【图片】格式

（9）弹出【插入图片】对话框，选择一张图片，单击【确定】按钮。

（10）将图片插入窗体中作为窗体的背景，切换到窗体视图，如图 4–60 所示。

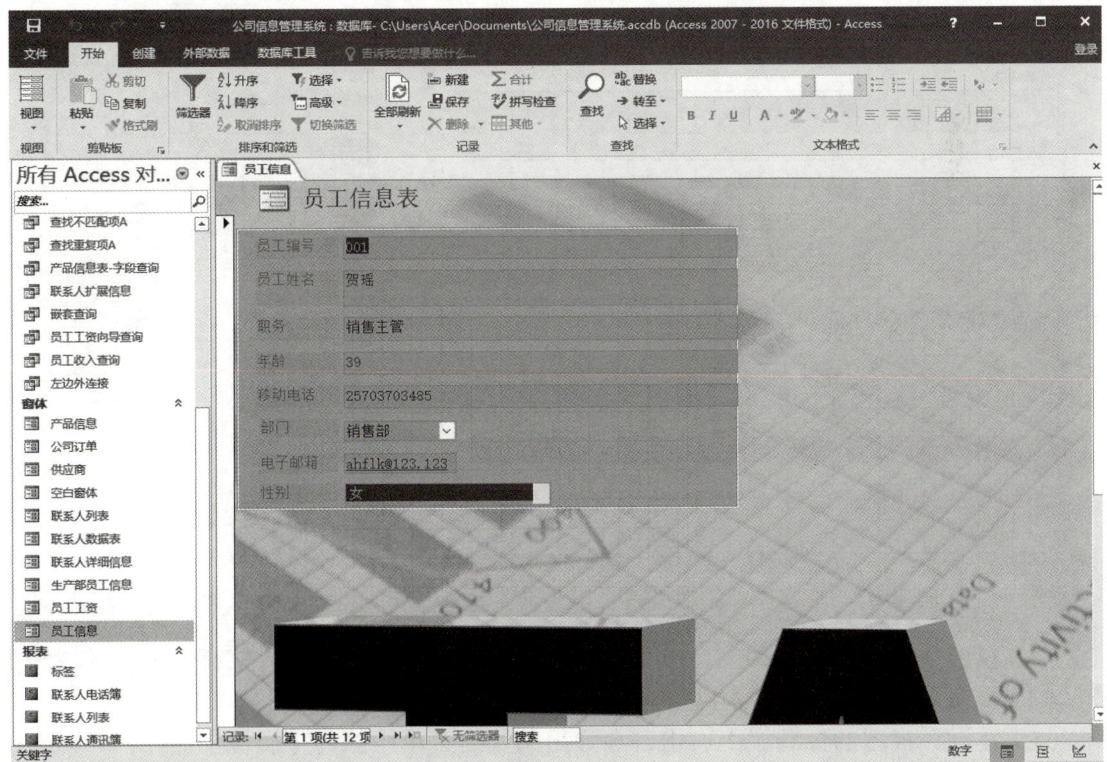

图 4–60　添加背景图片后的效果

（11）在快速访问工具栏中单击【保存】按钮，对所做的修改进行保存。

4.3.4 设置窗体的节和属性

最基本的窗体只包含主体，但是随着窗体复杂度的提高，窗体现在包含【窗体页眉】、【页面页眉】、【主体】、【页面页脚】和【窗体页脚】五个节。执行准确的菜单命令可以显示不同的节，而根据数据显示的时机和特性，可以将数据摆放在不同的节中。

提示：如果要添加窗体页眉和窗体页脚，可以在窗体中右击，在弹出的快捷菜单中执行【窗体页眉/页脚】命令；如果要添加页面页眉和页面页脚，可以在右键快捷菜单中执行【页面页眉/页脚】命令。

课堂案例 4-12 在【公司订单】窗体中添加页脚，并设置窗体属性

（1）打开【公司订单】窗体的设计视图窗口，在【窗体设计工具】|【设计】选项卡的【控件】组中单击【其他】按钮，从弹出的控件列表框中单击【文本框】按钮，在【页脚】设计区域绘制一个控件，根据打开的向导对话框进行创建，设置文本框标签名为【当前日期】，如图 4-61 所示。

（2）右击文本框控件，在弹出的快捷菜单中执行【属性】命令，打开【属性表】窗格。

（3）打开【当前日期】的【数据】选项卡，在【控件来源】文本框中输入表达式【=Date()】，如图 4-62 所示。

图 4-61 在窗体中添加页脚

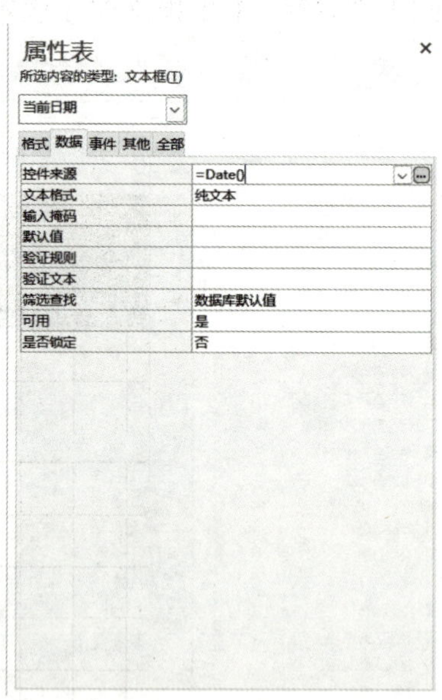

图 4-62 输入表达式

（4）在窗体设计视图中调整窗体页眉、主体和窗体页脚的大小，使窗体页眉区域和主体区域连接在一起，切换到窗体视图，如图 4-63 所示。

（5）在设计视图的标题栏上右击，在弹出的快捷菜单中执行【属性】命令，打开【属性表】窗格。

（6）打开【窗体】的【格式】选项卡，在【默认视图】下拉列表中选择【连续窗体】选项，如图 4–64 所示，此时【公司订单】窗体的效果如图 4–65 所示。

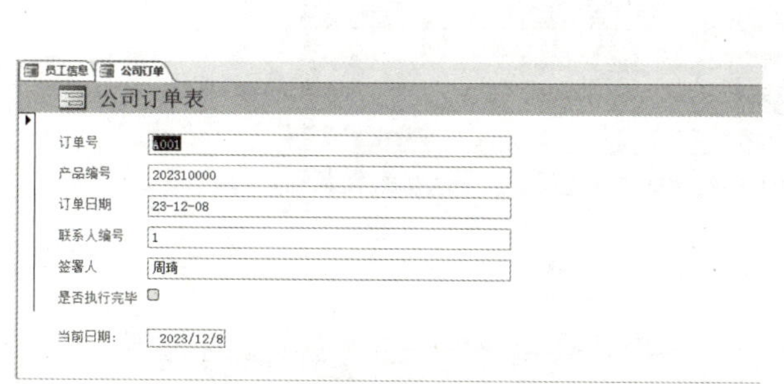

图 4–63　窗体视图效果

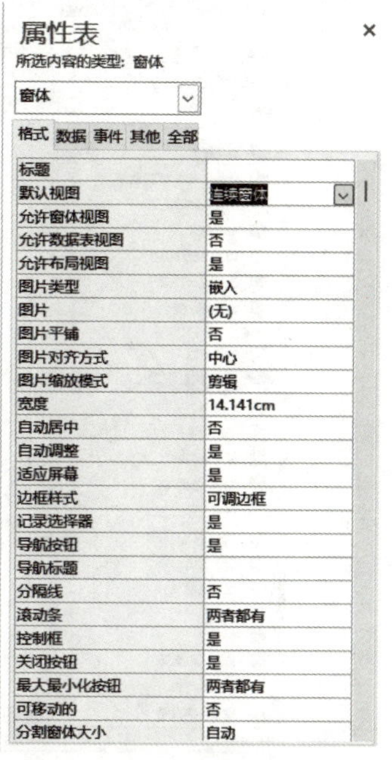

图 4–64　选择【连续窗体】选项

（7）在设计视图窗口的主体中同时选中五个文本框控件，打开【属性表】窗格。

（8）打开【格式】选项卡，在【特殊效果】下拉列表中选择【凸起】选项；单击【背景色】后面的按钮，从弹出的颜色面板中选择颜色，如图 4–66 所示。

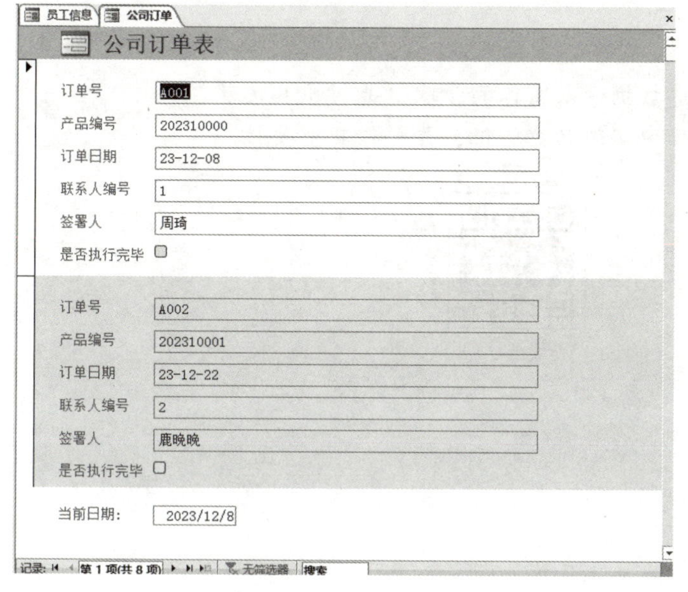

图 4–65　【公司订单】窗体的效果

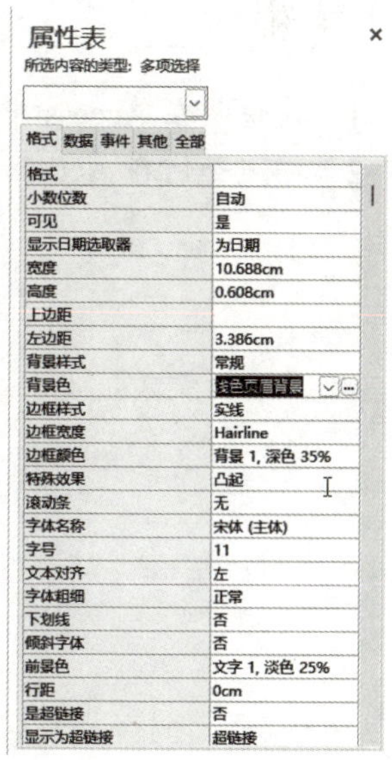

图 4–66　设置控件属性

（9）切换至窗体视图，窗体效果如图 4–67 所示。

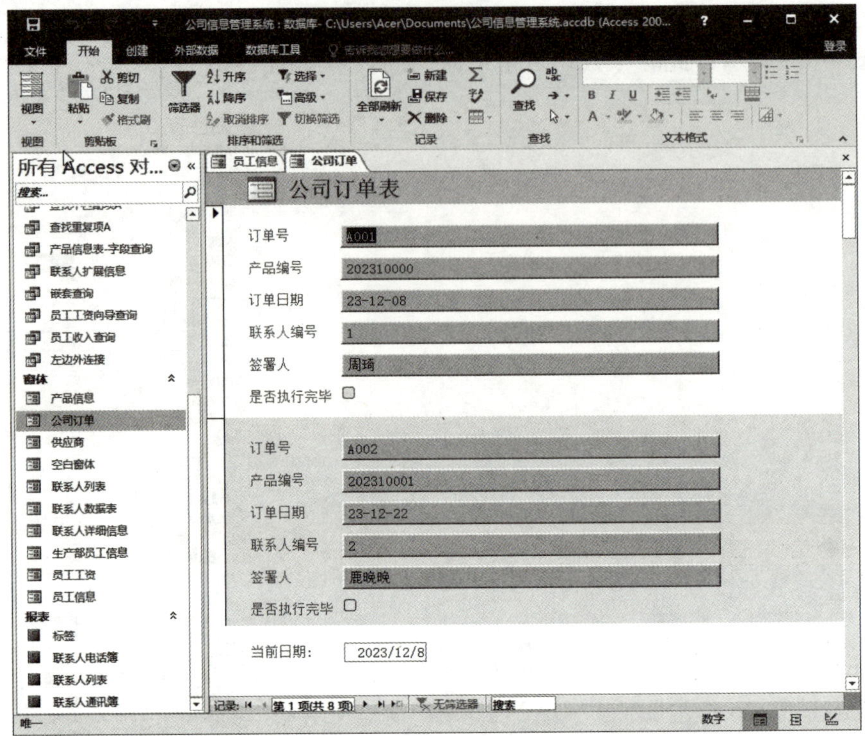

图 4-67 窗体效果

（10）在快速访问工具栏中单击【保存】按钮，保存对窗体所做的修改。

课后小结

1. 请说明在 Access 中创建数据输入窗体的步骤，并讨论其优势。
2. 描述如何在 Access 窗体中实现数据验证，并解释其重要性。

测试与答案

第 5 章 报表设计

学习要点

◇ 掌握如何利用 Access 创建自动报表。
◇ 掌握如何利用 Access 向导创建报表。
◇ 掌握如何利用 Access 设计器创建报表。

学习目标

本章介绍使用 Access 2016 数据库中数据的方法，以及如何将数据库中的数据信息和文档信息以多种形式打印或显示在屏幕上。通过学习报表的使用，用户可以有效地输出数据并检索有用的信息。此外，读者还将了解和掌握报表创建的三种基本形式。

课程思政

南京长江大桥是长江上第一座由中国自行设计和建造的双层式铁路、公路两用桥梁，在中国桥梁史和世界桥梁史上具有重要意义。

报表设计在数据库管理中的重要性，犹如南京长江大桥在中国交通网络中的地位。高效的报表设计，既展现了数据的美感，又确保了信息的准确传递，是数据库功能实现的关键一环。

南京长江大桥不仅是连接南北的关键枢纽，同时也是中国工程技术成就的象征，更是中国经济建设的重要成就与中国桥梁建设的重要里程碑，具有极大的经济意义、政治意义和战略意义。

5.1 认识报表

前面已系统地介绍了 Access 数据库中表、查询和窗体的概念及应用。本章主要介绍另一个十分重要的数据库对象——报表。

简单来说，表用于存储数据，查询用于对数据进行筛选，窗体用于查看数据，而报表就是用于对数据进行打印。Access 中报表的概念来源于人们经常提到的各种报表，如财务报表、年度总结报表等。

使用报表，可以灵活地查看和打印摘要数据信息。报表可以按需要的方式显示数据，并按不同的格式查看和打印数据，也可以为报表添加多级汇总、统计和图片等。

5.1.1 报表的功能

报表是为将数据或信息输出到屏幕或打印设备上而存在的，可以说它是为打印而生，所以它提供了其他数据库对象无法比拟的数据视图和分类能力。报表可以对数据进行分组和排序，然后以分组次序显示数据，也可以把数值相加的汇总、计算的平均值或其他统计信息显示和打印出来。

一般来说，报表具备以下四种基本功能。

（1）不仅可以打印和浏览原始数据，还可以从多个数据表中提取数据进行比较、汇总和小计，并把结果打印出来。

（2）可分组生成清单、标签和图表等形式的输出内容，从而更方便处理数据。

（3）输出内容的格式可以按照用户的需要定制，从而更易于阅读和理解。

（4）可以为报表添加页眉和页脚，也可以利用图形、图表等辅助元素帮助说明数据的含义。

以上介绍了报表的基本功能，报表是为显示和打印而存在的，是和用户直接交流的对象。创建思路清晰、内容完整的报表，可以大大提高数据分析的效率。

提示：尽管报表能够以不同方式分组和显示数据，但它并没有改变数据库表中的基础数据，即报表只用于输出数据而没有修改、删除或添加数据的功能。

5.1.2 报表的分类

报表可以汇总和分组数据库中的数据，以提供对这些数据的概览。按汇总或分组后的形式，一般可将报表分为以下四种类型。

（1）表格型报表。以行和列的方式列出数据记录，一行显示一条记录，每次可以显示表或查询中的多条记录。

（2）组合型报表。含有子报表的报表。

（3）图表型报表。将数据记录的统计结果以图形或图表形式显示。

（4）标签型报表。将特定字段中的数据提取出来，打印成一个个小标签，粘贴以标识物品。

表格型报表布局比较简单，应用也非常广泛；组合型报表可以对数据作进一步分析；图表型报表的数据表现直观；标签型报表用于打印特殊文档，如商业信函的信封等。

5.1.3 报表的视图

与表、窗体等对象一样，Access 2016 也为报表提供了不同的视图。打开报表后，单击功能区左侧的【视图】按钮，可在打开的下拉列表中选择不同的视图模式。下面对四种视图模式进行简单介绍。

（1）报表视图。用于显示报表，并执行各种数据的筛选和查看方式。

（2）打印预览。用于预先让用户观察报表的打印效果，如果对打印效果不满意，可以随时更改设置。

（3）布局视图。其界面和报表视图差不多，不同之处在于该视图中各个控件的位置可以移动，用户可以重新布局各个控件，删除不需要的控件，设置各控件属性等，但不能添加控件。

（4）设计视图。用于设计和修改报表的结构，添加控件和表达式，设置控件属性，美化报表等。

5.2　创建报表

5.2.1　使用报表工具创建报表

报表工具提供了最快的报表创建方式，使用它可以为用户自动创建报表。自动创建的报表中会显示数据源的数据表或查询中的所有字段。

课堂案例 5-1　使用报表工具快速创建报表

（1）启动 Access 2016 应用程序，打开【公司信息管理系统】数据库。

（2）在左侧导航窗格的【表】组中选择【联系人】选项，打开【创建】选项卡，在【报表】组中单击【报表】按钮。

（3）此时 Access 2016 自动生成如图 5-1 所示的报表。

（4）单击【文件】按钮，在弹出的【文件】菜单中执行【保存】命令，弹出【另存为】对话框，将报表以文件名【联系人信息】进行保存。

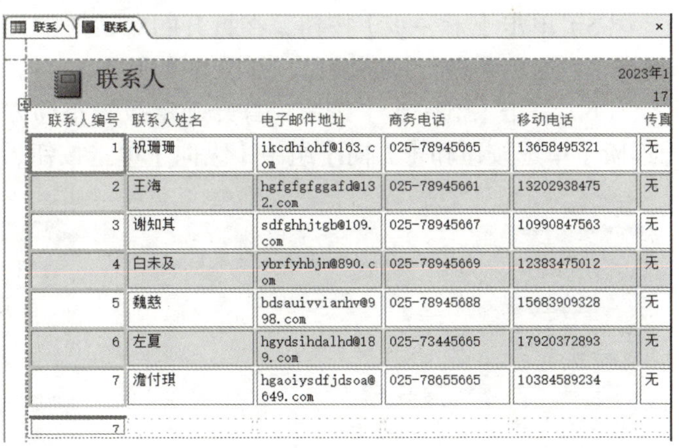

联系人编号	联系人姓名	电子邮件地址	商务电话	移动电话	传真
1	祝珊珊	ikcdhiohf@163.com	025-78945665	13658495321	无
2	王海	hgfgfgfggafd@132.com	025-78945661	13202938475	无
3	谢知其	sdfghhjtgb@109.com	025-78945667	10990847563	无
4	白未及	ybrfyhbjn@890.com	025-78945669	12383475012	无
5	魏慈	bdsauivvianhv@998.com	025-78945688	15683909328	无
6	左夏	hgydsihdalhd@189.com	025-73445665	17920372893	无
7	濮付琪	hgaoiysdfjdsoa@649.com	025-78655665	10384589234	无

7

图 5-1　生成的报表

5.2.2　使用报表向导创建报表

使用报表向导创建报表不仅可以选择在报表上显示哪些字段，还可以指定数据的分组和排序方式。如果事先指定了表与查询之间的关系，还可以使用来自多个表或查询的字段来创建报表。

课堂案例 5-2　使用 Access 报表向导创建标准报表

（1）启动 Access 2016 应用程序，打开【公司信息管理系统】数据库。

（2）打开【创建】选项卡，在【报表】组中单击【报表向导】按钮，弹出【报表向导】对话框。

（3）在【表 / 查询】下拉列表框中选择【表：员工信息表】选项，将【可用字段】列表中的可用字段添加到【选定字段】列表中，如图 5-2 所示。

（4）单击【下一步】按钮，在打开的对话框中确定是否添加分组级别，并将左侧列表中的字段依次添加到右侧的分组列表中，如图 5-3 所示。

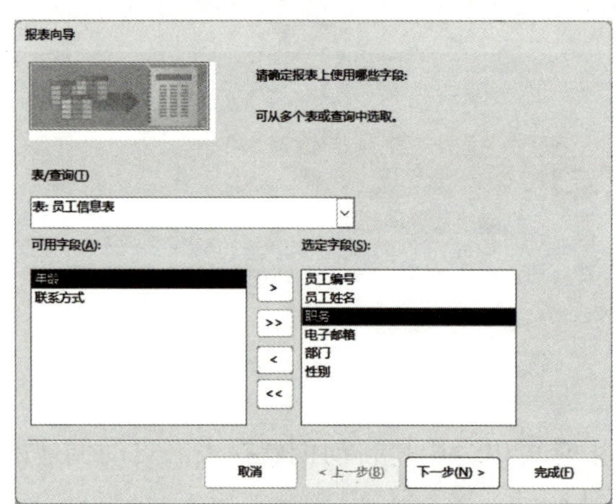

图 5-2　【报表向导】对话框 1

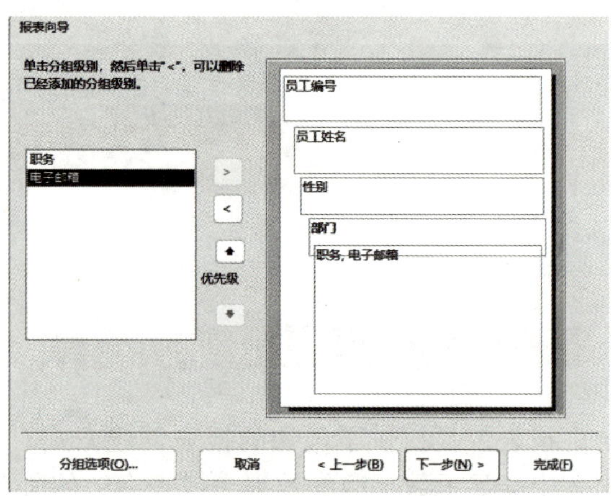

图 5-3　【报表向导】对话框 2

（5）单击【下一步】按钮，在打开的对话框中，用户可以根据需要选择升序、降序或不排序，这里不进行排序设置，如图 5-4 所示。

（6）单击【下一步】按钮，打开确定报表布局方式的对话框，保持选中【布局】组中【递阶】单选按钮和【方向】组中【纵向】单选按钮，如图 5-5 所示。

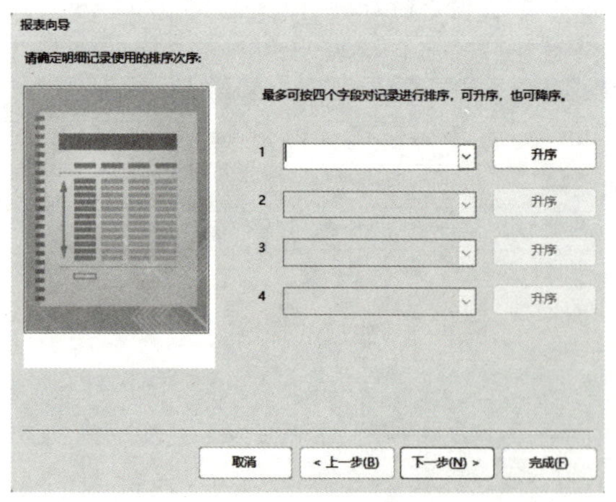

图 5-4　【报表向导】对话框 3

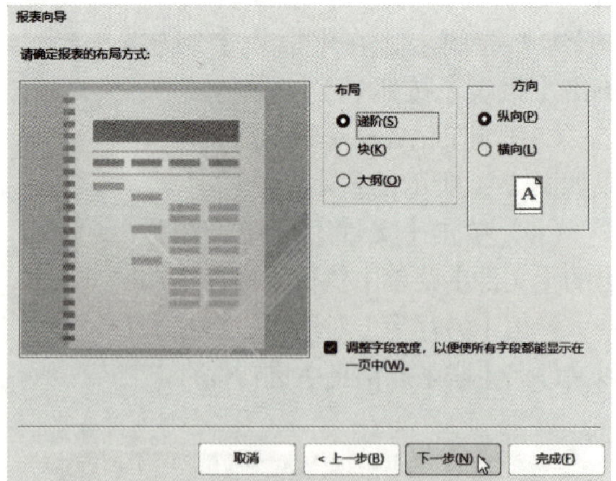

图 5-5　【报表向导】对话框 4

（7）单击【下一步】按钮，在打开的对话框中为创建的报表指定标题，在【请为报表指定标题】文本框中输入【员工信息报表】，如图 5-6 所示。

（8）单击【完成】按钮，创建的报表效果如图 5-7 所示。

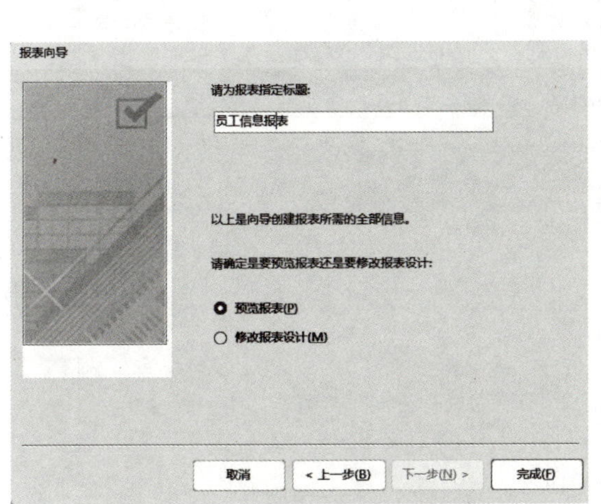

图 5-6　【报表向导】对话框 5

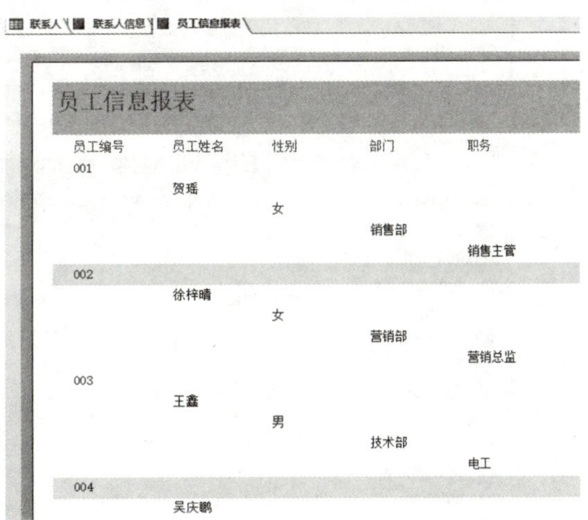

图 5-7　报表效果

（9）在状态栏的视图工具中单击【设计视图】按钮，切换至设计视图，扩大【电子邮箱】字段的大小，使得在报表视图中能完全显示字段内容，并将其他各个字段所占用的空间调整到合适的大小，如图 5-8 所示。

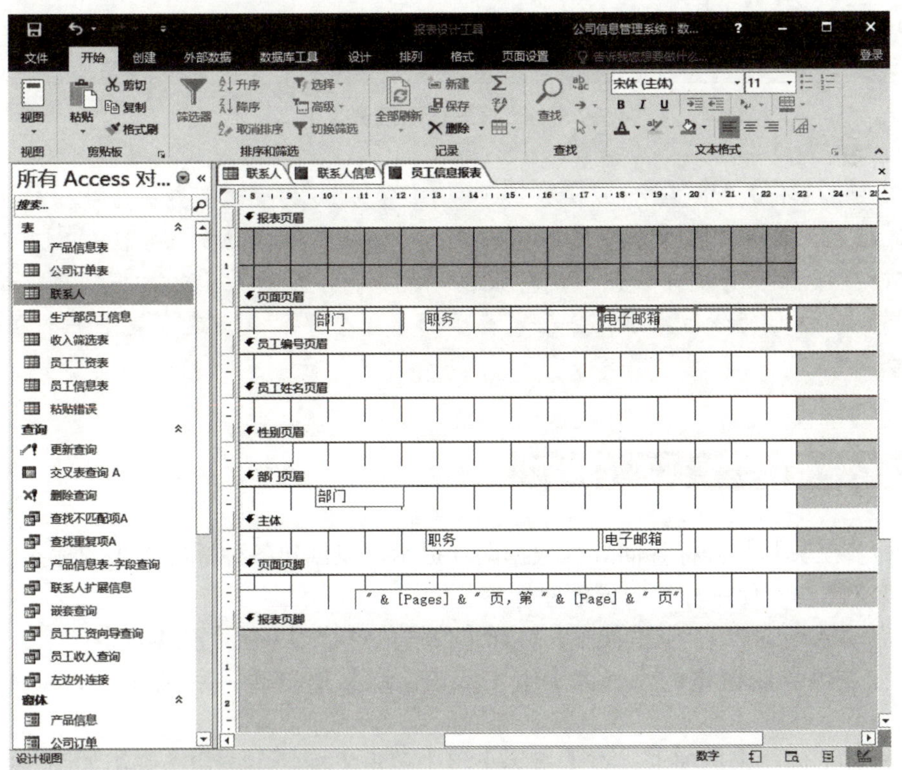

图 5-8　调整字段大小

（10）调整完成后切换到报表视图，效果如图 5-9 所示。

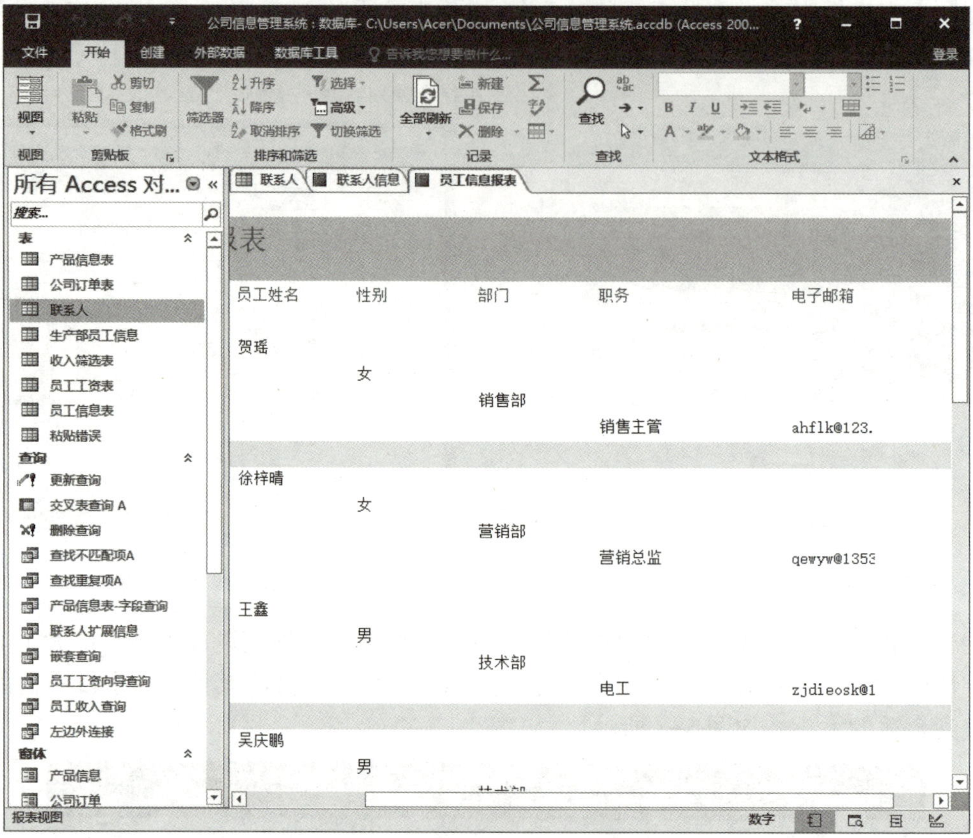

图 5-9　报表视图预览效果

提示：当一个记录集按照一个以上的字段、表达式或组记录源进行分组时，就会嵌入组。在报表中最多可按十个字段或表达式进行分组。当根据多个字段或表达式进行分组时，Access 会根据它们的分组级别对组进行嵌套。分组所基于的第一个字段或表达式是第一个且最重要的分组级别，分组所基于的第二个字段或表达式是下一个分组级别，依次类推。

5.2.3　使用标签工具创建标签

单击标签工具将打开标签向导，根据向导提示可以创建各种标准大小的标签。

课堂案例 5-3　使用标签向导创建标签

（1）启动 Access 2016 应用程序，打开【公司信息管理系统】数据库。

（2）在左侧导航窗格的【查询】组中双击【产品信息表 - 字段查询】选项，打开该查询。

（3）打开【创建】选项卡，在【报表】组中单击【标签】按钮，弹出如图 5-10 所示的【标签向导】对话框，用来指定标签尺寸，单击【下一步】按钮。

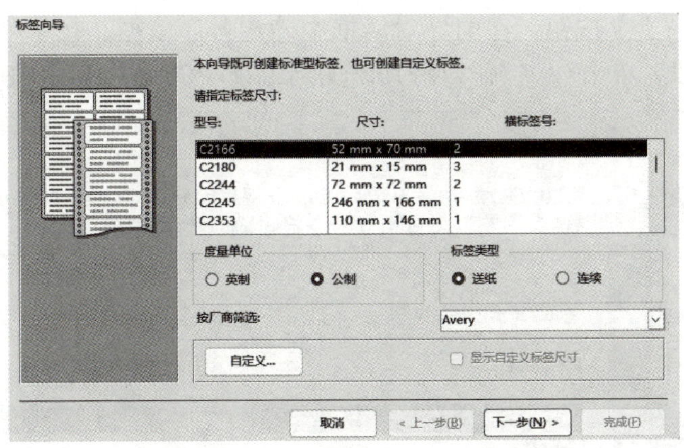

图 5-10　【标签向导】对话框 1

（4）在打开的向导对话框中设置文本的字体格式，如图 5-11 所示。

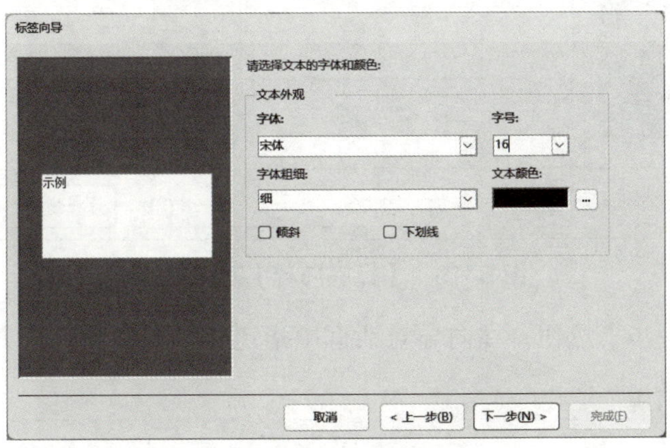

图 5-11　【标签向导】对话框 2

（5）单击【下一步】按钮，在向导对话框中指定邮件标签的显示内容。在【可用字段】列表中依次选中【产品编号】、【产品名称】和【库存数量】字段，单击 > 按钮，将其添加到【原型标签】列表中，如图 5-12 所示。

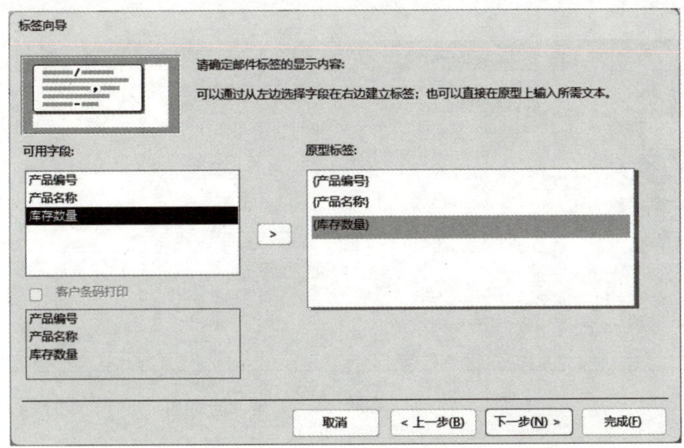

图 5-12　【标签向导】对话框 3

（6）单击【下一步】按钮，在向导对话框中确定排序依据。在【可用字段】列表中选中【产品编号】字段，单击 > 按钮，将其添加到【排序依据】列表中，如图 5-13 所示。

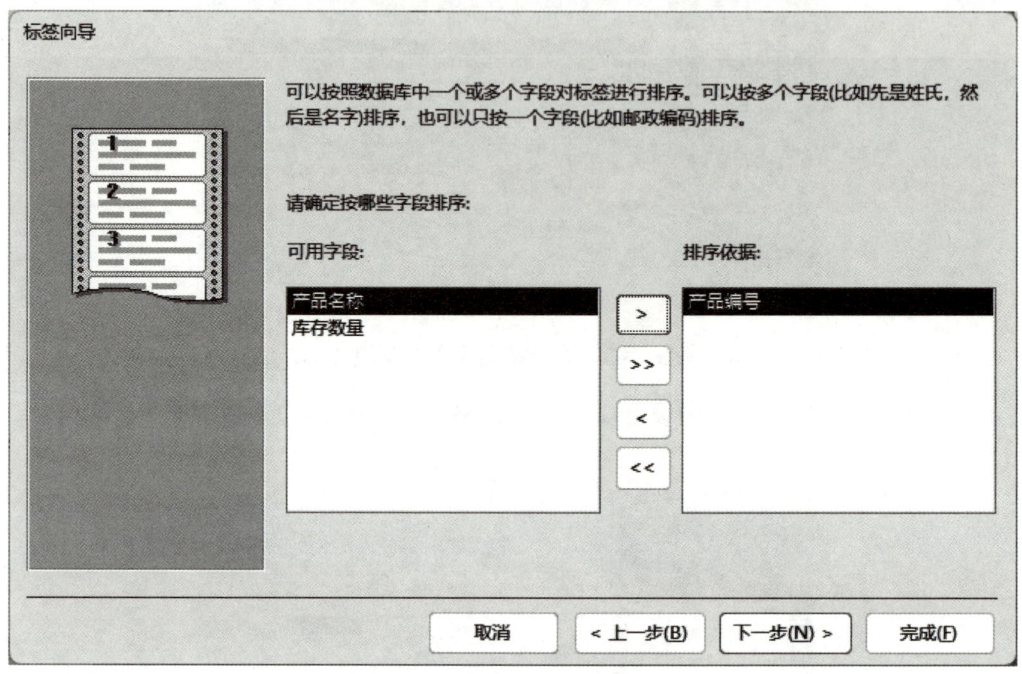

图 5-13 【标签向导】对话框 4

（7）单击【下一步】按钮，在向导对话框中指定标签名称和打开方式，这里保持默认设置，如图 5-14 所示。

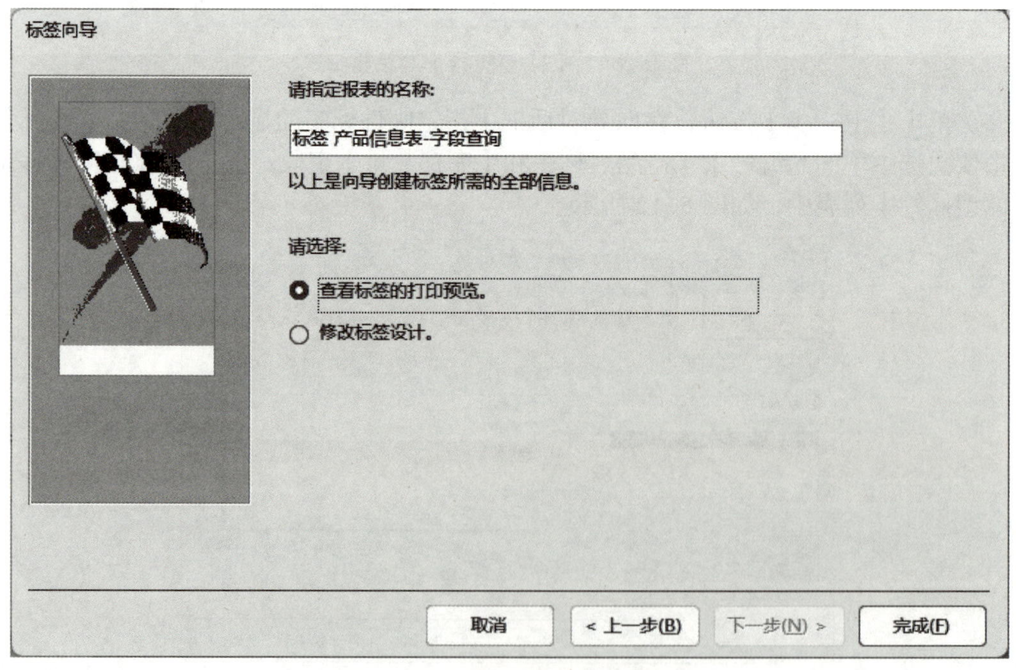

图 5-14 【标签向导】对话框 5

（8）单击【完成】按钮，即可完成标签报表的创建，打开如图 5-15 所示的报表打印预览视图效果。

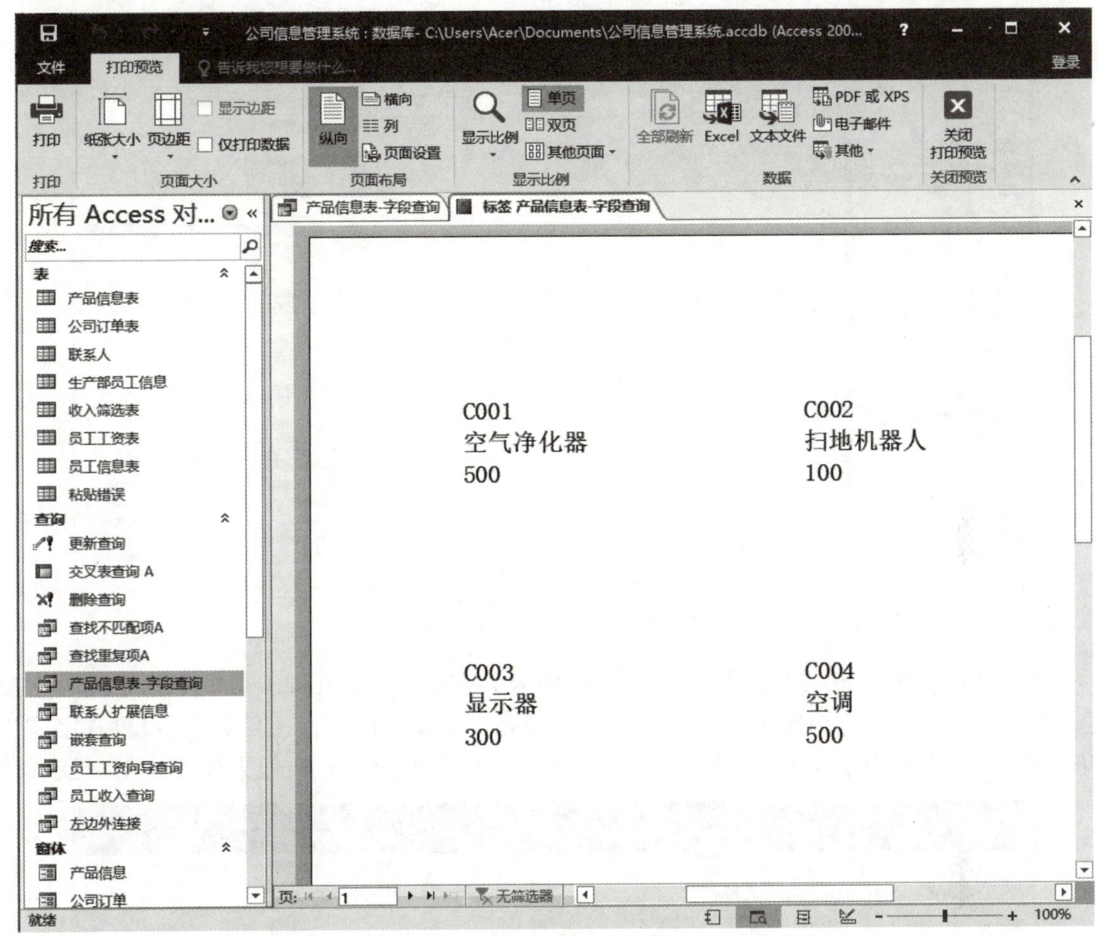

图 5-15　报表打印预览视图效果

5.2.4　使用空白报表工具创建报表

如果使用报表工具或报表向导不能满足报表的设计需求，可以使用空白报表工具重新生成报表。当计划只在报表上放置很少几个字段时，使用这种方法可以快捷地生成报表。

课堂案例 5-4　使用空报表工具创建报表

（1）启动 Access 2016 应用程序，打开【公司信息管理系统】数据库。

（2）打开【创建】选项卡，在【报表】组中单击【空报表】按钮，打开空报表和【字段列表】窗格。

（3）在【字段列表】中单击【显示所有表】链接，展开所有表，然后单击【生产部员工信息】左侧的加号，打开该表包含的字段列表。

（4）拖动【生产部员工信息】下的【员工编号】、【员工姓名】、【性别】、【职务】和【联系方式】字段到空报表中，如图 5-16 所示。

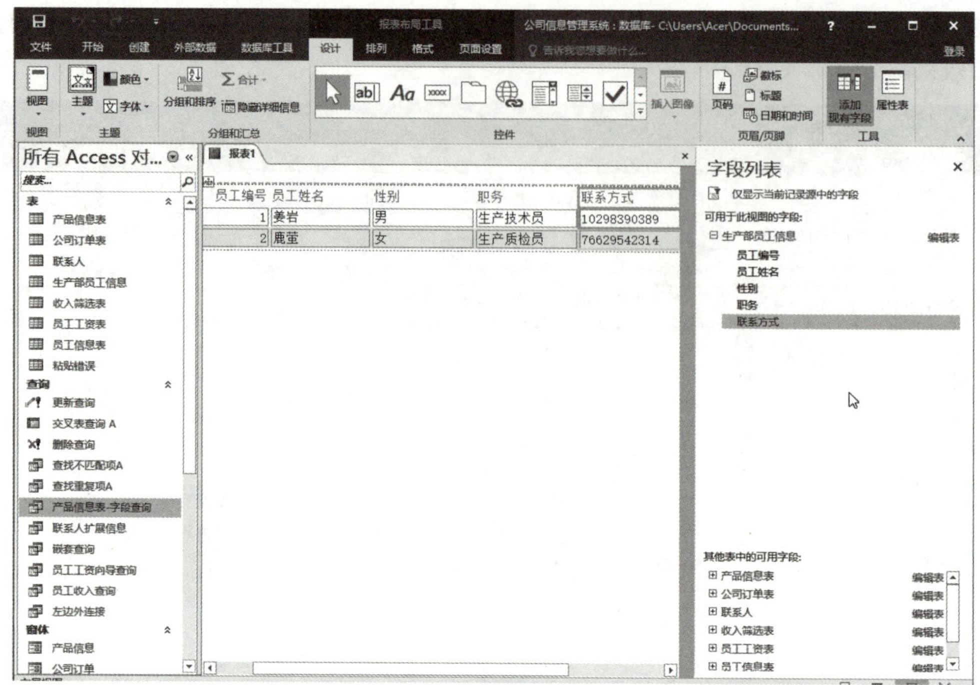

图 5-16　添加字段到空报表中

（5）打开【报表布局工具】|【设计】选项卡，在【页眉 / 页脚】组中单击【标题】按钮，在空报表中添加【标题】文本框，并输入标题文字【生产部员工信息】，设置其字体为【华文新魏】、字号为【18】、字体颜色为【深蓝】、字型为【加粗】，效果如图 5-17 所示。

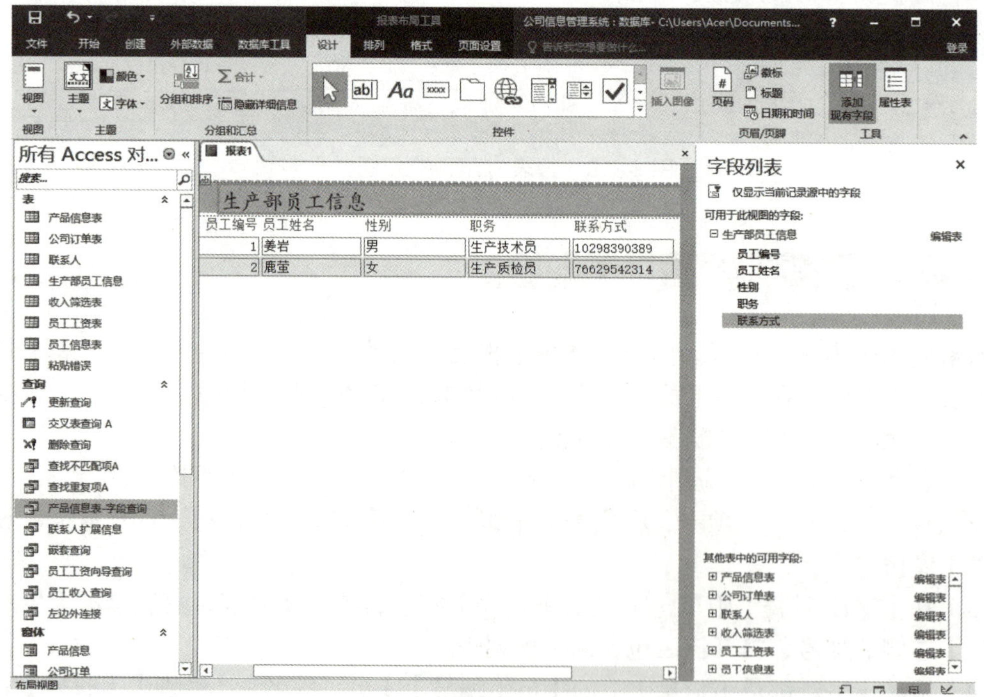

图 5-17　设置标题属性后的效果

（6）在【页眉 / 页脚】组中单击【日期和时间】按钮，弹出【日期和时间】对话框，如图 5–18 所示。

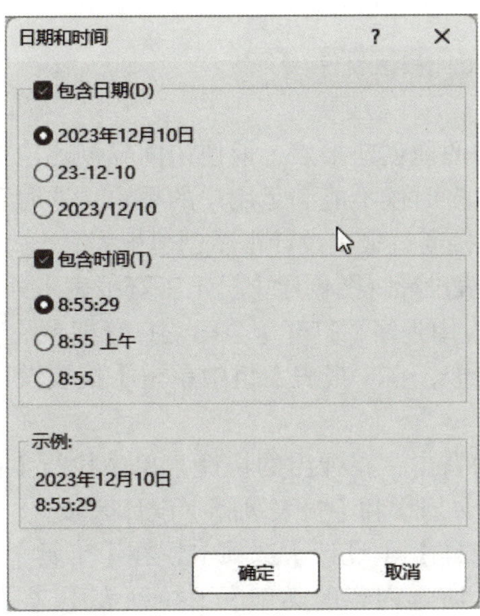

图 5–18　【日期和时间】对话框

（7）在【日期和时间】对话框中保持默认设置，单击【确定】按钮，此时报表中添加了时间和日期控件，如图 5–19 所示。

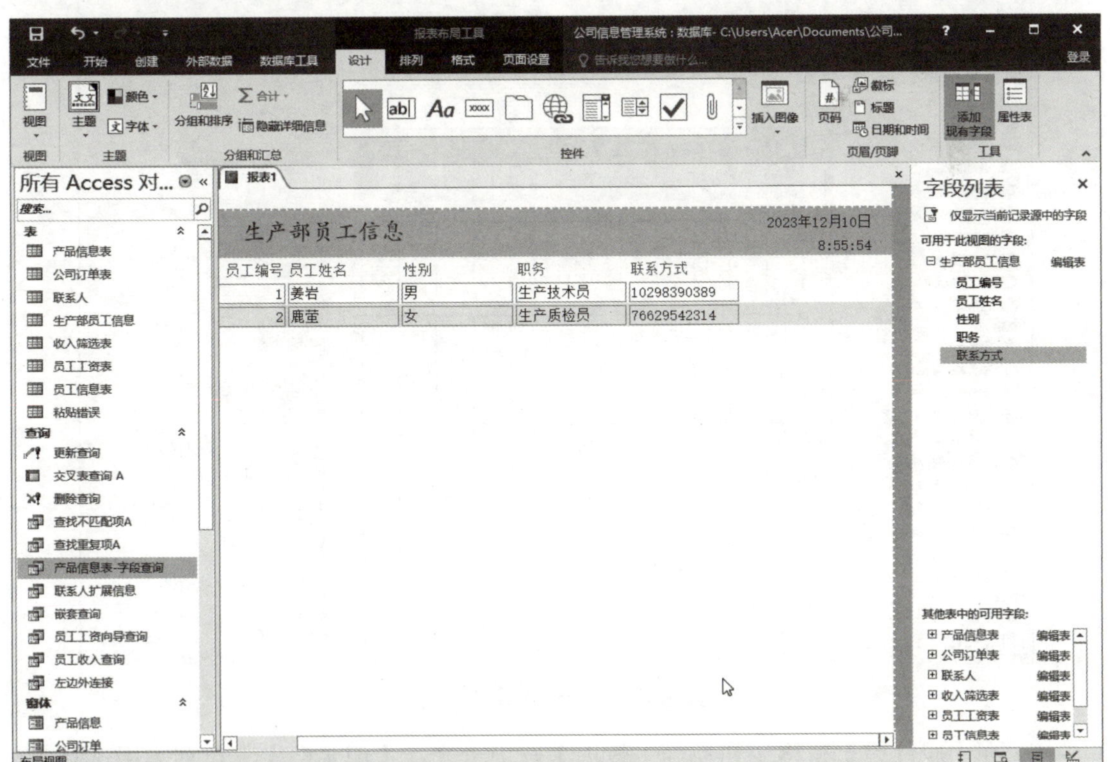

图 5–19　添加日期和时间

（8）在快速访问工具栏中单击【保存】按钮，将报表以文件名【生产部员工信息报表】进行保存。

5.2.5 使用报表设计视图创建报表

使用报表向导可以很方便地创建报表，但使用向导创建出来的报表的形式和功能都比较单一，布局较为简单，很多时候不能满足用户的要求。这时可以通过报表设计视图对报表做进一步的修改，或者直接通过报表设计视图创建报表。

课堂案例 5-5　使用报表设计视图创建【员工工资报表】

（1）启动 Access 2016 应用程序，打开【公司信息管理系统】数据库。

（2）打开【创建】选项卡，在【报表】组中单击【报表设计】按钮，打开报表设计视图窗口。

（3）在报表设计视图中右击，在弹出的快捷菜单中执行【报表页眉 / 页脚】命令，在报表设计视图中添加【报表页眉】和【报表页脚】设计区域。

（4）打开【报表设计工具】|【设计】选项卡，在【工具】组中单击【属性表】按钮。打开【属性表】窗格，在【所选内容的类型】下拉列表中选择【报表】选项，如图 5-20 所示。

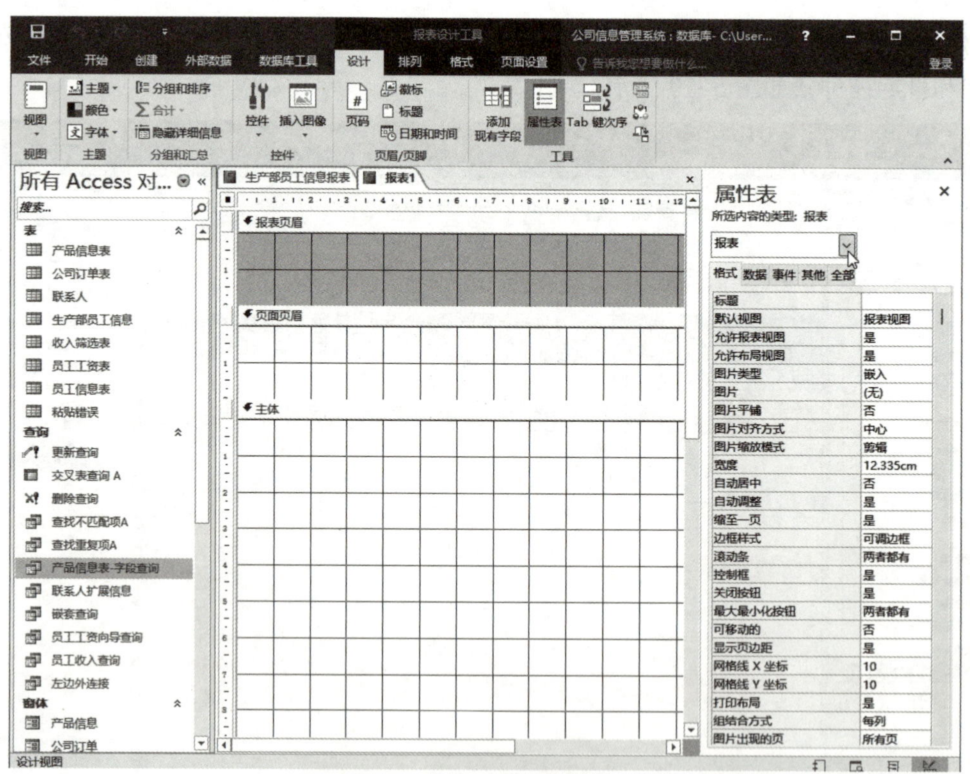

图 5-20　设置【属性表】

（5）在【属性表】窗格中切换到【数据】选项卡，在【记录源】下拉列表中选择【员工工资表】选项，如图 5-21 所示。

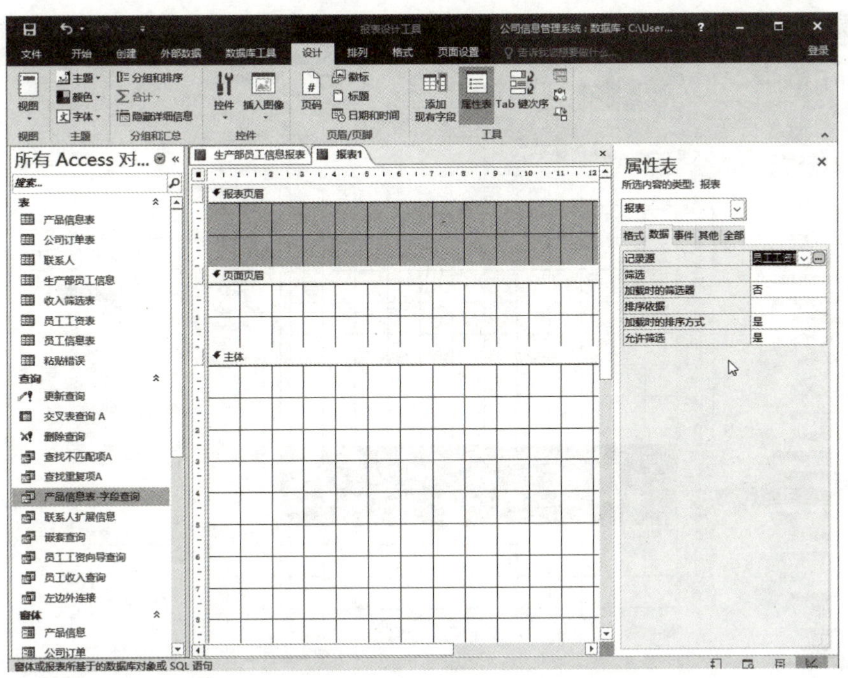

图 5-21　选择【员工工资表】选项

（6）选中【报表页眉】设计区域的标题栏，切换至【格式】选项卡，单击列表框中的【背景色】按钮，将【报表页眉】设计区域填充为【 Access 主题 7】（即蓝色），如图 5-22 所示。

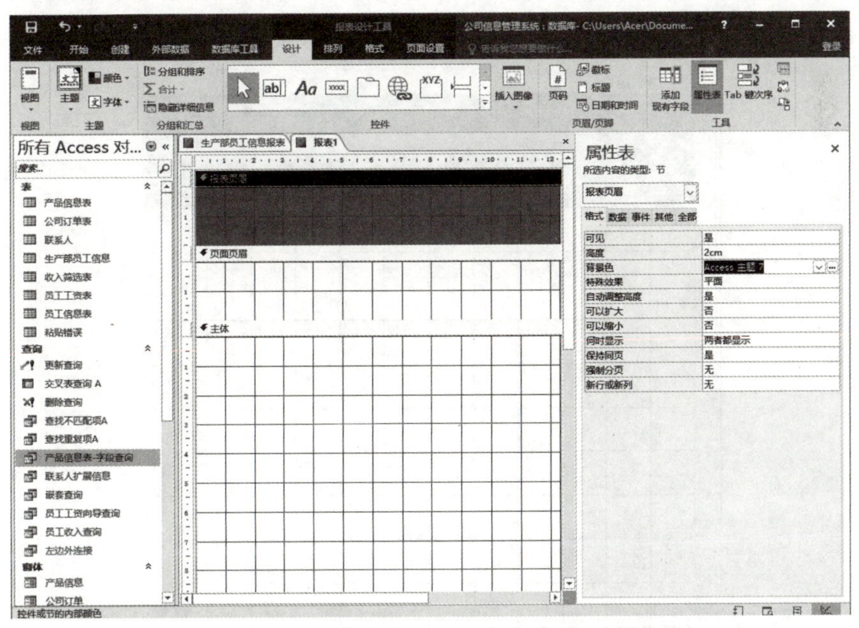

图 5-22　设置【报表页眉】设计区域颜色

（7）参照步骤（6），设置【页面页脚】区域的背景色，此时设计视图窗口如图 5-23 所示。

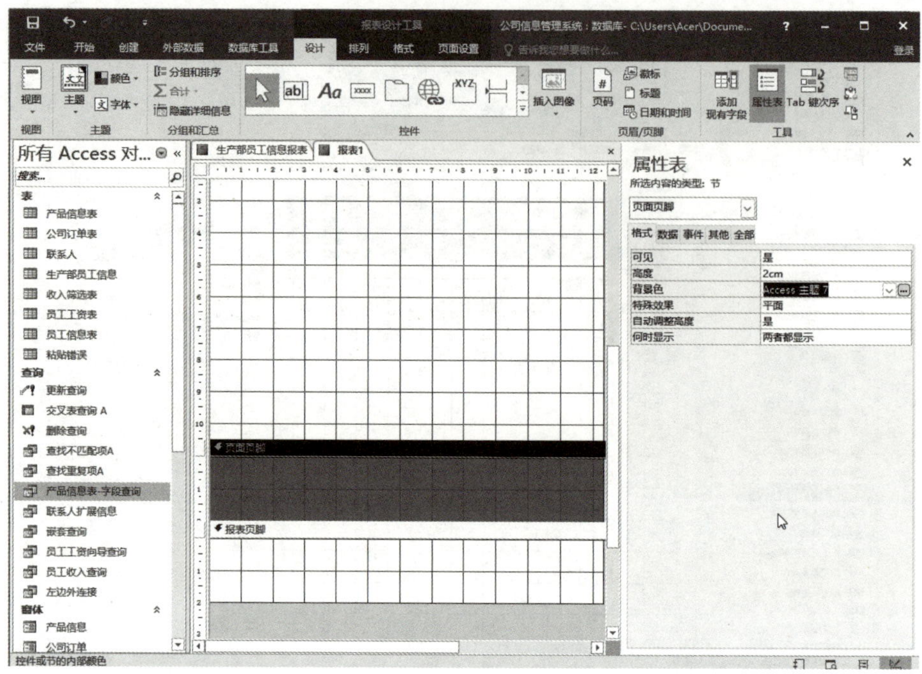

图 5-23 设置【页面页脚】区域的背景色

（8）打开【报表设计工具】|【设计】选项卡，在【控件】组中选择【标签】控件。

（9）在标签中输入文字【员工工资表】，设置文字字体为【华文隶书】、字号为【28】、字体颜色为【橙色】，如图 5-24 所示。

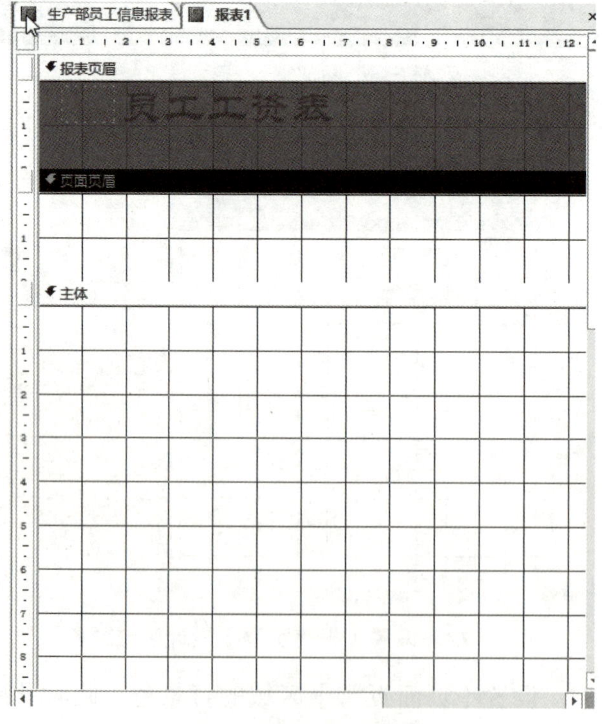

图 5-24 设置标题属性

（10）在【设计】选项卡的【页眉 / 页脚】组中单击【页码】按钮，弹出【页码】对话框。在【格式】选项区域选中【第 N 页，共 M 页】单选按钮，在【位置】选项区域选中【页面底端（页脚）】单选按钮，如图 5–25 所示。

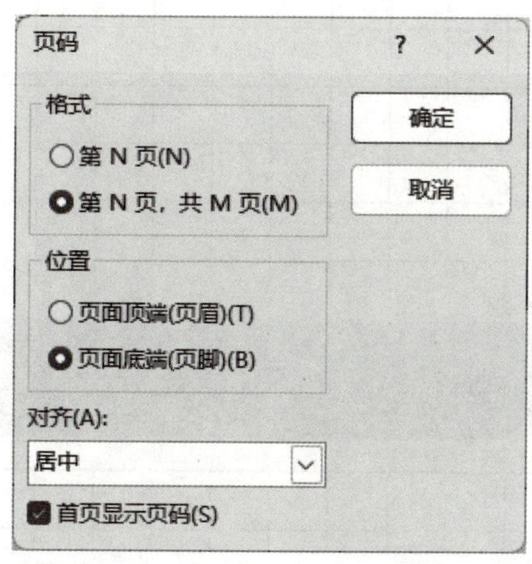

图 5–25 【页码】对话框的设置

（11）单击【确定】按钮，此时页码表达式出现在【页面页脚】设计区域，设置表达式颜色为黄色，如图 5–26 所示。

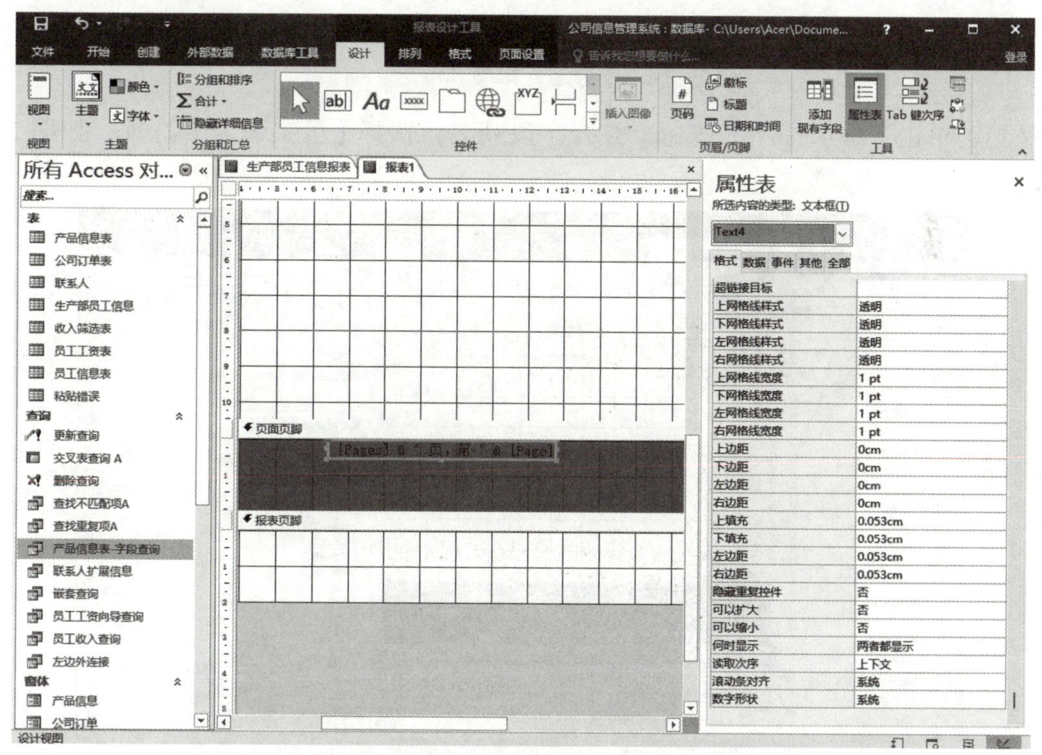

图 5–26 设置页脚中文字颜色

（12）在【设计】选项卡的【分组和总汇】组中单击【分组和排序】按钮，打开【分组、排序和汇总】窗格，如图 5–27 所示。

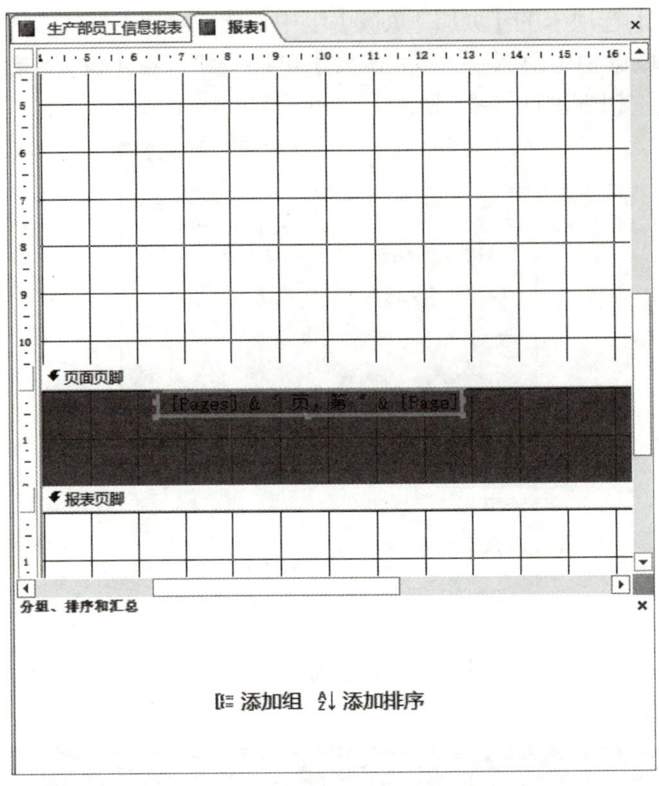

图 5-27 【分组、排序和汇总】窗格

（13）单击【添加排序】按钮，打开字段列表，选择【员工编号】选项，如图 5-28 所示。

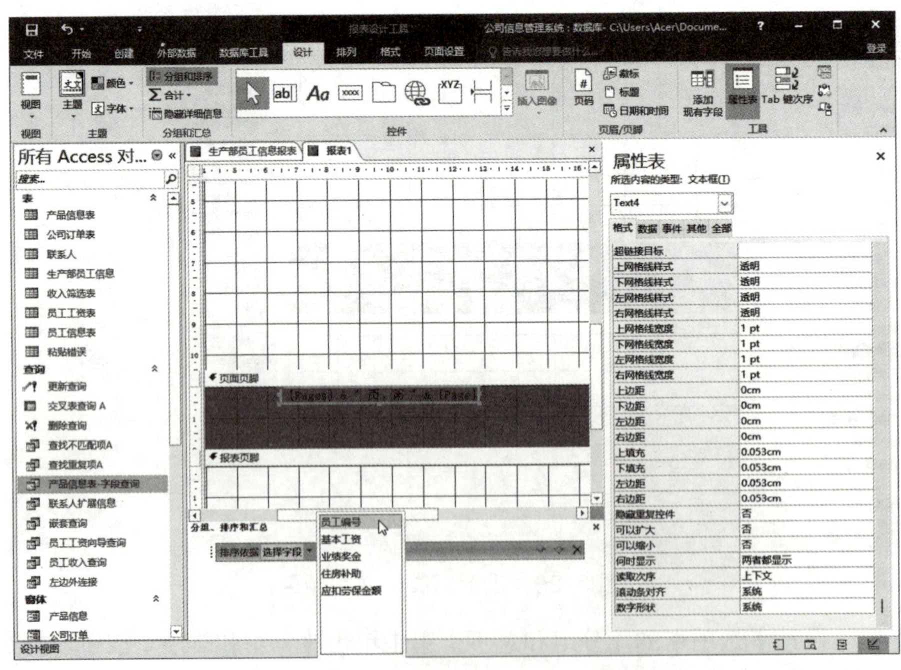

图 5-28 选择【员工编号】选项

（14）此时，【分组、排序和汇总】窗格如图 5-29 所示。

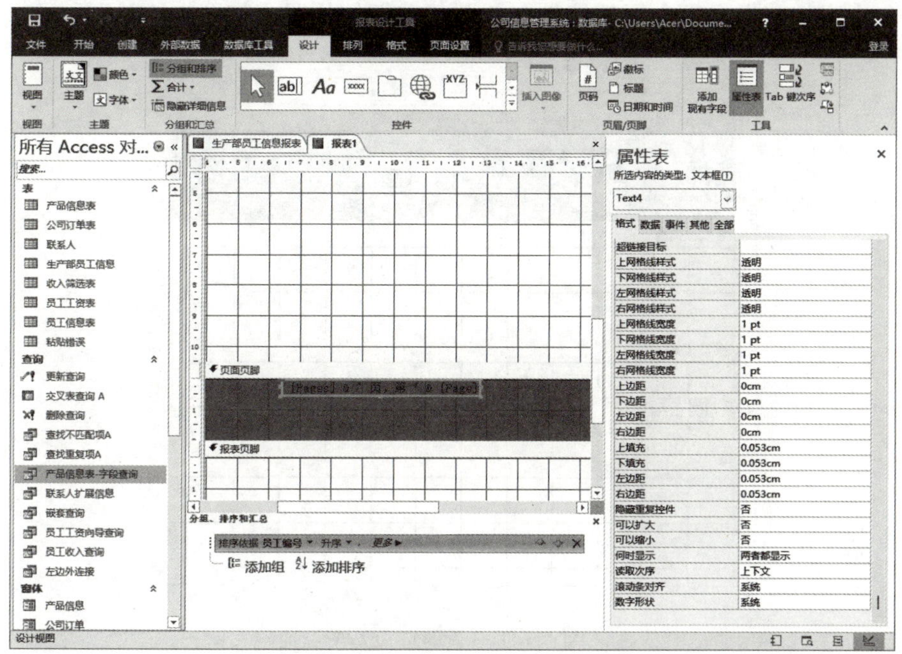

图 5-29　选择字段后的效果

（15）在窗格中单击【添加组】按钮，在弹出的字段列表中选择【员工编号】选项，如图 5-30 所示。

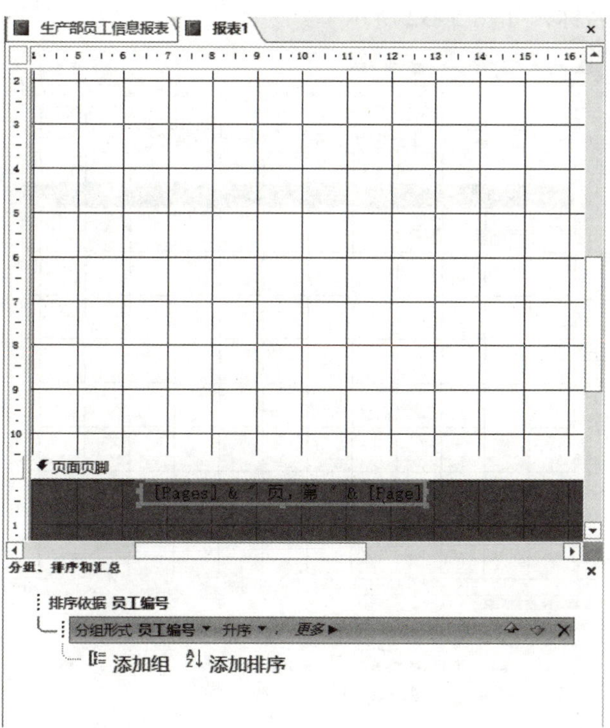

图 5-30　选择【员工编号】选项后的效果

（16）在【员工编号页眉】设计区域添加【员工编号】、【基本工资】、【业绩奖金】、【住房补助】和【应扣劳保金额】标签控件，并调整它们的位置，如图 5-31 所示。

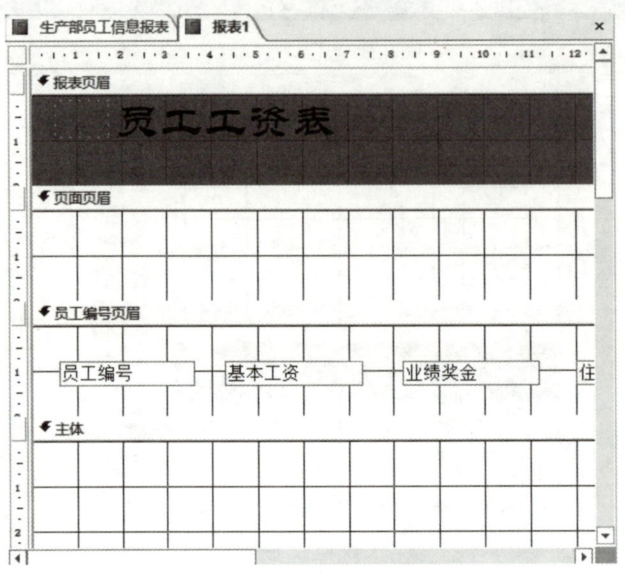

图 5-31 添加标签控件

（17）打开【报表设计工具】的【设计】选项卡，在【工具】组中单击【添加现有字段】按钮，打开【字段列表】窗格。

（18）从字段列表中拖动【员工工资表】中的【员工编号】字段到【主体】设计区域，并删除该控件的标签名称，如图 5-32 所示。

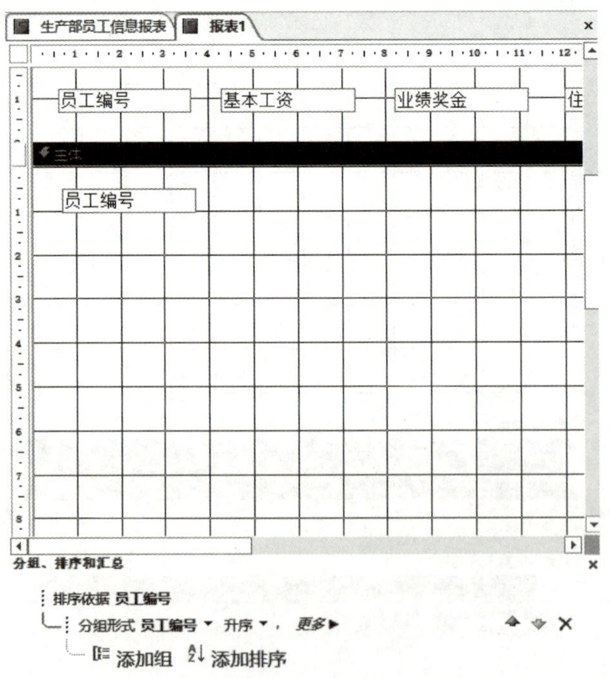

图 5-32 添加字段到【主体】设计区域

（19）在主体设计区域添加【基本工资】、【业绩奖金】、【住房补助】和【应扣劳保金额】文本框控件，并调整它们的位置，如图 5-33 所示。

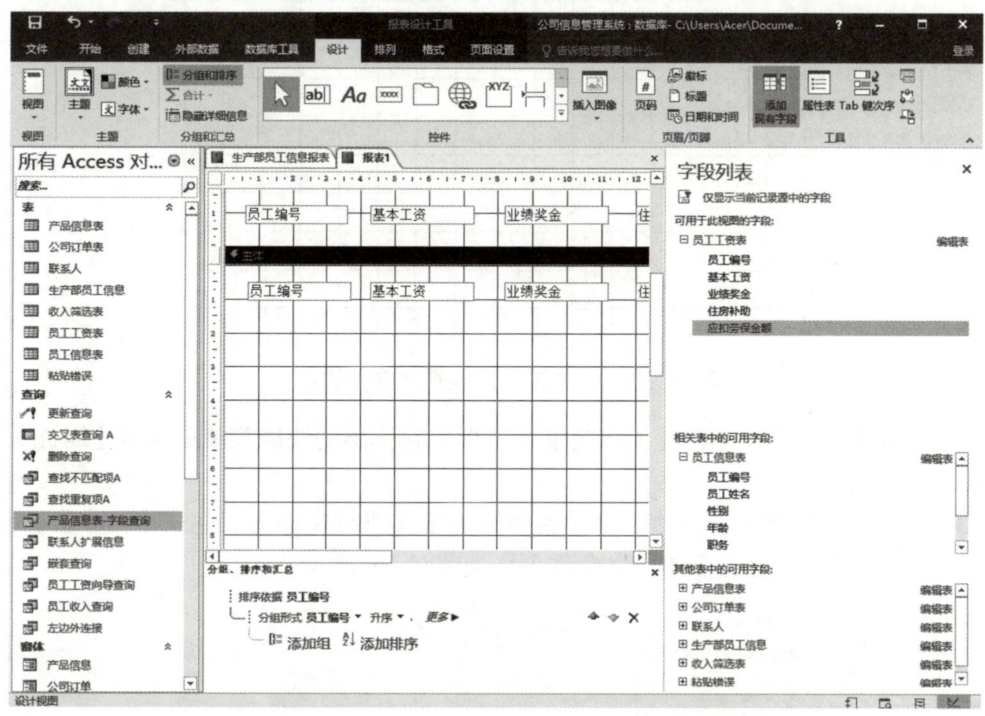

图 5-33　在主体设计区域添加文本框控件

（20）切换到打印预览视图，创建报表的效果如图 5-34 所示。

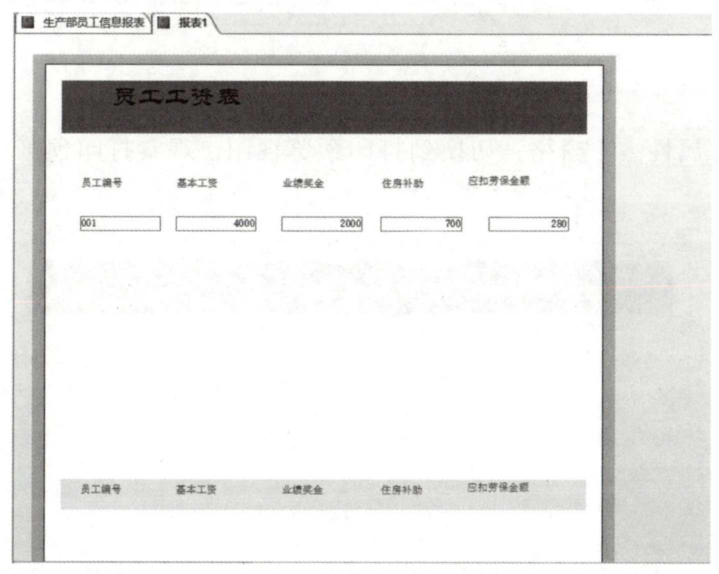

图 5-34　报表打印预览效果

（21）切换到设计视图，在【员工编号页眉】区域添加标签【实际工资】，在【主体】区域添加文本框控件，并删除该控件的标签，如图 5-35 所示。

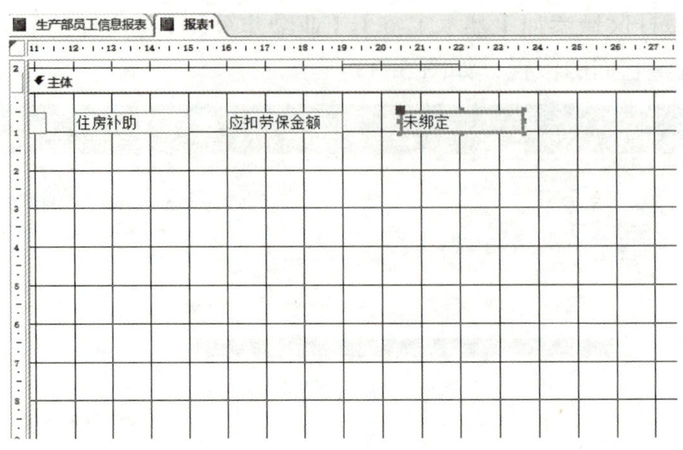

图 5-35 【主体】区域删除控件的标签

（22）右击【主体】区域的【未绑定】文本框，在弹出的快捷菜单中执行【属性】命令，打开【属性表】窗格。

（23）切换到【数据】选项卡，在【控件来源】文本框中输入表达式【=[基本工资]+[业绩奖金]+[住房补助]-[应扣劳保金额]】，如图 5-36 所示。

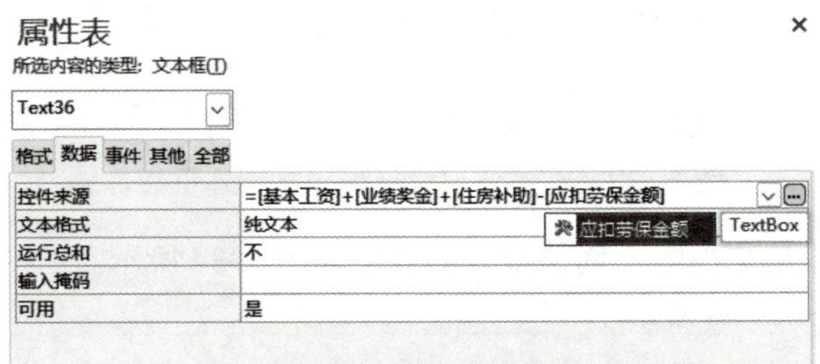

图 5-36 设置控件来源

（24）关闭【属性表】窗格，切换到打印预览视图，观察打印预览效果，如图 5-37 所示。

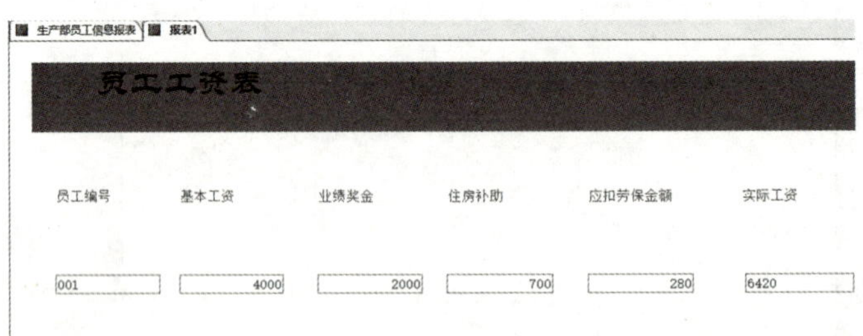

图 5-37 预览效果

（25）在快速访问工具栏中单击【保存】按钮，将报表以【员工工资报表】为文件名进行保存。

（26）切换到【员工工资报表】设计视图，在【主体】区域选中【业绩奖金】控件，在【格式】选项卡的【控件格式】选项区域单击【条件格式】按钮。

（27）弹出【条件格式规则管理器】对话框，单击【新建规则】按钮，如图 5-38 所示。

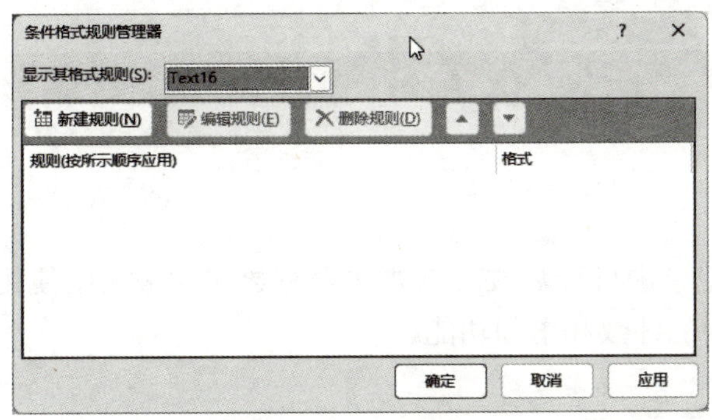

图 5-38　【条件格式规则管理器】对话框

（28）弹出【新建格式规则】对话框，在【编辑规则描述】选项区域设置添加属性，并设置填充色和字体颜色，如图 5-39 所示。

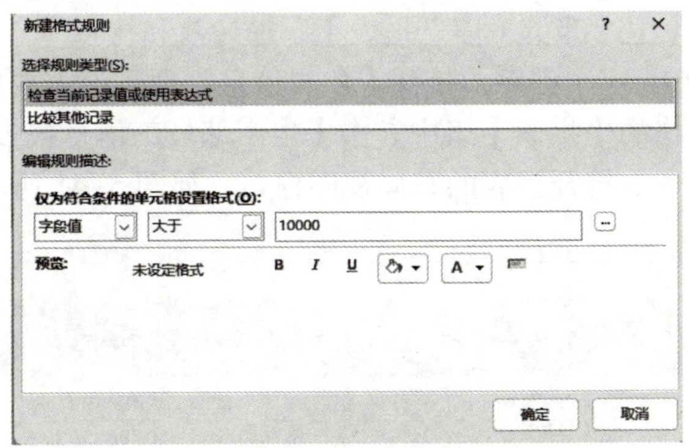

图 5-39　【新建格式规则】对话框

（29）单击【确定】按钮，关闭所有的对话框，切换到【员工工资报表】报表预览视图，如图 5-40 所示。

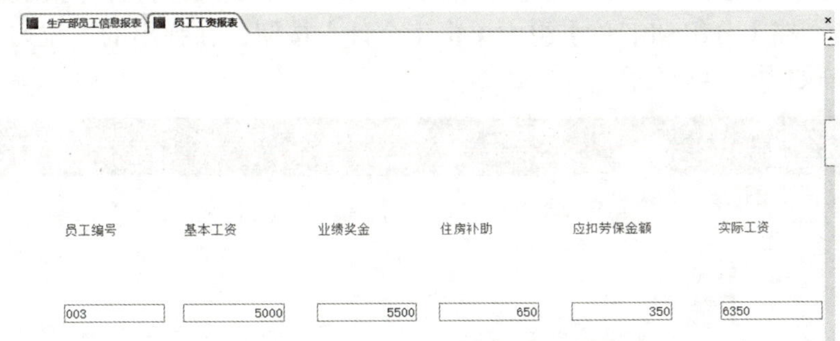

图 5-40　【员工工资报表】报表预览效果

（30）按【Ctrl+S】组合键，保存创建完成的【员工工资报表】。

提示：要使报表样式更为丰富美观，可以在报表中添加图像、直线和矩形控件等。添加这些控件的方法与在窗体中添加控件和文本框控件的方法相同。

5.3 报表中的计数和求和

对报表中包含的记录进行计数或者需要在含有数字的报表中使用平均值、百分比、总计时，可以使用报表中的计数和求和功能。

5.3.1 报表中的计数

在分组或摘要报表中，可以显示每个组中的记录计数。或者，可以为每条记录添加一个行号，以便于记录间的相互引用。

课堂案例 5-6 为【生产部员工信息报表】添加计数和行号

（1）启动 Access 2016 应用程序，打开【公司信息管理系统】数据库。

（2）在左侧导航窗格的【报表】组中右击【生产部员工信息报表】，在弹出的快捷菜单中执行【布局视图】命令，打开报表的布局视图窗口，如图 5-41 所示。

生产部员工信息报表

生产部员工信息 2023年12月10日 8:56:29

员工编号	员工姓名	性别	职务	联系方式
1	姜岩	男	生产技术员	10298390389
2	鹿萤	女	生产质检员	76629542314

图 5-41 布局视图窗口

（3）单击一个不包含 Null 值的字段，如【员工编号】字段，打开【报表布局工具】的【设计】选项卡，在【分组和汇总】组中单击【合计】按钮，在弹出的下拉列表中执行【记录计数】命令，如图 5-42 所示。

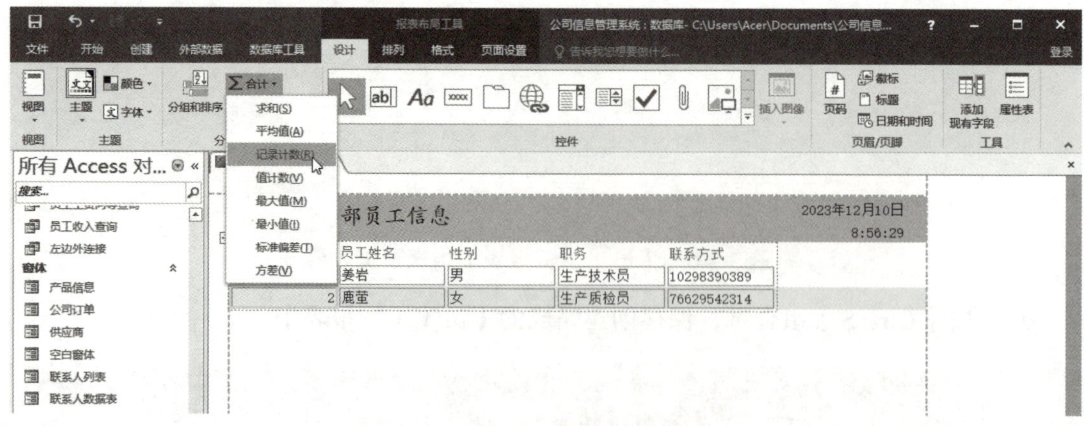

图 5-42 执行【记录计数】命令

（4）打开【开始】选项卡，在【视图】组中单击【视图】下拉列表按钮，在弹出的下拉列表中选择【报表视图】选项。此时，【员工编号】字段下方出现记录计数 2，如图 5-43 所示。

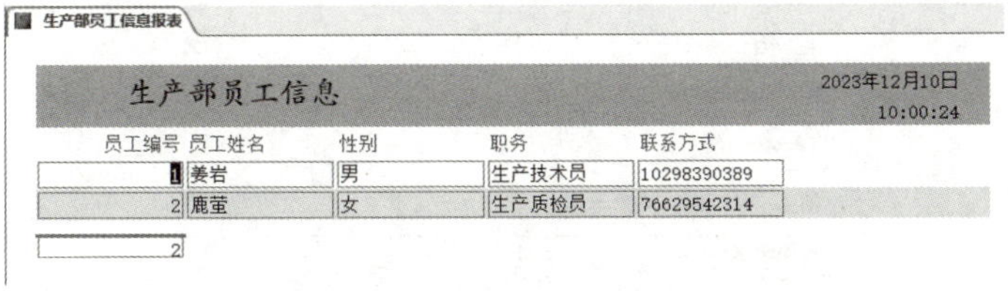

图 5-43　【员工编号】字段的记录计数 2

（5）切换到【生产部员工信息报表】的设计视图，在【设计】选项卡的【控件】组中单击【文本框】按钮，在【主体】节中添加文本框，并将该文本框控件左侧的标签控件拖动到【页面页眉】节，如图 5-44 所示。

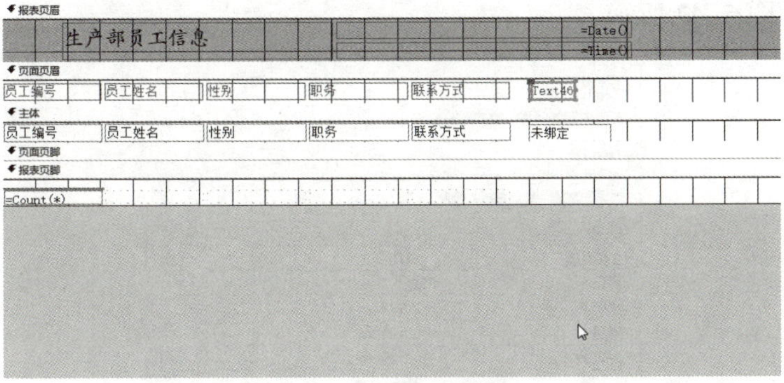

图 5-44　添加标签控件

（6）将在【页面页眉】节中添加的标签控件的名称更改为【序号】，然后按【Alt+Enter】组合键，打开【属性表】窗格，如图 5-45 所示。

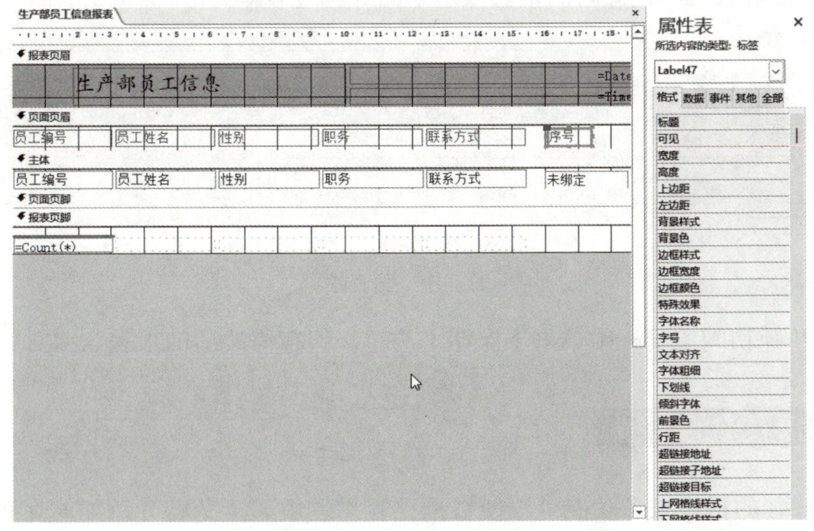

图 5-45　将【页面页眉】节中的标签控件名称更改为【序号】

（7）选中【主体】节中的【未绑定】文本框，打开【数据】选项卡，在【运行总和】文本框中输入【工作组之上】，在【控件来源】文本框中输入【＝1】，在【文本格式】文本框中选择【格式文本】选项，如图 5-46 所示。

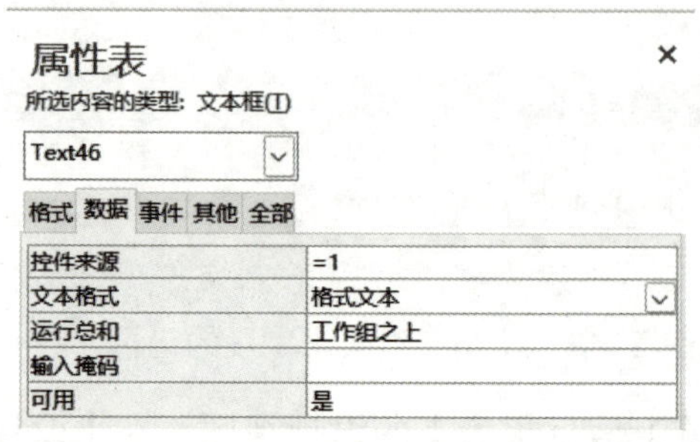

图 5-46 设置【文本格式】文本框的属性

（8）打开【格式】选项卡，然后在【格式】文本框中输入【#.】（# 后跟有一个英文状态下的句点），如图 5-47 所示。

属性表

所选内容的类型：文本框(T)

Text46

格式 数据 事件 其他 全部

格式	#.
小数位数	自动
可见	是
宽度	2.501cm
高度	0.529cm
上边距	0.099cm
左边距	15.996cm
背景样式	常规
背景色	背景 1

图 5-47 设置【格式】属性

（9）切换至报表视图，此时的报表效果如图 5-48 所示。

生产部员工信息报表

生产部员工信息 2023年12月10日 10:07:36

员工编号	员工姓名	性别	职务	联系方式	序号
1	姜岩	男	生产技术员	10298390389	1
2	鹿莹	女	生产质检员	76629542314	2
2					

图 5-48 报表效果

（10）在快速访问工具栏中单击【保存】按钮，保存修改后的报表。

5.3.2 报表中的求和

使用 Access 的报表求和功能可以使数据更容易理解，本节将介绍如何在布局视图中使用求和功能。布局视图是向报表添加总计、平均值和其他聚合最快的方式。

课堂案例 5-7　使用求和功能计算平均工资

（1）启动 Access 2016 应用程序，打开【公司信息管理系统】数据库。

（2）在左侧导航窗格的【报表】组中右击【员工工资报表】，在弹出的快捷菜单中选择【设计视图】按钮，打开【员工工资报表】的设计视图，选中基本工资数值所在的文本框控件。

（3）打开【报表设计工具】|【设计】选项卡，在【分组和汇总】组中单击【合计】按钮，在弹出的下拉菜单中选择【平均值】选项，如图 5-49 所示。

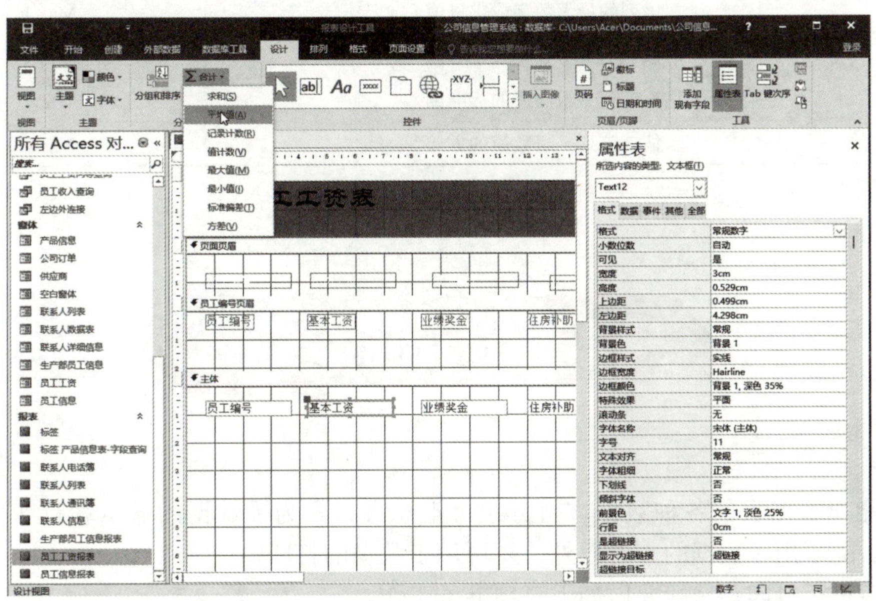

图 5-49　选择【平均值】选项

（4）切换报表视图，此时【基本工资】列的最底端会显示平均值，如图 5-50 所示。

员工工资报表

员工编号	基本工资	业绩奖金	住房补助	应扣劳保金额	实际工资
011	4000	2600			
	4000				
	4272.72727273				

图 5-50　报表视图中显示的平均值

表 5-1 描述了 Microsoft Access 2016 中可以添加到报表中的求和函数的类型。

表 5-1 可以添加到报表中的求和函数的类型

类型	说明	函数
总计	该列所有数字的总和	Sum（ ）
平均值	该列所有数字的平均值	Avg（ ）
计数	对该列项目进行计算	Count（ ）
最大值	该列的最大数字或字母值	Max（ ）
最小值	该列的最小数字或字母值	Min（ ）
标准偏差	估算该列一组数值的标准偏差	StDev（ ）
方差	估算该列一组数值的方差	Var（ ）

5.4 打印报表

报表能对数据表的各种数据进行分组、汇总等，是为了数据的显示和打印而存在的。报表创建后除了用于数据的查看以外，还可用于数据的打印输出。

对报表进行打印，一般要做如下三项准备工作。

（1）进入报表打印预览视图，预览报表。

（2）设置报表的【页面设置】选项。

（3）设置打印时的各种选项。

5.4.1 报表的页面设置

报表的页面设置包括定义打印位置、打印列数、选择纸张和打印机等。定义打印列数实际上是创建多列报表，所以页面设置也是报表设计的延伸部分。

在报表视图窗口中单击【文件】按钮，从弹出的【文件】菜单中执行【打印】命令，在右侧的窗格中选择【打印预览】选项，进入打印预览窗口，此时将自动打开如图 5-51 所示的【打印预览】选项卡。

图 5-51 【打印预览】选项卡

在【页面布局】组中单击【页面设置】按钮，弹出【页面设置】对话框，该对话框中包括【打印选项】、【页】和【列】三个选项卡，如图 5-52 所示。

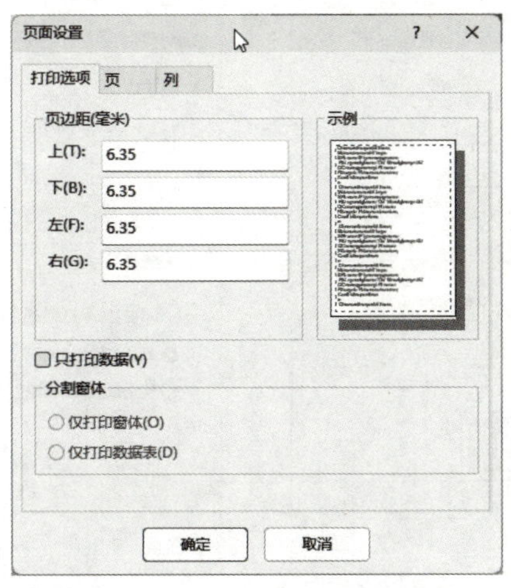

图 5-52　【页面设置】对话框

表 5-2 对【页面设置】对话框中各选项卡所包含的选项及含义进行了说明。

表 5-2　【页面设置】对话框中各选项卡所包含的选项及含义

页	打印方向	有【纵向】和【横向】两个选项，默认为纵向打印，即根据纸张宽度按行打印；若指定横向打印，则打印内容将自动转置 90° 沿纸张长度方向按列打印。当打印的图文或报表超出所选纸张的宽度时，可以设置横向打印
	纸张	【大小】组合框用于指定纸张规格，【来源】组合框用于指定送纸方式
	用下列打印机打印	打印设备包括【默认打印机】和【使用指定打印机】两个单选按钮。当选择后者时，将激活【页】选项卡下方的【打印机】按钮，单击该按钮将打开打印机的【页面设置】对话框，在该对话框中，可以选择默认设置以外的打印设备
列	网格设置	网格设置中的【列数】文本框用于设置报表页面的打印列数，并附有【行间距】和【列间距】两个文本框，用于设置两行、两列之间的距离
	列尺寸	仅当没有选择【与主体相同】复选框时，在【宽度】和【高度】文本框中设置列尺寸有效，否则其宽度和高度均与主体节的相同
	列布局	选择【先列后行】单选按钮时，记录将按纵向逐列排列，选定【先行后列】单选按钮时，记录按横向逐行排列

课堂案例 5-8　设置【员工工资报表】报表页面

（1）启动 Access 2016 应用程序，打开【公司信息管理系统】数据库，打开【员工工资报表】的设计视图。

（2）在【报表设计工具】的【页面设置】选项卡中，单击【页面布局】组中的【页面设置】按钮，弹出【页面设置】对话框。

（3）打开【列】选项卡，在【网格设置】选项区域设置【列数】为【2】、【行间距】为【0.3cm】，在【列尺寸】选项区域设置【宽度】为【22.795cm】，并在【列布局】选项区域选择【先列后行】单选按钮，取消选中【与主体相同】复选框，如图 5-53 所示。

（4）打开【页】选项卡，在【方向】选项区域选中【横向】单选按钮，在【纸张】的【大小】下拉列表中选中【Legal】选项，如图 5-54 所示。

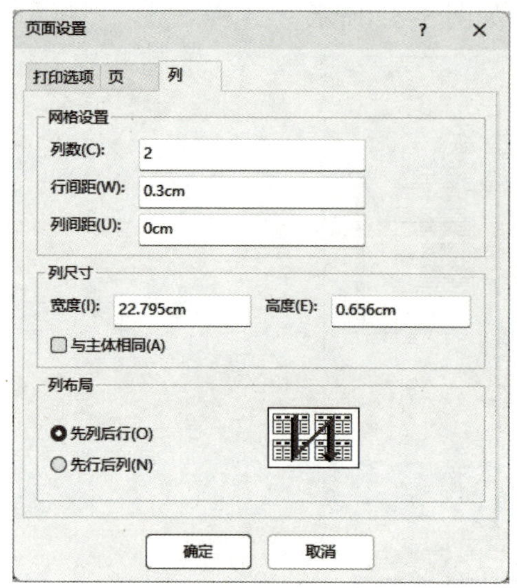

图 5-53 【页面设置】对话框 1

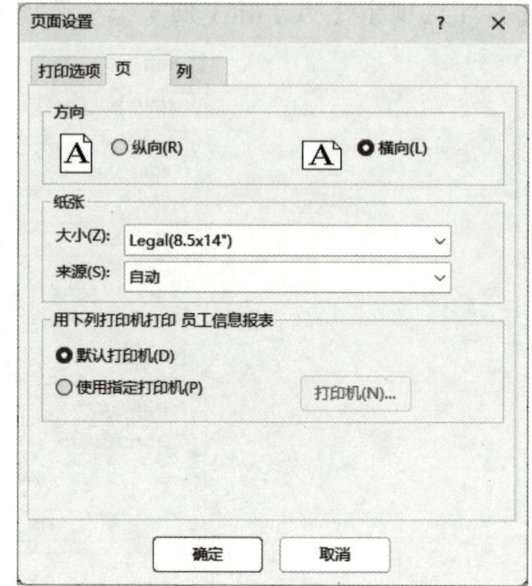

图 5-54 【页面设置】对话框 2

（5）单击【确定】按钮，关闭【页面设置】对话框，单击状态栏中的【打印预览】按钮进入报表打印预览视图，如图 5-55 所示。

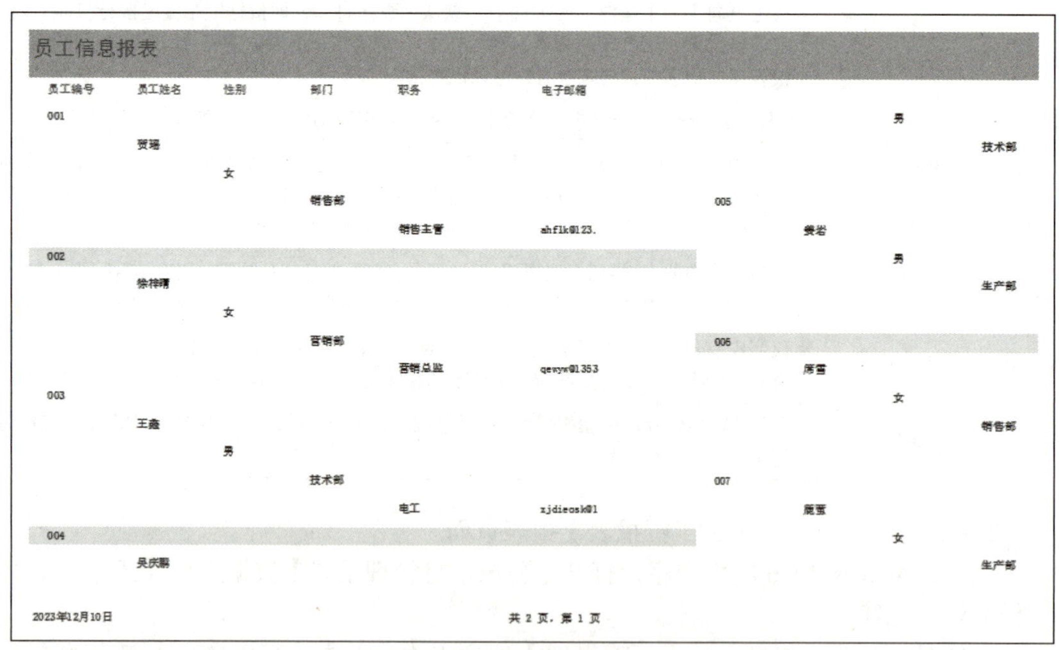

图 5-55 报表打印预览效果

提示：Access 将保存窗体或报表页面设置选项的设置值，所以每个窗体或报表的页面设置选项只需设置一次，但是对于表、查询等对象必须在每次打印时都设置页面设置选项。

5.4.2　报表的打印

切换到打印预览视图，在【打印预览】选项卡的【打印】组中单击【打印】按钮，弹出【打印】对话框，如图 5-56 所示。用户在该对话框中指定打印的具体细节即可。

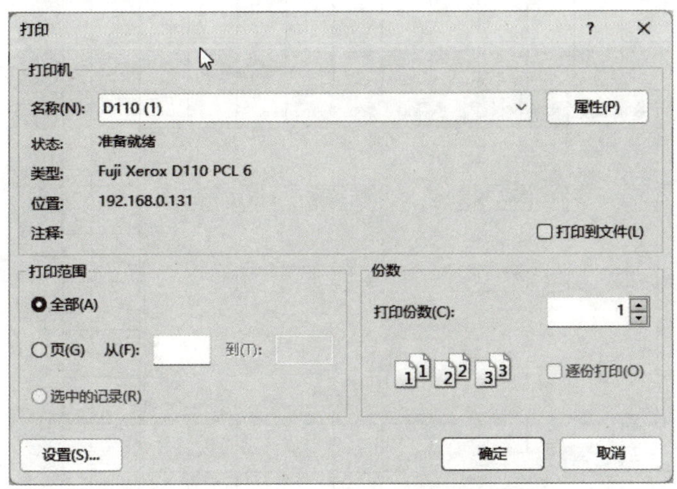

图 5-56　【打印】对话框

实现报表预览和打印还有另外三种方法。一是通过添加预览或打印控件，创建预览或打印按钮；二是使用与打印有关的宏操作；三是在 Visual Basic 代码中执行 Open Report 方法。

课堂案例 5-9　添加【打印预览】和【打印】按钮

（1）打开【公司信息管理系统】数据库的【员工工资】窗体的设计视图窗口，如图 5-57 所示。

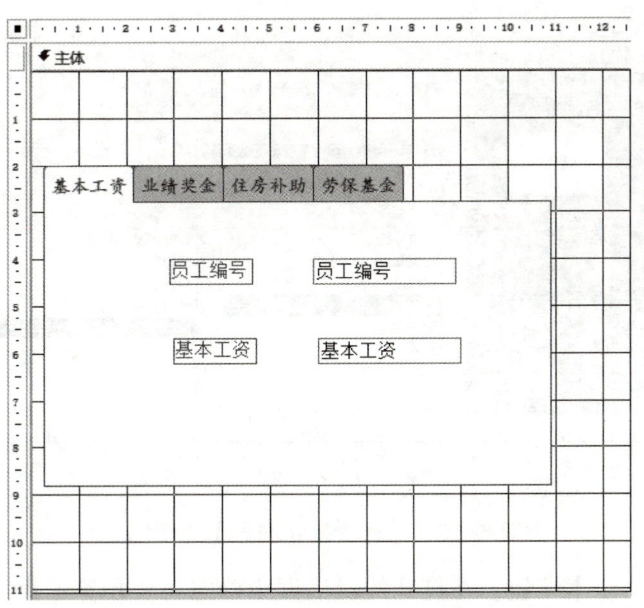

图 5-57　【员工工资】窗体的设计视图窗口

（2）打开【窗体设计工具】|【设计】选项卡，在【控件】组中单击【其他】按钮，在打开的列表框中保持【使用控件向导】按钮的选中状态，然后单击【按钮】按钮，在设计窗口的【主体】区域添加一个按钮控件，如图 5-58 所示。

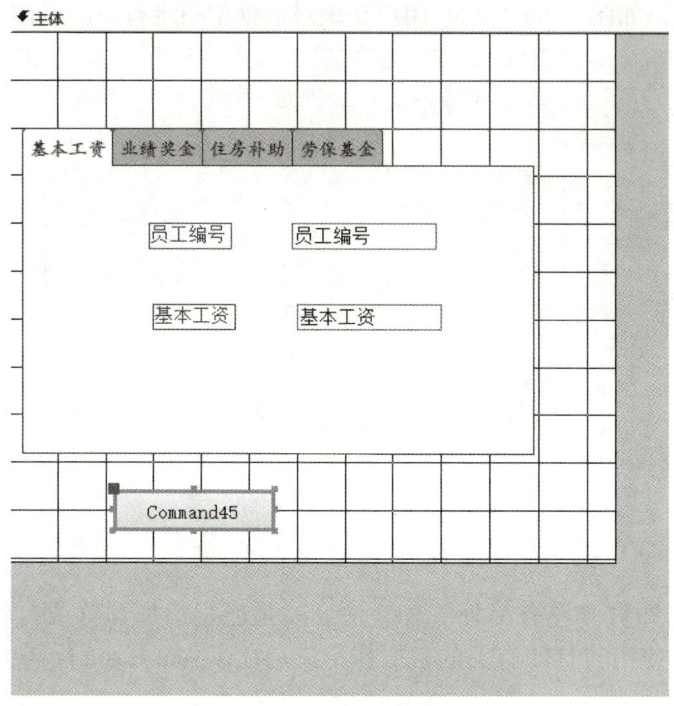

图 5-58　添加按钮控件

（3）窗体上会自动弹出【命令按钮向导】对话框，确定按钮产生的动作，在【类别】列表中选择【报表操作】选项，在【操作】列表中选择【预览报表】选项，如图 5-59 所示。

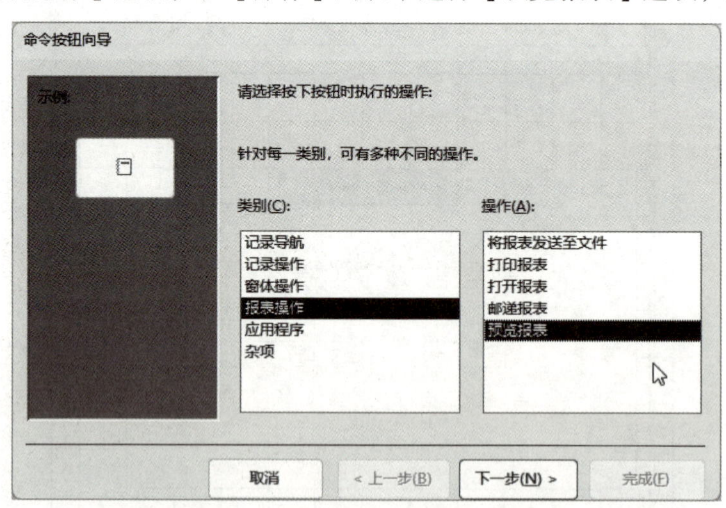

图 5-59　【命令按钮向导】对话框 1

（4）单击【下一步】按钮，在打开的对话框中确定将要预览的报表，这里选择【员工工资报表】报表选项，如图 5-60 所示。

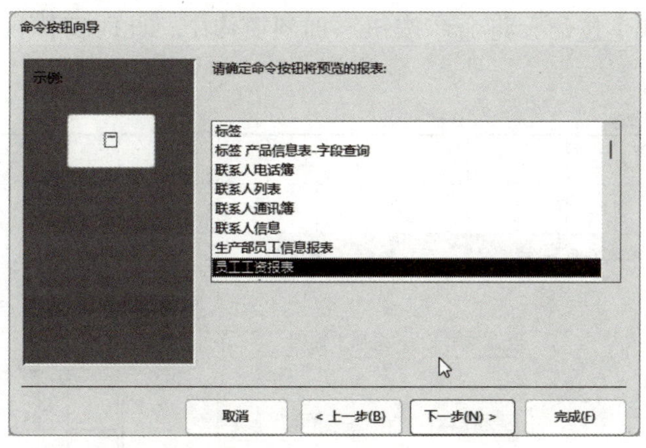

图 5-60　【命令按钮向导】对话框 2

（5）单击【下一步】按钮，在打开的对话框的【图片】列表框中选择【预览】选项，其他保持默认设置，如图 5-61 所示。

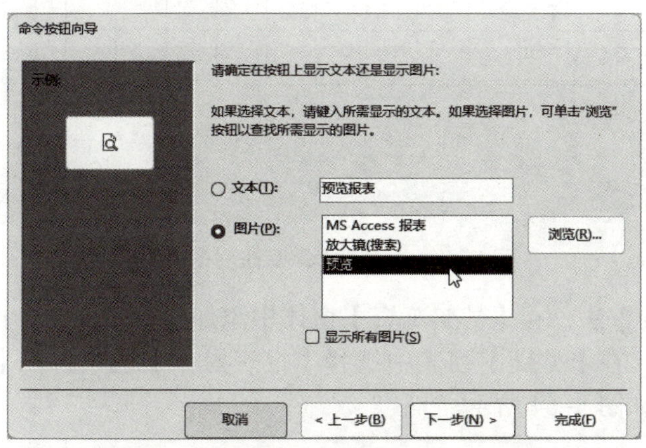

图 5-61　【命令按钮向导】对话框 3

（6）单击【下一步】按钮，在打开的对话框的文本框中输入自定义名称，以便以后对该按钮的引用。这里输入【打印预览】，如图 5-62 所示。

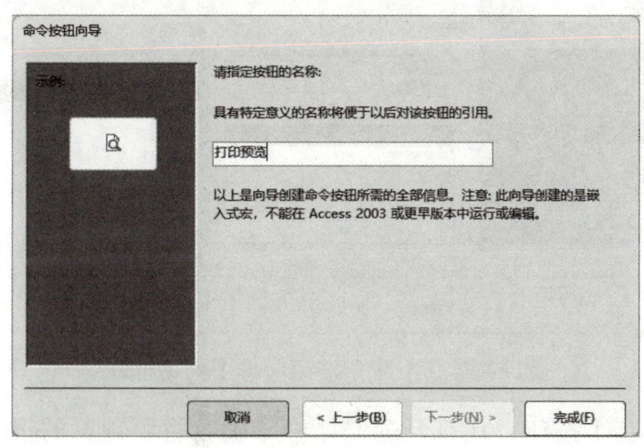

图 5-62　【命令按钮向导】对话框 4

（7）单击【完成】按钮，将命令按钮添加到窗体中，此时窗体视图的效果如图 5-63 所示。

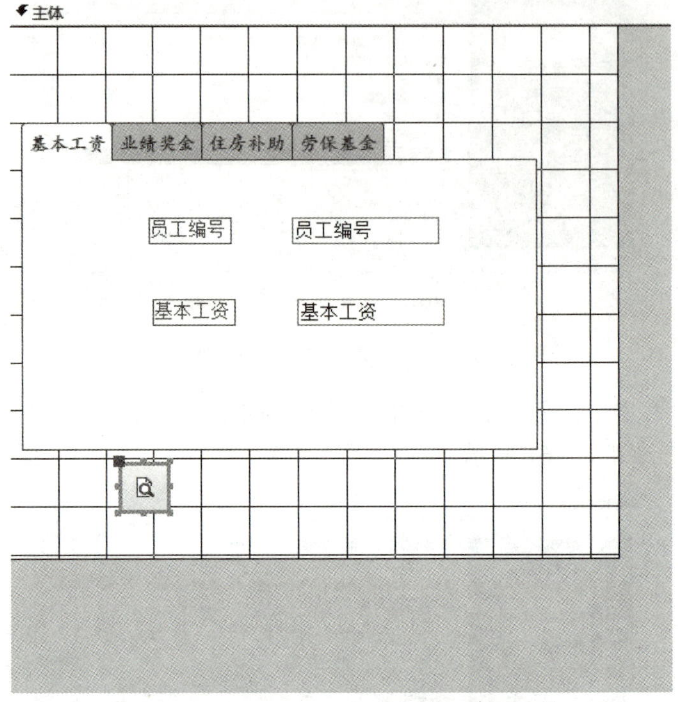

图 5-63 添加命令按钮后的效果

（8）使用相同的方法，在【员工工资】窗体中添加【打印】命令按钮，其中设置该命令控件产生的动作，在【类别】列表中选择【报表操作】选项，在【操作】列表中选择【打印报表】选项，如图 5-64 所示。

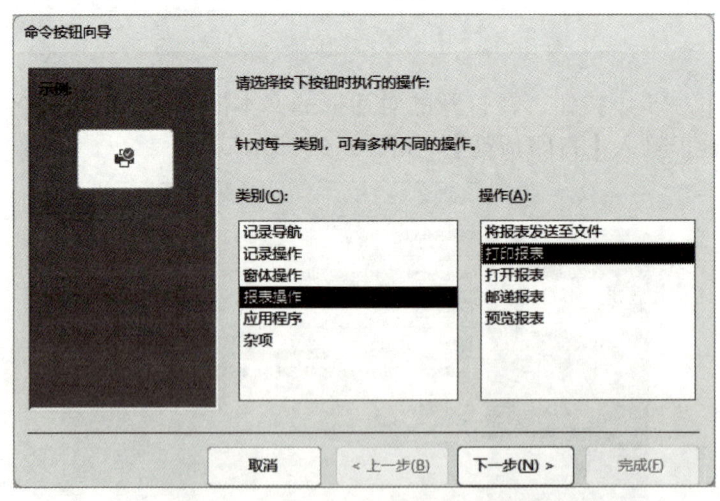

图 5-64 【命令按钮向导】对话框 1

（9）单击【下一步】按钮，在打开的对话框中确定将要预览的报表，这里选择【员工工资报表】报表选项，如图 5-65 所示。

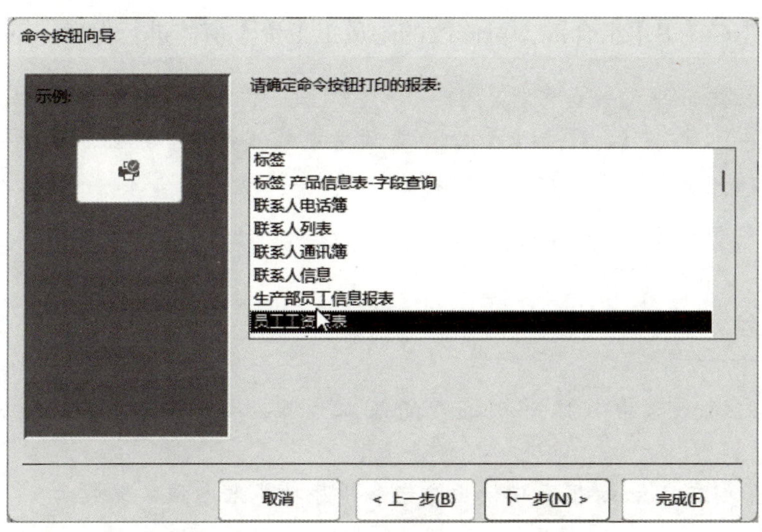

图 5-65　【命令按钮向导】对话框 2

（10）单击【下一步】按钮，在打开的对话框的【图片】列表框中选择【打印】选项，其他保持默认设置。

（11）单击【下一步】按钮，在打开的对话框中输入【打印报表】，然后单击【完成】按钮。

（12）创建完成的窗体效果如图 5-66 所示。

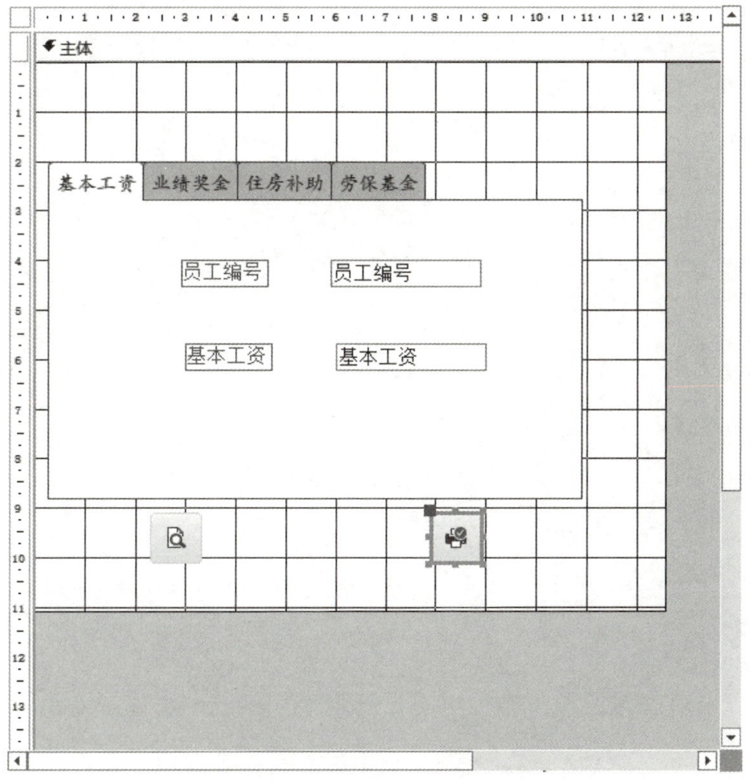

图 5-66　创建完成的窗体效果

（13）按下【Ctrl+S】组合键，对修改的【员工工资】窗体进行保存。

提示：同功能区中的【打印】按钮一样，单击窗体中的【打印】按钮，将会直接打印指定的报表。与单击【打印预览】功能选项卡中的【打印】按钮不同的是，单击窗体中的【打印】按钮不会弹出【打印】对话框。

课后小结

1. 说明在 Access 中创建一个报表的基本步骤，并讨论报表在数据库管理中的作用。

2. 讨论如何在 Access 报表中使用分组和排序功能来增强数据展示。

测试与答案

第 6 章 宏设计

学习要点

◇ 宏的概念。

◇ 宏的创建方法。

◇ 宏的执行与调试。

学习目标

本章重点介绍宏对象在 Access 2016 中的基本概念和操作方法，包括创建、修改、编辑和运行宏。宏对象是 Access 2016 中的一个重要组件，可以自动完成大量重复性的任务，简化对数据库的管理和维护。宏对象有三种类型：单个宏、宏组和条件宏。创建和修改宏都是在宏的设计视图中进行的，需要定义宏的名称、条件以及设置操作参数等。在运行宏之前，应该先对宏进行调试，及时发现和修正其中的错误。运行宏的方式多种多样，通常通过与窗体或报表中的控件结合使用，利用控件来触发宏的执行。

课程思政

从东方红一号到嫦娥五号都是中国航天技术的精心规划，每一步也都体现了中国航天人的远见和创新。

宏的设计和应用，使数据库自动化程度大大提升，同时宏也在多个航天设备中都有所应用。数据库在航天工业中的使用体现了中国技术的进步和对未来的展望。

航天事业处在高技术竞争的关键前沿，是衡量国家综合实力的重要领域。在持续奋斗中，中国航天人积累了自力更生、自主创新、重点突破、集中力量办大事等历史经验，在航天技术层面定会有重大突破。

6.1 认识宏

宏由一种或多种执行特定任务的操作组成，其中的每个操作都能实现特定的功能，例如，通过单击窗体上的一个命令按钮打开指定的窗体。利用宏可以自动完成一些任务，并向窗体、报表和控件中添加功能，而无须编写程序。

6.1.1 宏生成器介绍

Access 中的宏是在【宏生成器】中创建的，单击【创建】选项卡【宏与代码】组中的【宏】按钮，即可进入【宏生成器】窗格。【宏生成器】又称为宏的【设计视图】，如图 6-1 所示。

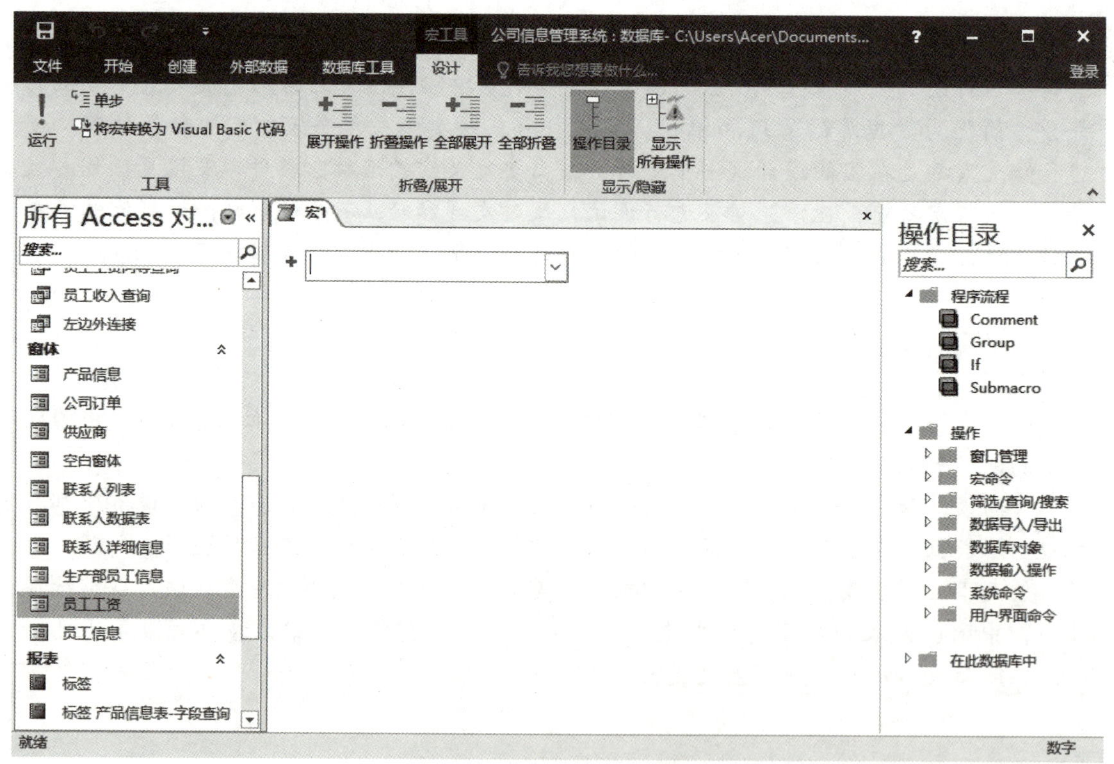

图 6-1 【宏生成器】窗格

创建宏，就是在【宏生成器】窗格中构建在宏运行时要执行的操作的列表。由图 6-1 可以看出，首次打开【宏生成器】窗格时，会显示【添加新操作】窗口和【操作目录】列表。

【添加新操作】可供用户选择各种操作，单击最右侧的下拉列表按钮，就会弹出各种操作名列表，如图 6-2 所示。另外，当用户在该列表中输入操作名时，系统也会自动出现提示。

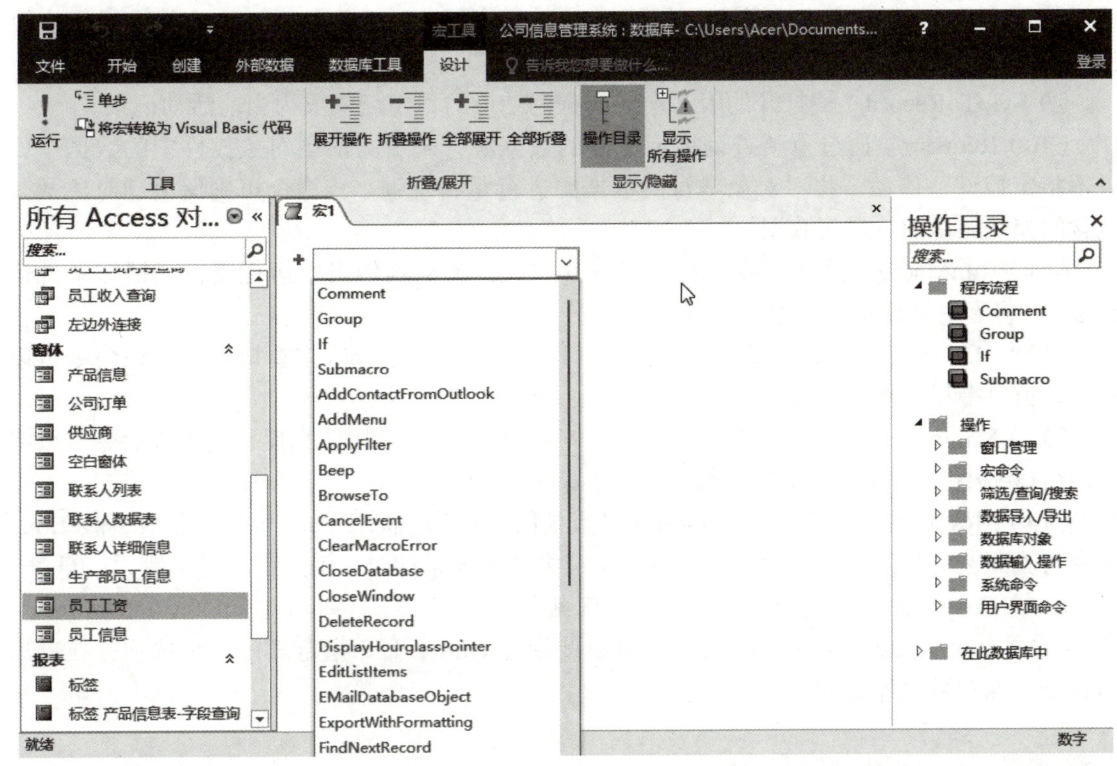

图 6-2　操作名列表

Access 提供了几十种操作命令，下面简单介绍一些常见的操作命令。

（1）OpenForm。在窗体视图、设计视图、打印预览或数据表视图中打开一个窗体。可以为窗体选择数据输入和窗口模式，并可以限制窗体显示的记录。

（2）OpenQuery。在设计视图、打印预览或数据表视图中打开选择查询或交叉表查询。此命令将运行动作查询。另外值得注意的是，只有在 Access 数据库环境（.mdb 或 .accdb）中才能使用此命令。

（3）OpenReport。在设计视图或打印预览视图中打开报表，或直接打印该报表。通过设置各种参数还可以限制报表中打印的记录。

（4）OpenTable。在数据表视图、设计视图或打印预览视图中打开表。通过设置各种参数还可以选择该表的数据输入模式。

（5）FindRecord。在活动的数据表、查询数据表、窗体数据表或窗体中，查找符合【FindRecord】参数条件的第一个数据实例。该数据可能在当前记录中、当前记录之前或之后的记录中，也可能在第一条记录中。

（6）FindNextRecord。查找符合最近【FindRecord】操作或【查找】对话框中指定条件的下一条记录。使用 FindNext 命令可重复搜索记录。

（7）GoToControl。将焦点移动到打开的窗体、窗体数据表、表数据表或查询数据表中指定的字段或控件上。当希望特定字段或控件获得焦点时，可以使用该命令。

（8）GoToPage。将活动窗体中的焦点移至指定页中的第一个控件。例如，假设在一个【员工信息】窗体中，个人信息在第一页上，办公信息在第二页上，销售信息在第三页上。可以使用【 GoToPage 】命令移至所需页，也可以使用选项卡控件在一个窗体上显示多页信息。

（9）GoToRecord。使打开的表、窗体或查询结果的特定记录成为当前活动记录。

（10）Requery。通过重新查询指定控件的数据源，来更新活动对象控件中的数据。如果不指定控件，该命令将对对象本身的数据源进行重新查询。该命令可确保活动对象及其包含的控件显示的是最新数据。

（11）RunMacro。运行宏或宏组。有三种方式：①从其他宏中运行宏；②根据条件运行宏；③将宏附加到自定义菜单命令。

（12）MaximizeWindow。最大化活动窗口，使其充满 Access 主窗口。使用该命令可以在活动窗口中尽可能多地看到对象部分。

（13）MinimizeWindow。与【 MaximizeWindow 】命令的用法相反，使用该命令可以将活动窗口缩小为 Access 主窗口底部的一个小标题栏。

（14）MessageBox。显示一个包含警告或其他信息的消息框。例如，可以将【 MessageBox 】命令与验证宏一起使用。当某一记录不满足宏中的验证条件时，消息框将显示错误信息。

（15）Beep。使计算机的扬声器发出【嘟嘟】声。

（16）QuitAccess。退出 Access。还可以使用【 Quit 】命令指定其中一个选项，在退出 Access 前保存数据库对象。

6.1.2 宏的功能和类型

在 Access 中，可以将宏看成是一种简化了的编程语言，这种语言可以通过选择一系列的操作来编写。编写【宏】无须记住各种语法，每一个【宏】的操作参数都显示在宏的【设计视图（宏生成器）】中。

宏以动作为单位执行用户设定的操作，每一个动作在运行时由前到后按顺序执行。图 6-3 就是一个【宏生成器】的视图，其中已经设计好了一个简单的宏。

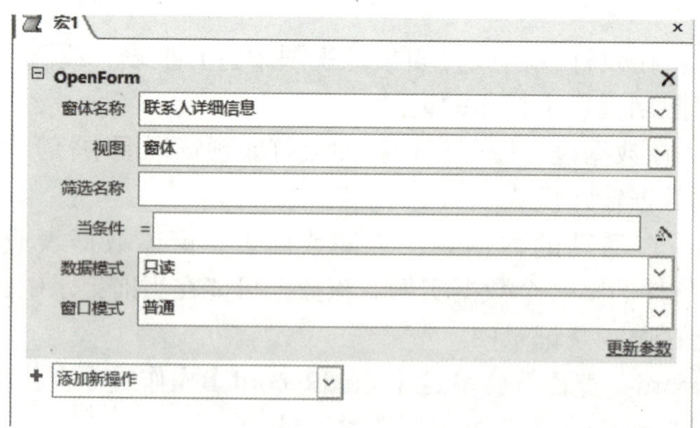

图 6-3 【宏生成器】的视图

当用户执行该宏时，系统首先执行第一个操作【 OpenForm 】，打开【联系人详细信息】

窗体。紧接着会执行第二个操作【 MaximizeWindow 】，即最大化显示【联系人详细信息】窗体，使其充满 Access 主窗口。

从上面的例子可以看出，Access 中的宏可以帮助我们完成一系列任务。一般来说，宏可以帮助用户完成以下五种工作。

（1）打开 / 关闭数据表和窗体，打印报表和执行查询。

（2）显示提示信息框和警告信息。

（3）实现数据的输入和输出。

（4）在数据库启动时执行操作等。

（5）筛选和查找数据记录。

宏的功能几乎涉及了所有的数据库操作细节。灵活运用宏，能够让 Access 数据库系统的功能更加强大。宏可以是包含操作序列的一个宏，也可以是由多个宏组成的宏组，还可以使用条件表达式决定在某些条件下运行宏时，是否执行某个操作。根据以上三种情况，可以将宏分成三类，即操作序列、宏组和包括条件操作的宏。

6.1.3　宏和宏组

宏与数据表、查询、窗体等一样，拥有自己独立的宏名。按照一个宏名下宏数目的不同，可以将其分为单个宏和宏组。

宏由一个或多个操作组合而成，其中每个操作完成特定的功能。如图 6–4 所示是一个简单的宏，它能实现导出【联系人】表为 Excel 表的功能。如果有多个宏执行不同的操作，则可以将宏建立为不同的宏组，以便数据库的管理和维护。

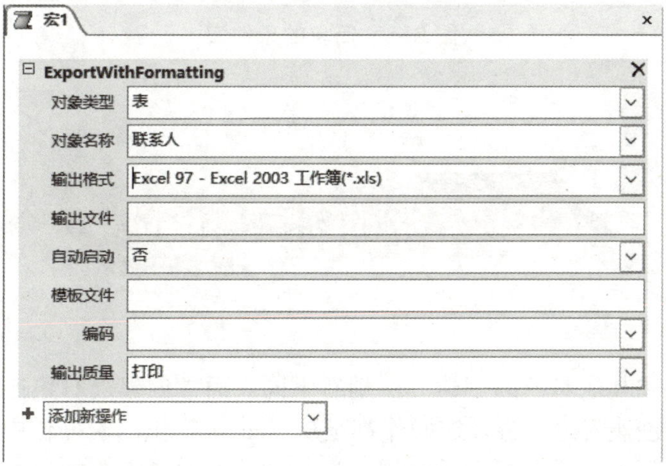

图 6–4　实现导出【联系人】表为 Excel 表的宏

运行宏时将顺序执行它的每一个操作，但运行宏组时并不是顺序执行其中的每个宏。实际上，从根本上讲，宏组只是对宏的一种组织方式，宏组并不可执行，可执行的只是组中的各个宏。

简单地说，宏和宏组的关系有以下三个方面。

（1）【宏】是操作的集合，【宏组】是宏的集合。

（2）一个【宏组】中可以包含一个或多个【宏】，每一个【宏】中又包含一个或多个宏操作。

（3）每一个宏操作由一个宏命令完成，如上文的 Close 命令。

6.1.4 宏的执行条件

一般情况下，宏中的操作是按顺序执行的，但在实际应用中常会遇到分支或判断是否继续执行的情况。鉴于此，Access 提供了是否执行操作的判断条件，只有在操作符合一定条件时才会执行，这就是所谓的条件宏。

宏中用于判断执行条件的通常为一个表达式。表达式的结果为 True/False 或【是 / 否】，只有当表达式的结果为 True（或【是】）时，宏操作才能继续执行。

若要输入宏操作的执行条件，只需在宏的参数列表的【当条件＝】文本框中输入一个判断表达式，用以判断条件的 True/False。

如图 6-5 所示是一个简单的条件宏的例子，其中条件宏的含义是当【产品信息表】窗体中的【库存数量】字段值大于【200】时，发出警告信息。

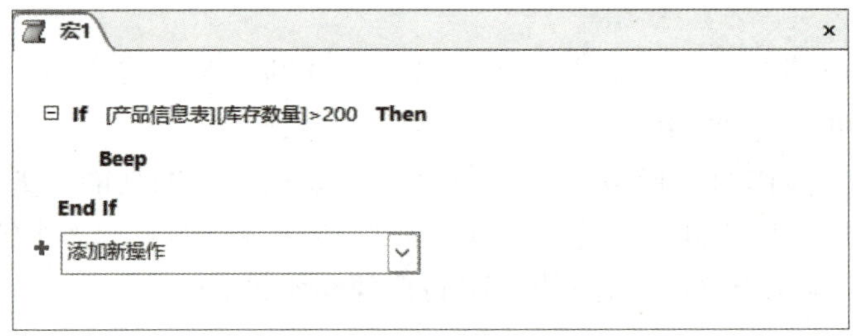

图 6-5 简单的条件宏

6.2 宏的创建与设计

宏的创建方法和其他对象的创建方法稍有不同。通常创建宏对象比较容易，因为不管是创建单个宏还是创建宏组，各种宏操作都是从 Access 提供的宏操作中选取，而不是自定义的。其他对象都可以通过向导和设计视图进行创建，但是宏不能通过向导创建，只可以通过设计视图直接创建。

6.2.1 创建与设计单个宏

创建单个宏的方法很简单，在宏的【设计视图】中选择需要的宏操作，并设置操作参数即可。

课堂案例 6-1　创建一个简单的宏

创建单个宏的方法很简单，在宏的【设计视图】中选择需要的宏操作，并设置操作参数即可。

（1）启动 Access 2016 应用程序，打开【公司信息管理系统】数据库。

（2）选择【创建】选项卡，在【宏与代码】组中单击【宏】按钮。

（3）此时，自动创建一个名为【宏 1】的空白宏，单击【添加新操作】框右侧的下拉按钮，从弹出的下拉菜单中选择【OpenForm】选项，如图 6-6 所示。

图 6-6　选择【OpenForm】选项

（4）自动弹出【OpenForm】宏信息框，在其中填写各个参数，如图 6-7 所示。

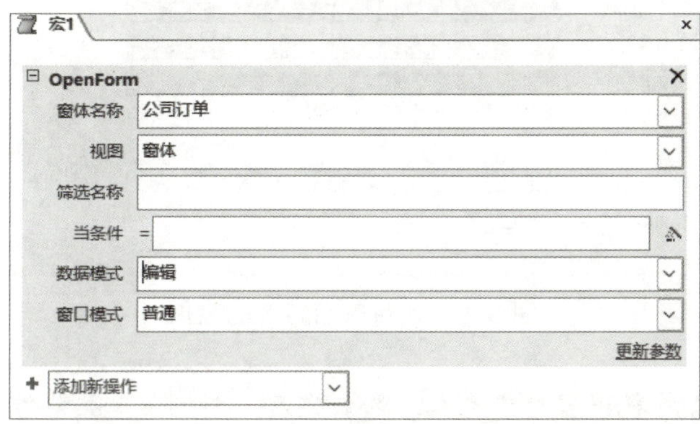

图 6-7　在【OpenForm】宏信息框填写参数

（5）在快速访问工具栏中单击【保存】按钮，弹出【另存为】对话框，在【宏名称】文本框中输入宏名称【打开公司订单窗体】。

（6）单击【确定】按钮，完成单个宏的创建，此时宏将显示在左侧导航窗格的【宏】组中，如图 6–8 所示。

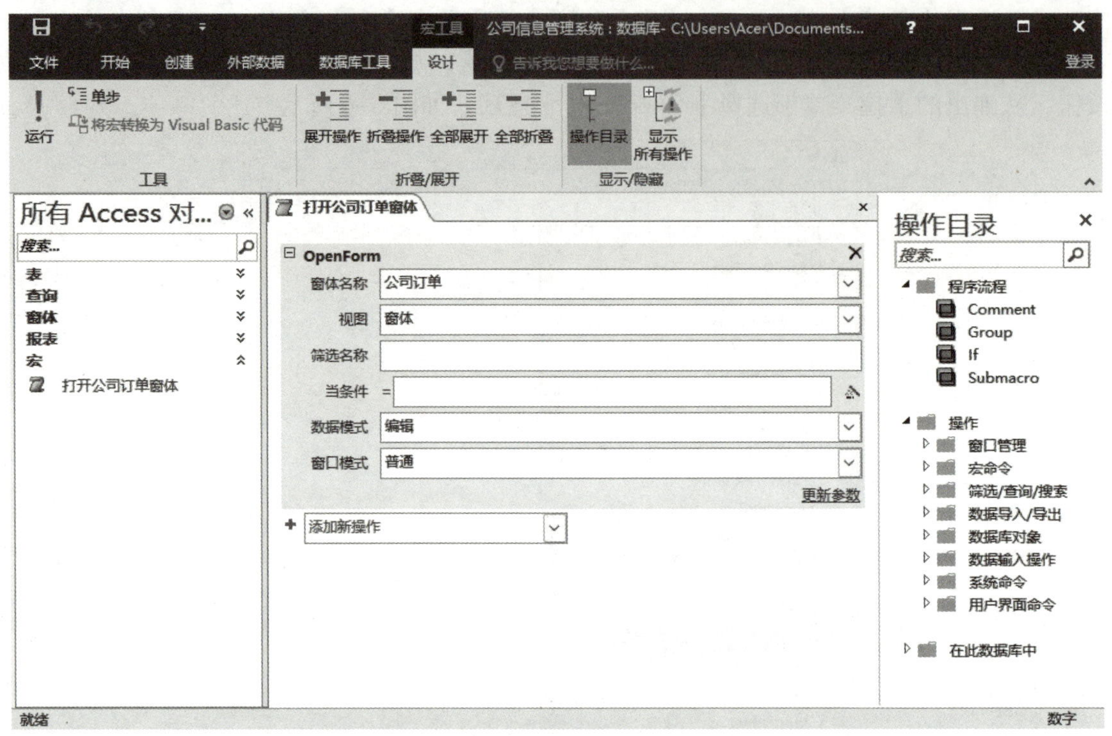

图 6–8　导航窗格中的新建宏

（7）右击新创建的宏，从弹出的快捷菜单中执行【运行】命令，打开如图 6–9 所示的窗体。

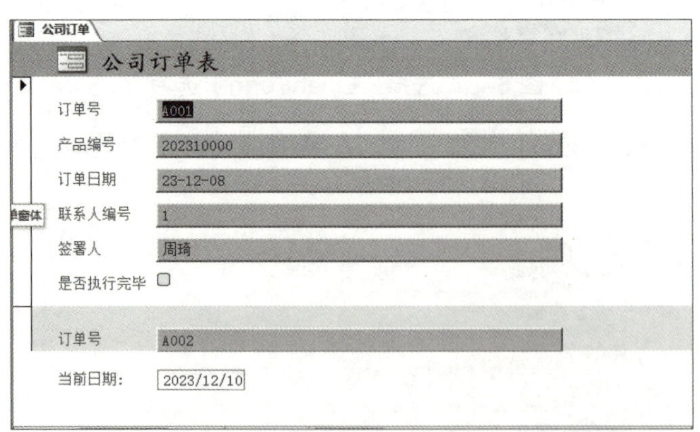

图 6–9　运行宏后打开的窗体

提示：在宏的设计视图窗口中完成宏的创建后，单击【工具】组中的【运行】按钮，也可以运行宏，打开窗体。

6.2.2　创建与设计宏组

宏组是存储在同一个宏名下的相关宏的组合，它与其他宏一样可在宏窗口中进行设计，并保存在数据库窗口的导航窗格的【宏】组中。如果有许多个宏执行不同的操作，那么可以将宏建立为不同的宏组，以方便数据库的管理和维护。

课堂案例 6–2　创建一个宏组

下面通过创建一个宏组，实现在运行宏组时打开【员工信息】窗体的功能，然后通过单击【员工信息】窗体中的【退出系统】按钮，退出当前数据库。

（1）启动 Access 2016 应用程序，打开【公司信息管理系统】数据库。

（2）打开【创建】选项卡，在【宏与代码】组中单击【宏】按钮，打开宏的设计视图窗口，此时自动创建一个名为【宏 1】的空白宏。

（3）在【添加新操作】文本框中输入【Submacro】，然后按下【Enter】键，并将【子宏】命名为【打开】，如图 6–10 所示。

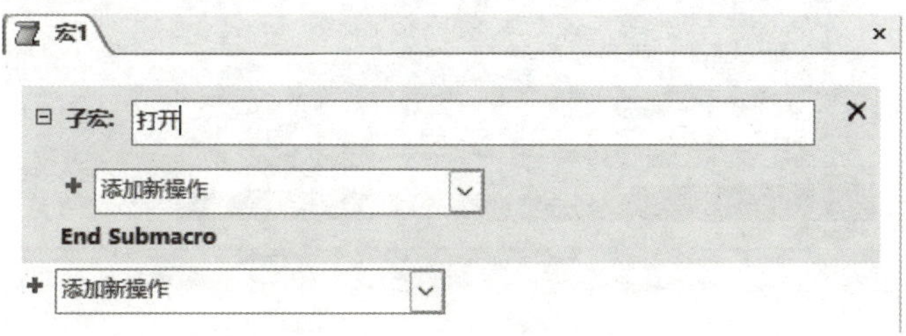

图 6–10　输入【子宏】名称

（4）在子宏块中单击【添加新操作】按钮，从弹出的下拉菜单中选择【OpenForm】选项。

（5）使用同样的方法在【打开】子宏块中添加【MaximizeWindow】，添加【关闭】子宏块，并添加【CloseDatabase】宏操作（设置此宏操作没有任何参数），如图 6–11 所示。

图 6–11　添加并设置宏的参数

（6）在快速访问工具栏中单击【保存】按钮，弹出【另存为】对话框，将宏以【宏组】名称进行保存。

（7）在左侧导航窗格的【窗体】组中打开【员工信息】窗体的设计视图窗口。在【窗口设计工具】的【设计】选项卡的【控件】组中单击【按钮】控件，在设计窗口中绘制一个命令按钮，并关闭【命令按钮向导】对话框，如图 6–12 所示。

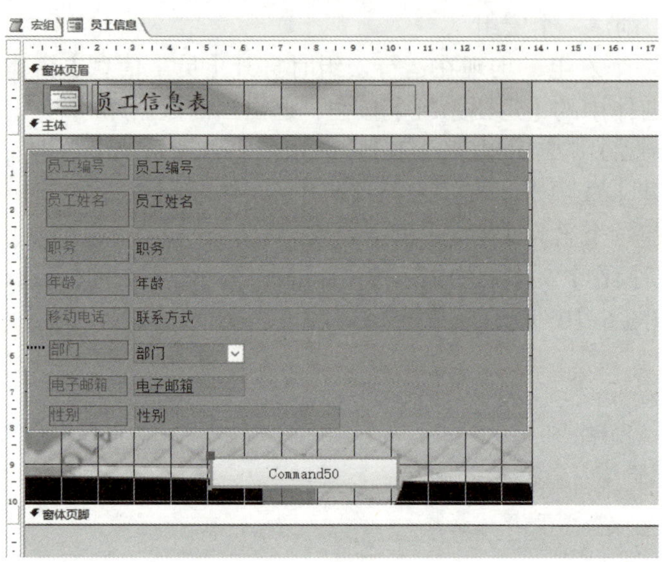

图 6–12　创建命令按钮

（8）打开【格式】选项卡，在【标题】文本框中输入命令按钮的名称为【退出系统】，如图 6–13 所示。

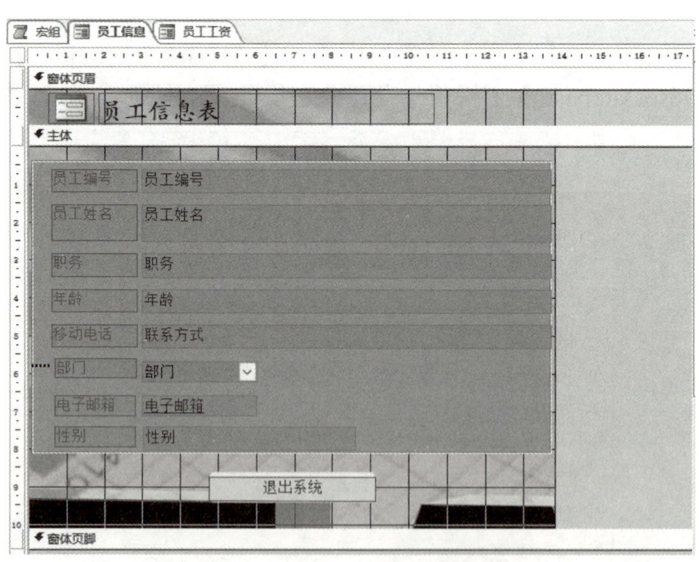

图 6–13　输入命令按钮的名称

（9）按下【Ctrl+S】组合键，保存对窗体所做的修改。

（10）运行创建的宏，此时该宏自动打开【员工信息】窗体，并显示窗口的最大化效果。

6.3 宏的运行与调试

创建宏以后就可以在需要时调用该宏。设计完成的宏或宏组并不一定总是正确的，因此在宏的设计过程中，还可以对宏进行调试。调试宏的目的，就是要找出宏的错误原因和出错位置，以便使设计的宏操作能达到预期效果。

6.3.1 运行宏

宏可以分为独立宏（即单个宏）和嵌入式宏。相应地，宏的运行也可以分为两种，即独立宏的运行和嵌入式宏的运行。

1. 独立宏的运行

独立宏可以通过以下三种方式运行。

（1）直接运行宏。在左侧导航窗格的【宏】组中双击宏名即可。

（2）从宏组中运行宏。打开【数据库工具】选项卡，在【宏】组中单击【运行宏】按钮，弹出【执行宏】对话框。对于宏组中的每个宏，Access 都包括一个形式为【宏组名 . 宏名】的条目，在【宏名称】列表框中选择宏，如图 6–14 所示，单击【确定】按钮。

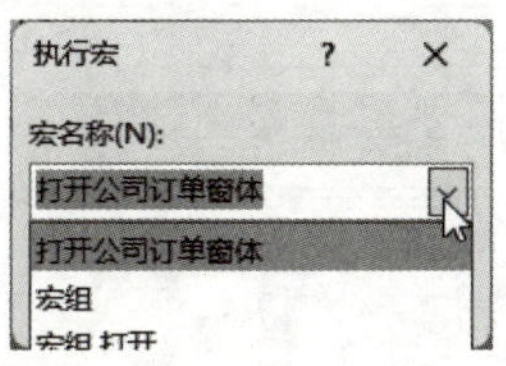

图 6–14 【执行宏】对话框

（3）从另一个宏中运行宏。进入【宏生成器】，在空白操作行的操作列表中执行【RunMacro】操作命令，如图 6–15 所示，将【宏名称】参数设置为要运行的宏的名称即可。

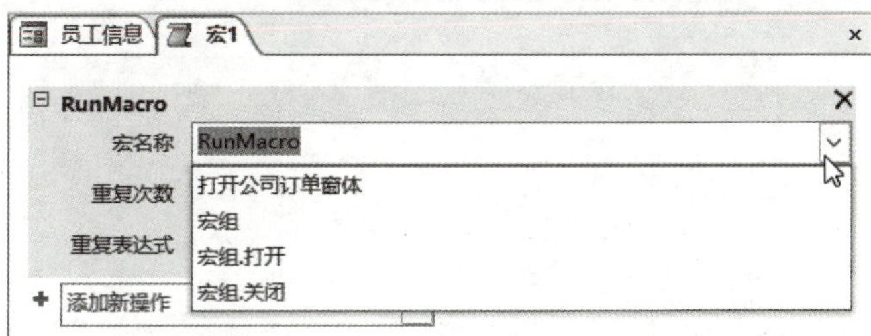

图 6–15 执行【RunMacro】命令

2. 嵌入式宏的运行

对于嵌入在窗体、报表或控件中的宏，运行方法相对而言少很多，主要以响应窗体、报表或控件中事件的形式运行宏，这种方法就是嵌入式宏的工作方法。在窗体或报表中发生设定的事件时，如果条件满足，就会触发运行响应的宏。

6.3.2 调试宏

对宏进行调试，可以采用 Access 的单步调试方式，即每次只执行一个操作，以便观察宏的流程和每一步操作的结果。通过这种方法，可以比较容易地分析出错原因并加以改正。

课堂案例 6–3 创建【打开窗体】宏

本案例通过添加【 OpenForm 】宏操作，将【窗体名称】参数设置为数据【 1 】，然后使用单步调试功能对该宏进行调试并修改错误。

（1）启动 Access 2016 应用程序，打开【公司信息管理系统】数据库。

（2）打开【创建】选项卡，在【宏与代码】组中单击【宏】按钮，进入【宏生成器】，此时自动创建一个名为【宏 1】的空白宏。

（3）单击【添加新操作】框右侧的下拉按钮，从弹出的下拉菜单中选择【 OpenForm 】选项，弹出宏信息框，在【窗体名称】列表框中输入【 1 】，其他不作设置，如图 6–16 所示。

（4）在快速访问工具栏中单击【保存】按钮，以【打开窗体】为名称保存宏。

（5）单击【工具】组中的【单步】按钮，然后单击【运行】按钮，如图 6–17 所示，弹出如图 6–18 所示的【单步执行宏】对话框。

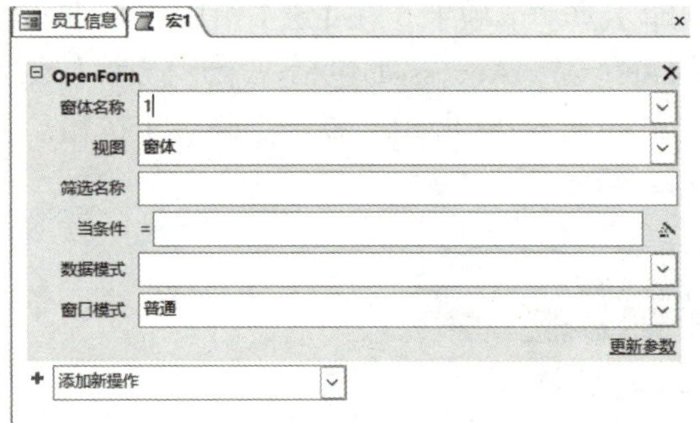

图 6–16 在【 OpenForm 】中输入窗体名称

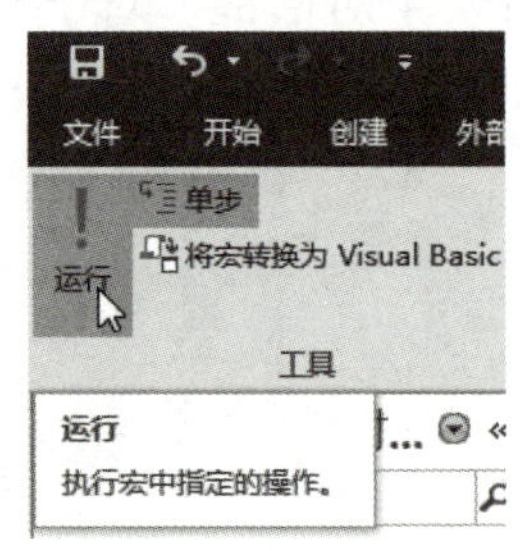

图 6–17 单击【运行】按钮

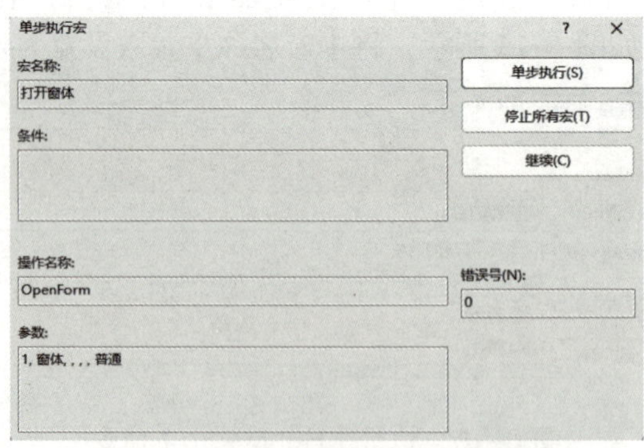

图 6–18 【单步执行宏】对话框

（6）对话框中的【操作名称】是【 OpenForm 】，【错误号】文本框中显示数字 0，表示未发生错误，然后单击【单步执行】按钮，弹出如图 6–19 所示的错误提示框。

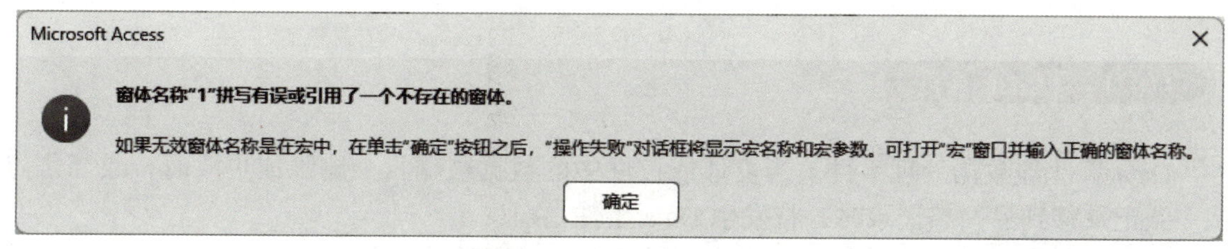

图 6-19 错误提示框

（7）单击【确定】按钮，关闭对话框，返回如图 6-20 所示的对话框。此时可以看到【错误号】文本框中显示数字 2102，表示发送了错误。单击对话框中的【停止所有宏】按钮，可以停止宏的运行。

单步执行宏
宏名称:
打开窗体
单步执行(S)
停止所有宏(T)
继续(C)
条件:
操作名称:
OpenForm
错误号(N):
2102
参数:
1, 窗体, , , , 普通

图 6-20 错误运行后的【单步执行宏】对话框

（8）返回宏设计窗口，重新修改操作。

6.4 事 件

事件是一种特定的操作，在某个对象上发生或对某个对象发生。Microsoft Access 可以响应多个事件，如单击、更改、更新前和更新后等。事件的发生通常是用户操作的结果。通过使用事件过程，可以为窗体、报表或控件上发生的事件添加自定义的事件响应。宏运行的前提是有触发宏的事件发生。在 Access 中，根据任务类型可将事件分为 Data（数据处理）事件、Focus（焦点）事件、Mouse（鼠标）事件和 Keyboard（键盘）事件，每种类型的事件又由若干种具体事件组成。对于每一种具体事件，Access 都提供了响应事件的默认事件过程，如果默认事件过程不能满足应用要求，可通过编写相应的事件过程代码定制响应事件的操作。本节将简单介绍这些常用的事件。

6.4.1 Data 事件

Data 事件即数据处理事件。当窗体或控件中的数据被输入、删除或更改时，或当焦点从一条记录移到另一条记录时，将发生 Data 事件。

Data 事件包括的具体事件、对应属性和发生时刻的说明见表 6–1。

表 6–1 Data 事件包括的具体事件、对应属性和发生时刻

事件名称	事件属性	说明
After–DelConfirm	窗体	在确认删除操作，并且在记录已被删除或者删除操作被取消之后发生
After–Insert	窗体	发生在数据库中插入一条新记录之后
After–Update	窗体和控件	发生在控件和记录的数据被更新之后
BeforeDel–Confirm	窗体	发生在删除一条或多条记录后，但是在确认删除之前
Before–Insert	窗体	发生在开始向新记录中写第一个字符，但记录还没有添加到数据库时
Before–Update	窗体和控件	发生在控件和记录的数据被更新之前
Change	控件	发生在文本框或组合框的文本部分内容更改时
Current	窗体	当把焦点移到一条记录，使之成为当前记录时发生
Delete	窗体	发生在删除一条记录时，但在确认之前
Dirty	窗体	一般发生在窗体内容或组合框部分的内容改变时
NotInList	控件	发生在输入一个不在组合框列表中的值时
Updated	控件	发生在当 OLE 对象被修改时

6.4.2 Focus 事件

Focus 事件即焦点事件，该类型事件与焦点的改变相关，当窗体或控件失去或获得焦点时，或者当窗体和报表为激活状态时，将发生该事件。

Focus 事件包括的具体事件、对应属性和发生时刻的说明见表 6–2。

表 6–2 Focus 事件包括的具体事件、对应属性和发生时刻

事件名称	事件属性	说明
Activate	OnActivate（窗体和报表）	当窗体或报表等窗口变为当前活动窗口时发生
Deactivate	OnDeactivate（窗体和报表）	发生在其他 Access 窗口变成当前窗口时，例外情况是当焦点移到另一个应用程序窗口、对话框或弹出窗体时
Enter	OnEnter（控件）	发生在控件接收焦点之前，事件在 GotFocus 之前发生
Exit	OnExit（控件）	发生在焦点从一个控件移到另一个控件之前，事件在 LostFocus 之前发生
GotFocus	OnGotFocus（窗体和报表）	窗体或控件接收焦点时发生
LostFocus	OnLostFocus（窗体和报表）	窗体或控件失去焦点时发生

6.4.3 Mouse 事件

Mouse 事件即鼠标事件，当用户在进行鼠标操作时发生此类事件，如按下或单击鼠标。通过对该类事件的编程，应用程序可以处理所有的鼠标操作。在 Access 中，右击鼠标事件将弹出快捷菜单，用户可以通过【自定义】对话框来自定义快捷菜单。Mouse 事件包括的具体事件、对应属性和发生时刻的说明见表 6-3。

表 6-3 Mouse 事件包括的具体事件、对应属性和发生时刻

事件名称	事件属性	说明
MouseUp	OnMouseUp（窗体和报表）	当鼠标指针在窗体或控件上，释放按下鼠标时发生
Click	OnClick（窗体和报表）	发生在对控件单击时。对窗体来说，一定是单击记录浏览按钮、节或控件之外区域时才能发生该事件
DblClick	OnDblClick（窗体和报表）	发生在对控件双击时。对窗体来说，一定是双击空白区域或窗体上的记录浏览按钮时才能发生该事件
MouseDown	OnMouseDown（窗体和控件）	发生在当鼠标指针在窗体或控件上，按下鼠标的时候
MouseMove	OnMouseMove（窗体和控件）	当鼠标指针在窗体、窗体选择内容或控件上移动时发生

6.4.4 Keyboard 事件

Keyboard 事件即键盘事件。当在键盘上输入、使用 SendKeys 操作或 SendKeys 语句发送击键时，将发生 Keyboard 事件。通过对 Keyboard 事件编程可以编写示范系统，帮助用户学习和掌握 Access 的操作与应用。Keyboard 事件包括的具体事件、对应属性和发生时刻说明见表 6-4。

表 6-4 Keyboard 事件包括的具体事件、对应属性和发生时刻

事件名称	事件属性	说明
KeyPress	窗体和报表	发生在控件或窗体有焦点且按下并释放一个产生标准 ANSI 字符的键或组合时
KeyDown	窗体和报表	发生在控件或窗体有焦点并且按键盘任何键时

课后小结

1. 解释什么是 Access 宏，以及如何在数据库应用中使用它们来执行自动化任务。
2. 描述如何在 Access 中创建一个数据导入宏，并讨论其应用场景。

测试与答案

第 7 章

VBA 与模块设计

学习要点

◇ VBA 语言基础。
◇ VBA 的各种语句。
◇ 过程与模块。
◇ 面向对象程序设计主要概念。
◇ VBA 数据库编程。

学习目标

VBA 数据库编程能提高 Access 数据库的灵活性，使其适用于更多场合。因此，应该从概念上掌握模块、模块的事件过程、调用和参数传递、VBA 程序设计基础，同时也要学会为某个系统创建类模块，并将系统中的宏转化为模块，能为系统中的窗体和表设计常用事件并编写含有各种流程结构的模块。

课程思政

长城以其壮观和巍峨的工程设计闻名于世，是中国人民智慧和毅力的结晶。

VBA 与模块设计在数据库中的作用，可以比喻为中国古代的万里长城。VBA 与模块的精妙设计为数据库提供了强大的定制化功能，展示了中国工程师在软件开发领域的创新能力和工匠精神。

长城是中华传统文化的结晶，是我国的文明瑰宝，不积跬步无以至千里，不积小流无以成江海，中国的数据库技术（如 openGauss、OceanBase 等）和古人建造的长城一样，体现了中华民族的伟大智慧和精益求精、追求卓越的工匠精神。

7.1 VBA 简介

虽然宏有很多功能，但是其运行速度比较慢，不能直接运行 Windows 程序，不能自定义函数，如果要对数据进行特殊的分析或操作，宏的能力就有限了。因此，Microsoft 公司创建了一种新的语言——VBA（Visual Basic for Applications）。用 VBA 可以创建【模块】，在其中包含执行相关操作的语句，它可以使 Access 自动化，可以创建自定义的解决方案。

VBA 是 VB（Visual Basic）的子集。VB 是 Microsoft 公司推出的可视化 Basic 语言，用它来编程非常简单。它简单，功能强大，所以 Microsoft 公司将 VBA 的一部分代码结合到 Office 中，形成今天所说的 VBA。它的很多语法继承了 VB，所以可以像编写 VB 语言那样来编写 VBA 程序，以实现某个功能。当这段程序编译通过后，将这段程序保存在 Access 中的一个模块里，并通过类似在窗体中激发宏的操作那样来启动这个模块，从而实现相应的功能。不单单是 Access，其他的 Office 应用程序，如 Excel、PowerPoint 等都可以通过 VBA 来辅助设计各种功能。

VBA 是事件驱动的，简单来说，它等待能激活它的事件发生，例如，当鼠标被单击，一个键被按下或者一个表单被打开等。当事件发生时，VBA 调用 Windows 操作系统的功能去实现【模块】中设定好的语句。这样看来，【模块】和【宏】的使用是差不多的。其实 Access 中的【宏】也可以存成【模块】，这样运行起来的速度还会更快。【宏】的每个基本操作在 VBA 中都有相应的等效语句。使用这些语句就可以实现所有单独【宏】命令。模块是书写和存放 VBA 代码的地方。它是一个代码容器，可以将一段具备特殊功能的代码放入模块中，当指定的事件激活模块时，其中包含的代码对应的操作就会被执行。模块有以下两种形态。

（1）标准模块。标准模块简称【模块】，或称为【一般模块】。大多数模块都是标准模块，其中包含的代码和特定的数据库对象并无关联，当数据库中对象被移动时，模块还在原数据库中不动。

标准模块包含与任何其他对象都无关的常规过程，以及可以从数据库任何位置运行的经常使用的过程。标准模块和与某个特定对象无关的类模块的主要区别在于其范围和生命周期。在没有相关对象的类模块中，声明或存在的任何变量、常量的值都仅在该代码运行时、仅在该对象中是可用的。

（2）类模块。类模块可以包含新对象定义的模块。一个类的每个实例都新建一个对象。在模块中定义的过程称为该对象的属性和方法。类模块可以单独存在，也可以与窗体和报表一起存在。和窗体、报表相关联的分别称为窗体（Form）模块和报表（Report）模块，这种模块中的代码和特定的报表或窗口相关联。当对应的窗口或报表被移动到另一个数据库时，模块和其中代码通常也会跟着被移动。

窗体模块（该模块中包含在指定的窗体或其控件上事件发生时触发的所有事件过程的代码）和报表模块（该模块中包含在指定报表或其控件上事件触发时的所有事件过程的代

码）都是类模块，它们各自与某一特定窗体或报表相关联。窗体模块和报表模块通常都含有事件过程（自动执行的过程，以响应用户或程序代码启动的事件或系统触发的事件），过程的运行用于响应窗体或报表上的事件。可以使用事件过程来控制窗体或报表的行为，以及对它们操作的响应，如单击命令按钮等。

7.1.1 VBA 程序初识

在 VBA 中，程序是由过程组成的，过程是由根据 VBA 规则书写的指令组成。一个程序包括语句、变量、运算符、函数、数据库对象和事件等基本要素。在 Access 程序设计中，当某些操作不能用其他 Access 对象实现或实现起来有困难时，就可以利用 VBA 语言编写代码，完成这些复杂任务。

7.1.2 VBA 程序编辑环境

Access 2016 所提供的 VBA 开发界面称为 VBE（Visual Basic Editor，VB 编辑器），它为 VBA 程序的开发提供了完整的开发和调试工具。VBE 就是 VBA 的代码编辑器，在 Office 的每个应用程序中都存在，用户可以在其中编辑 VBA 代码，创建各种功能模块。

1. 开启 VBE

打开 VBE 的方式有以下三种。

（1）在 Access 应用程序中，单击【数据库工具】选项卡的【宏】组中的【Visual Basic】按钮，如图 7-1 所示，打开 VBE。

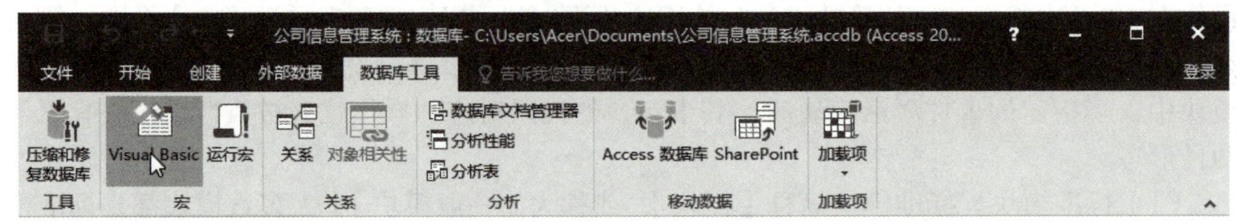

图 7-1 【Visual Basic】按钮

（2）在 Access 应用程序中，在【创建】选项卡的【宏与代码】组中单击【模块】或【类模块】按钮，打开 VBE，可以直接在其中创建一个模块或类模块，如图 7-2 所示。

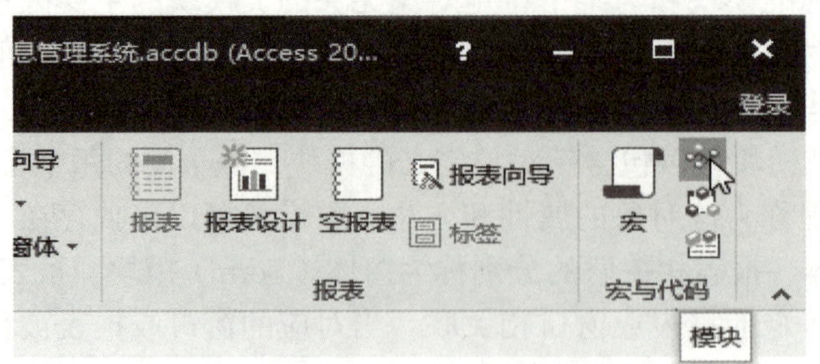

图 7-2 【模块】或【类模块】按钮

（3）新建用于响应窗体、报表或控件的事件过程，进入 VBE。在控件的【属性表】窗格中，切换到【事件】选项卡，在任一事件的下拉列表框中选择【事件过程】选项，再单击后面的按钮，为这个控件添加事件过程，如图 7–3 所示。

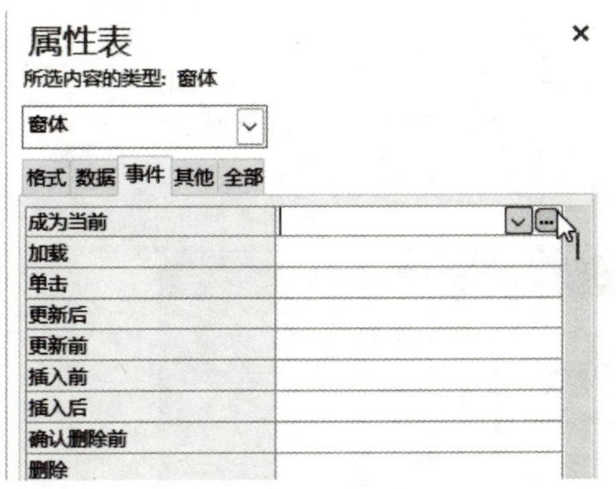

图 7–3　【属性表】窗格中【事件】选项卡的设置

通过以上三种方法，均可以进入 VBE，如图 7–4 所示是 VBE 窗口界面。

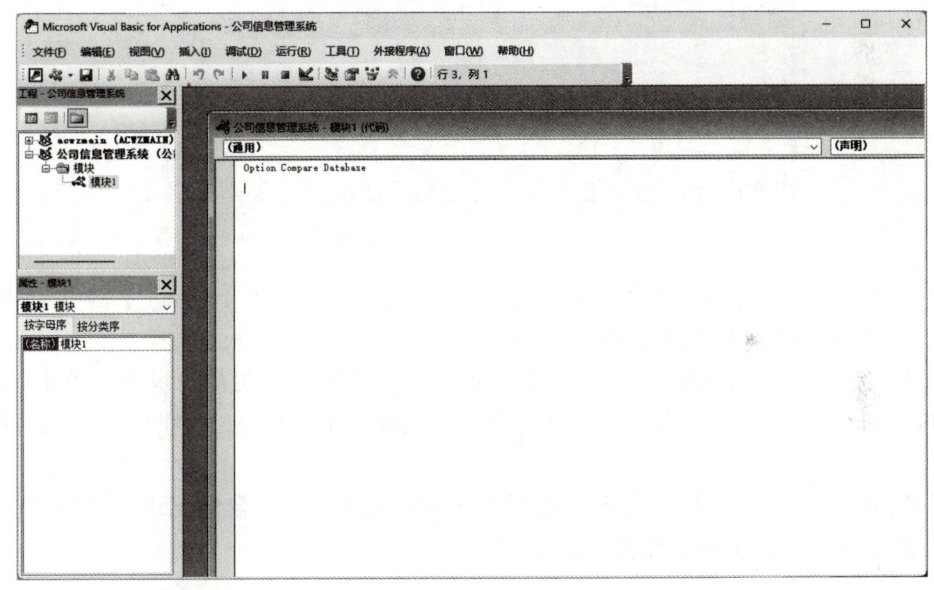

图 7–4　VBE 窗口界面

2. VBE 窗口组成

VBE 窗口中除熟悉的菜单栏和工具栏外，还有三个部分，分别为【代码】窗口、【工程】窗口和【属性】窗口。

（1）【代码】窗口。该窗口是模块代码的编写和显示窗口，在该窗口中实现 VBA 代码的输入和显示。在【代码】窗口中，可以对不同模块中的代码进行查看，并且可以通过鼠标右键的快捷菜单进行代码的复制、剪切和粘贴操作。

（2）【工程】窗口。在该窗口中用一个分层结构列表来显示数据库中的所有工程模块，并对它们进行管理。双击【工程】窗口中的某个模块，将立即在【代码】窗口中显示这个模块的 VBA 程序代码。

（3）【属性】窗口。在该窗口中可以显示和设置选定的 VBA 模块的各种属性。

在【视图】菜单中选择【对象浏览器】，在【代码】窗口中显示如图 7-5 所示的【对象浏览器】窗口。选择【立即窗口】、【本地窗口】和【监视窗口】，在主显示区域的下端会显示出对应的窗口。

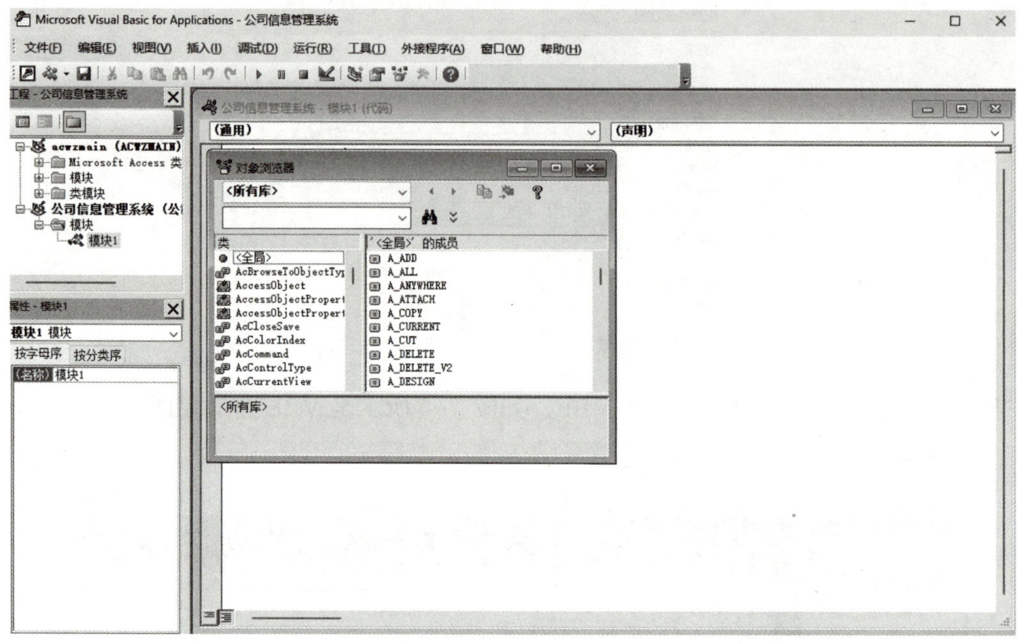

图 7-5 【对象浏览器】窗口

①【立即窗口】。在窗口中输入或复制一行代码，然后按下【 Enter 】键立即执行该代码。【立即窗口】中的代码是不能存储的。

②【本地窗口】。可自动显示出所有在当前过程中的变量声明及变量值。若【本地窗口】是可见的，则每当从执行方式切换到中断模式或是操纵堆栈中的变量时，它就会自动重建显示。

③【监视窗口】。当工程中有定义监视表达式定义时，就会自动出现。也可以将选取的变量拖动到【立即窗口】或【监视窗口】中。

提示：在 VBE 中的窗口都是可以移动的，可以随意拖动窗口，设置出最适合自己编程习惯的窗口布局。

课堂案例 7-1　编写一个简单的 VBA 程序

下面通过编写一个弹出对话框显示【 Hello World! 】文本的 VBA 程序来说明 VBA 过程中的概念。

（1）启动 Access 2016，新建一个数据库，命名为【 VBA 示例 .accdb 】。

（2）单击【数据库工具】选项卡【宏】组中的【 Visual Basic 】按钮，进入 VBA 的编程环境。

（3）执行【插入】|【模块】命令，或者单击工具栏中的【插入模块】按钮，新建一个【模块 1】，弹出【模块 1】的【代码】窗口。

（4）在【代码】窗口中输入如下代码，如图 7-6 所示。

```
Sub Hello ( )
MsgBox "Hello World!"
End Sub
```

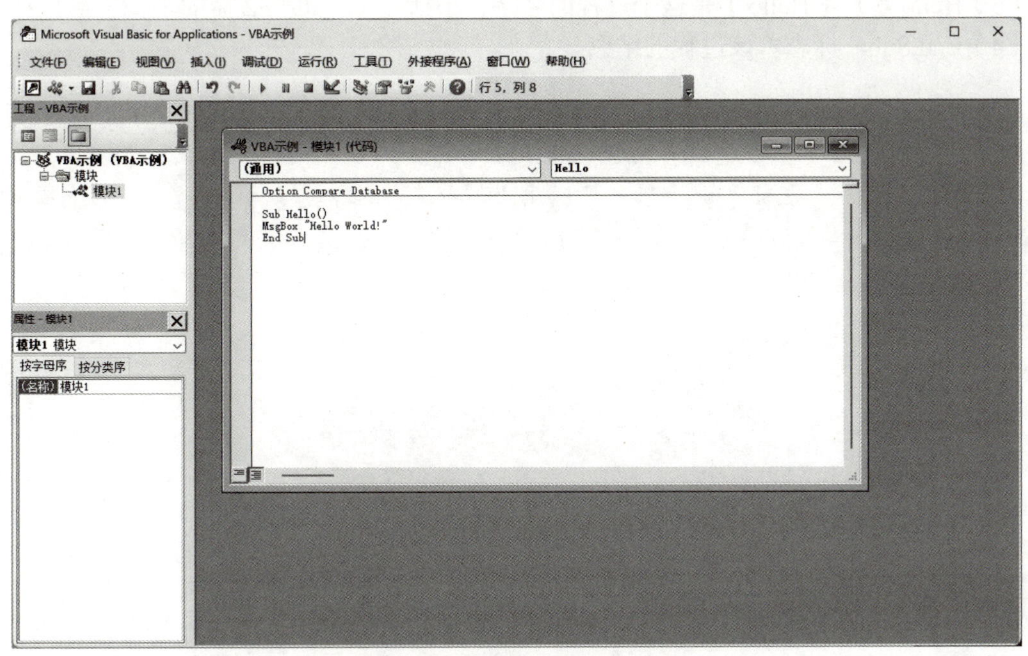

图 7-6　在【代码】窗口输入代码

（5）单击工具栏中的【保存】按钮，在弹出的【另存为】对话框中输入模块的名称为【Hello】，然后单击【确定】按钮，保存模块，如图 7-7 所示。

（6）把鼠标光标放在模块中的任意位置，按下【F5】键运行该程序。这个程序的运行结果就是如图 7-8 所示的对话框。

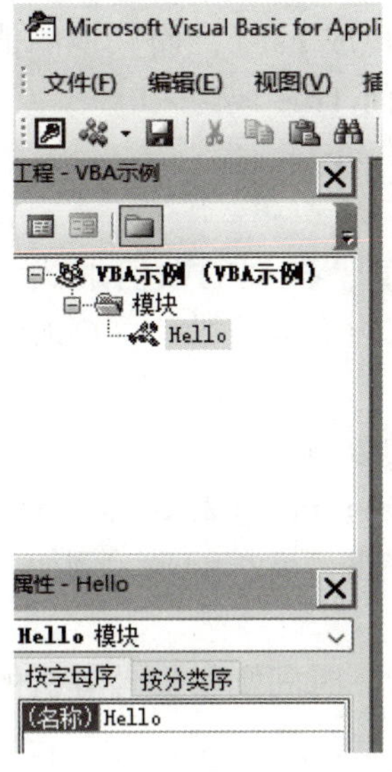

图 7-7　保存模块

图 7-8　程序的运行结果

这样就创建了第一个 VBA 程序，下面对以上代码进行分析。

（1）Sub。标志着这是一个 VBA 的 Sub 过程。

（2）MsgBox。这是 VBA 的命令语句，它的作用是弹出信息窗口。

（3）Hello ( )。【Hello】是这个过程的名字，小括号 ( ) 也是必需的。

（4）End Sub。标志着该过程的结束。

提示：当用户输入 Sub 后按【Enter】键，系统会自动给其加上 End Sub 语句。在编写 VBA 程序的过程中，系统会自动识别输入语句是否为系统的关键字段，若是，则自动将首字母改为大写。也就是说，用户可以用小写状态输入，系统自动将必要的字段首字母改为大写。

7.2 VBA 语言基础

7.2.1 数据类型

为了不同的操作需要，VB 构造了多种数据类型，用于存放不同类型的数据。

（1）Byte 变量。存储单精度型、无符号整型、8 位（1 个字节）的数值形式。Byte 数据类型在存储二进制数据时很有用。

（2）Boolean 变量。存储只能是 True 或是 False。Boolean 变量的值显示为 True 或 False（在使用 Print 的时候），或者 #TRUE# 或 #FALSE#（在使用 Write# 的时候）。使用关键字 True 与 False 可将 Boolean 变量赋值为这两个状态中的一个。

当转换其他的数值类型为 Boolean 值时，0 会转成 False，而其他的值则变成 True。当转换 Boolean 值为其他数据类型时，False 成为 0，而 True 成为 -1。

（3）Integer。Long 用来存储整形值。

（4）Single。Double 用来存储浮点型值。

（5）Currency 变量。一般用来存储货币型数值，整型的数值形式，然后除以 10 000 给出一个定点数，其小数点左边有 15 位数字，右边有 4 位数字。Currency 的类型声明字符为 @。

（6）Decimal。一般用来存储科学计数法表示的数值。

（7）Date。用来存储日期值，时间可以从 0：00：00 到 23：59：59。任何可辨认的文本日期都可以赋值给 Date 变量。日期文字须以数字符号 # 扩起来，例如，#Januaryl，2018# 或 #1Jan18#。

Date 变量会根据计算机中的短日期格式来显示。时间则根据计算机的时间格式（12 或 24 小时制）来显示。

当其他的数值类型要转换为 Date 型时，小数点左边的值表示日期信息，而小数点右边的值则表示时间。午夜为 0 而中午为 0.5。负整数表示 1899 年 12 月 30 日之前的日期。

（8）Object 变量。用来存储对象。

（9）String 变量。用来存储字符串。字符串有两种，即变长与定长的字符串。

（10）Variant 数据类型。是所有没被显式声明（如 Dim、Private、Public 等语句）为其他类型变量的数据类型。Variant 数据类型并没有类型声明字符。

Variant 是一种特殊的数据类型，除了定长 String 数据及用户定义类型外，可以包含任何种类的数据。Variant 也可以包含 Empty、Error、Nothing 及 Null 等特殊值。

（11）可以是任何用 Type 语句定义的数据类型。用户自定义类型可包含一个或多个某种数据类型的数据元素、数组或一个先前定义的用户自定义类型。例如，

```
Type My Type
MyName As String '定义字符串变量存储一个名字
MyBirthDate As Date '定义日期变量存储一个生日
MySex As Integer '定义整型变量存储性别
End Type '(0 为女，1 为男)
```

其中，字节、整型、长整型、单精度、双精度、货币等数据类型都属于数值数据类型，可以进行各种数学运算。字符型数据类型用来声明字符串。布尔型数据类型用来表示一个逻辑值，为真时显示 True，为假时显示 False。日期型数据类型用来表示日期，日期常量必须用 # 括起来，如 #2018/3/26#。变体型数据类型可以存放系统定义的任何数据类型，如数值、字符串、布尔及日期等，其数据类型由最近放入的值决定。

7.2.2　常量与变量

1. 常量

常量是指在程序运行时其值不会发生变化的数据，VBA 的常量有直接常量和符号常量两种表示方法。直接常量就是直接表示的整数、单精度数和字符串，如 1234、17.28E+9、【 Stuid 】等。符号常量就是用符号表示常量，符号常量有用户定义的符号常量、系统常量和内部常量三种。

（1）用户定义的符号常量。在 VBA 编程过程中，对于一些使用频度较多的常量，可以用符号常量形式来表示。符号常量使用关键字 Const 来定义，格式如下。

Const 符号常量名称＝常量值

（2）系统常量。系统常在量是指 Access 2016 启动时建立的常量，有 True、False、Yes、No、On、Off 和 Null 等，在编写代码时可以直接使用。

（3）内部常量。VBA 提供了一些预定义的内部符号常量，它们主要作为 DoCmd 命令语句中的参数。内部常量以前缀 ac 开头，如 acCmdSaveAs。

2. 变量

变量是指程序运行时值会发生变化的数据。在程序运行时数据是在内存中存放的，内存中的位置是用不同的名字表示的，这个名字就是变量的名称，该内存位置上的数据就是该变量的值。

（1）变量的命名规则。在为变量命名时，应遵循以下四个规则。

①变量名只能由字母、数字和下划线组成。

②变量名必须以字母开头。

③不能使用系统保留的关键字，例如 Sub，Function 等。长度不能超过 255 个字符。

④不区分英文大小写字母，如 StuID、sutid 和 stuID 表示同一个变量。

（2）变量类型的定义。根据变量类型定义的方式，可以将变量分为隐含型变量和显式变量两种形式。

①隐含型变量。利用将一个值指定给变量名的方式来建立变量，例如 NewVar = 127。

该语句定义一个 Variant 类型变量 NewVar，值为 127。在变量名后添加不同的后缀表示变量的不同类型。

例如，下面语句建立了一个整数数据类型的变量。

```
NewVar% = 23
```

当在变量名称后没有附加类型说明字符来指明隐含变量的数据类型时，默认为 Variant 数据类型。

②显式变量。显式变量是指在使用变量时要先定义后使用。例如，C、C++ 和 Java 语言中都要求在使用变量前先定义变量。

定义显式变量的方法如下。

Dim 变量名 As 类型名

在一条 Dim 语句中可以定义多个变量。例如，上例中的语句可以改写如下。

```
Dim Var1,Var2 As String
```

在模块设计窗口的顶部说明区域中，可以加入 Option Explicit 语句来强制要求所有变量必须定义才能使用。

（3）数据库对象变量。Access 中的数据库对象及其属性都可以作为 VBA 程序代码中的变量及其指定的值来加以引用。Access 中窗体对象的引用格式如下。

Forms! 窗体名称 ! 控件名称 [. 属性名称]

Access 中报表对象的引用格式如下。

Reports! 报表名称 ! 控件名称 [. 属性名称]

关键字 Forms 或 Reports 分别表示窗体或报表对象集合。感叹号【！】分隔开对象名称和控件名称。如果省略了【属性名称】部分，则表示控件的基本属性。

如果对象名称中含有空格或标点符号，就要用方括号把名称括起来。

例如，下面是对【学生信息】窗体中【学号】信息文本框的引用。

```
Forms!学生信息![学号]="2018010105"
Forms!学生信息![学号]="2018010105"
```

当需要多次引用对象时，可以使用 Set 关键字来建立控件对象的变量，这样处理很方便。例如，多次引用【学生信息】窗体中【姓名】控件的值时，可以使用以下方式。

```
Dim StuName As Control
Set StuName = Forms! 学生信息 ! 姓名
StuName = " 刘春 "
```

7.2.3　数组

数组是一组具有相同属性和相同类型的数据，并用统一的名称作为标识的数据类型，这个名称称为数组名，数组中的每个数据称为数组元素，或称为数据元素变量。数组元素在数组中的序号称为下标，数组元素变量由数组名和数组下标组成，例如，A（1）、A（2）、A（3）表示数组 A 的 3 个元素。

数组在使用之前也要进行定义，定义数组的格式如下。

（1）一维数组的定义格式如下。

Dim 数组名（[下标下限 to] 下标上限）[As 数据类型]

（2）二维数组的定义格式如下。

Dim 数组名（[下标下限 to] 下标上限，[下标下限 to] 下标上限）[As 数据类型]

除此之外，还可以定义多维数组。对于多维数组应该将多个下标用逗号分隔开，最多可以定义 60 维。缺省情况下，下标下限为 0，数组元素从【数组名（0）】至【数组名（下标上限）】。如果使用 to 选项，则可以使用非 0 下限。

例如，定义一个有 11 个数组元素的整型数组，数组元素为 NewArray（0）至 NewArray（9）。

```
Dim NewArray(10)As Integer
```

例如，定义一个有 10 个数组元素的整型数组，数组元素为 NewArray（1）至 NewArray（10）。

```
Dim NewArray(1 To 10)As Integer
```

例如，定义一个三维数组 NewArray，共含有 4×4×4（64）个数组元素。

```
Dim NewArray(4,4,4)As Integer
```

VBA 中，在模块的声明部分使用 Option Base 语句，更改数组的默认下标下限。

Option Base 1' 数组的默认下标下限设置为 1

Option Base 0' 数组的默认下标下限设置为 0

VBA 还可以使用动态数组，定义和使用方法如下。

①用 Dim 显式定义数组，但不指明数组元素数目。

Dim NewArray（ ）As Long ' 定义动态数组

②用 ReDim 关键字来决定数组元素数目。

ReDim NewArray（5，5，5）' 分配数组空间大小

在开发过程中，如果预先不知道数组需要定义多少元素时，动态数组是很有用的。当不需要动态数组包含的元素时，可以使用 ReDim 将其设为 0 个元素，释放该数组占用的

内存。

可以在模块的说明区域加入 Global 或 Dim 语句，然后在程序中使用 ReDim 语句，以说明动态数组为全局的和模块级的范围。如果以 Static 取代 Dim 来说明数组，数组可在程序的示例间保留它的值。

数组的作用域和生命周期的规则和关键字的使用方法与传统变量的用法相同。

7.2.4 用户自定义数据类型

用户可以使用 Type 语句定义任何数据类型。用户自定义数据类型可以包括数据类型数组，或当前定义的用户自定义类型的一种或多种元素。

语法。

[Private|Public] Type 类型名

元素名 As 数据类型

[元素名 As 数据类型]

End Type

例如，定义班级中学生的基本情况数据类型如下。

```
Public Type Students
Name As String（8）
Age As Integer End Type
声明变量。
Dim Student As Students
引用数据。
Student.Name ＝ " 张三 "
Student.Age ＝ 15
```

7.2.5 运算符和表达式

在 VBA 编程语言中，可以将运算符分为算术运算符、关系运算符、逻辑运算符和连接运算符四种类型。不同的运算符用来构成不同的表达式，来完成不同的运算和处理。表达式是由运算符、函数和数据等内容组合而成的，根据运算符的类型可以将表达式分为算数表达式、关系表达式、逻辑表达式和字符串表达式四种类型。

1. 算术运算符

算术运算符用于数值的算术运算，VBA 中的算术运算符有七个（见表 7–1）。

表 7–1 VBA 中的算术运算符

运算符	运算符含义	举例
+	加	3+7 结果 10
–	减	9–1 结果 8

（续表）

运算符	运算符含义	举例
*	乘	4*5 结果 20
/	除	7/2 结果 3.5
\	整除	5\2 结果 2
Mod	求模	9Mod5 结果 4
^	乘幂	4^2 结果 16

算术运算符之间存在优先级。优先级是决定算术表达式的运算顺序的原则，算术运算符优先级从高到低依次为乘幂、乘除法、整数除法、求模和加减法。由算术运算符、数值、括号和正负号等构成的表达式称为算术表达式。在算术表达式中，括号和正负号的优先级比算术运算符要高，括号比正负号的优先级高。

例如，对于算术表达式 −8+20*4 Mod 6^（5\2）的结果，其计算的过程如下。

①计算（5\2）的结果为 2，表达式化为 −8+20*4 Mod 6^2。

②计算 6^2 的结果为 36，表达式化为 −8+20*4 Mod 36。

③计算 20*4 的结果为 80，表达式化为 −8+80 Mod 36。

④计算 80 Mod 36 的结果为 8，表达式化为 −8+8。

⑤计算 −8+8 的结果为 0。

2. 关系运算符

关系运算符用来表示两个值或表达式之间的大小关系，从而构成关系表达式。六个关系运算符的优先级是相同的，如果它们出现在同一个表达式中，按照从左到右的顺序依次运算。但关系运算符比算术运算符的优先级低（见表 7–2）。关系运算的结果为逻辑值：真（True）和假（False）。

表 7–2　关系运算符

运算符	运算符含义	举例
>	大于	8 > 5 结果 True
<	小于	5 < 4 结果 False
=	等于	7 = 6 结果 False
>=	大于或等于	9 >= 5 结果 True
<=	小于或等于	4 <= 9 结果 True
<>	不等于	2 <> 2 结果 False

3. 逻辑运算符

用逻辑运算符可以对两个逻辑量进行逻辑运算，其结果仍为逻辑值真（True）或假（False），逻辑运算规则见表 7–3。逻辑运算的真值表见表 7–4。

表 7–3 逻辑运算规则

运算符	运算	含义
And	与	两个表达式同时为真则为真，否则为假
Or	或	两个表达式中有一个为真则为真，否则为假
Not		由真变假或由假变真
Xor	异或	两个表达式的值相同时为假，不同时为真
Eqv	等价	两个表达式的值相同时为真，不同时为假
Imp	蕴含	当第一个表达式为真，且第二于表达式为假，则值为假，否则为真

表 7–4 逻辑运算的真值表

A	B	A And B	A Or B	Not A	A Xor B	A Eqv B	A Imp B
True	True	True	True	False	False	True	True
True	False	False	True	False	True	False	False
False	True	False	True	True	True	False	True
False	False	False	False	True	False	True	True

逻辑运算符的优先级低于关系运算符。常用的三个逻辑运算符之间的优先级由高到低依次为非运算（Not）、与运算符（And）和或运算符（Or）。

4. 连接运算符

连接运算符具有连接字符串的功能。在 VBA 中有【 & 】和【 + 】两个运算符。

（1）【 & 】运算符用来强制两个表达式作为字符串连接。

（2）【 + 】运算符是当两个表达式均为字符串数据时，才将两个字符串连接成一个新字符串。

当一个表达式由多个运算符连接在一起时，运算进行的先后顺序是由运算符的优先级决定的。优先级高的运算先进行，优先级相同的运算依照从左向右的顺序进行。上述四种运算符的优先级由高到低依次为算术运算符、连接运算符、关系运算符、逻辑运算符。

7.2.6 常用标准函数

在 VBA 中提供了近百个内置的标准函数，用户可以直接调用标准函数来完成许多操作。标准函数的调用形式如下。

函数名（参数表列）

下面按分类介绍一些常用标准函数的使用。

1. 数学函数

数学函数用来完成数学计算功能。常用的数学函数见表 7–5。

表 7–5　常用的数学函数

函数	名称	作用
Abs（数值表达式）	绝对值函数	返回数值表达式的绝对值
Int（数值表达式）	取整函数	返回数值表达式的整数部分
Fix（数值表达式）	取整函数	参数为正值时，与 Int 函数相同。参数为负值时，Int 函数返回小于等于参数值的第一个负数，而 Fix 函数返回大于等于参数值的第一个负数
Exp（数值表达式）	自然指数函数	计算 e 的 N 次方，返回一个双精度数
Log（数值表达式）	自然对数函数	计算以 e 为底的数值表达式的值的对数
Sqr（数值表达式）	开平方函数	计算数值表达式的平方根
Sin（数值表达式）	正弦三角函数	计算数值表达式的正弦值，数值表达式值表示以弧度为单位的角度值
Cos（数值表达式）	余弦三角函数	计算数值表达式的余弦值，数值表达式值表示以弧度为单位的角度值
Tan（数值表达式）	正切三角函数	计算数值表达式的正切值，数值表达式值表示以弧度为单位的角度值
Rnd（数值表达式）	产生随机数函数	产生一个 0 ～ 1 之间的随机数，为单精度类型。数值表达式参数为随机数种子，决定产生随机数的方式。如果数值表达式值小于 0，每次产生相同的随机数。如果数值表达式值大于 0，每次产生新的随机数。如果数值表达式值等于 0，产生最近生成的随机数，且生成的随机数序列相同。如果省略数值表达式参数，则默认参数值大于 0

常用数学函数举例如下。

```
Abs (-7) = 7
Exp (2) = 7.38905609893065
Log (6) = 1.79175946922805
Sqr (25) = 5
Int (6.28) = 6
Fix (6.28) = 6
Int (-6.28) = -7
Fix (-6.28) = -6
Sin (90*3.14159/180)
Cos (45*3.14159/180)
Tan (30*3.14159/180)
Int (100*Rnd)
```

2. 字符串函数

字符串函数完成字符串处理功能，主要包括以下函数。

（1）字符串检索函数。

函数格式：InStr（[Start]，Str1，Str2，[Compare]）

函数功能：检索字符串 Str2 在字符串 Strl 中最早出现的位置，返回整型数。

参数说明：Start 参数为可选参数，设置检索的起始位置。默认时，从第一个字符开始检索。Compare 参数也为可选参数，指定字符串比较的方法，其值可以为 0、1 和 2。0 是默认值，作二进制比较。1 是不区分大小写的文本比较。2 是做基于数据库中包含信息的比较。

如果 Str2 字符串的长度为 0 或 Str2 字符串检索不到，则函数返回 0。如果 Str2 字符串长度为 0，函数将返回 Start 值。

例如，已知 Str1 ＝ "123456"，Str2 ＝ "56"。

```
s = InStr (str1,str2) '返回 5
s = InStr (3,"aBCd Ab","a",1) '返回 5
```

（2）字符串长度检测函数。

函数格式：Len（字符串表达式或变量名）

函数功能：返回字符串中所包含字符个数。

参数说明：对于定长字符串变量，其长度是定义时的长度，和字符串实际值无关。

（3）字符串截取函数。

函数格式：Left（字符串表达式，N）

Right（字符串表达式，N）

Mid（字符串表达式，N1，N2）

函数功能：Left 函数可以从字符串左边起截取 N 个字符。Right 函数可以从字符串右边起截取 N 个字符。Mid 函数可以从字符串左边第 N1 个字符起截取 N2 个字符。

参数说明：如果 N 值为 0，Left 函数和 Right 函数将返回零长度字符串。如果 N 大于等于字符串的字符数，则返回整个字符串。对于 Mid 函数，如果 N1 值大于字符串的字符数，返回零长度字符串。如果省略 N2，返回字符串中左边起第 N1 个字符开始的所有字符。

（4）生成空格字符函数。

函数格式：Space（数值表达式）

函数功能：Space 函数可以返回数值表达式的值指定的空格字符数。

（5）删除空格函数。

函数格式：LTrim（字符串表达式）

RTrim（字符串表达式）

Trim（字符串表达式）

函数功能：LTrim 函数可以删除字符串的开始空格。RTrim 函数可以删除字符串的尾部空格。Trim 函数可以删除字符串的开始和尾部空格。

3. 日期 / 时间函数

日期 / 时间函数的功能是处理日期和时间。主要包括以下几种。

（1）获取系统日期和时间函数。

函数格式：Date

Time

Now

函数功能：Date函数可以返回当前系统日期。Time函数可以返回当前系统时间。Now函数可以返回当前系统日期和时间。

（2）截取日期分量函数。

函数格式：Year（日期表达式）

Month（日期表达式）

Day（日期表达式）

Weekday（日期表达式，[W]）

函数功能：Year函数可以返回日期表达式年份的整数。Month函数可以返回日期表达式月份的整数。Day函数可以返回日期表达式日期的整数。Weekday函数可以返回1～7的整数，表示星期。

参数说明：Weekday函数中，参数W可以指定一个星期的第一天是星期几。默认时周日是一个星期的第一天，W的值为Sunday或1。

截取日期分量函数举例如下。

```
Year(#2018/1/15#) '返回 2018
Month(#2018/1/15#) '返回 1
Day(#2018/1/15#) '返回 15
Weekday(#2018/1/15#) '返回 2,#2018/1/15# 是星期一
Weekday(#2018/1/15#,5) '返回 5
```

（3）截取时间分量函数。

函数格式：Hour（时间表达式）

Minute（时间表达式）

Second（时间表达式）

函数功能：Hour函数可以返回时间表达式的小时数（0～23）。Minute函数可以返回时间表达式的分钟数（0～59）。Second函数可以返回时间表达式的秒数（0～59）。

截取时间分量函数举例如下。

```
Hour(#20: 17: 36#) '返回 20
Minute(#20: 17: 36#) '返回 17
Second(#20: 17: 36#) '返回 36
```

（4）日期/时间增加或减少一个时间间隔。

函数格式：DateAdd（间隔类型，间隔值，表达式）

```
DateAdd("yyyy",3,#2018-1-10#)
DateAdd("d",3,#2018-1-10#)
DateAdd("q",3,#2018-1-10#)
DateAdd("m",3,#2018-1-10#)
DateAdd("ww",3,#2018-1-10#)
```

（5）计算两个日期的间隔函数。

函数格式：DateDiff（间隔类型，日期 1，日期 2）

```
DateDiff("yyyy",#2017-5-28#,#2018-2-29#)
DateDiff("q",#2017-5-28#,#2018-2-29#)
DateDiff("m",#2017-5-28#,#2018-2-29#)
DateDiff("ww",#2017-5-28#,#2018-2-29#)
```

（6）返回日期指定时间部分函数。

函数格式：DatePart（间隔类型，日期）

```
DatePart("yyyy",#2017-5-28#)
DatePart("d",#2017-5-28#)
DatePart("m",#2017-5-28#)
DatePart("ww",#2017-5-28#)
```

（7）返回包含指定年月日的日期函数。

函数格式：Date Serial（年值，月值，日值）

```
Date Serial(2018,1,28)=#2018-1-28#
```

4. 类型转换函数

类型转换函数可以将数据类型转换成指定类型。下面介绍一些类型转换函数。

（1）字符串转换字符代码函数。

函数格式：Asc（字符串表达式）

函数功能：Asc 函数可以返回字符串首字符的 ASCII 值。

（2）字符代码转换字符函数。

函数格式：Chr（字符代码）

函数功能：Chr 函数可以返回与字符代码相关的字符。

（3）数字转换成字符串函数。

函数格式：Str（数值表达式）

函数功能：Str 函数可以将数值表达式值转换成字符串。

参数说明：数值表达式的值为正时，返回的字符串将包含一个前导空格。

（4）字符串转换成数字函数。

函数格式：Val（字符串表达式）

函数功能：Val 函数可以将数字字符串转换成数值型数字。

参数说明：数字字符串转换时可自动将字符串中的空格、制表符和换行符去掉，当遇到第一个不能识别的字符时，停止转换。

5. 验证函数

Access 2016 提供了一些对数据进行校验的函数，称为验证函数。常用的验证函数见表 7-6。

表 7–6　常用的验证函数

函数名称	返回值	说明
IsNumeric	Boolean 值	指出表达式的运算结果是否为数值。返回 True，为数值
IsDate	Boolean 值	指出一个表达式是否可以转换成日期。返回 True，可转换
IsNull	Boolean 值	指出表达式是否为无效数据（Null）。返回 True，无效数据
IsEmpty	Boolean 值	指出变量是否已经初始化。返回 True，未初始化
IsArrav	Boolean 值	指出变量是否为一个数组。返回 True，为数组
IsError	Boolean 值	指出表达式是否为一个错误值。返回 True，有错误
IsObject	Boolean 值	指出标识符是否表示对象变量。返回 True，为对象

6. 输入框函数

输入框函数用于在一个对话框中显示提示，待用户输入正文并按下该按钮，然后返回包含文本框内容的数据信息。

函数格式：InputBox（Prompt[,Title][,Default][,Xpos][,Ypos][,Helpfile][,Context]）

例如，要使用 InputBox 函数返回用键盘输入的学生 ID 号，可以使用以下代码。

```
Dim StuID As String
StuID = InputBox("请输入学生 ID 号：","信息提示")
```

7. 消息框函数

消息框函数用于在对话框中显本消息，待用户单击按钮，并返回一个整型值指示用户单击了哪一个按钮。

函数格式：MsgBox（Prompt[,Buttons][,Title][,Helpfile,Context]）

7.3　创建 VBA 程序

了解 VBA 最基本的书写规则和基本语句后，就可以着手编写 VBA 程序了。在所有的程序中，程序的结构一般可以分为顺序结构、选择结构和循环结构三种。利用各种结构，可以实现对给定条件的分析、比较和判断，以决定程序的执行顺序。

7.3.1　顺序结构程序

顺序结构是最简单的基本结构，按照程序代码先后顺序自上而下执行，直到程序结束，中间没有任何判断和跳转。

课堂案例 7-2　创建计算圆面积的模块

下面通过在数据库中创建一个计算圆面积的模块，简单介绍顺序结构程序。

（1）启动 Access 2016，打开【 VBA 示例 】数据库。单击【创建】选项卡【宏与代码】组中的【模块】按钮，新建一个模块，并进入 VBA 编辑器。

（2）在【模块 1】代码窗口中输入下面的程序，此时的代码窗口如图 7-9 所示。

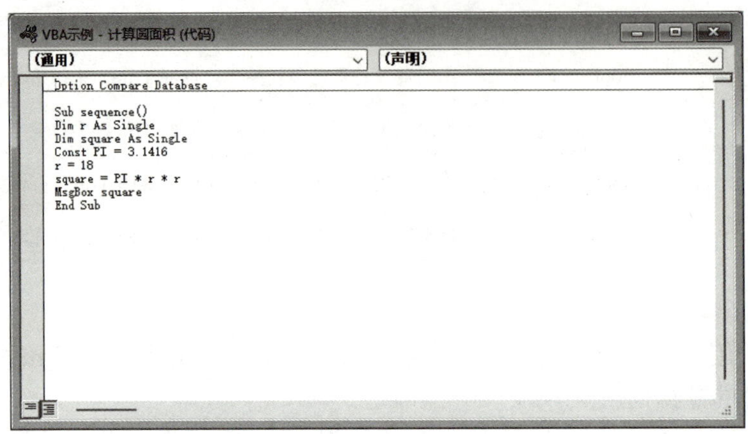

图 7-9　输入程序的代码窗口

```
Sub sequence ( )
Dim r As Single
Dim square As Single
Const PI = 3.1416
r = 18
square = PI*r*r
MsgBox square
End Sub
```

图 7-10　运算结果

（3）将光标定位在过程中的任意位置，按【 F5 】键执行该程序，得到的运算结果如图 7-10 所示。

可以看出，在上例中首先定义了一个名称为 sequence ( ) 的 Sub 过程，然后对半径、面积、PI 等字段进行定义，半径值设置为 18，计算公式设置为 Square = PI*r*r，最后，用一个对话框输出计算结果。可见每一步都是顺序执行的，这是一个典型的顺序结构。

7.3.2　选择结构程序

选择结构也称分支结构，在该结构中包含一个判断语句，根据判断是否成立选择执行 A 语句还是 B 语句。

选择结构主要有两种，即常见的 If 语句和 Case 语句。If 语句又被称为条件语句，Case 语句又被称为情况语句，但两者的本质是一致的，都是根据不同的判断结果采取不同的操作。

1. If 语句

根据 If 语句的书写形式不同，If 语句结构又可以分为单行结构和块状结构。两者的区别仅限于书写形式。

（1）单行结构的 If 语句格式如下。

If <条件> then <语句 1 > Else <语句 2 >

如果【条件】为 True，则执行 then 后面的【语句 1】，否则执行 Else 后面的【语句 2】。Else 在这里不是必需的。如果省略 Else，那么当条件为真时执行【语句 1】；否则直接跳过该 If 语句，执行 If 语句以后的语句。

（2）块状结构的 If 语句格式如下。

If <条件> then

语句块 1

Else

语句块 2

End If

块状结构 If 语句的执行过程和单行结构 If 语句的执行过程是一样的，但是前者把判断条件、各行的执行语句分开，大大提高了程序的美观性和可读性。当程序非常庞大时，这种写法的优越性是很显然的。

上面写的两种结构都只有一个条件，但是当程序中有多个条件时，第一种结构就无能为力了，必须使用块状多条件选择结构，格式如下。

If <条件 1 > then

语句块 1

ElseIf <条件 2 > then

语句块 2

......

ElseIf <条件 n > then

语句块 n

Else

语句块 n+1

End If

块状 If 语句的执行过程：在执行时，先测试【条件 1】，如果【条件 1】成立，执行【语句块 1】；如果【条件 1】不成立，则测试【条件 2】，当【条件 2】为 True 时，执行【语句块 2】……直至检测到【条件 n】，当【条件 n】为 True 时，执行【语句块 n】，否则执行【语句块 n+1】。

语句块中的语句不能与前一行的 then 写在同一行中，否则 VBA 认为这是一个单行选择结构，不能执行多条件选择。

提示：格式中的条件一般都为逻辑表达式，如果条件为数值表达式，那么只有 0 值表示为 False，所有的非 0 值都表示为 True。

在 VBA 中，True 用 -1 表示，False 用 0 表示。多个条件之间不是并列关系，有可能多个条件都为 True，但是程序只能执行第一个符合要求的语句块。因为 ElseIf 的执行检查顺序就是先看是否满足第一个条件，在不满足时才看是否满足下面的条件，一旦满足，程序便跳出 ElseIf，不再执行下面的检查。

课堂案例 7-3　创建一个判断学生成绩的小程序

下面设计一个判断学生成绩的小程序，来说明 If 语句的用法。

（1）启动 Access 2016，打开【VBA 示例】数据库。

（2）单击【数据库工具】选项卡【宏】组中的【Visual Basic】按钮，进入 VBA 的编程环境。

（3）选择【插入】|【模块】菜单，或单击工具栏中的【插入模块】按钮，新建一个模块，并在弹出的【代码】窗口中输入以下代码，如图 7-11 所示。

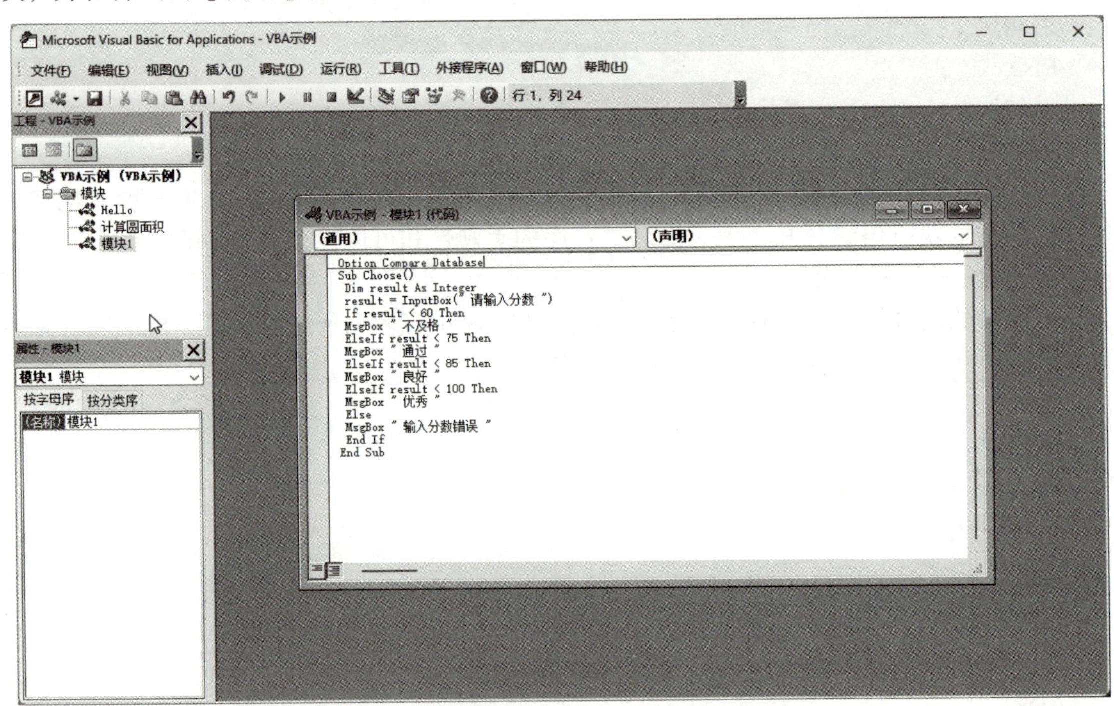

图 7-11　输入代码

```
Sub Choose()
Dim result As Integer
result = InputBox("请输入分数")
If result < 60 Then
MsgBox "不及格"
ElseIf result < 75 Then
MsgBox "通过"
ElseIf result < 85 Then
MsgBox "良好"
```

```
ElseIf result＜100 Then
MsgBox "优秀"
Else
MsgBox "输入分数错误"
End If
End Sub
```

（4）将光标定位在 Choose 过程中的任意位置，按【F5】键执行该程序，弹出输入分数对话框。在该对话框中输入一个整型数值，例如 89，如图 7-12 所示，单击【确定】按钮，弹出显示【优秀】的对话框，如图 7-13 所示。

图 7-12　输入分数对话框

图 7-13　程序运行结果

如果在对话框中输入 150，则弹出提示出错对话框，如图 7-14 所示。

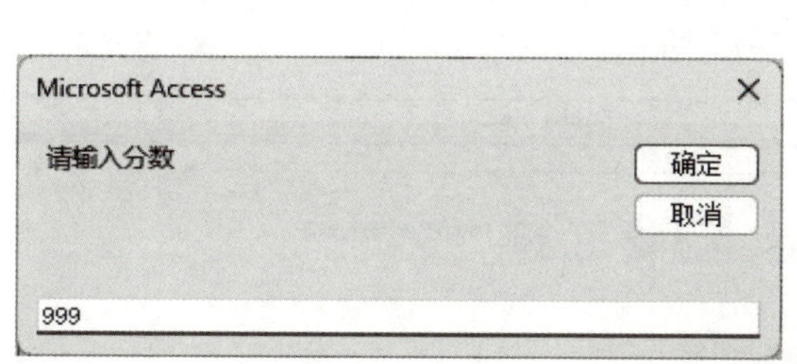

图 7-14　提示出错对话框

由该实例可以进一步明确 ElseIf 语句的工作流程，即从上到下依次检测，合适则执行，执行后跳出。

2. Case 语句

当判断的条件过多时，用 ElseIf 语句建立的程序可读性差。此时，多分支结构程序可以通过情况语句来实现。

情况语句也称为 Case 语句，它是根据一个表达式的值，在一组相互独立的可选择语句序列中选择要执行的语句序列。

Case 分支结构的一般语法格式如下。

```
Select Case 表达式
Case 表达式值 1
语句块 1 Case 表达式值 2
```

```
语句块 2
……
Case 表达式值 n
语句块 n
Case else
语句块 n+1
End Select
```

Case 语句以 Select Case 开头，以 End Select 结尾，其主要功能就是根据【表达式】的值，从多个语句块中选择一个符合条件的语句块执行。

执行该命令时，系统从上而下依次检测每个 Case，如果满足一个条件，则执行相应的语句块，并跳过其余的 Case 语句执行 End Select 以后的语句，如果不满足任何一个 Case 语句块，则执行 Case Else 语句。

课堂案例 7-4　创建一个根据数字来判断星期几的小程序

下面通过使用 Case 语句编写一个根据输入的数字来判断星期一到星期天的 VBA 程序，以此来介绍 Case 语句的用法。

（1）启动 Access 2016，打开【VBA 示例】数据库。

（2）单击【数据库工具】选项卡【宏】组中的【Visual Basic】按钮，进入 VBA 的编程环境。

（3）选择【插入】|【模块】菜单，或单击工具栏中的【插入模块】按钮，新建一个模块，并在其中输入以下代码，如图 7-15 所示。

```
(通用)                                  Choose2
Option Compare Database
Sub Choose2()
 Dim result As Integer
 result = InputBox("请输入数字 1~7 中的任意值 ") ' 调用 InputBox 输入数字
 Select Case result ' 根据输入的数字判断执行哪个 case语句
 Case 1
 MsgBox " 星期一 "
 Case 2
 MsgBox " 星期二 "
 Case 3
 MsgBox " 星期三 "
 Case 4
 MsgBox " 星期四 "
 Case 5
 MsgBox " 星期五 "
 Case 6
 MsgBox " 星期六 "
 Case 7
 MsgBox " 星期日 "
 Case Else
 MsgBox " 输入错误 "
 End Select
End Sub
```

图 7-15　在新建模板中输入代码

```
Sub Choose2()
Dim result As Integer
result = InputBox(" 请输入数字 1～7 中的任意值 ") ' 调用 InputBox 输入数字
Select Case result ' 根据输入的数字判断执行哪个 case 语句
Case 1
```

```
MsgBox " 星期一 "
Case 2
MsgBox " 星期二 "
Case 3
MsgBox " 星期三 "
Case 4
MsgBox " 星期四 "
Case 5
MsgBox " 星期五 "
Case 6
MsgBox " 星期六 "
Case 7
MsgBox " 星期日 "
Case Else
MsgBox " 输入错误 "
End Select
End Sub
```

（4）将光标定位在 Choose2 过程中的任意位置，按【F5】键执行该程序，弹出输入数字对话框，在该对话框中输入 1 ～ 7 之间的一个数字，例如【2】，单击【确定】按钮，弹出显示【星期二】的对话框，如图 7-16 所示。

图 7-16　程序的运行结果

通过上述实例可以看出，Case 语句的执行过程为从上到下依次检测，合适则执行，执行后跳出。

7.3.3　循环结构程序

循环结构，也称重复结构，该结构中包含一个判断语句，根据判断是否成立选择执行重复语句还是中止执行。

VBA 中提供了多种不同形式的循环结构，最常用的有两种，即 For-Next 循环和 Do-Loop 循环。

1. For-Next 循环

For-Next 循环是按规定的次数执行循环体，即当需要对某语句段进行次数可以预先确定的循环时，使用 For-Next 循环是最方便的，其使用格式如下。

```
For 循环变量=初值 To 终值 [ Step 步长 ]
```

[循环体]

Next [循环变量]

以上各个语句的作用如下。

（1）循环变量。作为进行循环控制的计数器，是一个数值变量。

（2）初值。循环变量的初始值，是一个数值表达式。

（3）终值。循环变量的终止值，也是一个数值表达式。

（4）步长。每次循环，循环变量增加的值，正负均可，但是不能为 0。如果步长为 1，则可以省略不写。

（5）循环体。要执行的循环内容，例如各种操作、赋值和计算等。

（6）Next。终止循环语句，在 Next 以后，循环终止，程序顺序执行剩余的语句。Next 后面的循环变量可以省略不写。

课堂案例 7-5　创建一个求阶乘的小程序

下面设计一个程序，使用 For-Next 循环实现求 1 ～ n 的阶乘。

（1）启动 Access 2016，打开【VBA 示例】数据库。

（2）单击【数据库工具】选项卡【宏】组中的【Visual Basic】按钮，进入 VBA 的编程环境。

（3）选择【插入】|【模块】菜单，或单击工具栏中的【插入模块】按按钮，新建一个模块 1，并在【代码】窗口中输入以下代码，如图 7-17 所示。

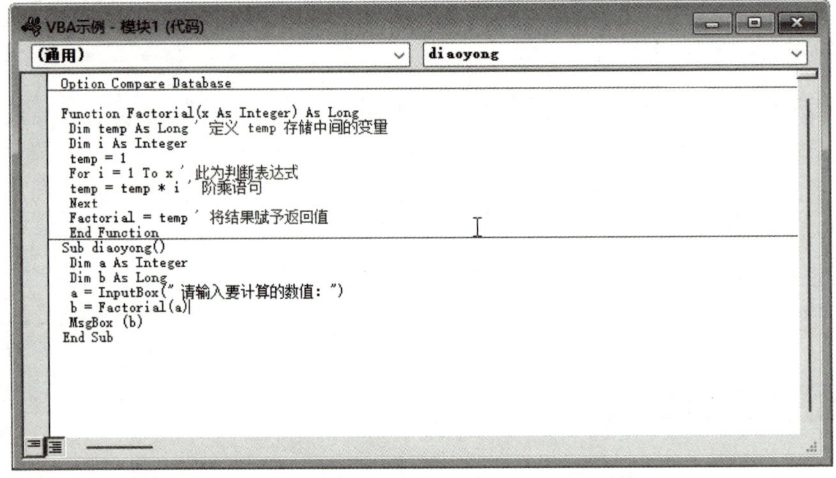

图 7-17　在模块中编写求阶乘的程序代码

```
Function Factorial (x As Integer) As Long
Dim temp As Long '定义 temp 存储中间的变量
Dim i As Integer
temp = 1
For i = 1 To x '此为判断表达式
temp = temp*i '阶乘语句
Next
Factorial = temp '将结果赋予返回值
End Function
Sub diaoyong ( )
```

```
Dim a As Integer
Dim b As Long
a = InputBox (" 请输入要计算的数值: ")
b = Factorial (a)
MsgBox (b)
End Sub
```

（4）将光标定位在 Function 过程中的任意位置，按【 F5 】键执行该程序，弹出要求用户输入要求阶乘的数值对话框。在该对话框中输入 8，单击【确定】按钮，弹出计算结果为 40 320，如图 7–18 所示。

图 7–18　程序运行结果

提示：第一段程序是定义了一个函数，第二段程序是对定义的函数进行调用。

在 VBA 中，For–Next 循环遵循“先检查、后执行”的原则，即先检查循环变量是否超过终值，然后决定是否执行循环体。循环次数的计算公式如下。

循环次数 = int（终值 – 初值）/ 步长 +1

2. Do–Loop 循环

Do–Loop 循环不按照固定的次数循环，而是根据逻辑值是 True 还是 False 来判断是否继续执行循环。

Do–Loop 循环的一般语法格式如下。

Do while <条件>

[语句块]

Loop

执行过程：程序顺序执行，当执行到 Do while 时，对条件进行判断，如果判断结果为 True，执行下面的语句块，当向下执行到 Loop 时，程序自动返回到 Do while 语句，进行新一轮的判断与循环。只有当判断的结果为 False，循环变量不满足判断条件式时，程序跳出语句块，直接执行 Loop 后面的命令。

课堂案例 7–6　创建一个计算数字连加的小程序

下面通过设计一个用 Do–Loop 循环计算 1+2+3+…+n 的值的程序，来介绍 Do–Loop 循环语句的用法。

（1）启动 Access 2016，打开【 VBA 示例 】数据库。

（2）单击【数据库工具】选项卡【宏】组中的【 Visual Basic 】按钮，进入 VBA 的编程环境。

（3）选择【插入】|【模块】菜单，或单击工具栏中的【插入模块】按钮，新建一个模块 1，并在【代码】窗口中输入以下代码，如图 7–19 所示。

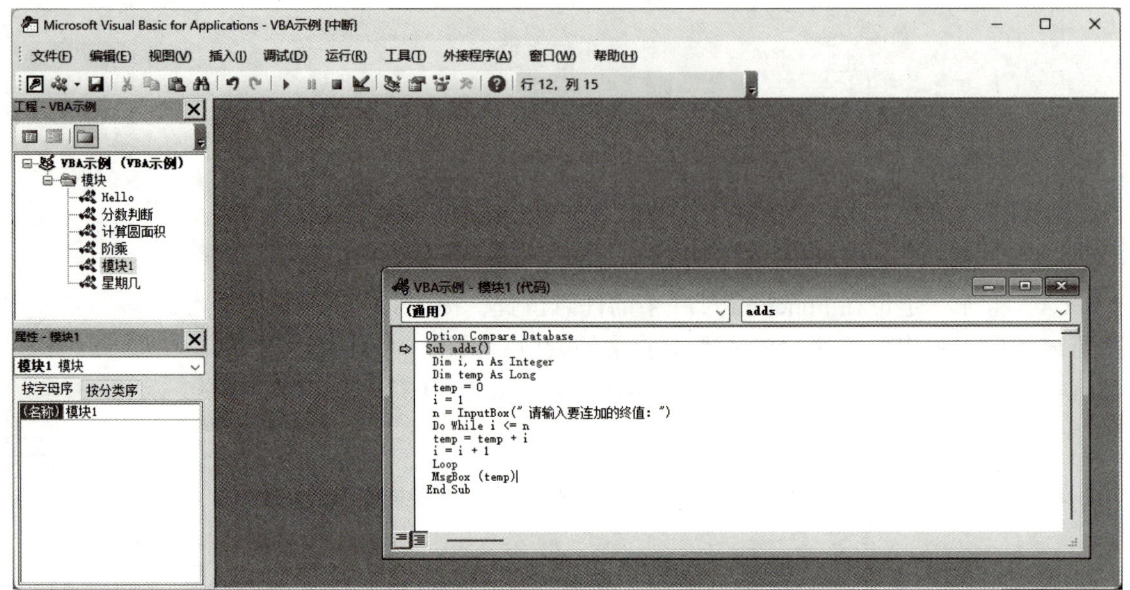

图 7–19 编写求连加的程序代码

```
Sub adds ( )
Dim i,n As Integer
Dim temp As Long
temp = 0
i = 1
n = InputBox (" 请输入要连加的终值: ")
Do While i <= n
temp = temp + i
i = i+1
Loop
MsgBox (temp)
End Sub
```

（4）将光标定位在 adds 过程中的任意位置，按【 F5 】键执行该程序，弹出要求用户输入连加终值的对话框，在该对话框中输入 10，单击【确定】按钮，弹出计算结果为 55，如图 7–20 所示。

图 7–20 程序运行结果

7.3.4 VBA 程序与宏的关系

在实际应用中，应该使用宏还是 VBA 来执行任务，取决于要完成任务的性质。对于简单的工作，比如打开和关闭窗体、报表和查询等，使用宏比较方便，它可以简捷快速地将已经创建的数据库联系在一起，不需要记住各种语法，并且每个操作的参数都显示在【宏】窗口的下半部分。在下列场合下，应该使用 VBA 程序，不使用宏。

（1）便于数据的维护。因为宏是独立于窗体和报表的一种对象，包含太多的宏将会使数据库变得难以维护。相反，VBA 的事件过程是创建在窗体和报表的事件属性中，如果把窗体和报表从一个数据库移动到另一个数据库，则窗体或报表所带的事件过程也随之移动，这就方便了数据的维护和管理。

（2）创建自己的函数。虽然 Access 包含了大量的内置函数，但是许多函数，特别是数学计算函数是需要用户自己定义的，这样用户就应该在 VBA 中创建自己的函数。

7.4　过程与模块

模块是将 VBA 代码的声明、语句和过程作为一个单元进行保存的集合，是基本语言的一种数据库对象。数据库中的所有对象都可以在模块中进行引用。利用模块可以创建自定义函数、子程序以及事件过程等，以便完成复杂的计算功能。模块可以代替宏，并可以执行标准宏所不能执行的功能。过程是包含 VBA 代码的基本单位，可以完成一系列指定的操作。简单地说，模块是由能够完成一定功能的过程组成的，过程是由一定的代码组成的。

7.4.1　模块的定义和创建

Access 模块有两种基本类型，即类模块和标准模块。模块中的每一个过程都可以是一个 Function 过程或一个 Sub 过程。

1．类模块

窗体和报表模块都是类模块，而且它们各自与某一报表或窗体相关联。窗体或报表通常都含有事件过程，该过程用于响应窗体或报表中的事件。可以使用事件过程来控制窗体或报表的行为，以及它们对用户操作的响应。

为窗体或报表创建第一个事件过程时，Access 将自动创建与之关联的窗体或报表模块。如果要查看窗体或报表模块，可以单击窗体或报表设计视图工具栏中的【代码】按钮。

2．标准模块

标准模块包含的是通用过程和常用过程，它们不与任何对象相关联，并且可以在数据库中的任何位置运行。单击数据库窗口对象栏中的【模块】按钮，可以在右侧的窗口中看到标准模块的列表。

课堂案例 7-7　创建一个简单的标准模块

（1）启动 Access 2016 应用程序，新建一个数据库，命名为【模块示例】。

（2）打开【数据库工具】选项卡，在【宏】组中单击【Visual Basic】按钮，进入 VBA 编程环境。

（3）在菜单栏中执行【插入】|【模块】命令，新建一个模块，如图 7-21 所示。

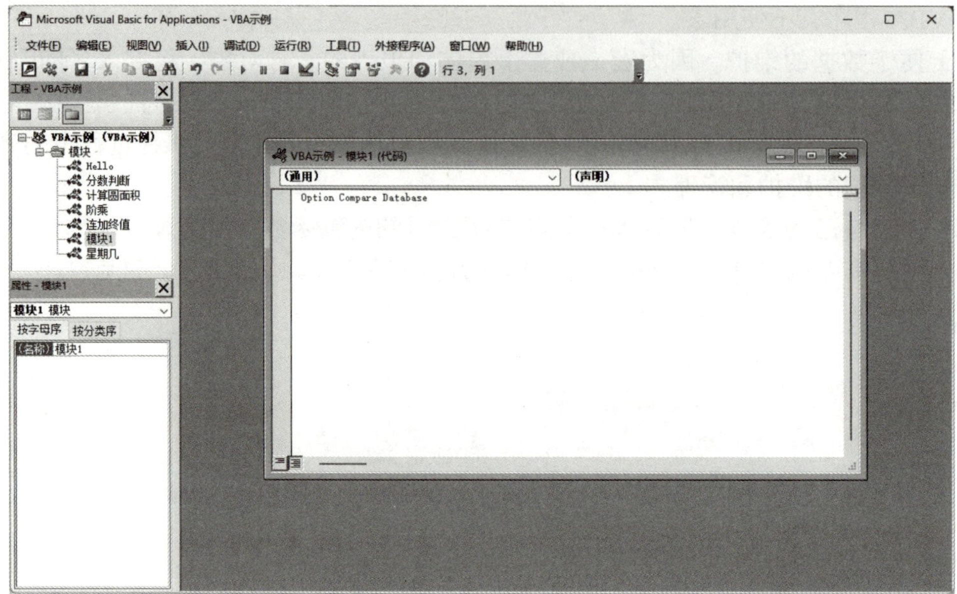

图 7–21 新建一个模块

（4）在模块中输入以下代码，如图 7–22 所示。

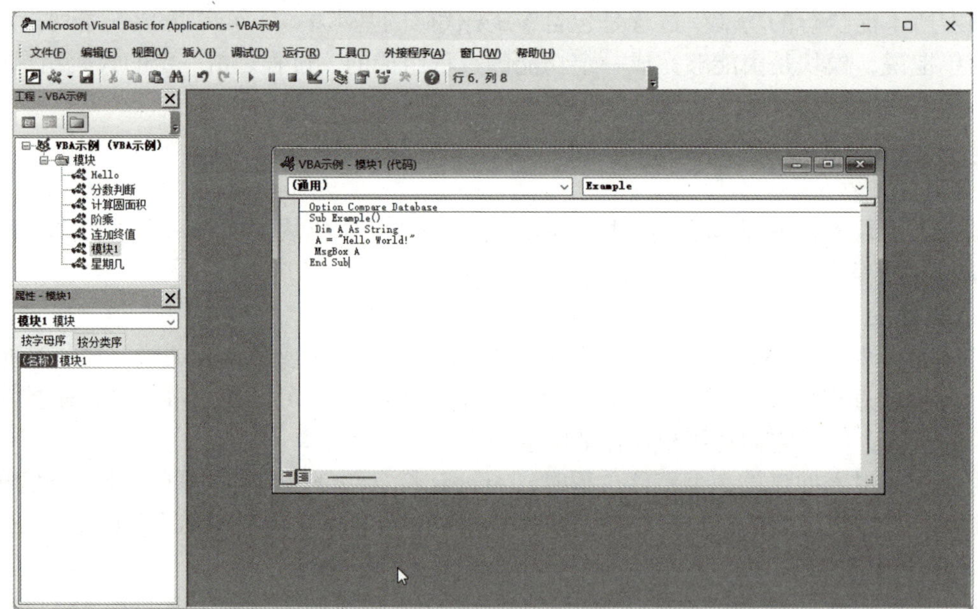

图 7–22 在模块中输入代码

```
Sub Example()
Dim A As String
A = "Hello World!"
MsgBox A
End Sub
```

（5）在工具栏中单击【保存】按钮，将该模块命名为【Hello World】。

（6）在菜单中执行【运行】|【运行子过程 / 用户窗体】命令，即可看到该模块的运行结果，如图 7-23 所示。

图 7-23　运行结果

7.4.2　过程的创建

过程由计算的语句和方法组成，通常分为 Sub 过程、Function 过程和 Property 过程。其中，Sub 过程是最常用的过程类型，也称为命令宏，可以传送参数和使用参数来调用它，但不返回任何值；Function 过程也称为自定义函数过程，其运行方式和使用程序的内置函数一样，即通过调用 Function 过程获得函数的返回值；Property 过程能够处理对象的属性。

Sub 过程又分为事件过程和通用过程。使用事件过程可以完成基于事件的任务，如命令按钮的 Click 事件过程、窗体的 Load 事件过程等；使用通用过程可以完成各种应用程序的共用任务，也可以完成特定于某个应用程序的任务。

课堂案例 7-8　创建一个过程

下面创建一个过程，使其显示一个包含【确定】按钮和【取消】按钮的对话框，在单击相应按钮后显示不同的信息。

（1）在 Access 2016 中打开【模块示例】数据库。

（2）打开 Visual Basic 窗口，新建一个模块。

（3）在模块中输入以下代码，如图 7-24 所示。

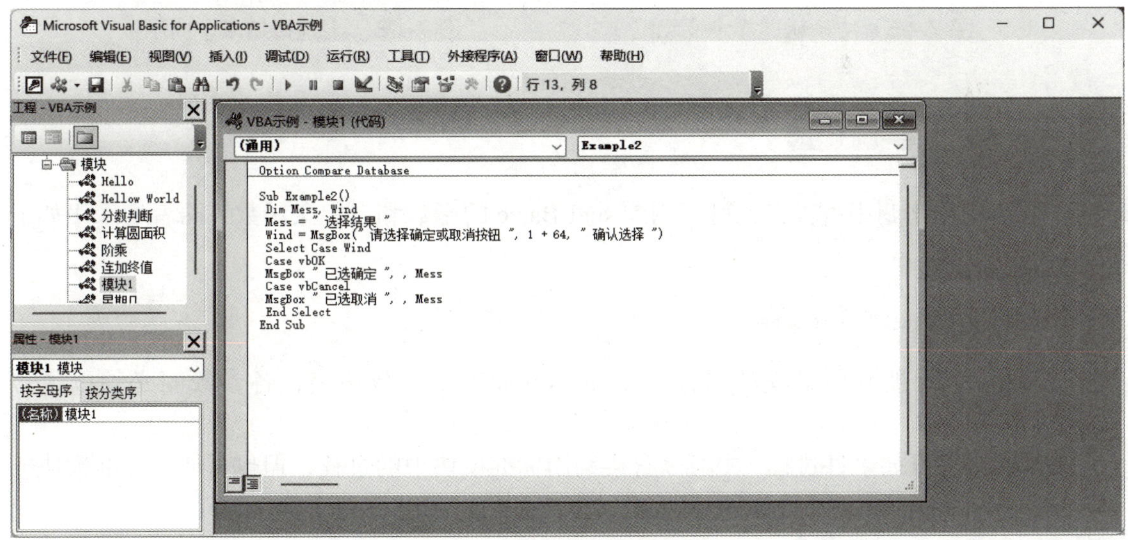

图 7-24　在模块中输入代码

```
Sub Example2 ( )
Dim Mess,Wind
Mess = " 选择结果 "
```

```
Wind = MsgBox ("请选择确定或取消按钮",1+64,"确认选择")
Select Case Wind
Case vbOK
MsgBox "已选确定",, Mess
Case vbCancel
MsgBox "已选取消",, Mess
End Select
End Sub
```

（4）单击工具栏中的【运行子过程 / 用户窗体】按钮，弹出如图 7-25 所示的对话框。

（5）单击【确定】按钮，弹出如图 7-26 所示的对话框。单击【确定】按钮，关闭对话框。

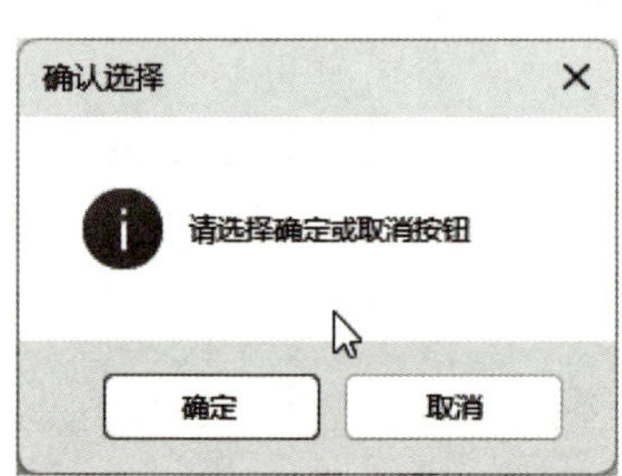

图 7-25 【确认选择】提示框

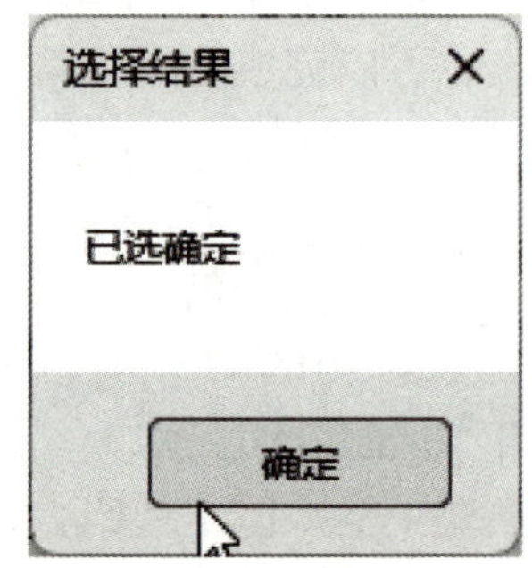

图 7-26 【选择结果】提示框

7.4.3 过程的调用

Call 语句用来调用过程，也可调用 Visual Basic 的函数和自定义函数，两者均采用如下格式。

```
[Call] name [argumentlist]
```

其中，name 表示被调用过程的名称，argumentlist 表示参数列表，各参数间必须以逗号隔开。

在窗体过程（如事件过程）中可以直接调用标准模块中的过程，但也可通过标准模块的名称来调用。在标准模块的过程中调用窗体模块中的过程时，必须以 Visual Basic 格式指出窗体名，如 Form_ 员工信息 .name。

课堂案例 7-9 创建比较数值大小的过程

下面创建一个用于比较两个正数数值大小的窗体。当单击窗体中的【比较】按钮时，可以调用比较模块，实现数值的比较。

（1）在 Access 2016 中打开【模块示例】数据库。

（2）打开 Visual Basic 窗口，新建一个模块。

（3）在菜单栏中执行【插入】|【过程】命令，弹出【添加过程】对话框，在【名称】文本框中输入【Compare】，如图 7-27 所示。

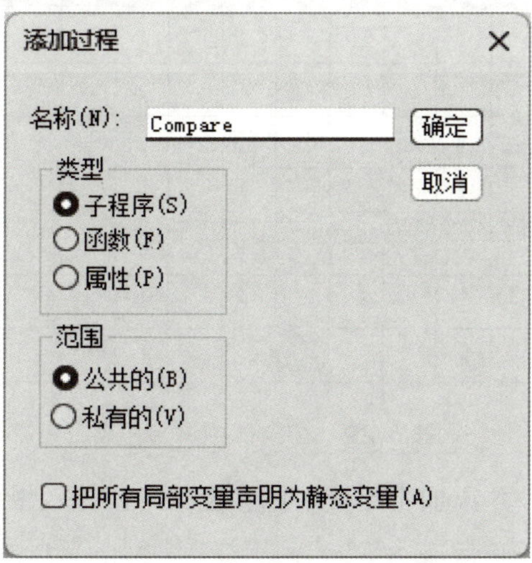

图 7-27　【添加过程】对话框

（4）单击【确定】按钮，在窗口中输入以下代码，如图 7-28 所示。

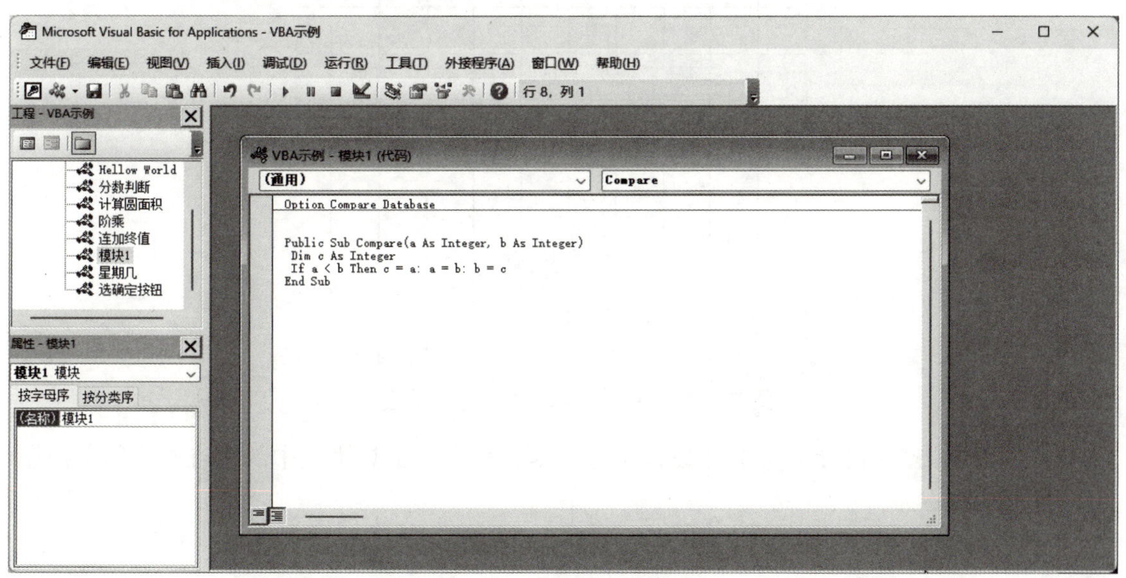

图 7-28　在窗口中输入代码

```
Public Sub Compare(a As Integer,b As Integer)
Dim c As Integer
If a＜b Then c＝a: a＝b: b＝c
End Sub
```

（5）在设计视图中新建一个窗体，添加四个文本框控件和一个按钮控件，如图 7-29 所示。

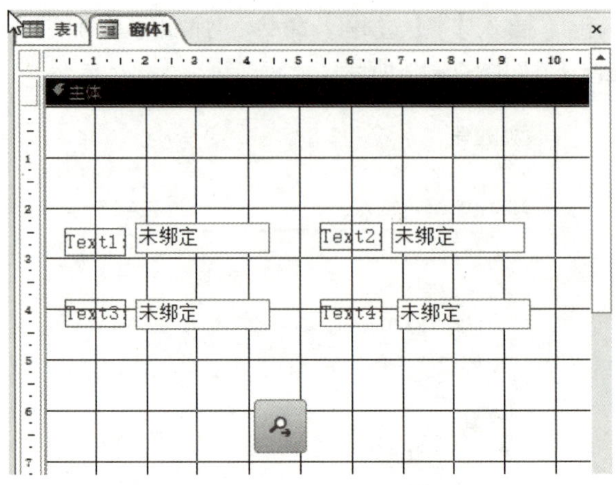

图 7–29 在窗体中添加控件

（6）更改控件的名称，并添加【比较】标签控件，窗体效果如图 7–30 所示。

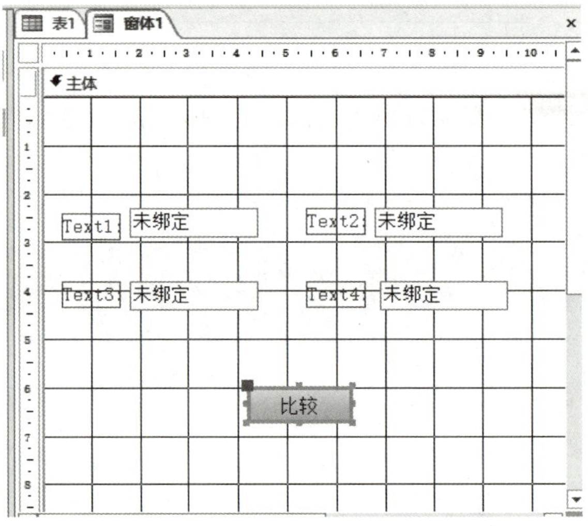

图 7–30 更改各控件的名称后的窗体

（7）打开【窗体设计工具】|【设计】选项卡，单击【工具】组中的【查看代码】按钮，进入编程环境。

（8）为窗体中的控件添加以下代码，如图 7–31 所示。

```
Private Sub Command1_Click()
Dim m As Integer, n As Integer
m = Text1.Value
n = Text3.Value
Compare m, n
Text2.Value = m
Text4.Value = n
End Sub
```

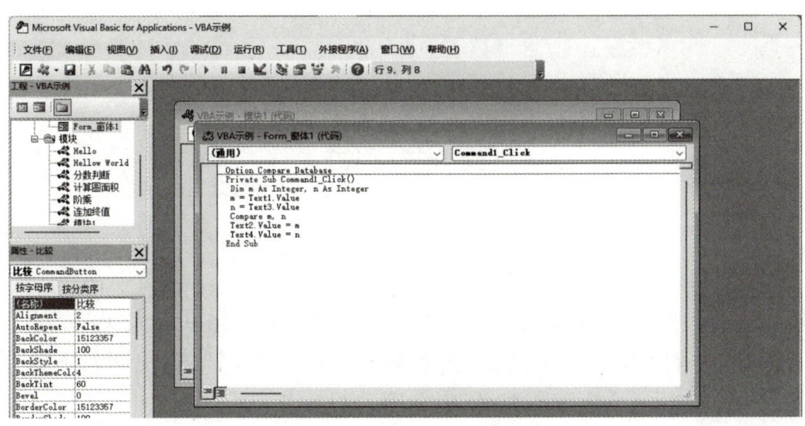

图 7–31 在窗体中输入代码

（9）将窗体设计视图切换到窗体视图，单击窗口右下角的【窗体视图】按钮，在【数字 1】和【数字 2】文本框中输入两个用于比较的数值，单击【比较】按钮。

（10）此时，窗体右侧两个文本框中将显示两个数值的大小，如图 7–32 所示。

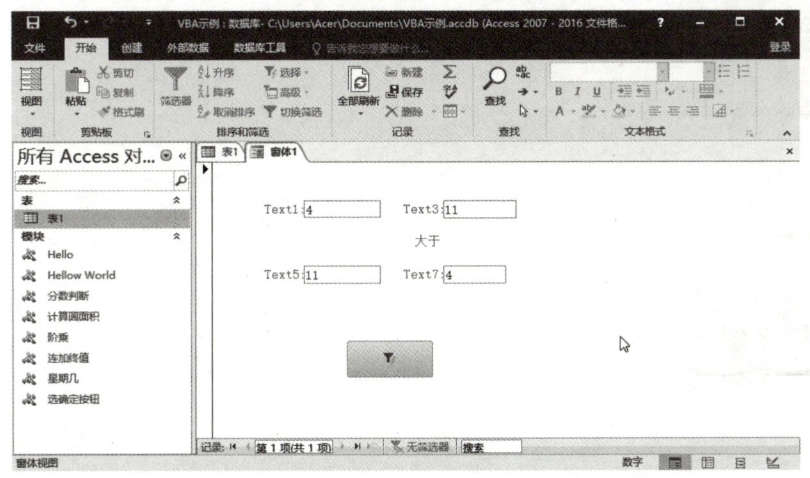

图 7–32 预览效果

课后小结

1. 描述 VBA 在 Access 中的作用，并举例说明如何使用 VBA 来增强数据库的功能。

2. 解释如何在 Access 中创建和使用模块，以及模块与宏的不同之处。

测试与答案

参考文献

[1] 苏林萍，谢萍，周荣．Access 2016 数据库教程 [M]．北京：人民邮电出版社，2021．

[2] 杨小丽．Access 2016 从入门到精通 [M]．北京：中国铁道出版社有限公司，2019．

[3] 姜增如．Access 2016 数据库技术及应用 [M]．北京：北京理工大学出版社，2019．

[4] 朱正国，甘丽霞．Access 2016 数据库技术与应用实验指导 [M]．北京：科学出版社，2020．

[5] 王萍，张婕．Access 2016 数据库应用基础 [M]．北京：电子工业出版社，2022．

[6] 白艳．Access 2016 数据库应用教程 [M]．北京：中国铁道出版社有限公司，2021．